U0377979

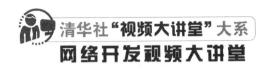

清华社"视频大讲堂"大系

网络开发视频大讲堂

HTML5+CSS3 从入门到精通
（微课精编版）

（第2版）

前端科技　编著

清华大学出版社

北　京

内 容 简 介

本书从初学者角度出发，通过通俗易懂的语言、大量的实例，系统讲解了 HTML5 和 CSS3 的基础理论和实际应用技术，并进行了深入浅出的分析。本书分为上下两册，共 29 章。上册为 HTML5 篇，内容包括 HTML5 基础、HTML5 文档、IITML5 文本、HTML5 多媒体、HTML5 表单、HTML5 绘图、HTML5 SVG 矢量图、HTML5 请求动画和异步处理、HTML5 文件操作、HTML5 通信、HTML5 存储、HTML5 异步请求、HTML5 线程、HTML5 缓存、HTML5 Web 组件、HTML5 历史记录、HTML5 访问多媒体设备、HTML5 访问传感器、HTML5 访问位置、HTML5 拖放操作、HTML5 通知和显示；下册为 CSS3 篇，内容包括 CSS3 基础、CSS3 文本、CSS3 背景、CSS3 用户接口、CSS3 布局、CSS3 动画、CSS3 媒体查询和 CSS3 项目实战，其中 CSS3 项目实战为线上资源。书中所有知识都结合具体实例进行介绍，代码注释详尽，读者可轻松掌握前端技术精髓，提升实际开发能力。

除纸质内容外，本书配备了极为丰富的学习资源，主要内容如下：

- ☑ **306 集同步视频讲解**
- ☑ 示例源码库
- ☑ 面试题库
- ☑ 案例库
- ☑ 工具库
- ☑ Web 前端开发规范手册参考
- ☑ 网页模板库
- ☑ 网页配色库
- ☑ 网页素材库
- ☑ 网页欣赏案例库
- ☑ JavaScript 网页特效大全
- ☑ JavaScript 支持手册

本书适合作为 HTML5 和 CSS3 从入门到实战、HTML5 移动开发方面的自学用书，也可作为高等院校网页设计、网页制作、网站建设、Web 前端开发等专业的教学用书或相关机构的培训教材。

图书在版编目（CIP）数据

HTML5+CSS3 从入门到精通：微课精编版 / 前端科技编著. 2 版. —北京：清华大学出版社，2022.5
（清华社"视频大讲堂"大系 网络开发视频大讲堂）
ISBN 978-7-302-59365-2

Ⅰ.①H… Ⅱ.①前… Ⅲ.①超文本标记语言—程序设计 ②网页制作工具 ③HTML 5+CSS3 Ⅳ.①TP312
②TP393.092

中国版本图书馆 CIP 数据核字（2021）第 210646 号

责任编辑：贾小红
封面设计：姜 龙
版式设计：文森时代
责任校对：马军令
责任印制：朱雨萌

出版发行：清华大学出版社
      网   址：http://www.tup.com.cn，http://www.wqbook.com
      地   址：北京清华大学学研大厦 A 座   邮   编：100084
      社 总 机：010-83470000   邮   购：010-62786544
      投稿与读者服务：010-62776969，c-service@tup.tsinghua.edu.cn
      质量反馈：010-62772015，zhiliang@tup.tsinghua.edu.cn
印 刷 者：北京富博印刷有限公司
装 订 者：北京市密云县京文制本装订厂
经   销：全国新华书店
开   本：203mm×260mm   印   张：32   字   数：965 千字
版   次：2018 年 8 月第 1 版   2022 年 5 月第 2 版   印   次：2022 年 5 月第 1 次印刷
定   价：128.00 元（全 2 册）

产品编号：091834-01

前 言
Preface

2014 年 10 月 28 日，W3C 的 HTML 工作组正式发布了 HTML5 的推荐标准。HTML5 是构建开放 Web 平台的核心，在新版本中增加了支持 Web 应用开发的许多新特性，以及更符合开发者使用习惯的新元素，并重点关注定义清晰的、一致的准则，以确保 Web 应用和内容在不同用户代理（浏览器）中的互操作性。

2015 年 4 月 9 日，W3C 的 CSS 工作组发布 CSS 基本用户接口模块的标准工作草案。该文档描述了 CSS3 中对 HTML、XML（包括 XHTML）进行样式处理所需的与用户界面相关的 CSS 选择器、属性及属性值。它包含并扩展了在 CSS2 及 Selector 规范中定义的与用户接口有关的特性。

本书内容

本书系统地讲解了 HTML5 和 CSS3 的基础理论和实际运用技术，通过大量实例对 HTML5 和 CSS3 进行深入浅出的分析。全书注重实际操作，使读者在学习技术的同时，掌握 Web 开发和设计的精髓，提高综合应用的能力。

本书分为上下两册，共 29 章，具体结构划分如下。

上册：HTML5 篇，包括第 1~21 章。本册主要介绍 HTML5 相关知识，包括 HTML5 基础、HTML5 文档、HTML5 文本、HTML5 多媒体、HTML5 表单、HTML5 绘图、HTML5 SVG 矢量图、HTML5 请求动画和异步处理、HTML5 文件操作、HTML5 通信、HTML5 存储、HTML5 异步请求、HTML5 线程、HTML5 缓存、HTML5 Web 组件、HTML5 历史记录、HTML5 访问多媒体设备、HTML5 访问传感器、HTML5 访问位置、HTML5 拖放操作、HTML5 通知和显示。

下册：CSS3 篇，包括第 22~29 章。本册主要介绍 CSS3 相关知识，包括 CSS3 基础、CSS3 文本、CSS3 背景、CSS3 用户接口、CSS3 布局、CSS3 动画、CSS3 媒体查询、CSS3 项目实战，其中 CSS3 项目实战为线上资源。

本书特点

📖 系统的基础知识

本书系统地讲解了 HTML5+CSS3 技术在网页设计中各个方面应用的知识，从为什么要用 HTML5 开始讲解，配合大量实例，循序渐进地帮助读者奠定坚实的理论基础，做到知其然知其所以然。

📖 大量的案例实战

通过例子学习是最好的学习方式，本书通过一个知识点、一个例子、一个结果、一段评析、一个综合应用的模式，透彻详尽地讲述了实际开发中所需的各类知识。

📖 技术新颖，讲解细致

全面、细致地展示 HTML 的基础知识，同时讲解在未来 Web 时代中备受欢迎的 HTML5 的新知识，让读者能够真正学习到 HTML5 最实用、最流行的技术。

Note

精彩栏目，贴心提醒

本书根据需要在各章使用了很多"注意""提示"等小栏目，让读者可以在学习过程中更轻松地理解相关知识点及概念，并轻松地掌握个别技术的应用技巧。

本书资源

20万+读者体验，畅销书全新升级；10年开发教学经验，一线讲师半生心血。

体验好

配套同步视频讲解，微信扫一扫，随时随地看视频；配套在线支持，知识拓展，专项练习，更多案例，在线预览网页设计效果，阅读或下载源代码，同样微信扫一扫即可学习。

资源丰富

从配套到拓展，资源库一应俱全，具体资源如下：
- ❖ 306 集同步视频讲解
- ❖ 示例源码库
- ❖ 面试题库
- ❖ 案例库
- ❖ 工具库
- ❖ Web 前端开发规范手册参考
- ❖ 网页模板库
- ❖ 网页素材库
- ❖ 网页配色库
- ❖ 网页欣赏案例库
- ❖ JavaScript 网页特效大全
- ❖ JavaScript 支持手册

案例超多

本书案例丰富，使读者边做边学更快捷。跟着大量案例去学习，边学边做，从做中学，学习可以更深入、更高效。

入门容易

遵循学习规律，入门与实战相结合。编写模式采用基础知识+中小实例+实战案例，内容由浅入深，循序渐进，从入门中学习实战应用，从实战应用中激发学习兴趣。

在线支持

本书每一章均配有在线支持，提供与本章知识相关的知识拓展、专项练习、更多案例等优质在线学习资源，并且新知识、新题目、新案例不断更新中。

读前须知

本书主要面向想学习 HTML 和 CSS 的零基础读者，书中用到 JavaScript，如果读者没有 JavaScript 的基本知识，可先下载本书提供的 JavaScript 支持手册。

本书提供了大量示例，需要用到 Edge、IE、Firefox、Chrome 等主流浏览器进行测试和预览。因此，读者的计算机需要安装上述类型的最新版本浏览器，各种浏览器在 CSS3 的表现上可能会稍有差异。

HTML5 中部分 API 可能需要在服务器端测试环境，本书部分章节所用的服务器端测试环境为 Windows 操作系统+Apache 服务器+PHP 开发语言。如果读者的本地系统没有搭建 PHP 虚拟服务器，建议先搭建该虚拟环境。

限于篇幅，本书示例没有提供完整的 HTML 代码，读者应先将 HTML 结构补充完整，然后进行测试练习，或者直接参考本书提供的源代码，边学边练。

本书适用对象

- ☑ 想学习 Web 前端开发的零基础读者。
- ☑ 具有一定基础的 Web 前端开发工程师。
- ☑ 具有一定基础的 Web 设计师和 UI 设计师。
- ☑ Web 项目的项目管理人员。
- ☑ 开设 Web 开发等相关专业的高等院校的师生和相关培训机构的学员及教师。

关于作者

本书由前端科技团队负责编写，并提供在线支持和技术服务，由于作者水平有限，书中疏漏和不足之处在所难免，欢迎读者朋友不吝赐教。广大读者如有好的建议、意见，或在学习本书时遇到疑难问题，可以联系我们，我们会尽快为您解答，联系方式为 css148@163.com。

编　者
2022 年 1 月

JavaScript 支持手册

为满足无 JavaScript 基础的读者的学习需要，本书准备了 3 本电子版的 JavaScript 支持手册，分别是《JavaScript 基础手册》《JavaScript 函数编程手册》《JavaScript 面向对象编程手册》，读者可以先微信扫描封底刮刮卡内二维码，获得权限，再扫描下方二维码免费获取。

扫码免费下载

本书学习资源

为满足读者学习需要，本书配备了丰富的学习资源，包括 306 集同步视频讲解、示例源码库、面试题库、案例库、工具库、Web 前端开发规范手册参考、网页模板库、网页配色库、网页素材库、网页欣赏案例库、JavaScript 网页特效大全，读者可以先微信扫描封底刮刮卡内二维码，获得权限，再扫描下方二维码免费获取。

扫码获取免费
下载地址

清大文森学堂

文森时代（清大文森学堂）是一家 20 年专注为清华大学出版社提供知识内容生产服务的高新科技企业，依托清华大学科教力量和出版社作者团队，联合行业龙头企业，开发网校课程、学术讲座视频和实训教学方案，为院校科研教学及学生就业提供优质服务。

扫码关注文森学堂

目　录

Contents

上册·HTML5 篇

第1章　HTML5 基础 1

　　　　📹 视频讲解：16 分钟

1.1　HTML5 概述 1

　　1.1.1　HTML 历史 1

　　1.1.2　HTML5 起源 2

　　1.1.3　HTML5 组织 3

　　1.1.4　HTML5 规则 3

　　1.1.5　HTML5 特性 3

　　1.1.6　浏览器支持 5

1.2　HTML5 设计原则 5

　　1.2.1　避免不必要的复杂性 6

　　1.2.2　支持已有内容 6

　　1.2.3　解决实际问题 7

　　1.2.4　用户怎么使用就怎么设计规范 7

　　1.2.5　优雅地降级 7

　　1.2.6　支持的优先级 8

1.3　HTML5 语法特性 9

　　1.3.1　文档和标记 9

　　1.3.2　宽松的约定 9

1.4　HTML5 API 10

　　1.4.1　新增的 API 10

　　1.4.2　修改的 API 11

　　1.4.3　扩展 Document 12

　　1.4.4　扩展 HTMLElement 12

　　1.4.5　其他接口扩展 13

　　1.4.6　弃用的 API 14

1.5　案例实战 14

　　1.5.1　新建 HTML5 文档 14

　　1.5.2　比较 HTML4 和 HTML5 文档 15

1.6　在线支持 16

第2章　HTML5 文档 17

　　　　📹 视频讲解：19 分钟

2.1　HTML5 标签概述 17

　　2.1.1　新增的元素 17

　　2.1.2　废除的元素 17

　　2.1.3　新增的属性 18

　　2.1.4　废除的属性 18

　　2.1.5　新增的事件 18

　　2.1.6　事件监听配置对象 19

2.2　HTML5 全局属性 20

　　2.2.1　内容可编辑 20

　　2.2.2　data——自定义属性 21

　　2.2.3　draggable——拖动 22

　　2.2.4　hidden——隐藏 22

　　2.2.5　语法检查 22

　　2.2.6　翻译 23

2.3　HTML5 新结构 23

　　2.3.1　定义页眉 23

　　2.3.2　定义导航 24

　　2.3.3　定义主要区域 25

　　2.3.4　定义文章块 26

　　2.3.5　定义区块 27

　　2.3.6　定义附栏 28

　　2.3.7　定义页脚 29

　　2.3.8　使用 role 30

2.4　案例实战 31

2.5　在线支持 33

第3章　HTML5 文本 34

　　　　📹 视频讲解：84 分钟

3.1　通用文本 34

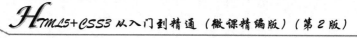
3.1.1 标题文本 34
3.1.2 段落文本 34
3.2 描述性文本 35
3.2.1 强调文本 35
3.2.2 标记细则 35
3.2.3 特殊格式 36
3.2.4 定义上标和下标 36
3.2.5 定义术语 38
3.2.6 标记代码 39
3.2.7 预定义格式 39
3.2.8 定义缩写词 40
3.2.9 标注编辑或不用文本 40
3.2.10 指明引用或参考 42
3.2.11 引述文本 42
3.2.12 换行显示 44
3.2.13 修饰文本 44
3.2.14 非文本注解 44
3.3 特殊用途文本 45
3.3.1 标记高亮显示 45
3.3.2 标记进度信息 46
3.3.3 标记刻度信息 47
3.3.4 标记时间信息 48
3.3.5 标记联系信息 49
3.3.6 标记显示方向 49
3.3.7 标记换行断点 50
3.3.8 标记旁注 50
3.3.9 标记展开/收缩详细信息 51
3.3.10 标记对话框信息 51
3.4 其他类型文本 53
3.4.1 超链接 53
3.4.2 有序列表 53
3.4.3 描述列表 54
3.4.4 浮动框架 54
3.4.5 异步执行脚本 54
3.5 在线支持 55
第 4 章 HTML5 多媒体 56
视频讲解：40 分钟
4.1 响应式图像 56
4.1.1 定义流内容 56
4.1.2 使用 picture 元素 57
4.1.3 设计横屏和竖屏显示 58

4.1.4 根据分辨率显示不同图像 59
4.1.5 根据格式显示不同图像 59
4.1.6 自适应像素比 59
4.1.7 自适应视图宽 60
4.2 使用插件 61
4.3 使用音频和视频 62
4.3.1 使用 audio 元素 62
4.3.2 使用 video 元素 63
4.3.3 视频同步字幕 65
4.4 案例实战 69
4.5 在线支持 72
第 5 章 HTML5 表单 73
视频讲解：57 分钟
5.1 认识 HTML5 表单 73
5.2 HTML5 新型输入框 74
5.2.1 定义 E-mail 框 74
5.2.2 定义 URL 框 74
5.2.3 定义数字框 75
5.2.4 定义范围框 76
5.2.5 定义日期选择器 77
5.2.6 定义搜索框 80
5.2.7 定义电话号码框 81
5.2.8 定义拾色器 81
5.3 HTML5 输入属性 82
5.3.1 定义自动完成 82
5.3.2 定义自动获取焦点 83
5.3.3 定义所属表单 84
5.3.4 定义表单重写 84
5.3.5 定义高和宽 85
5.3.6 定义列表选项 85
5.3.7 定义最小值、最大值和步长 85
5.3.8 定义多选 86
5.3.9 定义匹配模式 86
5.3.10 定义替换文本 87
5.3.11 定义必填 87
5.3.12 定义文本区域 88
5.3.13 定义复选框状态 88
5.3.14 获取文本选取方向 89
5.3.15 访问标签绑定的控件 89
5.3.16 访问控件的标签集 90
5.4 HTML5 新表单元素 90

Note

5.4.1　定义数据列表 90
5.4.2　定义密钥对生成器 91
5.4.3　定义输出结果 91
5.5　HTML5 表单属性 92
5.5.1　定义自动完成 92
5.5.2　定义禁止验证 93
5.6　案例实战 93
5.6.1　设计 HTML5 表单页 93
5.6.2　设计表单验证 95
5.7　在线支持 97

第 6 章　HTML5 绘图 98
　　　　视频讲解：119 分钟
6.1　使用 canvas 98
6.2　绘制图形 100
6.2.1　矩形 100
6.2.2　路径 100
6.2.3　直线 102
6.2.4　圆弧 102
6.2.5　二次方曲线 104
6.2.6　三次方曲线 105
6.3　定义样式和颜色 106
6.3.1　颜色 106
6.3.2　不透明度 107
6.3.3　实线 108
6.3.4　虚线 110
6.3.5　线性渐变 110
6.3.6　径向渐变 111
6.3.7　图案 112
6.3.8　阴影 112
6.3.9　填充规则 113
6.4　图形变形 113
6.4.1　保存和恢复状态 113
6.4.2　清除画布 114
6.4.3　移动坐标 115
6.4.4　旋转坐标 116
6.4.5　缩放图形 117
6.4.6　变换图形 118
6.5　图形合成 119
6.5.1　合成 119
6.5.2　裁切 121

6.6　绘制文本 121
6.6.1　填充文字 121
6.6.2　轮廓文字 122
6.6.3　文本样式 123
6.6.4　测量宽度 124
6.7　使用图像 125
6.7.1　导入图像 125
6.7.2　缩放图像 126
6.7.3　裁切图像 127
6.7.4　平铺图像 127
6.8　像素操作 128
6.8.1　认识 ImageData 对象 128
6.8.2　创建图像数据 129
6.8.3　将图像数据写入画布 129
6.8.4　在画布中复制图像数据 130
6.8.5　保存图片 131
6.9　案例实战 131
6.10　在线支持 134

第 7 章　HTML5 SVG 矢量图 135
　　　　视频讲解：59 分钟
7.1　SVG 基础 135
7.1.1　SVG 发展历史 135
7.1.2　SVG 特点 135
7.1.3　在 HTML 中应用 SVG 136
7.1.4　设计第一个 SVG 图形 136
7.2　使用 SVG 137
7.2.1　矩形 137
7.2.2　圆形 139
7.2.3　椭圆 139
7.2.4　多边形 140
7.2.5　直线 141
7.2.6　折线 141
7.2.7　路径 142
7.2.8　文本 143
7.2.9　线框样式 144
7.2.10　SVG 滤镜 146
7.2.11　模糊效果 147
7.2.12　阴影效果 147
7.2.13　线性渐变 147
7.2.14　放射渐变 148

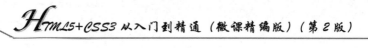

7.3　案例实战 149
7.4　在线支持 151

第8章　HTML5 请求动画和异步处理 152
　　视频讲解：23 分钟
8.1　请求动画 152
　　8.1.1　requestAnimationFrame 基础 152
　　8.1.2　案例：设计进度条 153
8.2　异步处理 154
　　8.2.1　Promise 基础 154
　　8.2.2　创建 Promise 对象 159
　　8.2.3　使用 then()方法 160
　　8.2.4　队列化异步操作 162
　　8.2.5　异常处理 163
　　8.2.6　创建序列 164
　　8.2.7　并行处理 166
8.3　在线支持 168

第9章　HTML5 文件操作 169
　　视频讲解：84 分钟
9.1　FileList 169
9.2　Blob 170
　　9.2.1　访问 Blob 170
　　9.2.2　创建 Blob 171
　　9.2.3　截取 Blob 172
　　9.2.4　保存 Blob 173
9.3　FileReader 174
　　9.3.1　读取文件 174
　　9.3.2　事件监测 176
9.4　ArrayBuffer 和 ArrayBufferView 177
　　9.4.1　使用 ArrayBuffer 178
　　9.4.2　使用 ArrayBufferView 178
　　9.4.3　使用 DataView 179
9.5　FileSystem API 181
　　9.5.1　认识 FileSystem API 181
　　9.5.2　访问 FileSystem 181
　　9.5.3　申请配额 183
　　9.5.4　新建文件 184
　　9.5.5　写入数据 186
　　9.5.6　添加数据 187
　　9.5.7　读取数据 188
　　9.5.8　复制文件 188

9.5.9　删除文件 189
9.5.10　创建目录 190
9.5.11　读取目录 191
9.5.12　删除目录 193
9.5.13　复制目录 194
9.5.14　重命名目录 195
9.5.15　使用 filesystem:URL 196
9.6　案例实战 197
9.7　在线支持 199

第10章　HTML5 通信 200
　　视频讲解：19 分钟
10.1　跨文档发送消息 200
10.2　消息通道通信 203
10.3　网络套接字通信 205
　　10.3.1　什么是 Socket 205
　　10.3.2　为什么需要 Socket 206
　　10.3.3　Socket 的历史 206
　　10.3.4　WebSocket 基础 207
　　10.3.5　使用 WebSocket API 207
　　10.3.6　案例：设计简单的通信 209
　　10.3.7　案例：发送 JSON 信息 213
10.4　服务器推送事件通信 213
　　10.4.1　Server-Sent Events 基础 213
　　10.4.2　使用 Server-Sent Events 214
10.5　广播通道通信 217
10.6　案例实战 218
10.7　在线支持 221

第11章　HTML5 存储 222
　　视频讲解：48 分钟
11.1　Web Storage 222
　　11.1.1　使用 Web Storage 222
　　11.1.2　案例：用户登录 223
11.2　indexedDB 225
　　11.2.1　indexedDB 概述 225
　　11.2.2　建立连接 225
　　11.2.3　数据库版本 227
　　11.2.4　对象仓库 227
　　11.2.5　索引 229
　　11.2.6　事务 231
　　11.2.7　游标 233

11.2.8　保存数据 234
11.2.9　访问数据 235
11.2.10　更新版本 236
11.2.11　访问键值 236
11.2.12　访问属性 238
11.2.13　案例：留言本 240
11.3　案例实战 242
11.4　在线支持 251

第12章　HTML5 异步请求 252
　　　　 视频讲解：22 分钟
12.1　XMLHttpRequest 2 基础 252
12.1.1　XMLHttpRequest 2 概述 252
12.1.2　请求时限 252
12.1.3　FormData 数据对象 253
12.1.4　上传文件 254
12.1.5　跨域访问 255
12.1.6　响应不同类型数据 256
12.1.7　接收二进制数据 257
12.1.8　监测数据传输进度 260
12.2　Fetch 基础 263
12.2.1　Fetch 概述 263
12.2.2　使用 Fetch 263
12.2.3　Fetch 接口类型 265
12.3　案例实战 266
12.3.1　接收 Blob 对象 266
12.3.2　发送 Blob 对象 267
12.4　在线支持 268

第13章　HTML5 线程 269
　　　　 视频讲解：14 分钟
13.1　Web Workers 基础 269
13.1.1　Web Workers 概述 269
13.1.2　使用 Worker 270
13.1.3　使用共享线程 273
13.1.4　使用 Inline Worker 275
13.2　案例实战 276
13.2.1　过滤运算 276
13.2.2　并发运算 277
13.3　在线支持 279

第14章　HTML5 缓存 280
14.1　online/offline status API 基础 280

14.2　Cache API 基础 281
14.2.1　Cache API 概述 281
14.2.2　使用 Cache 282
14.3　Service Worker 基础 285
14.3.1　Service Worker 概述 285
14.3.2　使用 Service Worker 286
14.4　案例实战 291
14.5　在线支持 293

第15章　HTML5 Web 组件 294
15.1　HTML5 模板 294
15.1.1　认识 template 294
15.1.2　使用 template 元素 295
15.1.3　应用模板 296
15.2　Shadow DOM 组件 297
15.2.1　认识 Shadow DOM 297
15.2.2　创建 Shadow DOM 298
15.2.3　使用 slot 元素 300
15.2.4　设置 Shadow DOM 样式 301
15.2.5　使用 slotchange 事件 305
15.3　自定义元素 306
15.3.1　认识自定义元素 306
15.3.2　新建自定义元素 307
15.3.3　派生元素类型 307
15.3.4　注册自定义元素 308
15.3.5　生命周期响应函数 309
15.3.6　元素升级 310
15.3.7　派生内置元素类型 311
15.3.8　自定义元素的属性 311
15.3.9　设置自定义元素的内容 312
15.4　HTML 导入 313
15.5　在线支持 314

第16章　HTML5 历史记录 315
　　　　 视频讲解：10 分钟
16.1　History API 基础 315
16.1.1　认识 History API 315
16.1.2　使用 History API 315
16.2　案例实战 317
16.2.1　设计无刷新站点导航 317
16.2.2　设计能回退的画板 319
16.3　在线支持 321

第 17 章　HTML5 访问多媒体设备..............322
　17.1　WebRTC 基础........................322
　　17.1.1　认识 WebRTC...................322
　　17.1.2　访问本地设备...................323
　17.2　案例实战............................325
　　17.2.1　拍照和摄像.....................325
　　17.2.2　录音并压缩.....................326
　17.3　在线支持............................329

第 18 章　HTML5 访问传感器....................330
　18.1　传感器 API 基础......................330
　　18.1.1　认识传感器 API.................330
　　18.1.2　方向事件和移动事件.............330
　　18.1.3　浏览器支持.....................332
　　18.1.4　应用场景.......................332
　18.2　案例实战............................332
　　18.2.1　记录摇手机的次数...............332
　　18.2.2　重力测试小游戏.................334
　18.3　在线支持............................335

第 19 章　HTML5 访问位置.....................336
　19.1　Geolocation API 基础.................336
　　19.1.1　Geolocation API 应用场景........336
　　19.1.2　位置信息来源...................336
　　19.1.3　位置信息表示方式...............336
　　19.1.4　获取位置信息...................337
　　19.1.5　浏览器兼容性...................338
　　19.1.6　监测位置信息...................339
　　19.1.7　停止获取位置信息...............339
　　19.1.8　保护隐私.......................339
　　19.1.9　处理位置信息...................340
　　19.1.10　使用 position..................340

　19.2　案例实战............................341
　　19.2.1　定位手机位置...................341
　　19.2.2　获取经纬度及其详细地址.........342
　　19.2.3　输入提示查询位置...............343
　　19.2.4　从当前位置查询指定位置
　　　　　　路线...........................344
　　19.2.5　记录行踪路线...................345
　19.3　在线支持............................347

第 20 章　HTML5 拖放操作.....................348
　　　　　视频讲解：12 分钟
　20.1　拖放 API 基础........................348
　　20.1.1　定义拖放功能...................348
　　20.1.2　认识 DataTransfer 对象...........350
　20.2　案例实战............................353
　20.3　在线支持............................355

第 21 章　HTML5 通知和显示...................356
　　　　　视频讲解：24 分钟
　21.1　通知 API............................356
　　21.1.1　Notification API 基础...........356
　　21.1.2　案例：设计桌面通知.............358
　　21.1.3　案例：关闭通知.................358
　　21.1.4　案例：设计多条通知.............359
　21.2　页面可见 API........................360
　　21.2.1　Page Visibility API 基础.........360
　　21.2.2　案例：设计视频页面.............362
　21.3　全屏 API............................363
　　21.3.1　Fullscreen API 基础.............363
　　21.3.2　案例：设计全屏播放.............365
　21.4　在线支持............................366

第1章

HTML5 基础

视频讲解

2014 年 10 月 28 日，W3C 的 HTML 工作组发布了 HTML5 的正式推荐标准，标志着一个全新的 Web 应用时代的开启。HTML5 是构建开放 Web 平台的核心，增加了支持 Web 应用的许多新特性，以及更符合开发者使用习惯的新元素，更关注定义清晰、一致的标准，以确保 Web 应用和内容在不同浏览器中的互操作性。本章主要介绍 HTML5 的基础知识和相关概念。

1.1　HTML5 概述

从 2010 年开始，HTML5 和 CSS3 就一直是网络世界倍受追捧的技术热点。以 HTML5+CSS3 为主的网络时代，使互联网进入了一个崭新的发展阶段。

1.1.1　HTML 历史

HTML 从诞生至今，经历了近 30 年的发展，其中经历的版本及发布日期和说明如表 1.1 所示。

表 1.1　HTML 语言的发展过程

版　　本	发 布 日 期	说　　　　明
超文本标记语言（第一版）	1993 年 6 月	作为互联网工程工作小组（IETF）工作草案发布，非标准
HTML2.0	1995 年 11 月	作为 RFC 1866 发布，在 RFC 2854 于 2000 年 6 月发布之后被宣布已经过时
HTML3.2	1996 年 1 月 14 日	W3C 推荐标准
HTML4.0	1997 年 12 月 18 日	W3C 推荐标准
HTML4.01	1999 年 12 月 24 日	微小改进，W3C 推荐标准
ISO HTML	2000 年 5 月 15 日	基于严格的 HTML4.01 语法，是国际标准化组织和国际电工委员会的标准
XHTML1.0	2000 年 1 月 26 日	W3C 推荐标准，修订后于 2002 年 8 月 1 日重新发布
XHTML1.1	2001 年 5 月 31 日	较 XHTML1.0 有微小改进
XHTML2.0 草案	没有发布	2009 年，W3C 停止了 XHTML2.0 工作组的工作
HTML5 草案	2008 年 1 月	HTML5 规范先是以草案发布，经历了漫长的过程
HTML5	2014 年 10 月 28 日	W3C 推荐标准
HTML5.1	2017 年 10 月 3 日	W3C 发布 HTML5 第 1 个更新版本（http://www.w3.org/TR/html51/）
HTML5.2	2017 年 12 月 14 日	W3C 发布 HTML5 第 2 个更新版本（http://www.w3.org/TR/html52/）
HTML5.3	2018 年 3 月 15 日	W3C 发布 HTML5 第 3 个更新版本（http://www.w3.org/TR/html53/）
HTML Living Standard	2019 年 5 月 28 日	WHATWG 的 HTML Living Standard 正式取代 W3C 标准成为官方标准（https://html.spec.whatwg.org/multipage/）

> **提示**：从上面 HTML 发展列表来看，HTML 没有 1.0 版本，这主要是因为当时有很多不同的版本。有些人认为 Tim Berners-Lee 的版本应该算初版 HTML，其版本中还没有 img 元素，也就是说 HTML 刚开始时仅能够显示文本信息。

1.1.2 HTML5 起源

在 20 世纪末期，W3C 开始琢磨着改良 HTML 语言，当时的版本是 HTML4.01。但是在后来的开发和维护过程中，出现了方向性分歧：是开发 XHTML1，再到 XHTML2，最后终极目标是 XML；还是坚持实用主义原则，快速开发出改良的 HTML5 版本？

2004 年 W3C 成员内部的一次研讨会上，当时 Opera 公司的代表伊恩·希克森（Ian Hickson）提出了一个扩展和改进 HTML 的建议。他建议新任务组可以跟 XHTML2 并行，但是在已有 HTML 的基础上开展工作，目标是对 HTML 进行扩展。但是 W3C 投票表示反对，因为他们认为 HTML 已经毫无前景，XHTML2 才是未来的方向。

然后，Opera、Apple 等浏览器厂商，以及部分成员忍受不了 W3C 的工作机制和拖沓的行事节奏，决定脱离 W3C，他们成立了 WHATWG（Web Hypertext Applications Technology Working Group，Web 超文本应用技术工作组），这就为 HTML5 将来的命运埋下了伏笔。

WHATWG 决定完全脱离 W3C，在 HTML 的基础上开展工作，向其中添加一些新东西。这个工作组的成员里有浏览器厂商，因此他们可以保证实现各种新奇、实用的点子。结果，大家不断提出一些好点子，并且逐一整合到新版本浏览器中。

WHATWG 的工作效率很高，不久就初见成效。在此期间，W3C 的 XHTML2 没有什么实质性的进展。在 2006 年，蒂姆·伯纳斯-李写了一篇博客反思 HTML 的发展历史："你们知道吗？我们错了。我们错在企图一夜之间就让 Web 跨入 XML 时代，我们的想法太不切实际了，是的，也许我们应该重新组建 HTML 工作组了。"

W3C 在 2007 年组建了 HTML5 工作组。这个工作组面临的第一个问题是"我们是从头开始做起呢，还是在 2004 年成立的那个叫 WHATWG 的工作组既有成果的基础上开始工作呢？"

答案是显而易见的，他们当然希望从已经取得的成果着手，以此为基础展开工作。工作组投了一次票，同意在 WHATWG 工作成果的基础上继续开展工作。

第二个问题就是如何理顺两个工作组之间的关系。W3C 这个工作组的编辑应该由谁担任？是不是还让 WHATWG 的编辑，也就是现在 Google 的伊恩·希克森来兼任？于是他们又投了一次票，赞成让伊恩·希克森担任 W3C HTML5 规范的编辑，同时兼任 WHATWG 的编辑，更有助于新工作组开展工作。

这就是他们投票的结果，也就是我们今天看到的局面：一种格式，两个版本。WHATWG 网站上有这个规范，而 W3C 网站上同样也有一份。

如果不了解内情，你很可能会产生这样的疑问："哪个版本才是真正的规范？"当然，这两个版本内容是一样的。实际上，这两个版本将来还会分道扬镳。现在已经有了分道扬镳的迹象。W3C 最终要制定一个具体的规范，这个规范会成为一个工作草案，定格在某个历史时刻。

而 WHATWG 还在不断地迭代。即使目前的 HTML5 也不能完全涵盖 WHATWG 正在从事的工作。最准确的理解就是 WHATWG 正在开发一项简单的 HTML 或 Web 技术，因为这才是他们工作的核心目标。然而，同时存在两个这样的工作组，这两个工作组同时开发一个基本相同的规范，这无论如何也容易让人产生误解，误解就可能造成麻烦。

其实这两个工作组背后各自有各自的流程，因为它们的理念完全不同。在 WHATWG 内部，可以说是一种独裁的工作机制。伊恩·希克森是编辑。他会听取各方意见，在所有成员各抒己见，充分陈述自己的观点之后，他批准自己认为正确的意见。而 W3C 则截然相反，可以说是一种民主的工作机制。所有成员都可以发表意见，而且每个人都有投票表决的权利。这个流程的关键在于投票表决。从表面上看，WHATWG 的工作机制让人难以接受，W3C 的工作机制听起来让人很舒服，至少体现了人人平等的精神。但在实践中，WHATWG 的工作机制运行得非常好。这主要归功于伊恩·希克森。他在听取各方意见时，始终可以做到丝毫不带个人感情色彩。

从原理上讲，W3C 的工作机制很公平，而实际上却非常容易在某些流程或环节上卡壳，造成工作停滞不前，一件事情要达成决议往往需要花费很长时间。那到底哪种工作机制最好呢？笔者认为，最好的工作机制是将二者结合起来。而事实也是两个规范制定主体在共同制定一份相同的规范，这倒是非常有利于两种工作机制相互取长补短。

两个工作组之所以能够同心同德，主要原因是 HTML5 的设计思想。因为从一开始就确定了设计 HTML5 所要坚持的原则。结果，我们不仅看到了一个规范，也就是 W3C 站点上公布的那份文档，即 HTML5 语言规范，还在 W3C 站点上看到了另一份文档，也就是 HTML5 设计原理。

1.1.3　HTML5 组织

HTML5 是 W3C 与 WHATWG 合作的结晶。HTML5 开发主要由下面 3 个组织负责。

- ☑ WHATWG：由来自 Apple、Mozilla、Google、Opera 等浏览器厂商的专家组成，成立于 2004 年。WHATWG 负责开发 HTML 和 Web 应用 API。
- ☑ W3C：指 World Wide Web Consortium，万维网联盟，负责发布 HTML5 规范。
- ☑ IETF（因特网工程任务组）：负责 Internet 协议开发。HTML5 定义的 WebSocket API 依赖于新的 WebSocket 协议，IETF 工作组负责开发这个协议。

1.1.4　HTML5 规则

为了避免 HTML5 开发过程中出现的各种分歧和偏差，HTML5 开发工作组在共识基础上建立一套行事规则。

- ☑ 新特性应该基于 HTML、CSS、DOM 以及 JavaScript。
- ☑ 减少对外部插件的依赖，如 Flash。
- ☑ 更优秀的错误处理机制。
- ☑ 更多取代脚本的标记。
- ☑ HTML5 应该独立于设备。
- ☑ 开发进程应即时、透明，倾听技术社区的声音，吸纳社区内优秀的 Web 应用。
- ☑ 允许试错，允许纠偏，从实践中来，服务于实践，快速迭代。

1.1.5　HTML5 特性

下面简单介绍 HTML5 的特征和优势，以便增强读者自学 HTML5 的动力和明确目标。

1. 兼容性

考虑到互联网上 HTML 文档已经存在 20 多年了，因此支持所有现存 HTML 文档是非常重要的。HTML5 不是颠覆性的革新，它的核心理念就是要保持与过去技术的兼容和过渡。一旦浏览器不支持 HTML5 的某项功能，针对该功能的备选行为就会悄悄运行。

2．实用性

HTML5 新增加的元素都是对现有网页和用户习惯进行跟踪、分析和概括而推出的。例如，Google 分析了上百万的页面，从中分析出了 DIV 标签的通用 ID 名称，并且发现其重复量很大，如很多开发人员使用<div id="header">来标记页眉区域，为了解决实际问题，HTML5 就直接添加一个<header>标签。也就是说，HTML5 新增的很多元素、属性或者功能都是根据现实互联网中已经存在的各种应用进行技术提炼，而不是在实验室中进行理想化地虚构新功能。

3．效率

HTML5 规范是基于用户优先的原则编写的，其宗旨是用户即上帝，这意味着在遇到无法解决的冲突时，规范会把用户放到第一位，其次是页面制作者，再次是浏览器解析标准，接着是规范制定者（如 W3C、WHATWG），最后才考虑理论的纯粹性。因此，HTML5 的绝大部分功能是实用的，只是在有些情况下还不够完美。例如，下面的几种代码写法在 HTML5 中都能被识别。

```
id="prohtml5"
id=prohtml5
ID="prohtml5"
```

当然，上面几种写法比较混乱，不够严谨，但是从用户开发角度考虑，用户不在乎代码怎么写，根据个人书写习惯反而提高了代码编写效率。

4．安全性

为保证足够安全，HTML5 引入了一种新的基于来源的安全模型，该模型不仅易用，而且对各种不同的 API 都通用。这个安全模型可以不需要借助于任何所谓聪明、有创意却不安全的 hack 就能跨域进行安全对话。

5．分离

在清晰分离表现与内容方面，HTML5 迈出了很大的步伐。HTML5 在所有可能的地方都努力进行了分离，包括 HTML 和 CSS。实际上，HTML5 规范已经不支持老版本 HTML 的大部分表现功能了。

6．简化

HTML5 要的就是简单、避免不必要的复杂性。HTML5 的口号是：简单至上，尽可能简化。因此，HTML5 做了以下改进。

- ☑ 以浏览器原生能力替代复杂的 JavaScript 代码。
- ☑ 简化的 DOCTYPE。
- ☑ 简化的字符集声明。
- ☑ 简单而强大的 HTML5 API。

7．通用性

通用访问的原则可以分成 3 个概念。

- ☑ 可访问性：出于对残障用户的考虑，HTML5 与 WAI（Web 可访问性倡议）和 ARIA（可访问的富 Internet 应用）做到了紧密结合，WAI-ARIA 中以屏幕阅读器为基础的元素已经被添加到 HTML 中。
- ☑ 媒体中立：如果可能的话，HTML5 的功能在所有不同的设备和平台上应该都能正常运行。
- ☑ 支持所有语种：如新的<ruby>元素支持在东亚页面排版中会用到的 Ruby 注释。

8．无插件

在传统 Web 应用中，很多功能只能通过插件或者复杂的 hack 来实现，但在 HTML5 中提供了对这些功能的原生支持。插件的方式存在很多问题：

Note

- ☑　插件安装可能失败。
- ☑　插件可以被禁用或屏蔽，如 Flash 插件。
- ☑　插件自身会成为被攻击的对象。
- ☑　因为插件边界、剪裁和透明度问题，插件不容易与 HTML 文档的其他部分集成。

以 HTML5 中的 canvas 元素为例，有很多非常底层的事情以前是没办法做到的，如在 HTML4 的页面中就难画出对角线，而有了 canvas 就可以很轻易地实现了。基于 HTML5 的各类 API 的优秀设计，可以轻松地对它们进行组合应用。例如，从 video 元素中抓取的帧可以显示在 canvas 里面，用户单击 canvas 即可播放这帧对应的视频文件。

最后，用万维网联盟创始人 Tim Berners-Lee 评论来小结，"今天，我们想做的事情已经不再是通过浏览器观看视频或收听音频，或者在一部手机上运行浏览器。我们希望通过不同的设备，在任何地方，都能够共享照片、网上购物、阅读新闻以及查找信息。虽然大多数用户对 HTML5 和开放 Web 平台（Open Web Platform，OWP）并不熟悉，但是它们正在不断改进用户体验。"

1.1.6　浏览器支持

HTML5 发展的速度非常快，主流浏览器对于 HTML5 各 API 的支持也不尽统一，用户需要访问 https://www.caniuse.com/ 网站，在首页输入 API 的名称或关键词，了解各浏览器以及各版本对其支持的详细情况，如图 1.1 所示。在默认主题下，绿色表示完全支持，紫色表示部分支持，红色表示不支持。

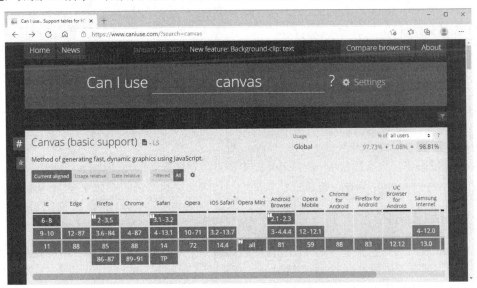

图 1.1　查看各浏览器和各版本对 HTML5 API 的支持情况

如果通过浏览器访问 http://html5test.com/，该网站会直接显示用户当前浏览器和版本对于 HTML5 规范的所有 ALI 支持详情。另外，也可以使用 Modernizr（JavaScript 库）进行特性检测，它提供了非常先进的 HTML5 和 CSS3 检测功能。

1.2　HTML5 设计原则

为了规范 HTML5 开发的兼容性、实用性和互操作性，W3C 发布了 HTML5 设计原则（http://www.w3.org/TR/html-design-principles/），简单说明如下。

1.2.1 避免不必要的复杂性

规范可以写得十分复杂，但浏览器的实现应该非常简单。把复杂的工作留给浏览器后台去处理，用户仅需要输入最简单的字符，甚至不需要输入，才是最佳文档规范。因此，HTML5 首先采用化繁为简的思路进行设计。

【示例 1】在 HTML4.01 中定义文档类型的代码如下。

```
<!DOCTYPE html PUBLIC "-//W3C/DTD HTML4.01//EN" "http://www.w3.org/TR/html4/strict.dtd">
```

HTML5 简化如下。

```
<!DOCTYPE html>
```

HTML4.01 和 XHTML 中的 DOCTYPE 过于冗长，但在 HTML5 中只需要简单的<!DOCTYPE html>就可以了。DOCTYPE 是给验证器用的，而非浏览器，浏览器只在做 DOCTYPE 切换时关注这个标签，因此并不需要写得太复杂。

【示例 2】在 HTML4.01 中定义字符编码的代码如下。

```
<meta http-equiv="Content-Type" content="text/html; charset=utf-8">
```

在 XHTML1.0 中还需要再声明 XML 标签，并在其中指定字符编码。

```
<?xml version="1.0" encoding="UTF-8" ?>
<meta http-equiv="Content-Type" content="text/html; charset=utf-8" />
```

HTML5 简化如下。

```
<meta charset="utf-8">
```

关于省略不必要的复杂性，或者说避免不必要的复杂性的例子还有不少。但关键是既能避免不必要的复杂性，还不会妨碍在现有浏览器中使用。

在 HTML5 中，如果使用 link 元素链接到一个样式表，先定义 rel="stylesheet"，然后再定义 type="text/css"，这样就重复了。对浏览器而言，只要设置 rel="stylesheet"就够了，因为它可以识别出要链接的是一个 CSS 样式表，不必要再指定 type 属性。

对 Web 开发而言，大家都使用 JavaScript 脚本语言，也是默认的通用语言，用户可以为 script 元素定义 type="text/javascript"属性，也可以什么都不写，浏览器自然会假设在使用 JavaScript。

1.2.2 支持已有内容

XHTML2.0 最大的问题就是不支持已经存在的内容，这违反了 Postel 法则（即对自己发送的东西要严格，对接收的东西则要宽容）。现实情况中，开发者可以写出各种风格的 HTML，浏览器遇到这些代码时，在内部所构建出的结构应该是一样的，呈现的效果也应该是一样的。

【示例】下面示例展示了编写同样内容的 4 种不同写法，4 种写法唯一的不同点就是语法。

```
<!--写法 1-->
<img src="foo" alt="bar" />
<p class="foo">Hello world</p>
<!--写法 2-->
<img src="foo" alt="bar">
<p class="foo">Hello world
<!--写法 3-->
<IMG SRC="foo" ALT="bar">
<P CLASS="foo">Hello world</P>
<!--写法 4-->
```

```
<img src=foo alt=bar>
<p class=foo>Hello world</p>
```

从浏览器解析的角度分析，这些写法实际上都是一样的。HTML5 必须支持已经存在的约定，适应不同的用户习惯，而不是用户适应浏览器的严格解析标准。

1.2.3　解决实际问题

规范应该去解决现实中实际遇到的问题，而不该考虑那些复杂的理论问题。

【示例】既然有在<a>中嵌套多个段落标签的需要，那就让规范支持它。

如果块内容包含一个标题，一个段落。按 HTML4 规范，必须至少使用两个链接。例如：

```
<h2><a href="#">标题文本</a></h2>
<p><a href="#">段落文本</a></p>
```

在 HTML5 中，只需要把所有内容都包裹在一个链接中就行了。例如：

```
<a href="#">
    <h2>标题文本</h2>
    <p>段落文本</p>
</a>
```

其实这种写法早已存在，当然以前这样写是不合乎规范的。所以说，HTML5 解决现实的问题，其本质还是纠正因循守旧的规范标准，现在把标准改了，允许用户这样写了。

1.2.4　用户怎么使用就怎么设计规范

当一个实践已经被广泛接受时，就应该考虑将它吸纳进来，而不是禁止它或搞一个新的实践出来。例如，HTML5 新增了 nav、section、article、aside 等标签，它们引入了新的文档模型，即文档中的文档。在 section 中，还可以嵌套 h1～h6 的标签，这样就有了无限的标题层级，这也是很早之前 Tim Berners Lee 所设想的。

【示例】下面几行代码相信大家都不会陌生，这些都是频繁被使用过的 ID 名称。

```
<div id="header">...</div>
<div id="navigation">...</div>
<div id="main">...</div>
<div id="aside">...</div>
<div id="footer">...</div>
```

在 HTML5 中，可以用新的元素代替使用。

```
<header>...</header>
<nav>...</nav>
<div id="main">...</div>
<aside>...</aside>
<footer>...</footer>
```

实际上，这并不是 HTML5 工作组发明的，也不是 W3C 开会研究出来的，而是谷歌根据大数据分析用户习惯总结出来的。

1.2.5　优雅地降级

渐进增强的另一面就是优雅地回退。最典型的例子就是使用 type 属性增强表单。

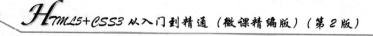

Note

【示例1】 下面代码列出了可以为 type 属性指定新值，如 number、search、range 等。

```
<input type="number" />
<input type="search" />
<input type="range" />
<input type="email" />
<input type="date" />
<input type="url" />
```

最关键的问题在于：浏览器看到这些新 type 值时会如何处理。老版本浏览器是无法理解这些新 type 值的。但是当它们看到自己不理解的 type 值时，会将 type 的值解释为 text。

【示例2】 对于新的 video 元素，它设计得很简单、实用。针对不支持 video 元素的浏览器可以这样写。

```
<video src="movie.mp4">
    <!--回退内容-->
</video>
```

这样 HTML5 视频与 Flash 视频就可以协同起来，用户不用纠结如何选择。

```
<video src="movie.mp4">
    <object data="movie.swf">
        <!--回退内容-->
    </object>
</video>
```

如果愿意的话，还可以使用 source 元素，而非 src 属性来指定不同的视频格式。

```
<video>
    <source src="movie.mp4">
    <source src="movie.ogv">
    <object data="movie.swf">
        <a href="movie.mp4">download</a>
    </object>
</video>
```

上面代码包含了 4 个不同的层次。

☑ 如果浏览器支持 video 元素，也支持 H264，那么用第一个视频。

☑ 如果浏览器支持 video 元素，支持 Ogg，那么用第二个视频。

☑ 如果浏览器不支持 video 元素，那么就要试试 Flash 视频。

☑ 如果浏览器不支持 video 元素，也不支持 Flash 视频，还可以给出下载链接。

总之，无论是 HTML5，还是 Flash，一个也不能少。如果只使用 video 元素提供视频，难免会遇到问题。而如果只提供 Flash 影片，性质是一样的，所以还是应该两者兼顾。

1.2.6　支持的优先级

用户与开发者的重要性要远远高于规范和理论。在考虑优先级时，应该按照下面顺序设计。

用户 > 编写 HTML 的开发者 > 浏览器厂商 > 规范制定者 > 理论

这个设计原则本质上是一种解决冲突的机制。例如，当面临一个要解决的问题时，如果 W3C 给出了一种解决方案，而 WHATWG 给出了另一种解决方案。一旦遇到冲突，最终用户优先，其次是开发者，再是实现者，然后规范制定者，最后才是理论上的完美。

根据最终用户优先的原理，开发人员在链条中的位置高于实现者，假如我们发现了规范中的某些地方有问题，就不支持实现这个特性，那么就等于把相应的特性给否定了，规范里就得删除，因为用户有更高的权重。本质上用户拥有了更大的发言权，开发人员也拥有更多的主动性。

1.3　HTML5 语法特性

HTML5 以 HTML4 为基础，对 HTML4 进行了全面升级改造。与 HTML4 相比，HTML5 在语法上有很大的变化，具体说明如下。

1.3.1　文档和标记

1. 内容类型

HTML5 的文件扩展名和内容类型保持不变。例如，扩展名仍然为 ".html" 或 ".htm"，内容类型（ContentType）仍然为 "text/html"。

2. 文档类型

在 HTML4 中，文档类型的声明方法如下。

```
<!DOCTYPE html PUBLIC "-//W3C//DTD XHTML 1.0 Transitional//EN" "http://www.w3.org/TR/xhtml1/DTD/xhtml1-transitional.dtd">
```

在 HTML5 中，文档类型的声明方法如下。

```
<!DOCTYPE html>
```

当使用工具时，也可以在 DOCTYPE 声明中加入 SYSTEM 识别符，声明方法如下。

```
<!DOCTYPE HTML SYSTEM "about:legacy-compat">
```

在 HTML5 中，DOCTYPE 声明方式是不区分大小写的，引号也不区分是单引号还是双引号。

注意：使用 HTML5 的 DOCTYPE 会触发浏览器以标准模式显示页面。众所周知，网页都有多种显示模式，如怪异模式（Quirks）、标准模式（Standards）。浏览器根据 DOCTYPE 来识别该使用哪种解析模式。

3. 字符编码

在 HTML4 中，使用 meta 元素定义文档的字符编码，如下所示。

```
<meta http-equiv="Content-Type" content="text/html;charset=UTF-8">
```

在 HTML5 中，继续沿用 meta 元素定义文档的字符编码，但是简化了 charset 属性的写法，如下所示。

```
<meta charset="UTF-8">
```

对于 HTML5 来说，上述两种方法都有效，用户可以继续使用前一种方式，即通过 content 元素的属性来指定。但是不能同时混用两种方式。

注意：在传统网页中，可能会存在下面的标记。但 HTML5 中这种字符编码方式是错误的。

```
<meta charset="UTF-8" http-equiv="Content-Type" content="text/html;charset=UTF-8">
```

从 HTML5 开始，对于文件的字符编码推荐使用 UTF-8。

1.3.2　宽松的约定

HTML5 语法是为了保证与之前的 HTML4 语法达到最大限度的兼容而设计的。

1．标记省略

在 HTML5 中，元素的标记可以分为 3 种类型：不允许写结束标记、可以省略结束标记、开始标记和结束标记全部可以省略。下面简单介绍这 3 种类型各包括哪些 HTML5 元素。

- ☑ 不允许写结束标记的元素有 area、base、br、col、command、embed、hr、img、input、keygen、link、meta、param、source、track、wbr。
- ☑ 可以省略结束标记的元素有 li、dt、dd、p、rt、rp、optgroup、option、colgroup、thead、tbody、tfoot、tr、td、th。
- ☑ 可以省略全部标记的元素有 html、head、body、colgroup、tbody。

提示：不允许写结束标记的元素是指，不允许使用开始标记与结束标记将元素括起来的形式，只允许使用<元素/>的形式进行书写。HTML5 之前的版本中
这种写法可以继续沿用。

可以省略全部标记的元素是指元素可以完全被省略。注意，该元素还是以隐式的方式存在的。例如，将 body 元素省略时，但它在文档结构中还是存在的，可以使用 document.body 进行访问。

2．布尔值

对于布尔型属性，如 disabled 与 readonly 等，当只写属性而不指定属性值时，表示属性值为 true；如果属性值为 false，可以不使用该属性。另外，要想将属性值设定为 true 时，也可以将属性名设定为属性值，或将空字符串设定为属性值。

【示例 1】下面是几种正确的书写方法。

```
<!--只写属性，不写属性值，代表属性为 true-->
<input type="checkbox" checked>
<!--不写属性，代表属性为 false-->
<input type="checkbox">
<!--属性值=属性名，代表属性为 true-->
<input type="checkbox" checked="checked">
<!--属性值=空字符串，代表属性为 true-->
<input type="checkbox" checked="">
```

3．属性值

属性值可以加双引号，也可以加单引号。HTML5 在此基础上做了一些改进，当属性值不包括空字符串、<、>、=、单引号、双引号等字符时，属性值两边的引号可以省略。

【示例 2】下面写法都是合法的。

```
<input type="text">
<input type='text'>
<input type=text>
```

1.4 HTML5 API

HTML5 引入了很多新的 API 和扩展，并对一些现有的 API 进行完善或删除。

1.4.1 新增的 API

HTML5 引入了大量的 API，为创建 Web 应用提供帮助。这些 API 可以与 HTML5 新元素一起配合使用。

☑ 多媒体播放和控制 API，提供多个媒体元素，如 video 和 audio，并支持回放、同步多媒体、实时文本轨道（如字幕）等功能。

☑ 表单验证 API，表单限制输入的验证接口，如 setCustomValidity()方法。

☑ 启用离线 Web 应用的 API，包括应用缓存（application cache）。

☑ 允许 Web 应用来为某种协议或媒体类型注册自身的 API，使用 registerProtocolHandler()和 registerContentHandler()实现。

☑ 结合新的全局属性 contenteditable 使用的编辑 API，允许编辑任意元素的内容。

☑ 拖放 API，使用 draggable 属性。

☑ 文档 URL API，暴露文档 URL、允许使用脚本导航、重定向和重新载入的接口（Location 接口）。

☑ History API，暴露会话历史、允许使用脚本无刷新更新页面 URL（History 接口）。这样 Web 应用就不必滥用 fragment 间接实现无刷新的导航。

☑ base64 转换 API，使用 atob()和 btoa()方法实现。

☑ 回调函数管理 API，基于时间的定时器的回调接口，使用 setTimeout()和 setInterval()方法实现。

☑ 提示用户 API，提供给用户的提示接口 alert()、confirm()、prompt()、showModalDialog()。

☑ 打印文档 API，使用 print()方法实现。该接口很早就有，属于 BOM 部分，直到 HTML5 才加入标准。

☑ 处理搜索服务提供商 API 使用 AddSearchProvider()和 IsSearchProviderInstalled()方法实现。

☑ 定义窗口（Window）、导航器（Navigator）和外部（External）接口。

☑ 用户命令 API。

☑ 微数据 API。

☑ 即时模式位图图形 API，基于 canvas 元素和 2D 上下文环境。

☑ 跨文档通信 API，基于 postMessage()方法、通信通道和广播通道。

☑ 执行脚本的多线程 API，基于 Worker 和 SharedWorker。

☑ 客户端数据存储，基于 localStorage 和 sessionStorage。

☑ 客户端与服务器双向通信 API，基于 WebSocket。

☑ 服务器到客户端数据推送 API，基于 EventSource。

1.4.2　修改的 API

如下 DOM 2 的接口已被改动。

☑ document.title：增加当文档崩溃时，显示为空白，返回值将会折叠多个空格符。

☑ document.domain：设置和改变文档的有效域名。

☑ document.open()：可以清除文档（如果调用时仅有两个或更少的参数），或者类似 window.open()（如果调用时有 3 个或 4 个参数）。在前一种情况下，在 XML 文档中将抛出异常。

☑ document.close()、document.write()和 document.writeln()：在 XML 文档中使用将抛出异常，后两个方法现在支持可变数量的参数，它们可以在文档解析阶段向文档添加文本流，并隐式调用 document.open()，这样仍然被解析。在一些情形下，他们都可能会被忽略。

☑ document.getElementsByName()：能够返回所有匹配的元素，返回满足 name 符合参数的所有

HTML 元素。

☑ HTMLFormElement 的 elements 接口：将返回 HTMLFormControlsCollection，包含所有表单控件，包括 button、fieldset、input、keygen、object、output、select 和 textarea 元素，并新增一个 length 属性，该属性返回包含控件的个数。

☑ HTMLSelectElement 的 add()接口：允许第二个参数为数字。

☑ HTMLSelectElement 的 remove()接口：在参数越界时，将删除集合中第一个元素。

☑ click()、focus()和 blur()接口函数：可以应用到所有元素上面。

☑ a 和 area 元素现在能够串行化它们的 href 属性。这意味着 HTMLAnchorElement 和 HTMLAreaElement 对应的 toString()方法将返回它们的 href 属性。

1.4.3 扩展 Document

在 DOM Level 2 中有一个 HTMLDocument 接口，继承于 Document，并提供了文档内部的元素（仅局限于 HTML 范畴内）访问接口。

HTML5 将这些成员移动到了 Document 接口中，并在特定方向上拓展了它。由于各类文档（如 XML、HTML5、SVG 等）都使用了 Document 接口，而 HTML5 范畴内的元素在所有类别的文档中都可用，因此这些接口在 SVG 等文档中都可以很好地运作。

此外，Document 接口还增加了一些新成员，简单说明如下。

☑ location、lastModified 和 readyState：提供基本的文档元数据（metadata）管理。

☑ dir、head、embeds、plugins、scripts、commands 和一个通用 getter：以方便快速访问文档树中各个部分。

☑ getItems()：为所有元数据提供一个访问项目的方法。

☑ cssElementMap：对 CSS 的 element()方法进行补充。

☑ currentScript：返回当前正在执行的 script 元素或者返回 null。

☑ activeElement 和 hasFocus 接口：确定当前焦点是哪些元素，以及文档是否具有焦点。

☑ 文档编辑 API 接口函数：designMode、execCommand()、queryCommandEnabled()、queryCommandIndeterm()、queryCommandState()、queryCommandSupported()、queryCommandValue()。

☑ 所有的事件处理新增 IDL 属性，另外 onreadystatechange IDL 属性是一个特殊的事件处理程序，只能够应用在 document 对象上。

💡 提示：在脚本中修改了 HTMLDocument 原型的那部分还是可以正常运转的，因为 window.HTMLDocument 也将返回 Document 接口对象。

1.4.4 扩展 HTMLElement

HTMLElement 接口也在 HTML5 中得到了扩展，说明如下。

☑ dataset：用于处理 data-*属性，采用驼峰命名法访问自定义属性，如 elm.dataset.fooBar = 'test' 设置自定义属性 data-foo-bar 的属性值。

☑ click()、focus()、blur()：允许脚本模拟点击与移动焦点。

☑ accessKeyLabel：为指定元素提供快捷键，Web 开发者可以用 accesskey 属性进行控制。

☑ isContentEditable：检测元素是否可以编辑。如果可编辑，则返回 true，否则返回 false。

☑ forceSpellCheck()：允许用户代理检查元素的拼写。

☑ itemScope、itemType、itemId、itemRef、itemProp、properties 和 itemValue：用于元数据。

☑ commandType、commandLabel、commandIcon、commandHidden、commandDisabled 和 commandChecked：为命令 API 定义的属性。

☑ 为多个事件处理添加 IDL 属性。

☑ translate、hidden、tabIndex、accessKey、draggable、dropzone、contentEditable、contextMenu、spellcheck 和 style 属性，可以反映内容的属性。

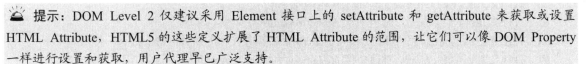
提示：DOM Level 2 仅建议采用 Element 接口上的 setAttribute 和 getAttribute 来获取或设置 HTML Attribute，HTML5 的这些定义扩展了 HTML Attribute 的范围，让它们可以像 DOM Property 一样进行设置和获取，用户代理早已广泛支持。

下面成员以前定义在 HTMLElement 接口上，现在被迁移到 DOM 标准的 Element 接口上，说明如下。

☑ id：映射到 id 内容属性。

☑ className：映射到 class 内容属性。

☑ classList：提供对类名的方便访问，该对象包含多个方法用于操作类，如 contains()、add()、remove()和 toggle()。

☑ getElementsByClassName()：返回指定元素中包含特定类名的元素。

提示：扩展了 DOM Level 2 上的 Element 接口定义，可以直接设置或获取 id 等属性值，用户代理早已广泛支持。

1.4.5 其他接口扩展

在 DOM Level 2 中，其他接口也得到了扩展，简单说明如下。

☑ HTMLOptionsCollection：增加支持 legacy caller、setter creator、add()、remove()和 selectedIndex。

☑ HTMLFormElement：增加支持通过 name 或 index 索引的 getter，以及 checkValidity()、reportValidity()和 requestAutocomplete()方法。

☑ HTMLSelectElement：增加支持 getter、setter、item()和 namedItem()方法，以及 selectedOptions 和 labels IDL 属性，另外新增加一些成员，用于表单验证 API 的接口函数，如 willValidate、validity、validationMessage、checkValidity()、reportValidity()和 setCustomValidity()。

☑ HTMLOptionElement：新增 constructor 选项，如构造器 new Option()。

☑ HTMLInputElement：新增成员 files、height、indeterminate、list、valueAsDate、valueAsNumber、width、stepUp()、stepDown()，同时支持表单验证 API 成员接口函数、labels，以及文本选择 API：selectionStart、selectionEnd、selectionDirection、setSelectionRange()和 setRangeText()。

☑ HTMLTextAreaElement：新增成员 textLength，以及表单验证 API 成员接口函数、labels 和文本选择 API。

☑ HTMLButtonElement：新增表单验证 API 成员接口函数和 labels。

☑ HTMLLabelElement：增加 control 功能，现在可以包含成员控件。

☑ HTMLFieldSetElement：增加 type、elements 及各种表单验证 API 成员接口函数，现在可以包含成员控件。

☑ HTMLAnchorElement：新增成员 relList、text，并继承 URLUtils 接口，新增成员 href、origin、protocol、username、password、host、hostname、port、pathname、search、searchParams 和 hash。

☑ HTMLAreaElement：继承 URLUtils 接口。

☑ HTMLLinkElement 和 HTMLAreaElement：增加了 relList IDL 属性。

☑ HTMLImageElement：新增 Image 构造器（new Image()），以及成员 naturalWidth、naturalHeight 和 complete。

☑ HTMLObjectElement：新增成员 contentWindow，以及表单验证 API 成员接口函数和 caller。

☑ HTMLMapElement：新增成员 images。

☑ HTMLTableElement：新增成员 createTBody()和 stopSorting()。

☑ HTMLTableHeaderCellElement：新增成员 sort()。

☑ HTMLIFrameElement：新增成员 contentWindow。

☑ HTMLLinkElement 和 HTMLStyleElement：实现了 CSSOM 中的 LinkStyle 接口。

☑ HTMLAnchorElement、HTMLLinkElement 和 HTMLAreaElement：实现了 URLUtils 接口。

1.4.6 弃用的 API

在 HTML5 中，一些 API 已经被移除，或者标记为过时。简单说明如下。

☑ 在 HTML5 中被废弃的属性，其对应 IDL 属性接口也将被废弃。如 bgColor 已被废弃，那么 HTMLBodyElement 之上的 IDL 属性接口 bgcolor 也被废弃。

☑ 在 HTML5 中已被废弃的元素，其对应接口也被废弃，包括 HTMLAppletElement、HTMLFrameSetElement、HTMLFrameElement、HTMLDirectoryElement、HTMLFontElement、HTMLBaseFontElement。

☑ 由于 HTML 解析器将 isindex 替代为其他元素了，HTMLIsIndexElement 接口被废弃。

☑ 一些成员属性从 HTMLDocument 接口移动到了 Document 接口，因此在原来的 HTMLDocument 下被废弃：anchors 和 applets。

1.5 案 例 实 战

1.5.1 新建 HTML5 文档

本节示例将遵循 HTML5 语法规范编写一个文档。本例文档省略了<html>、<head>、<body>等标签，使用 HTML5 的 DOCTYPE 声明文档类型，简化<meta>的 charset 属性设置，省略<p>标签的结束标记、使用<元素/>的方式来结束<meta>和
标签等。

```
<!DOCTYPE html>
<meta charset="UTF-8">
<title>HTML5 基本语法</title>
<h1>HTML5 的目标</h1>
<p>HTML5 的目标是能够创建更简单的 Web 程序，书写出更简洁的 HTML 代码。
<br/>例如，为了使 Web 应用程序的开发变得更容易，提供了很多 API；为了使 HTML 变得更简洁，开发出了新的属性、新的元素等。总体来说，为下一代 Web 平台提供了许许多多新的功能。
```

这段代码在 IE 浏览器中的运行结果如图 1.2 所示。

通过短短几行代码就完成了一个页面的设计，这充分说明了 HTML5 语法的简洁。同时，HTML5 不是一种 XML 语言，其语法也很随意，下面从这两方面进行逐句分析。

第一行代码如下。

```
<!DOCTYPE HTML>
```

图 1.2 编写 HTML5 文档

不需要包括版本号，仅告诉浏览器需要一个 doctype 来触发标准模式，可谓简明扼要。

接下来说明文档的字符编码，否则将出现浏览器不能正确解析的情况。

```
<meta charset="utf-8">
```

同样也很简单，HTML5 不区分大小写，不需要标记结束符，不介意属性值是否加引号，即下列代码是等效的。

```
<meta charset="utf-8">
<META charset="utf-8" />
<META charset=utf-8>
```

在主体中，可以省略主体标记，直接编写需要显示的内容。虽然在编写代码时省略了<html>、<head>和<body>标记，但在浏览器进行解析时，将会自动进行添加。但是，考虑到代码的可维护性，在编写代码时应该尽量增加这些基本结构标签。

1.5.2 比较 HTML4 和 HTML5 文档

下面通过示例具体说明 HTML5 是如何使用全新的结构化标签设计网页的。

【示例 1】本例设计将页面分成上、中、下三部分：上面显示网站标题；中间分两部分，左侧为辅助栏，右侧显示网页正文内容；下面显示版权信息，如图 1.3 所示。使用 HTML4 构建文档基本结构如下。

```
<div id="header">[标题栏]</div>
<div id="aside">[侧边栏]</div>
<div id="article">[正文内容]</div>
<div id="footer">[页脚栏]</div>
```

图 1.3 简单的网页布局

尽管上述代码不存在任何语法错误，也可以在 HTML5 中很好地解析，但该页面结构对于浏览器来说是不具有区分度的。对于不同的用户来说，ID 命名可能因人而异，这对浏览器来说，就无法辨别每个 div 元素在页面中的作用，因此也必然会影响其对页面的语义解析。

【示例2】 下面使用 HTML5 新增元素重新构建示例 1 的页面结构，明确定义每部分在页面中的作用。

```
<header>[标题栏]</header>
<aside>[侧边栏]</aside>
<article>[正文内容]</article>
<footer>[页脚栏]</footer>
```

虽然两段代码不一样，但比较上述两段代码，使用 HTML5 新增元素创建的页面代码更简洁、明晰。可以很容易地看出，使用<div id="header">、<div id="aside">、<div id="article">和<div id="footer">这些标记元素没有任何语义，浏览器也不能根据标记的 ID 名称来推断它的作用，因为 ID 名称是随意变化的。

而 HTML5 新增元素 header，明确地告诉浏览器此处是页头，aside 元素用于构建页面辅助栏目，article 元素用于构建页面正文内容，footer 元素定义页脚注释内容。这样极大地提高了开发者的便利性和浏览器的解析效率。

1.6 在线支持

扫码免费学习
更多实用技能

一、基础知识
- ☑ 网页设计基础
- ☑ HTML 历史
- ☑ HTML5 组织
- ☑ HTML5 浏览器检测

二、补充知识
- ☑ HTML5 元素表 PC 端浏览
- ☑ HTML5 元素表移动端浏览
- ☑ 人类最早的 Web 页面
- ☑ 完整的 HTML5 结构模板

三、参考
- ☑ HHTML5 基础标签列表
- ☑ 文档结构、节和样式标签列表
- ☑ 元信息标签列表
- ☑ 框架标签列表

新知识、新案例不断更新中……

第 2 章

HTML5 文档

视频讲解

定义清晰、一致的文档结构不仅方便后期维护和拓展，同时也大大降低了 CSS 和 JavaScript 的应用难度。为了提升搜索引擎的检索率，适应智能化页面处理，设计符合语义的结构显得尤为重要。本章主要介绍 HTML5 文档元素和属性的增减情况，以及 HTML5 文档结构的设计方法。

2.1 HTML5 标签概述

HTML5 包含 100 多个元素，大部分继承自 HTML4，并新增 30 多个元素，废弃部分元素。

☀ 提示：由于 HTML5 标准不断更新，本节以 HTML Living Standard（https://html.spec.whatwg.org/，2021 年 1 月 15 日更新）官方标准为参考进行简单说明，后面各章节将展开专题讲解。

2.1.1 新增的元素

根据 HTML5 最新规范，新增的元素按优先级分为四大类，简单说明如下。

☑ 小节元素（Sections）：定义 Web 应用的结构，按在文档中的分量由重到轻分别是 article（独立内容块）、section（通用内容块）、nav（导航栏）、aside（相关联的内容块）、hgroup（标题分组）、header（标题栏）、footer（脚注栏）、address（联系栏）。

☑ 分组元素（Grouping content）：定义分组内容，包括 figure（流内容段）、figcaption（流内容标题，可选）、main（主体区域）。

☑ 功能元素：具体功能或语义描述，包括 template（模板）、video（视频）、audio（音频）、track（视频的文本轨道）、source（媒体源）、embed（应用插件）、mark（高亮）、progress（进度条）、meter（度量）、time（日期或时间）、ruby|rt|rp（注释）、bdi（独立）、wbr（换行）、canvas（画布）、datalist（数据列表）、keygen（密钥）、output（输出）、picture（图片容器）。

☑ 交互元素：用于用户界面，包括 dialog（对话框）、details（细节）、summary（细节标题）、datagrid（网格数据）、command（命令）。

☀ 提示：HTML5 扩展了 input 元素的类型，新增 13 个输入类型的标签：tel（电话）、search（搜索）、url（网址）、email（电子邮箱）、number（数字）、range（范围）、color（颜色）、date（日期）、time（时间）、datetime（日期和时间）、month（月）、week（周）、datetime-local（本地日期和时间）。

2.1.2 废除的元素

HTML5 废除了 HTML4 中部分过时的元素，简单说明如下。

☑ 能够使用 CSS 替代的元素，如 basefont、big、center、font、strike、tt。

☑ 与弃用的 frame 框架相关的元素，如 frame、frameset、noframes。

☑ 仅被部分浏览器支持的元素，如 applet、bgsound、blink、marquee。

☑ 可以被其他元素替代的元素，如 rb（被 ruby 替代）、acronym（被 abbr 替代）、dir（被 ul 替代）、isindex（被 form+input 替代）、listing（被 pre 替代）、xmp（被 code 替代）、nextid（被 GUIDS 替代）、plaintext（被 text/plian 替代）。

2.1.3　新增的属性

HTML5 增加很多属性，简单说明如下，详细列表可以参考本章在线支持部分。

☑ 表单属性：如 autofocus、placeholder、form、required、autocomplete、min、max、multiple、pattern、step、formaction、formenctype、formmethod、formnovalidate、formtarget、novalidate 等。

☑ 链接属性：如 media、hreflang、rel、sizes、target 等。

☑ 其他属性：如 reversed、charset、type、label、scoped、async、manifest、sandbox、seamless 和 srcdoc 等。

2.1.4　废除的属性

HTML5 废除了 HTML4 中过时的属性，采用其他属性或其他方案进行替代，如 CSS 样式等。废除的主要是一些样式属性，如 align、link、text、vlink、background、bgcolor、border、cellpadding、cellspacing、frame、rules、width、height、nowrap、valign、hspace、vspace、clear 等。详细列表可以参考本章在线支持部分。

2.1.5　新增的事件

HTML5 为页面、表单、键盘元素新增了多种事件，简单介绍如下，详细讲解可以参考本书 HTML5 API 各章节内容。

☑ window 事件：针对 window 对象触发的事件，可以应用到 body 元素上，这些事件主要用于 Web 应用开发，如表 2.1 所示。

表 2.1　HTML5 新增的 window 事件

事　　件	说　　明	事　　件	说　　明
onafterprint	文档打印后	onpagehide	窗口隐藏
onbeforeprint	文档打印前	onpageshow	窗口显示
onbeforeunload	离开文档前	onpopstate	历史记录改变
onerror	错误	onredo	重新执行操作
onhashchange	URL 锚记改变时	onresize	调整窗口大小
onmessage	消息触发	onstorage	本地存储变化
onoffline	文档离线	onundo	撤销操作
ononline	文档在线	onunload	离开文档

☑ form 事件：针对 HTML 表单内的动作触发的事件，也可以应用到几乎所有 HTML 元素，但是主要用于 form 元素，如表 2.2 所示。

表 2.2 HTML5 新增的 form 事件

事　件	说　明	事　件	说　明
oncontextmenu	上下文菜单触发	oninput	元素获得输入
onformchange	表单改变	oninvalid	元素无效
onforminput	表单获得输入		

☑ mouse 事件：针对鼠标或类似用户动作触发的事件，如表 2.3 所示。

表 2.3 HTML5 新增的 mouse 事件

事　件	说　明	事　件	说　明
ondrag	拖动	ondragstart	拖动开始
ondragend	拖动结束	ondrop	拖放元素
ondragenter	拖动到目标区域	onmousewheel	滚动滚轮
ondragleave	拖动离开目标	onscroll	滚动滚动条
ondragover	拖动到上面		

☑ media 事件：针对多媒体对象，如视频、图像和音频触发的事件，也适用于所有 HTML 元素，但是主要用于媒介元素，如 audio、embed、img、object 和 video，如表 2.4 所示。

表 2.4 HTML5 新增的 media 事件

事　件	说　明	事　件	说　明
oncanplay	能够播放	onplaying	正在播放
oncanplaythrough	无须缓冲可播放	onprogress	正在读取数据
ondurationchange	媒介长度改变时	onratechange	播放速率改变时
onemptied	媒介资源为空	onreadystatechange	就绪状态改变
onended	播放到结尾时	onseeked	已经定位
onerror	发生错误时	onseeking	正在定位
onloadeddata	加载媒介数据时	onstalled	取回数据错误
onloadedmetadata	数据已加载时	onsuspend	暂停取回数据
onloadstart	开始加载数据时	ontimeupdate	改变播放位置
onpause	暂停	onvolumechange	改变音量
onplay	播放	onwaiting	暂停播放

2.1.6　事件监听配置对象

HTML5 增强了 addEventListener()方法，允许设置第 3 个参数还可以为配置对象，语法格式如下。

```
addEventListener(type, listener[, useCapture ])        //HTML4 用法，第 3 个参数为布尔值
addEventListener(type, listener[, options ])           //HTML5 新增，第 3 个参数也可为配置对象
```

参数 useCapture 是一个可选的布尔值，指定事件是否在捕获或冒泡阶段执行，如果为 true，将在捕获阶段执行；如果为 false（默认值），将在冒泡阶段执行。

目前 options 配置可用的属性有 3 个。

```
addEventListener(type, listener, {
    capture: false,                                    //是否在捕获阶段响应
```

```
            passive: false,                          //是否允许执行默认行为
            once: false                              //是否仅执行一次
    })
```

3 个属性的默认值都为 false。其中，capture 属性等价于 useCapture 参数；passive 属性定义是否让 preventDefault()方法失效，即不让阻止默认行为；once 属性定义事件是否仅执行一次，执行一次后就会自动销毁。

【示例】使用 passive 改善滚屏性能。在用户滚动屏幕时，不让 touchmove 事件阻塞页面的滚动和呈现。

```
var elem = document.getElementById('elem');
elem.addEventListener('touchmove', function listener() {
        //省略
}, { passive: true })
```

2.2　HTML5 全局属性

HTML5 除了支持 HTML4 原有的全局属性外，还添加了多个新的全局属性。所谓全局属性是指可以用于任何 HTML 元素的标准属性。

注意：下面几个新增属性在 HTML5 最新标准中被抛弃，同时各主流浏览器也不再支持。因此本书也不再介绍 contextmenu（定义上下文菜单）、item（组合元素）、itemprop（组合项目）、subject（定义元素的项目）、dropzone（定义拖动数据）。

2.2.1　内容可编辑

contentEditable 属性的主要功能是允许用户可以在线编辑元素中的内容。contentEditable 是一个布尔值属性，可以被指定为 true 或 false。

注意：该属性还有个隐藏的 inherit（继承）状态，属性为 true 时，元素被指定为允许编辑；属性为 false 时，元素被指定为不允许编辑；未指定 true 或 false 时，则由 inherit 状态来决定，如果元素的父元素是可编辑的，则该元素就是可编辑的。

【示例】在下面示例中为正文文本包含框<div>标签加上 contentEditable 属性，该包含框包含的文本处于可编辑状态，浏览者可自行在浏览器中修改内容，执行结果如图 2.1 所示。

```
<div contentEditable="true">
    <p>旧有全局属性：id、class、style、title、accesskey、tabindex、lang、dir</p>
    <p>新增全局属性：contenteditable、data-*、draggable、hidden、spellcheck、translate</p>
</div>
```

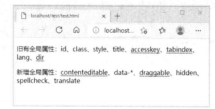

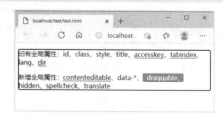

（a）原始列表　　　　　　　　　　　　（b）编辑列表项目

图 2.1　可编辑文本

在编辑完元素中的内容后，如果想要保存其中内容，只能使用 JavaScript 脚本把该元素的 innerHTML 发送到服务器端进行保存，因为改变元素内容后该元素的 innerHTML 内容也会随之改变，目前还没有特别的 API 来保存编辑后元素中的内容。

💡 **提示**：在 JavaScript 脚本中，HTML5 元素还具有一个 isContentEditable 属性。元素可编辑时，该属性值为 true；元素不可编辑时，该属性值为 false。利用这个属性，可以实现对编辑数据的后期操作。

HTML5 为 document 对象新增了 designMode 属性，用来控制整个页面是否可编辑，默认值为 off，不允许编辑；如果为 on，则页面处于可编辑状态，页面上任何支持 contentEditable 属性的元素都处于可编辑状态。例如，下面代码设计 iframe 嵌入页面为可编辑状态。

```
iframeNode.contentDocument.designMode = "on";
```

Firefox 遵循此标准，早期版本的 Chrome 和 IE 默认为 inherit。从 Chrome 43 开始，默认值为 off，且不再支持 inherit。在 IE6 到 IE10 中，该值为大写。

2.2.2 data——自定义属性

使用 data-*属性可以自定义用户数据。具体属性如下。

☑ data-*属性用于存储页面或元素的私有数据。

☑ data-*属性赋予所有 HTML 元素嵌入自定义属性的能力。

存储的自定义数据能够被页面的 JavaScript 脚本利用，以创建更好的用户体验，方便 Ajax 调用或服务器端数据库查询。

data-*属性包括以下两部分。

☑ 属性名：不应该包含任何大写字母，并且在前缀"data-"之后必须至少有一个字符。

☑ 属性值：可以是任意字符串。

当浏览器解析时，会忽略前缀"data-"，取用其后的自定义属性。

【**示例 1**】使用 data-*属性为每个列表项目定义一个自定义属性 type。这样在 JavaScript 脚本中可以判断每个列表项目包含信息的类型。

```
<ul>
    <li data-animal-type="owl">猫头鹰</li>
    <li data-animal-type="carp">鲤鱼</li>
    <li data-animal-type="spider">蜘蛛</li>
</ul>
```

【**示例 2**】以示例 1 为基础，使用 JavaScript 脚本访问每个列表项目的 type 属性值，效果如图 2.2 所示。

```
<ul>
    <li data-animal-type="owl">猫头鹰</li>
    <li data-animal-type="carp">鲤鱼</li>
    <li data-animal-type="spider">蜘蛛</li>
</ul>
<script>
var lis = document.getElementsByTagName("li");
for(var i=0; i<lis.length; i++){
    console.log(lis[i].dataset.animalType);
}
</script>
```

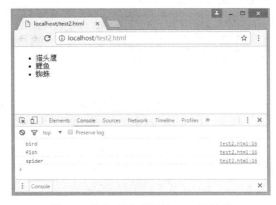

图 2.2 访问列表项目的 type 属性值

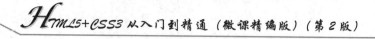

Note

访问元素的自定义属性，可以通过元素的 dataset.对象获取，该对象存储了元素所有自定义属性的值。访问规则与 CSS 脚本化访问相同。对于复合属性名，通过驼峰命名法访问，如 animal-type，访问时使用 animalType，避免连字符在脚本中引发歧义。

> **注意：** IE 10 及其以前版本暂不支持这种访问方式。

2.2.3 draggable——拖动

draggable 属性可以定义元素是否可以被拖动。属性取值说明如下。
- ☑ true：定义元素可拖动。
- ☑ false：定义元素不可拖动。
- ☑ auto：定义使用浏览器的默认行为。

draggable 属性常用在拖放操作中，详细说明请参考第 20 章内容。

2.2.4 hidden——隐藏

在 HTML5 中，所有元素都包含一个 hidden 属性。该属性设置元素的可见状态，取值为一个布尔值，当设为 true 时，元素处于不可见状态；当设为 false 时，元素处于可见状态。

【示例】使用 hidden 属性定义段落文本隐藏显示。

```
<p hidden><img src="images/1.jpg" width="200" /></p>
```

hidden 属性可用于防止用户查看元素，直到匹配某些条件，如选中了某个复选框。然后，在页面加载之后，可以使用 JavaScript 脚本删除该属性，删除之后该元素处于可见状态，同时元素中的内容也即时显示出来。

> **提示：** 除了 IE 10 及其以前版本外，所有主流浏览器都支持 hidden 属性。

2.2.5 语法检查

spellcheck 属性定义是否对元素进行拼写和语法检查。可以对以下内容进行拼写检查。
- ☑ input 元素中的文本值（非密码）。
- ☑ <textarea>元素中的文本。
- ☑ 可编辑元素中的文本。

spellcheck 属性是一个布尔值的属性，取值包括 true 和 false，取值为 true 时表示对元素进行拼写和语法检查，取值为 false 时则表示不检查元素。用法如下。

```
<!--以下两种书写方法正确-->
<textarea spellcheck="true" >
<input type=text spellcheck="false">
<!--以下书写方法错误-->
<textarea spellcheck >
```

> **注意：** 如果元素的 readOnly 属性或 disabled 属性设为 true，则不执行拼写检查。

【示例】下面示例设计两段文本，第一段文本可编辑、可语法检查；第二段文本可编辑，但不允许语法检查。当编辑文本时，第一段文本显示检查状态，而第二段忽略，如图 2.3 所示。

图 2.3 段落文本检查状态比较

```
<div contentEditable="true">
    <p spellcheck="true">旧有全局属性：id、class、style、title、accesskey、tabindex、lang、dir</p>
    <p spellcheck="false">新增全局属性：contenteditable、data-*、draggable、hidden、spellcheck、translate</p>
</div>
```

2.2.6 翻译

translate 属性定义是否应该翻译元素内容。取值说明如下。

- ☑ yes：定义应该翻译元素内容。
- ☑ no：定义不应翻译元素内容。

【示例】本例演示了如何使用 translate 属性。

```
<p translate="no">请勿翻译本段。</p>
<p>本段可被译为任意语言。</p>
```

提示：目前，只有 Firefox 72+版本浏览器支持 translate 属性。

2.3 HTML5 新结构

HTML5 新增多个结构化元素，以方便用户创建更友好的页面主体框架，下面来详细学习。

2.3.1 定义页眉

如果页面中有一块包含一组介绍性或导航性内容的区域，应该用 header 元素对其进行标记。一个页面可以有任意数量的 header 元素，它们的含义可以根据其上下文而有所不同。例如，处于页面顶端或接近这个位置的 header 可能代表整个页面的页眉（也称为页头）。

通常，页眉包括网站标志、主导航和其他全站链接，甚至搜索框。这是 header 元素最常见的使用形式，不过不是唯一的形式。

【示例 1】下面示例的这个 header 标记整个页面的页眉。它包含一组代表整个页面主导航的链接（在 nav 元素中）。可选的 role="banner"并不适用于所有的页眉。它明确定义该页眉为页面级页眉，因此可以提高访问性权重。

```
<header role="banner">
    <nav>
        <ul>
            <li><a href="#">公司新闻</a></li>
            <li><a href="#">公司业务</a></li>
            <li><a href="#">关于我们</a></li>
        </ul>
    </nav>
</header>
```

这种页面级页眉的形式在网上很常见。它包含网站名称（通常为一个标识）、指向网站主要版块的导航链接以及一个搜索框。

【示例 2】使用 header 对页面深处的一组介绍性或导航性内容进行标记。本例中标记的是一个区块的目录。

```
<main role="main">
    <article>
        <header>
```

```
            <h1>客户反馈</h1>
            <nav>
                <ul>
                    <li><a href="#answer1">新产品什么时候上市？</a>
                    <li><a href="#answer2">客户电话是多少？</a>
                    <li> ...
                </ul>
            </nav>
        </header>
        <article id="answer1">
            <h2>新产品什么时候上市？</h2>
            <p>5 月 1 日上市</p>
        </article>
        <article id="answer2">
            <h2>客户电话是多少？</h2>
            <p>010-66668888</p>
        </article>
    </article>
</main>
```

提示：只在必要时使用 header。大多数情况下，如果使用 h1～h6 能满足需求，就没有必要用 header 将它包起来。header 与 h1～h6 元素中的标题是不能互换的。它们都有各自的语义目的。不能在 header 里嵌套 footer 元素或另一个 header，也不能在 footer 或 address 元素里嵌套 header。当然，不一定要像示例那样包含一个 nav 元素，不过在大多数情况下，如果 header 包含导航性链接，就可以用 nav。nav 包住链接列表是恰当的，因为它是页面内的主要导航组。

2.3.2　定义导航

HTML 早期版本没有元素明确表示主导航链接的区域，HTML5 新增 nav 元素，用来定义导航。nav 中的链接可以指向页面中的内容，也可以指向其他页面或资源，或者二者兼具。无论是哪种情况，应该仅对文档中重要的链接群使用 nav。例如：

```
<header role="banner">
    <nav>
        <ul>
            <li><a href="#">公司新闻</a></li>
            <li><a href="#">公司业务</a></li>
            <li><a href="#">关于我们</a></li>
        </ul>
    </nav>
</header>
```

这些链接（a 元素）代表一组重要的导航，因此将它们放入一个 nav 元素中。role 属性并不是必需的，不过它可以提高可访问性。nav 元素不会对其内容添加任何默认样式，除了开启一个新行以外，该元素没有任何默认样式。

一般习惯使用 ul 或 ol 元素对链接进行结构化。在 HTML5 中，nav 并没有取代这种最佳实践。应该继续使用这些元素，只是在它们的外围简单地包一个 nav。

nav 能帮助不同设备和浏览器识别页面的主导航，并允许用户通过键盘直接跳至这些链接。这可以提高页面的可访问性，提升访问者的体验。

HTML5 规范不推荐对辅助性的页脚链接使用 nav，如"使用条款""隐私政策"等。不过，有时页脚会再次显示顶级全局导航，或者包含"商店位置""招聘信息"等重要链接。在大多数情况下，推荐将页脚中的此类链接放入 nav 中。同时，HTML5 不允许将 nav 嵌套在 address 元素中。

在页面中插入一组链接并非意味着一定要将它们包在 nav 元素里。例如，在一个新闻页面中，包含一篇文章，该页面包含 4 个链接列表，其中只有两个列表比较重要，可以将它们包在 nav 中。而位于 aside 中的次级导航和 footer 里的链接可以忽略。

如何判断是否对一组链接使用 nav？

这取决于内容的组织情况。一般应该将网站全局导航标记为 nav，让用户可以跳至网站各个主要部分的导航。这种 nav 通常出现在页面级的 header 元素里面。

【示例】在下面页面中，只有两组链接放在 nav 里，另外两组则由于不是主要的导航不放在 nav 里。

```
<!--开始页面级页眉-->
<header role="banner">
    <!--站点标识可以放在这里-->
    <!--全站导航-->
    <nav role="navigation">
        <ul></ul>
    </nav>
</header>
<!--开始主要内容-->
<main role="main">
    <h1>客户反馈</h1>
    <article>
        <h2>问题</h2>
        <p>反馈</p>
    </article>
    <aside>
        <h2>关于</h2>
        <!--没有包含在 nav 里-->
        <ul> </ul>
    </aside>
</main>
<!--开始附注栏-->
<aside>
    <!--次级导航-->
    <nav role="navigation">
        <ul>
            <li><a href="#">国外业务</a></li>
            <li><a href="#">国内业务</a></li>
        </ul>
    </nav>
</aside>
<!--开始页面级页脚-->
<footer role="contentinfo">
    <!--辅助性链接并未包在 nav 中-->
    <ul></ul>
</footer>
```

2.3.3   定义主要区域

一般网页都有一些不同的区块，如页眉、页脚、包含额外信息的附注栏、指向其他网站的链接等。

不过，一个页面只有一个部分代表其主要内容。可以将这部分内容包在 main 元素中，该元素在一个页面仅使用一次。

【示例】设计是一个完整的页面主体结构。main 元素包围着代表页面主体的内容。

```
<header role="banner">
    <nav role="navigation">[包含多个链接的 ul]</nav>
</header>
<main role="main">
    <article>
        <h1 id="gaudi">主要标题</h1>
        <p>[页面主要区域的其他内容]
    </article>
</main>
<aside role="complementary">
    <h1>侧边标题</h1>
    <p>[附注栏的其他内容]
</aside>
<footer role="info">[版权]</footer>
```

main 元素是 HTML5 新添加的元素，在一个页面里仅使用一次。在 main 开始标签中加上 role="main"，这样可以帮助屏幕阅读器定位页面的主要区域。

与 p、header、footer 等元素一样，main 元素的内容显示在新的一行，除此之外不会影响页面的任何样式。如果创建的是 Web 应用，应该使用 main 包围其主要的功能。

注意： 不能将 main 放置在 article、aside、footer、header 或 nav 元素中。

2.3.4　定义文章块

HTML5 的另一个新元素便是 article，使用它可以定义文章块。

【示例 1】下面示例演示了 article 元素的应用。

```
<header role="banner">
    <nav role="navigation">[包含多个链接的 ul]</nav>
</header>
<main role="main">
    <article>
        <h1 id="news">区块链"时代号"列车驶来</h1>
        <p>对于精英们来说，这个春节有点儿特殊。</p>
        <p>他们身在曹营心在汉，他们被区块链搅得燥热难耐，在兴奋、焦虑、恐慌、质疑中度过一个漫长的春节。</p>
        <h2 id="sub1">1. 三点钟无眠</h2>
        <p><img src="images/0001.jpg" width="200" />春节期间，一个大佬云集的区块链群建立，因为有蔡文胜、薛蛮子、徐小平等人的参与，群被封上了"市值万亿"。这个名为"三点钟无眠区块链"的群，搅动了一池春水。</p>
        <h2 id="sub2">2. 被碾压的春节</h2>
        <p>......</p>
    </article>
</main>
```

为了精简，本示例对文章内容进行了缩写，略去了与 2.3.3 节相同的 nav 代码。尽管在这个例子里只有段落和图像，但 article 可以包含各种类型的内容。

现在，页面有了 header、nav、main 和 article 元素，以及它们各自的内容。在不同的浏览器中，article 中标题的字号可能不同。可以应用 CSS 使它们在不同的浏览器中显示相同的大小。

article 用于包含文章一样的内容，不过并不局限于此。在 HTML5 中，article 元素表示文档、页面、应用或网站中一个独立的容器，原则上是可独立分配或可再用的，就像聚合内容中的各部分。它可以是一篇论坛帖子、一篇杂志或报纸文章、一篇博客条目、一则用户提交的评论、一个交互式的小部件或小工具，或者任何其他独立的内容项。其他 article 的例子包括电影或音乐评论、案例研究、产品描述等。这些确定是独立的、可再分配的内容项。

可以将 article 嵌套在另一个 article 中，只要里面的 article 与外面的 article 是部分与整体的关系。一个页面可以有多个 article 元素。例如，博客的主页通常包括几篇最新的文章，其中每一篇都是其自身的 article。一个 article 可以包含一个或多个 section 元素。在 article 里包含独立的 h1～h6 元素。

上面示例只是使用 article 的一种方式，下面看看其他的用法。

【示例 2】本示例展示了对基本的新闻报道或报告进行标记的方法。注意 footer 和 address 元素的使用。这里，address 只应用于其父元素 article（即这里显示的 article），而非整个页面或任何嵌套在那个 article 里面的 article。

```
<article>
    <h1 id="news">区块链"时代号"列车驶来</h1>
    <p>对于精英们来说，这个春节有点儿特殊。</p>
    <!--文章的页脚，并非页面级的页脚-->
    <footer>
        <p>出处说明</p>
        <address>
        访问网址<a href="https://www.huxiu.com/article/233472.html">虎嗅</a>
        </address>
    </footer>
</article>
```

【示例 3】本示例展示了嵌套在父元素 article 里面的 article 元素，其中嵌套的 article 元素是用户提交的评论，就像在博客或新闻网站上见到的评论部分。此外，还显示了 section 元素和 time 元素的用法。这些只是使用 article 及有关元素的几个常见方式。

```
<article>
    <h1 id="news">区块链"时代号"列车驶来</h1>
    <p>对于精英们来说，这个春节有点儿特殊。</p>
    <section>
        <h2>读者评论</h2>
        <article>
            <footer>发布时间
                <time datetime="2020-02-20">2020-2-20</time>
            </footer>
            <p>评论内容</p>
        </article>
        <article>[下一则评论]</article>
    </section>
</article>
```

每条读者评论都包含在一个 article 里，这些 article 元素则嵌套在主 article 里。

2.3.5 定义区块

section 元素代表文档或应用的一个一般的区块。section 是具有相似主题的一组内容，通常包含一个标题。section 的例子包含章节、标签式对话框中的各种标签页、论文中带编号的区块。例如，网站的主页可以分成介绍、新闻条目、联系信息等区块。

section 定义通用的区块，但不要将它与 div 元素混淆。从语义上讲，section 标记的是页面中的特定区域，而 div 则不传达任何语义。

【示例 1】将主体区域划分为 3 个独立的区块。

```
<main role="main">
    <h1>主要标题</h1>
    <section>
        <h2>区块标题 1</h2>
        <ul>[标题列表]</ul>
    </section>
    <section>
        <h2>区块标题 2</h2>
        <ul>[标题列表]</ul>
    </section>
    <section>
        <h2>区块标题 3</h2>
        <ul>[标题列表]</ul>
    </section>
</main>
```

【示例 2】一般新闻网站都会对新闻进行分类。每个类别都可以标记为一个 section。

```
<h1>网页标题</h1>
<section>
    <h2>区块标题 1</h2>
    <ol>
        <li>列表项目 1</li>
        <li>列表项目 2</li>
        <li>列表项目 3</li>
    </ol>
</section>
<section>
    <h2>区块标题 2</h2>
    <ol>
        <li>列表项目 1</li>
    </ol>
</section>
```

与其他元素一样，section 并不影响页面的显示。

如果只是出于添加样式才对内容添加一个容器，应使用 div 而不是 section。

可以将 section 嵌套在 article 里，从而显式地标出报告、故事、手册等文章的不同部分或不同章节。例如，可以在本例中使用 section 元素包裹不同的内容。

使用 section 时，记住"具有相似主题的一组内容"，这也是 section 区别于 div 的另一个原因。section 和 article 的区别在于，section 在本质上组织性和结构性更强，而 article 代表的是自包含的容器。

在考虑是否使用 section 时，不必每次都担心是否用对。有时，些许主观并不会影响页面正常工作。

2.3.6 定义附栏

在页面中可能会有一部分内容与主体内容无关，但可以独立存在。在 HTML5 中，我们可以使用 aside 元素来表示重要引述、侧栏、指向相关文章的一组链接（针对新闻网站）、广告、nav 元素组（如博客的友情链接）、微信或微博源、相关产品列表（通常针对电子商务网站）等。

表面上看，aside 元素表示侧栏，但该元素还可以用在页面的很多地方，具体依上下文而定。如果 aside 嵌套在页面主要内容内（而不是作为侧栏位于主要内容之外），则其中的内容应与其所在的内容密切相关，而不是仅与页面整体内容相关。

【示例】本示例中，aside 是有关次要信息，与页面主要关注的内容相关性稍差，且可以在没有这个上下文的情况下独立存在。可以将它嵌套在 article 里面，或者将它放在 article 后面，使用 CSS 让它看起来像侧栏。aside 里面的 role="complementary" 是可选的，可以提高可访问性。

```
<header role="banner">
        <nav role="navigation">[包含多个链接的 ul]</nav>
</header>
<main role="main">
        <article>
                <h1 id="gaudi">主要标题</h1>
        </article>
</main>
<aside role="complementary">
        <h1>次要标题</h1>
        <p>描述文本</p>
        <ul>
                <li>列表项</li>
        </ul>
        <p><small>出自: <a href="http://www.w3.org/" rel="external"><cite>W3C</cite></a></small></p>
</aside>
```

在 HTML 中，应该将附栏内容放在 main 的内容之后。出于 SEO 和可访问性的目的，最好将重要的内容放在前面。可以通过 CSS 改变它们在浏览器中的显示顺序。

对于与内容有关的图像，使用 figure 而非 aside。HTML5 不允许将 aside 嵌套在 address 元素内。

2.3.7 定义页脚

页脚一般位于页面底部，通常包括版权声明，可能还包括指向隐私政策页面的链接，以及其他类似的内容。HTML5 的 footer 元素可以用在这样的地方，但它同 header 一样，还可以用在其他的地方。

footer 元素表示嵌套它的最近的 article、aside、blockquote、body、details、fieldset、figure、nav、section 或 td 元素的页脚。只有当它最近的祖先是 body 时，它才是整个页面的页脚。

如果一个 footer 包着它所在区块（如一个 article）的所有内容，它代表的是像附录、索引、版权页、许可协议这样的内容。

页脚通常包含关于它所在区块的信息，如指向相关文档的链接、版权信息、作者及其他类似条目。页脚并不一定要位于所在元素的末尾，不过通常是这样的。

【示例 1】在下面的代码中，footer 代表页面的页脚，因为它最近的祖先是 body 元素。

```
<header role="banner">
        <nav role="navigation">链接列表</nav>
</header>
<main role="main">
        <article>
                <h1 id="gaudi">主要标题</h1>
                <h2>次标题</h2>
        </article>
</main>
<aside role="complementary">
        <h1>次标题</h1>
```

Note

```
</aside>
<footer>
    <p><small>版权信息</small></p>
</footer>
```

页面有了 header、nav、main、article、aside 和 footer 元素，当然并非每个页面都需要以上所有元素，但它们代表了 HTML 中的主要页面构成要素。

footer 元素本身不会为文本添加任何默认样式。这里，版权信息的字号比普通文本的小，这是因为它嵌套在 small 元素里。像其他内容一样，footer 元素所含内容的字号可以通过 CSS 修改。

💡 **提示：** 不能在 footer 里嵌套 header 或另一个 footer，也不能将 footer 嵌套在 header 或 address 里。

【示例 2】在下面的页面代码中，第一个 footer 包含在 article 内，因此是属于该 article 的页脚。第二个 footer 是页面级的。只能对页面级的 footer 使用 role="contentinfo"，且一个页面只能使用一次。

```
<article>
    <h1>文章标题</h1>
    <p>文章内容</p>
    <footer>
        <p>注释信息</p>
        <address><a href="#">W3C</a></address>
    </footer>
</article>
<footer role="contentinfo">版权信息</footer>
```

2.3.8 使用 role

role 是 HTML5 新增属性，其作用是告诉 Accessibility 类应用（如屏幕阅读器等）当前元素所扮演的角色，主要是供残疾人使用。使用 role 可以增强文本的可读性和语义化。

在 HTML5 元素内，标签本身就是有语义的，因此 role 作为可选属性使用，但是在很多流行的框架（如 Bootstrap）中都很重视类似的属性和声明，目的是兼容旧版本的浏览器（用户代理）。

role 属性主要应用于文档结构和表单中。例如，设置输入密码框，对于正常人可以用 placeholder 提示输入密码，但是对于残障人士是无效的，这时就需要 role 了。另外，在老版本的浏览器中，由于不支持 HTML5 标签，所以有必要使用 role 属性。

例如，下面的代码告诉屏幕阅读器，此处有一个复选框，且已经被选中。

```
<div role="checkbox" aria-checked="checked"> <input type="checkbox" checked></div>
```

下面是常用的 role 属性值。

☑ role="banner"（横幅）：面向全站的内容，通常包含网站标志、网站赞助者标志、全站搜索工具等。横幅通常显示在页面的顶端，而且通常横跨整个页面的宽度。使用方法：将其添加到页面级的 header 元素，每个页面只用一次。

☑ role="navigation"（导航）：文档内不同部分或相关文档的导航性元素（通常为链接）的集合。使用方法：它与 nav 元素是对应关系。应将其添加到每个 nav 元素，或其他包含导航性链接的容器。这个属性可在每个页面上使用多次，但是同 nav 一样，不要过度使用该属性。

☑ role="main"（主体）：文档的主要内容。使用方法：它与 main 元素的功能是一样的。对于 main 元素来说，建议也应该设置 role="main"属性，其他结构元素更应该设置 role="main"属性，以便让浏览器能够识别它是网页主体内容。在每个页面仅使用一次。

☑ role="complementary"（补充性内容）：文档中作为主体内容补充的支撑部分，它对区分主体内容是有意义的。使用方法：它与 aside 元素是对应关系。应将其添加到 aside 或 div 元素

Note

（前提是该 div 仅包含补充性内容）。可以在一个页面里包含多个 complementary 角色，但不要过度使用。

☑　role="contentinfo"（内容信息）：它包含关于文档的信息的大块、可感知区域。这类信息的例子包括版权声明和指向隐私权声明的链接等。使用方法：将其添加至整个页面的页脚（通常为 footer 元素）。每个页面仅使用一次。

【示例】在文档结构中应用 role。

```
<!--开始页面容器-->
<div class="container">
    <header role="banner">
        <nav role="navigation">[包含多个链接的列表]</nav>
    </header>
    <!--应用 CSS 后的第一栏-->
    <main role="main">
        <article></article>
        <article></article>
        [其他区块]
    </main>
    <!--结束第一栏-->
    <!--应用 CSS 后的第二栏-->
    <div class="sidebar">
        <aside role="complementary"></aside>
        <aside role="complementary"></aside>
        [其他区块]
    </div>
    <!--结束第二栏-->
    <footer role="contentinfo"></footer>
</div>
<!--结束页面容器-->
```

注意：即便不使用 role 角色，页面看起来也没有任何差别，但是使用它们可以提升使用辅助设备的用户的体验。出于这个理由，推荐使用它们。

对表单元素来说，form 角色是多余的；search 用于标记搜索表单；application 则属于高级用法。当然，不要在页面上过多地使用地标角色。过多的 role 角色会让屏幕阅读器用户感到累赘，从而降低 role 的作用，影响整体体验。

2.4　案例实战

本节将使用 HTML5 新元素设计一个博客首页的框架结构。

【操作步骤】

第 1 步，新建 HTML5 文档，保存为 test1.html。

第 2 步，根据上面各节介绍的知识，开始构建个人博客首页的框架结构。在设计结构时，最大限度地选用 HTML5 新结构元素，所设计的模板页面基本结构如下。

```
<header>
    <h1>[网页标题]</h1>
    <h2>[次级标题]</h2>
    <h4>[标题提示]</h4>
</header>
```

```
<main>
    <nav>
        <h3>[导航栏]</h3>
        <a href="#">链接 1</a> <a href="#">链接 2</a> <a href="#">链接 3</a>
    </nav>
    <section>
        <h2>[文章块]</h2>
        <article>
            <header>
                <h1>[文章标题]</h1>
            </header>
            <p>[文章内容]</p>
            <footer>
                <h2>[文章脚注]</h2>
            </footer>
        </article>
    </section>
    <aside>
        <h3>[辅助信息]</h3>
    </aside>
    <footer>
        <h2>[网页脚注]</h2>
    </footer>
</main>
```

整个页面包括标题部分和主要内容部分。其中，标题部分包括网站标题、副标题和提示性标题信息；主要内容部分包括导航、文章块、侧边栏和脚注。文章块包括标题部分、正文部分和脚注部分。

第3步，在模板页面基础上，开始细化本示例博客首页。下面仅给出本例首页的静态页面结构，如果用户需要后台动态生成内容，则可以考虑在模板结构基础上另外设计。把 test1.html 另存为 test2.html，细化后的静态首页效果如图2.4所示。

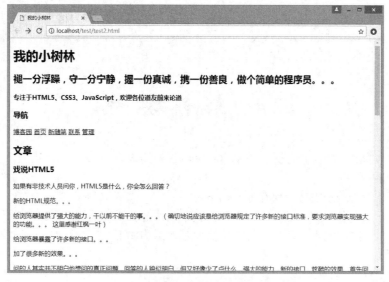

图2.4　细化后的静态首页效果

提示：限于篇幅，本节没有展示完整的页面代码，读者可以通过本节示例源代码了解完整代码。

第 4 步，设计页面样式代码。考虑到本章重点学习 HTML5 新元素的应用，所以本节示例不再深入讲解 CSS 样式的设计过程，感兴趣的读者可以参考本节示例源代码中的 test2.html 文档。

第 5 步，对于早期版本浏览器，或者不支持 HTML5 的浏览器，需要添加一个 CSS 样式，因为未知元素默认为行内显示（display:inline），对于 HTML5 结构元素来说，我们需要让它们默认为块状显示。

```css
article, section, nav, aside, main, header, hgroup, footer {
    display: block;
}
```

第 6 步，一些浏览器不允许样式化不支持的元素。这种情形出现在 IE8 及以前版本的浏览器中，因此还需要使用下面的 JavaScript 脚本进行兼容。

```html
<!--[if lt IE 9]>
  <script>
    document.createElement("article");
    document.createElement("section");
    document.createElement("nav");
    document.createElement("aside");
    document.createElement("main");
    document.createElement("header");
    document.createElement("hgroup");
    document.createElement("footer");
  </script>
<![endif]-->
```

第 7 步，如果浏览器禁用了脚本，则不会显示，可能会出问题。因为这些元素定义整个页面的结构。为了预防这种情况发生，可以加上<noscript>标签进行提示。

```html
<noscript>
  <h1>警告</h1>
  <p>因为你的浏览器不支持 HTML5，一些元素是模拟使用 JavaScript。不幸的是，您的浏览器已禁用脚本。请启用它以显示此页。</p>
</noscript>
```

2.5　在线支持

扫码免费学习更多实用技能

一、基础知识
- ☑ HTML 基本语法
- ☑ HTML 标记
- ☑ HTML 属性
- ☑ 为什么要编写语义化 HTML

…实际有更多知识点

二、专项练习
- ☑ 普通栏目结构

- ☑ 标题组
- ☑ 版权信息
- ☑ 导航条
- ☑ 文章块

…实际有更多题目

三、更多案例实战
- ☑ 案例实战：标准设计师与初级设计师初次 PK

四、参考
- ☑ 最新 head 指南
- ☑ 移动版头信息
- ☑ HTML5 标签列表说明
- ☑ HTML5 新元素
- ☑ HTML5 新增的元素分类

…实际有更多参考知识

五、补充知识
- ☑ HTML5 文档大纲

📝 新知识、新案例不断更新中……

第 3 章

HTML5 文本

网页文本内容丰富，形式多样，通过不同的版式显示在页面中，为用户提供了最直接、最丰富的信息。HTML5 新增了很多新的文本标签，它们都有特殊的语义，正确使用这些标签，可以让网页文本更严谨、符合语义。本章将介绍各种 HTML5 文本标签的使用，帮助读者准确标记各种正文信息。

视频讲解

3.1 通 用 文 本

3.1.1 标题文本

<h1>、<h2>、<h3>、<h4>、<h5>、<h6>标签可以定义标题文本，按级别高低从大到小分别为 h1、h2、h3、h4、h5、h6，它们包含的信息依据重要性逐渐递减。其中 h1 表示最重要的信息，而 h6 表示最次要的信息。

【示例】根据文档结构层次定义不同级别的标题文本。

```
<div id="wrapper">
    <h1>网页标题</h1>
    <div id="box2">
        <h2>栏目标题</h2>
        <div id="sub_box1">
            <h3>子栏目标题</h3>
            <p>正文</p>
        </div>
    </div>
</div>
```

h1、h2 和 h3 比较常用，h4、h5 和 h6 不是很常用，除非在结构层级比较深的文档中才会考虑选用，因为一般文档的标题层次在 3 级左右。对于标题元素的位置，应该出现在正文内容的顶部，一般处于容器的第一行。

3.1.2 段落文本

在网页中输入段落文本，应该使用 p 元素，它是最常用的 HTML 元素之一。在默认情况下，浏览器会在标题与段落之间，以及段落与段落之间添加间距，约为一个字距的间距，以方便阅读。

【示例】使用 p 元素设计了两段诗句正文。

```
<p>白日依山尽，黄河入海流。</p>
<p>欲穷千里目，更上一层楼。</p>
```

使用 CSS 可以为段落添加样式，如字体、字号、颜色等，也可以改变段落文本的对齐方式，包括水平对齐和垂直对齐。

3.2　描述性文本

HTML5 强化了字体标签的语义性，弱化了其修饰性，对于纯样式字体标签就不再建议使用，如 acronym（首字母缩写）、basefont（基本字体样式）、center（居中对齐）、font（字体样式）、s（删除线）、strike（删除线）、tt（打印机字体）、u（下画线）、xmp（预格式）等。

3.2.1　强调文本

strong 元素表示内容的重要性，而 em 则表示内容的着重点。根据内容需要，这两个元素既可以单独使用，也可以一起使用。

【示例 1】在下面代码中既有 strong，又有 em。浏览器通常将 strong 文本以粗体显示，而将 em 文本以斜体显示。如果 em 是 strong 的子元素，将同时以斜体和粗体显示文本。

```
<p><strong>警告：不要接近展品<em>在任何情况下</em></strong></p>
```

不要使用 b 元素代替 strong，也不要使用 i 元素代替 em。尽管它们在浏览器中显示的样式是一样的，但是它们的含义却很不一样。

em 在句子中的位置会影响句子的含义。例如，"<p>你看着我</p>"和"<p>你看着我</p>"表达的意思是不一样的。

【示例 2】在标记为 strong 的短语中再嵌套 strong 文本。如果这样做，作为另一个 strong 的子元素的 strong 文本的重要程度会递增。这种规则对嵌套在另一个 em 里的 em 文本也适用。

```
<p><strong>记住密码是<strong>111222333</strong></strong></p>
```

其中"111222333"文本要比其他 strong 文本更为重要。

可以使用 CSS 将任何文本变为粗体或斜体，也可以覆盖 strong 和 em 等元素的浏览器默认显示样式。

注意：在旧版本的 HTML 中，strong 所表示文本的强调程度比 em 表示的要高。不过，在 HTML5 中，em 是表示强调的唯一元素，而 strong 表示的则是重要程度。

3.2.2　标记细则

HTML5 重新定义了 small 元素，由通用展示性元素变为更具体的、专门用来标识所谓"小字印刷体"的元素，通常表示细则一类的旁注，如免责声明、注意事项、法律限制、版权信息等。有时还可以用来表示署名、许可要求等。

注意：small 不允许被应用在页面主内容中，只允许被当作辅助信息以 inline 方式内嵌在页面上。同时，small 元素也不意味着元素中内容字体会变小，要将字体变小，需要配合使用 CSS 样式。

【示例 1】small 通常是行内文本中的一小块，而不是包含多个段落或其他元素的大块文本。

```
<dl>
    <dt>单人间</dt>
    <dd>399 元 <small>含早餐，不含税</small></dd>
    <dt>双人间</dt>
    <dd>599 元 <small>含早餐，不含税</small></dd>
</dl>
```

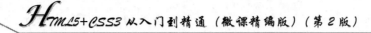

一些浏览器会将 small 包含的文本显示为小字号。不过，一定要在符合内容语义的情况下使用该元素，而不是为了减小字号而使用。

【**示例2**】在下面的代码中，第一个 small 元素表示简短的提示声明，第二个 small 元素表示包含在页面级 footer 里的版权声明，这是一种常见的用法。

```html
<p>现在订购免费送货。<small>（仅限于五环以内）</small></p>
<footer role="contentinfo">
    <p><small>&copy; 2021 Baidu  使用百度前必读</small></p>
</footer>
```

small 只适用于短语，因此不要用它标记长的法律声明，如"使用条款"和"隐私政策"页面。根据需要，应该用段落或其他语义标签标记这些内容。

提示：HTML5 还支持 big 元素，用来定义大号字体。<big>标签包含的文字字体比周围的文字要大一号，如果文字已经是最大号字体，则<big>标签将不起任何作用。用户可以嵌套使用<big>标签逐步放大文本，每一个<big>标签都可以使字体大一号，直到上限 7 号文本。

3.2.3　特殊格式

b 和 i 元素是早期 HTML 遗留下来的元素，它们分别用于将文本变为粗体和斜体，因为那时候 CSS 还未出现。HTML4 和 XHTML1 开始不再使用，因为它们本质上是用于表现的。

当时的规范建议编码人员用 strong 替代 b，用 em 替代 i。不过，事实证明，em 和 strong 有时在语义上并不合适。为此，HTML5 重新定义了 b 和 i。

传统出版业里的某些排版规则在现有的 HTML 语义中还找不到对应物，其中就包括用斜体表示植物学名、具体的交通工具名称及外来语。这些词语不是为了强调而加上斜体的，只是样式上的惯例。

为了应对这些情况，HTML5 没有创建一些新的语义化元素，而是采取了一种很实际的做法，直接利用现有元素：em 用于所有层次的强调，strong 用于表示重要性，而其他情况则使用 b 和 i。

这意味着，尽管 b 和 i 并不包含任何明显的语义，但浏览器仍能发现它们与周边文字的差别。而且还可以通过 CSS 改变它们粗体或斜体的样式。HTML5 强调：b 和 i 应该是其他元素（如 strong、em、cite 等）都不适用时的最后选择。

☑ b 元素：HTML5 将 b 重新定义为，表示出于实用目的提醒读者注意的一块文字，不传达任何额外的重要性，也不表示其他的语态和语气，用于如文档摘要里的关键词、评论中的产品名、基于文本的交互式软件中指示操作的文字、文章导语等。b 文本默认显示为粗体。例如：

```html
<p>这是一个<b>红</b>房子，那是一个<b>蓝</b>盒子</p>
```

☑ i 元素：HTML5 将 i 重新定义为，表示一块不同于其他文字的文字，具有不同的语态或语气，或其他不同于常规之处，用于如分类名称、技术术语、外语里的惯用词、翻译的散文、西方文字中的船舶名称等。i 文本默认显示为斜体。例如：

```html
<p>这块<i class="taxonomy">玛瑙</i>来自西亚</p>
<p>这篇<i>散文</i>已经发表。</p>
<p>There is a certain <i lang="fr">je ne sais quoi</i> in the air.</p>
```

3.2.4　定义上标和下标

使用 sup 和 sub 元素可以创建上标和下标，上标和下标文本比主体文本稍高或稍低。常见的上标包括商标符号、指数和脚注编号等；常见的下标包括化学符号等。例如：

```
<p>这段文本包含 <sub>下标文本</sub></p>
<p>这段文本包含 <sup>上标文本</sup></p>
```

【示例 1】 sup 元素的一种用法就是表示脚注编号。根据从属关系，将脚注放在 article 的 footer 里，而不是整个页面的 footer 里。

```
<article>
    <h1>王维</h1>
    <p>王维参禅悟理，学庄信道，精通诗、书、画、音乐等，以诗名盛于开元、天宝间，尤长五言，多咏山水田园，与孟浩然合称"王孟"，有"诗佛"之称<a href="#footnote-1" title="参考注释"><sup>[1]</sup></a>。</p>
    <footer>
        <h2>参考资料</h2>
        <p id="footnote-1"><sup>[1]</sup>孙昌武·《佛教与中国文学》第二章："王维的诗歌受佛教影响是很显著的。因此早在生前，就得到'当代诗匠，又精禅理'的赞誉。后来，更得到'诗佛'的称号。"</p>
    </footer>
</article>
```

为文章中每个脚注编号创建了链接，指向 footer 内对应的脚注，从而让访问者更容易找到它们。同时，注意链接中的 title 属性也提供了一些提示。

上标是对某些外语缩写词进行格式化的理想方式，例如，法语中用 Mlle 表示 Mademoiselle（小姐），西班牙语中用 3a 表示 tercera（第三）。此外，一些数字形式也要用到上标，如 2nd、5th。下标适用于化学分子式，如 H_2O。

> **提示：** sub 和 sup 元素会轻微地增大行高。不过使用 CSS 可以修复这个问题，修复样式代码如下。

```
<style type="text/css">
sub, sup {
    font-size: 75%;
    line-height: 0;
    position: relative;
    vertical-align: baseline;
}
sup { top: -0.5em; }
sub { bottom: -0.25em; }
</style>
```

用户还可以根据内容的字号对这个 CSS 做一些调整，使各行行高保持一致。

【示例 2】 对于下面数学解题演示的段落文本，使用格式化语义结构能够很好地解决数学公式中各种特殊格式的要求。对于机器来说，也能够很好地理解它们的用途，效果如图 3.1 所示。

```
<article>
    <h1>解一元二次方程</h1>
    <p>一元二次方程求解有四种方法：</p>
    <ul>
        <li>直接开平方法 </li>
        <li>配方法 </li>
        <li>公式法 </li>
        <li>分解因式法</li>
    </ul>
    <p>例如，针对下面这个一元二次方程：</p>
    <p><i>x</i><sup>2</sup>-<b>5</b><i>x</i>+<b>4</b>=0</p>
    <p>我们使用<big><b>分解因式法</b></big>来演示解题思路如下：</p>
    <p><small>由：</small>(<i>x</i>-1)(<i>x</i>-4)=0</p>
    <p><small>得：</small><br />
        <i>x</i><sub>1</sub>=1<br />
```

```
            <i>x</i><sub>2</sub>=4</p>
    </article>
```

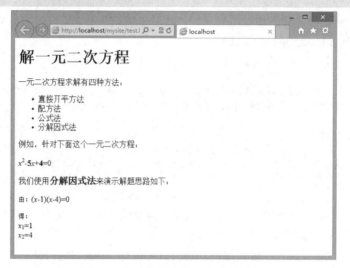

图 3.1　格式化文本的语义结构效果

在上面代码中，使用 i 元素定义变量 x 以斜体显示；使用 sup 定义二元一次方程中二次方；使用 b 加粗显示常量值；使用 big 和 b 加大加粗显示"分解因式法"这个短语；使用 small 缩写操作谓词"由"和"得"的字体大小；使用 sub 定义方程的两个解的下标。

3.2.5　定义术语

在 HTML 中定义术语时，可以使用 dfn 元素对其作语义上的区分。例如：

```
    <p><dfn id="def-internet">Internet</dfn>是一个全球互联网络系统，使用因特网协议套件（TCP/IP）为全球数十亿用户提供
服务。</p>
```

通常，dfn 元素默认以斜体显示。由 dfn 标记的术语与其定义的距离远近相当重要。如 HTML5 规范所述："如果一个段落、描述列表或区块是某 dfn 元素距离最近的祖先，那么该段落、描述列表或区块必须包含该术语的定义。"简言之，dfn 元素及其定义必须挨在一起，否则便是错误的用法。

【示例】在描述列表（dl 元素）中使用 dfn。

```
    <p><dfn id="def-internet">Internet</dfn>是一个全球互联网络系统，使用因特网协议套件（TCP/IP）为全球数十亿用户提供
服务。</p>
    <dl>
        <!--定义"万维网"和"因特网"的参考定义-->
        <dt> <dfn> <abbr title="World-Wide Web">WWW</abbr> </dfn> </dt>
        <dd>万维网（WWW）是一个互连的超文本文档访问系统，它建立在<a href="#def-internet">Internet</a>之上。</dd>
    </dl>
```

在定义术语使用 dfn 时，不能仅为了让文字以斜体显示就使用该元素。使用 CSS 可以将任何文字变为斜体。

dfn 可以在适当的情况下包住其他的短语元素，如 abbr。例如：

```
    <p><dfn><abbr title="Junior">Jr.</abbr></dfn>他儿子的名字和他父亲的名字一样吗？</p>
```

如果在 dfn 中添加可选的 title 属性，其值应与 dfn 术语一致。如果只在 dfn 里嵌套一个单独的 abbr，dfn 本身没有文本，那么可选的 title 只能出现在 abbr 里。

3.2.6 标记代码

使用 code 元素可以标记代码或文件名。例如：

```
<code>
p{ margin:2em; }
</code>
```

如果代码需要显示"<"或">"字符，应分别使用"<"和">"表示。如果直接使用"<"或">"字符，浏览器会将这些代码当作 HTML 元素处理，而不是当作文本处理。

要显示单独的一块代码，可以用 pre 元素包住 code 元素以维持其格式。例如：

```
<pre>
<code>
p{
    margin:2em;
}
</code>
</pre>
```

【拓展】

其他计算机相关元素：kbd、samp、var 和 tt。这些元素极少使用，不过可能会在内容中用到它们。下面对它们作简要说明。

☑ kbd 元素：使用 kbd 标记用户输入指示。与 code 一样，kbd 默认以等宽字体显示。例如：

```
<ol>
    <li>单击<kbd>Tab</kbd>键，切换到"提交"按钮</li>
    <li>单击<kbd>Return</kbd>或<kbd>Enter</kbd>键</li>
</ol>
```

☑ samp 元素：samp 元素用于指示程序或系统的示例输出。samp 也默认以等宽字体显示。例如：

```
<p>一旦在浏览器中预览，则显示<samp>Hello,World</samp></p>
```

☑ var 元素：var 元素表示变量或占位符的值。var 也可以作为内容中占位符的值，例如在填词游戏的答题纸上可以放入<var>adjective</var>, <var>verb</var>。var 默认以斜体显示。注意，可以在 HTML5 页面中使用 MathML 元素表示高级的数学相关的标记。例如：

```
<p>爱因斯坦称为是最好的 <var>E</var>=<var>m</var><var>c</var><sup>2</sup>.</p>
```

☑ tt 元素：tt 元素表示打印机字体。

3.2.7 预定义格式

使用 pre 元素可以定义预定义文本，是计算机代码示例的理想元素。预定义文本就是可以保持文本固有的换行和空格。例如：

```
<pre>
p{
    margin:2em;
}
</pre>
```

对于包含重要的空格和换行的文本（如这里显示的 CSS 代码），pre 元素是非常适合的。同时要注意 code 元素的使用，该元素可以标记 pre 外面的代码块或与代码有关的文本。

预定义文本通常以等宽字体显示，可以使用 CSS 改变字体样式。如果要显示包含 HTML 元素的

Note

内容，应将包围元素名称的"<"和">"分别改为其对应的字符实体"<"和">"。否则，浏览器就会试着显示这些元素。

　　一定要对页面进行验证，检查是否在 pre 中嵌套了 HTML 元素。不要试图规避 pre 而以合适的语义标记内容和用 CSS 控制样式的快捷方式。例如，如果想发布一篇在字处理软件中写好的文章，不要为了保留原来的格式，简单地将它复制、粘贴到 pre 里。相反，应该使用 p 元素，以及其他相关的文本元素标记内容，编写 CSS 控制页面的布局。

　　同段落一样，pre 默认从新一行开始显示，浏览器通常会对 pre 里面的内容关闭自动换行，因此，如果这些内容很宽，就会影响页面的布局，或产生横向滚动条。

　　提示：使用下面 CSS 样式可以对 pre 包含内容打开自动换行，但在 IE7 及以前版本中并不适用。

```
pre {
    white-space: pre-wrap;
}
```

在大多数情况下不推荐对 div 等元素使用 white-space:pre 代替 pre，因为空格可能对这些内容（尤其是代码）的语义非常重要，而只有 pre 才能始终保留这些空格。同时，如果用户在其浏览器中关闭了 CSS，格式就丢失了。

3.2.8　定义缩写词

　　使用 abbr 元素可以标记缩写词并解释其含义。当然不必对每个缩写词都使用 abbr，只在需要帮助访问者了解该词含义的时候使用。例如：

```
<abbr title=" HyperText Markup Language">HTML</abbr>是一门标识语言。
```

　　可以使用可选的 title 属性提供缩写词的全称，也可以将全称放在缩写词后面的括号里（这样做更好），还可以同时使用这两种方式，并使用一致的全称。如果大多数人都很熟悉了，就没有必要对它们使用 abbr，并提供 title，这里只是用它们来演示示例。

　　通常，仅在缩写词第 1 次出现在屏幕上时，通过 title 或括号的方式给出其全称。用括号提供缩写词的全称是解释缩写词最直接的方式，能让尽可能多的访问者看到这些内容。例如，使用智能手机和平板电脑等触摸屏设备的用户可能无法移到 abbr 元素上查看 title 的提示框。因此，如果要提供缩写词的全称，应该尽量将它放在括号里。

　　如果使用复数形式的缩写词，全称也要使用复数形式。作为对用户的视觉提示，Firefox 和 Opera 等浏览器会对带 title 的 abbr 文字使用虚线下画线。如果希望在其他浏览器中也这样显示，可以在样式表中加上下面样式：

```
abbr[title] { border-bottom: 1px dotted #000; }
```

　　无论 abbr 是否添加了下画线样式，浏览器都会将 title 属性内容以提示框的形式显示出来。如果看不到 abbr 有虚线下画线，试着为其父元素的 CSS 添加 line-height 属性。

　　提示：在 HTML5 之前有 acronym（首字母缩写词）元素，但设计和开发人员常常分不清楚缩写词和首字母缩写词，因此 HTML5 废除了 acronym 元素，让 abbr 适用于所有的场合。

　　当访问者将鼠标移至 abbr 上，该元素 title 属性的内容就会显示在一个提示框里。在默认情况下，Chrome 等一些浏览器不会让带有 title 属性的缩写词与普通文本有任何显示上的差别。

3.2.9　标注编辑或不用文本

　　有时可能需要将在前一个版本之后对页面内容的编辑标出来，或者对不再准确、不再相关的文本进行标记。有两种用于标注编辑的元素：代表添加内容的 ins 元素和代表已删除内容的 del 元素。这两种元素既可以单独使用，也可以一起使用。

【示例 1】在下面列表中，上一次发布之后，又增加了一个条目，同时根据 del 元素的标注，移除了一些条目。使用 ins 时不一定要使用 del，反之亦然。浏览器通常会让它们看起来与普通文本不一样。同时，s 元素用以标注不再准确或不再相关的内容（一般不用于标注编辑内容）。

```
<ul>
    <li><del>删除项目</del></li>
    <li>列表项目</li>
    <li><del>删除项目</del></li>
    <li><ins>插入项目</ins></li>
</ul>
```

浏览器通常对已删除的文本加上删除线，对插入的文本加上下画线。可以用 CSS 修改这些样式。

【示例 2】del 和 ins 是少有的既可以包围短语内容（HTML5 之前称 "行内元素"），又可以包围块级内容的元素。

```
<ins>
    <p>文本 1</p>
</ins>
<del>
    <ul>
        <li><del>删除项目</del></li>
        <li>列表项目</li>
        <li><del>删除项目</del></li>
        <li><ins>插入项目</ins></li>
    </ul>
</del>
```

del 和 ins 都支持两个属性：cite 和 datetime。cite 属性（区别于 cite 元素）用于提供一个 URL，指向说明编辑原因的页面。

【示例 3】ins、del 两个元素的显示效果如图 3.2 所示。

```
<p> <cite>因为懂得，所以慈悲</cite>。<ins cite="http://news.sanwen8.cn/a/2014-07-13/9518.html" datetime= "2020-8-1">这是张爱玲对胡兰成说的话</ins>。</p>
<p> <cite>笑，全世界便与你同笑；哭，你便独自哭</cite>。<del datetime="2020-8-8">出自冰心的《遥寄印度哲人泰戈尔》</del>，<ins cite="http://news.sanwen8.cn/a/2014-07-13/9518.html" datetime="2020-8-1">出自张爱玲的小说《花凋》</ins> </p>
```

图 3.2　ins 和 del 两个元素的显示效果

datetime 属性提供编辑的时间。浏览器不会将这两个属性的值显示出来，因此它们的使用并不广泛。不过，应该尽量包含它们，从而为内容提供一些背景信息。它们的值可以通过 JavaScript 或分析页面的程序提取出来。

如果需要向访问者展示内容变化情况，就可以使用 del 和 ins。例如，经常可以看见一些站点使用它们表示初次发布后的更新信息，这样可以保持原始信息的完整性。

　☑　使用 ins 标记的文本通常会显示一条下画线。由于链接通常也以下画线表示，这可能会让访问者感到困惑。可以使用 CSS 改变插入的段落文本的样式。

☑ 使用 del 标记的文本通常会显示一条删除线。加上删除线以后，用户就很容易看出修改了什么。

🔆 **提示：** HTML5 指出：s 元素不适用于指示文档的编辑，要标记文档中一块已移除的文本，应使用 del 元素。有时，这之间的差异是很微妙的，只能由个人决定哪种选择更符合内容的语义。仅在有语义价值时使用 del、ins 和 s。如果只是出于装饰要给文字添加下画线或删除线，可以用 CSS 实现这些效果。

3.2.10 指明引用或参考

使用 cite 元素可以定义作品的标题，以指明对某内容源的引用或参考。例如，戏剧、脚本或图书的标题，歌曲、电影、照片或雕塑的名称，演唱会或音乐会，规范、报纸或法律文件等。

【示例】使用 cite 元素标记音乐专辑、电影、图书和艺术作品的标题。

```
<p>他正在看<cite>红楼梦</cite></p>
```

🔆 **提示：** 对于要从引用来源中引述内容的情况，使用 blockquote 或 q 元素标记引述的文本。要弄清楚的是，cite 只用于参考源本身，而不是从中引述的内容。

🔊 **注意：** HTML5 声明，不应使用 cite 作为对人名的引用，但 HTML 以前的版本允许这样做，而且很多设计和开发人员仍在这样做。HTML4 的规范有以下例子。

```
<cite>鲁迅</cite>说过：<q>其实地上本没有路，走的人多了，也便成了路。</q>
```

除了这些例子，有的网站经常用 cite 标记在博客和文章中发表评论的访问者的名字（WordPress 的默认主题就是这样做的）。很多开发人员表示他们将继续对与页面中的引文有关的名称使用 cite，因为 HTML5 没有提供他们认为可接收的其他元素（即 span 和 b 元素）。

3.2.11 引述文本

blockquote 元素表示单独存在的引述（通常很长），它默认显示在新的一行。而 q 元素则用于短的引述，如句子里面的引述。例如：

```
<p>毛泽东说过：
    <blockquote>帝国主义都是纸老虎 ... </blockquote>
</p>
<p>世界自然基金会的目标是：<q cite="http://www.wwf.org"> 建设一个与自然和谐相处的未来 </q>我们希望他们成功。</p>
```

如果要添加署名，署名应该放在 blockquote 外面。可以把署名放在 p 里面，不过使用 figure 和 figcaption 可以更好地将引述文本与其来源关联起来。如果 blockquote 中仅包含一个单独的段落或短语，可以不必将其包在 p 中再放入 blockquote。

浏览器应对 q 元素中的文本自动加上特定语言的引号，但不同浏览器的效果并不相同。

浏览器默认对 blockquote 文本进行缩进，cite 属性的值则不会显示出来。不过，所有的浏览器都支持 cite 元素，通常对其中的文本以斜体显示。

【示例】综合使用 cite、q 和 blockquote 元素以及 cite 引文属性，效果如图 3.3 所示。

```
<div id="article">
    <h1>智慧到底是什么呢？</h1>
    <h2>《卖拐》智慧摘录</h2>
    <blockquote cite="http://www.szbf.net/Article_Show.asp?ArticleID=1249">
        <p>有人把它说成是知识，以为知识越多，就越有智慧。我们今天无时无处不在受到信息的包围和信息的轰炸，
```

似乎所有的信息都是真理，仿佛离开了这些信息，就不能生存下去了。但是你掌握的信息越多，只能说明你知识的丰富，并不等于你掌握了智慧。有的人，知识丰富，智慧不足，难有大用；有的人，知识不多，但却无所不能，成为奇才。</p>

```
    </blockquote>
    <p>下面让我们看看<cite>大忽悠</cite>赵本山的这段台词，从中可以体会到语言的智慧。</p>
    <div id="dialog">
        <p>赵本山：<q>对头，就是你的腿有病，一条腿短！</q></p>
        <p>范　伟：<q>没那个事儿！我要一条腿长，一条腿短的话，那卖裤子人就告诉我了！</q></p>
        <p>赵本山：<q>卖裤子的告诉你你还买裤子么，谁像我心眼这么好哇？这样吧，我给你调调。信不信，你的腿
随着我的手往高抬，能抬多高抬多高，往下使劲落，好不好？信不信？腿指定有病，右腿短！来，起来！</q></p>
        <p class="action">（范伟配合做动作）</p>
        <p>赵本山：<q>停！麻没？</q></p>
        <p>范　伟：<q>麻了</q></p>
        <p>高秀敏：<q>哎，他咋麻了呢？</q></p>
        <p>赵本山：<q>你踩，你也麻！</q></p>
    </div>
</div>
```

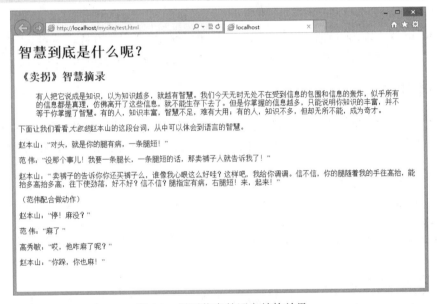

图 3.3　引用信息的语义结构效果

提示：可以对 blockquote 和 q 使用可选的 cite 属性，提供引述内容来源的 URL。尽管浏览器通常不会将 cite 的 URL 呈现给用户。但理论上讲，该属性对搜索引擎或其他收集引述文本及其引用的自动化工具来说还是有用的。如果要让访问者看到这个 URL，可以在内容中使用链接（a 元素）重复这个 URL。也可以使用 JavaScript 将 cite 的值暴露出来，但这样做的效果稍差一些。

　　q 元素引用的内容不能跨越不同的段落，在这种情况下应使用 blockquote。不要仅仅因为需要在字词两端添加引号就使用 q。

　　blockquote 和 q 元素可以嵌套。嵌套的 q 元素应该自动加上正确的引号。由于内外引号在不同语言中的处理方式不一样，因此要根据需要在 q 元素中加上 lang 属性，不过浏览器对嵌套 q 元素的支持程度并不相同，其实浏览器对非嵌套 q 元素的支持也不同。由于 q 元素的跨浏览器问题，很多开发人员避免使用 q 元素，而是选择直接输入正确的引号或使用字符实体。

3.2.12　换行显示

使用 br 元素可以实现文本换行显示。要确保使用 br 是最后的选择，因为该元素将表现样式带入了 HTML，而不是让所有的呈现样式都交由 CSS 控制。例如，不要使用 br 模拟段落之间的距离。相反，应该用 p 标记两个段落并通过 CSS 的 margin 属性规定两个段落之间的距离。

那么，什么时候该用 br 元素呢？实际上，对于诗歌、街道地址等应该紧挨着出现的短行，都适合用 br 元素。例如：

```
<p>北京市<br />
海淀区<br />
北京大学<br />
32 号楼</p>
```

每个 br 元素强制让接下来的内容在新的一行显示。如果没有 br 元素，整个地址都会显示在同一行，除非浏览器窗口太窄导致内容换行。可以使用 CSS 控制段落中的行间距以及段落之间的距离。在 HTML5 中，输入
或
都是有效的。

提示：hCard 微格式（http://microformats.org/wiki/hcard）是用于表示人、公司、组织和地点的人类和机器都可读的语义形式。可以使用 hCard 微格式替代上面示例中表示地址的方式。

3.2.13　修饰文本

span 元素是没有任何语义的行内容器，适合包围字词或短语内容，而 div 适合包围块级内容。如果想将下面列出的项目应用到某一小块内容中，而 HTML 又没有提供合适的语义化元素，就可以使用 span。

☑　属性，如 class、dir、id、lang、title 等。
☑　CSS 样式。
☑　JavaScript 行为。

由于 span 没有任何语义，因此应将它作为最后的选择，仅在没有其他合适的元素时才使用它。例如：

```
<style type="text/css">
.red { color: red; }
</style>
<p><span class="red">HTML</span>是通向 Web 技术世界的钥匙。</p>
```

在上面示例中，想对一小块文字指定不同的颜色，但从句子的上下文看，没有一个语义上适合的 HTML 元素，因此额外添加了 span 元素，定义一个类样式。

span 没有任何默认格式，但就像其他 HTML 元素一样，可以用 CSS 添加你自己的样式。可以对一个 span 元素同时添加 class 和 id 属性，但通常只应用其中之一（如果真要添加的话）。二者主要区别在于，class 用于一组元素，而 id 用于标识页面中单独的、唯一的元素。

在 HTML 没有提供合适的语义化元素时，微格式经常使用 span 为内容添加语义化类名，以填补语义上的空白。要了解更多信息，可以访问 http://microformats.org。

3.2.14　非文本注解

与 b、i、s 和 small 一样，HTML5 重新定义了 u 元素，使之不再是无语义的、用于表现的元素。以前，u 元素用来为文本添加下画线。现在，u 元素用于非文本注解。HTML5 对它的定义：u 元素为一块文字添加明显的非文本注解，如在中文中将文本标为专有名词（即中文的专名号①），或者标为文本拼写有误。例如：

<p>When they <u class="spelling"> recieved</u> the package, they put it with <u class="spelling">there</u></p>

class 完全是可选的，它的值（可以是任何内容）也不会在内容中明显指出这是个拼写错误。不过，可以用它对拼错的词添加不同于普通文本的样式（u 默认仍以下画线显示）。通过 title 属性可以为该元素包含的内容添加注释。

仅在 cite、em、mark 等其他元素语义上不合适的情况下使用 u 元素。同时，最好改变 u 文本的样式，以免与同样默认添加下画线的链接文本混淆。

3.3 特殊用途文本

HTML5 为标识特定用途的信息新增了很多文本标签，具体说明如下。

3.3.1 标记高亮显示

HTML5 使用新的 mark 元素实现突出显示文本功能。可以使用 CSS 对 mark 元素里的文字应用样式（不应用样式也可以），但应仅在合适的情况下使用该元素。无论何时使用 mark，该元素总是用于引起浏览者对特定文本的注意。

最能体现 mark 元素作用的应用：在网页中检索某个关键词时呈现的检索结果，现在许多搜索引擎都用其他方法实现了 mark 元素的功能。

【示例 1】使用 mark 元素高亮显示对"HTML5"关键词的搜索结果，效果如图 3.4 所示。

```
<article>
    <h2><mark>HTML5</mark>中国:中国最大的<mark>HTML5</mark>中文门户 - Powered by Discuz!官网</h2>
    <p><mark>HTML5</mark>中国，是中国最大的<mark>HTML5</mark>中文门户。为广大<mark>html5 </mark>开发者
提供<mark>html5</mark>教程、<mark>html5</mark>开发工具、<mark>html5</mark>网站示例、<mark>html5</mark>视频、js
教程等多种<mark>html5</mark>在线学习资源。</p>
    <p>www.html5cn.org/    - 百度快照 - 86%好评</p>
</article>
```

mark 元素还可以用于标识引用原文，某些特殊情况需要把原文作者没有重点强调的内容标识出来。

【示例 2】使用 mark 元素将唐诗中韵脚特意高亮显示出来，效果如图 3.5 所示。

```
<article>
    <h2>静夜思 </h2>
    <h3>李白</h3>
    <p>床前明月<mark>光</mark>，疑是地上<mark>霜</mark>。</p>
    <p>举头望明月，低头思故<mark>乡</mark>。</p>
</article>
```

注意：在 HTML4 中，用户习惯使用 em 或 strong 元素来突出显示文字，但是 mark 元素与这两个元素的作用是有区别的，不能混用。

mark 元素的标识目的与原文作者无关，或者说它不是被原文作者用来标识文字的，而是后来被引用时添加上去的，它的目的是吸引当前用户的注意力，供用户参考，希望能够对用户有帮助。而 strong 是原文作者用来强调一段文字的重要性的，如错误信息等，em 元素是作者为了突出文章重点文字而使用的。

图 3.4　使用 mark 元素高亮显示关键词　　　图 3.5　使用 mark 元素高亮显示唐诗中韵脚

💡 提示：目前，所有最新版本的浏览器都支持该元素。IE8 以及更早的版本不支持 mark 元素。

3.3.2　标记进度信息

progress 是 HTML5 的新元素，它指示某项任务的完成进度。可以用它表示一个进度条，就像在 Web 应用中看到的指示保存或加载大量数据操作进度的那种组件。

支持 progress 的浏览器会根据属性值自动显示一个进度条，并根据值对其进行着色。<progress> 和 </progress> 之间的文本不会显示出来。例如：

```
<p>安装进度：<progress max="100" value="35">35%</progress></p>
```

一般只能通过 JavaScript 动态地更新 value 属性值和元素里面的文本以指示任务进程。通过 JavaScript（或直接在 HTML 中）将 value 属性设为 35（假定 max="100"）。

progress 元素支持 3 个属性：max、value 和 form。它们都是可选的，max 属性指定任务的总工作量，其值必须大于 0；value 是任务已完成的量，其值必须大于 0、小于或等于 max 属性值；如果 progress 没有嵌套在 form 元素里面，又需要将它们联系起来，可以添加 form 属性并将其值设为该 form 的 id。

目前，Firefox 8+、Opera 11+、IE 10+、Chrome 6+、Safari 5.2+ 版本的浏览器都以不同的表现形式对 progress 元素提供了支持。

【示例】下面示例简单演示了如何使用 progress 元素，效果如图 3.6 所示。

图 3.6　使用 progress 元素

```
<section>
    <p>百分比进度：<progress id="progress" max="100"><span>0</span>%</progress></p>
    <input type="button" onclick="click1()"  value="显示进度"/>
</section>
<script>
function click1(){
    var progress = document.getElementById('progress');
    progress.getElementsByTagName('span')[0].textContent ="0";
    for(var i=0;i<=100;i++)
        updateProgress(i);
}
function updateProgress(newValue){
    var progress = document.getElementById('progress');
    progress.value = newValue;
    progress.getElementsByTagName('span')[0].textContent = newValue;
```

Note

```
    }
</script>
```

 注意：progress 元素不适合用来表示度量衡，例如，磁盘空间使用情况或查询结果。如需表示度量衡，应使用 meter 元素。

3.3.3 标记刻度信息

meter 也是 HTML5 的新元素，它很像 progress 元素。可以用 meter 元素表示分数的值或已知范围的测量结果。简单地说，它代表的是投票结果。例如，已售票数（共 850 张，已售 811 张）、考试分数（百分制的 90 分）、磁盘使用量（如 256 GB 中的 74 GB）等测量数据。

HTML5 建议（并非强制）浏览器在呈现 meter 时，在旁边显示一个类似温度计的图形，一个表示测量值的横条，测量值的颜色与最大值的颜色有所区别（相等除外）。作为当前少数几个支持 meter 的浏览器，Firefox 正是这样显示的。对于不支持 meter 的浏览器，可以通过 CSS 对 meter 添加一些额外的样式，或用 JavaScript 进行改进。

【示例】下面示例简单演示了如何使用 meter 元素，效果如图 3.7 所示。

图 3.7 使用 meter 元素

```
<p>项目的完成状态: <meter value="0.80">80%完成</meter></p>
<p>汽车损耗程度: <meter low="0.25" high="0.75" optimum="0" value="0.21">21%</meter></p>
<p>十公里竞走里程:<meter min="0" max="13.1" value="5.5" title="Miles">4.5</meter></p>
```

支持 meter 的浏览器（如 Firefox）会自动显示测量值，并根据属性值进行着色。<meter>和</meter>之间的文字不会显示出来。如上面示例最后一行代码所示，如果包含 title 文本，就会在鼠标悬停在横条上时显示出来。虽然并非必需，但最好在 meter 里包含一些反映当前测量值的文本，供不支持 meter 的浏览器显示。

IE 不支持 meter，它会将 meter 元素里的文本内容显示出来，而不是显示一个彩色的横条。可以通过 CSS 改变其外观。

meter 不提供定义好的单位，但可以使用 title 属性指定单位，如上面示例最后一行代码所示。通常，浏览器会以提示框的形式显示 title 文本。meter 并不用于标记没有范围的普通测量值，如高度、宽度、距离、周长等。

meter 元素包含 7 个属性，简单说明如下。

☑ value：在元素中特别标识出来的实际值。该属性默认值为 0，可以为该属性指定一个浮点小数值。唯一必需包含的属性。

☑ min：设置规定范围时，允许使用的最小值，默认为 0，设定的值不能小于 0。

☑ max：设置规定范围时，允许使用的最大值。如果设定时，该属性值小于 min 属性的值，就把 min 属性的值视为最大值。max 属性的默认值为 1。

☑ low：设置范围的下限值，必须小于或等于 high 属性的值。同样，如果 low 属性值小于 min 属性的值，那么把 min 属性的值视为 low 属性的值。

☑ high：设置范围的上限值。如果该属性值小于 low 属性的值，那么把 low 属性的值视为 high 属性的值，同样，如果该属性值大于 max 属性的值，那么把 max 属性的值视为 high 属性的值。

☑ optimum：设置最佳值，该属性值必须在 min 属性值与 max 属性值之间，可以大于 high 属性值。

☑ form：设置 meter 元素所属的一个或多个表单。

提示： 目前，Safari 5.2+、Chrome 6+、Opera 11+、Firefox 16+版本的浏览器都支持 meter 元素。但支持情况还在变化，关于最新的支持情况，访问 http://caniuse.com/#feat=progressmeter。

有人尝试针对支持 meter 的浏览器和不支持 meter 的浏览器统一编写 meter 的 CSS。在网上搜索"style HTML5 meter with CSS"就可以找到一些解决方案，其中的一些用到了 JavaScript。

3.3.4　标记时间信息

使用 time 元素标记时间、日期或时间段，这是 HTML5 新增的元素。呈现这些信息的方式有多种。例如：

```
<p>我们在每天早上 <time>9:00</time> 开始营业。</p>
<p>我在 <time datetime="2020-02-14">情人节</time> 有个约会。</p>
```

time 元素最简单的用法是不包含 datetime 属性。在忽略 datetime 属性的情况下，它们的确提供了具备有效的机器可读格式的时间和日期。如果提供了 datetime 属性，time 标签中的文本可以不严格使用有效的格式；如果忽略 datetime 属性，文本内容就必须是合法的日期或时间格式。

time 元素中包含的文本内容会出现在屏幕上，对用户可见，而可选的 datetime 属性则是为机器准备的。该属性需要遵循特定的格式。浏览器只显示 time 元素的文本内容，而不会显示 datetime 的值。

datetime 属性不会单独产生任何效果，但可以用于在 Web 应用（如日历应用）之间同步日期和时间。这就是必须使用标准的机器可读格式的原因，这样程序之间就可以使用相同的"语言"来共享信息。

提示： 不能在 time 元素中嵌套另一个 time 元素，也不能在没有 datetime 属性的 time 元素中包含其他元素（只能包含文本）。

在早期的 HTML5 说明中，time 元素可以包含一个名为 pubdate 的可选属性。不过，后来 pubdate 已不再是 HTML5 的一部分。读者可能在早期的 HTML5 示例中碰到该属性。

【拓展】

datetime 属性（或者没有 datetime 属性的 time 元素）必须提供特定的机器可读格式的日期和时间。这可以简化为下面的形式。

```
YYYY-MM-DDThh:mm:ss
```

例如（当地时间）：

```
2020-11-03T17:19:10
```

表示"当地时间 2020 年 11 月 3 日下午 5 时 19 分 10 秒"。小时部分使用 24 小时制，因此表示下午 5 点应使用 17，而非 05。如果包含时间，秒是可选的。也可以使用 hh:mm.sss 格式提供时间的毫秒数。注意，毫秒数之前的符号是一个点。

如果要表示时间段，则格式稍有不同。有几种语法，不过最简单的形式如下所示。

```
nh nm ns
```

其中，3 个 n 分别表示小时数、分钟数和秒数。

也可以将日期和时间表示为世界时。在末尾加上字母 Z，就成了 UTC（Coordinated Universal Time，全球标准时间）。UTC 是主要的全球时间标准。例如（使用 UTC 的世界时）：

```
2020-11-03T17:19:10Z
```

也可以通过相对 UTC 时差的方式表示时间。这时不写字母 Z，写上−（减）或+（加）及时差即可。例如（含相对 UTC 时差的世界时）：

```
2020-11-03T17:19:10-03:30
```

表示"纽芬兰标准时（NST）2020 年 11 月 3 日下午 5 时 19 分 10 秒"（NST 比 UTC 晚 3 个半

小时）。

💡 **提示**：如果确实要包含 datetime，不必提供时间的完整信息。

3.3.5 标记联系信息

HTML 没有专门用于标记通讯地址的元素，address 元素是用以定义与 HTML 页面或页面一部分（如一篇报告或新文章）有关的作者、相关人士或组织的联系信息，通常位于页面底部或相关部分内容。至于 address 具体表示的是哪一种信息，取决于该元素出现的位置。

【示例】标记一个简单的联系信息。

```
<main role="main">
    <article>
        <h1>文章标题</h1>
        <p>文章正文</p>
        <footer>
            <p>说明文本</p>
            <address>
                <a href="mailto:zhangsan@163.com">zhangsan@163.com</a>
            </address>
        </footer>
    </article>
</main>
<footer role="contentinfo">
    <p><small>&copy; 2020 baidu, Inc.</small></p>
    <address>
    北京 8 号<a href="index.html">首页</a>
    </address>
</footer>
```

大多数时候，联系信息的形式是作者的电子邮件地址或指向联系信息页的链接。联系信息也有可能是作者的通讯地址，这时将地址用 address 标记就是有效的。但是用 address 标记公司网站"联系我们"页面中的办公地点，则是错误的用法。

在上面示例中，页面有两个 address 元素：一个用于 article 的作者；另一个位于页面级的 footer 里，用于整个页面的维护者。注意，article 的 address 只包含联系信息。尽管 article 的 footer 里也有关于作者的背景信息，但这些信息是位于 address 元素外面。

address 元素中的文字默认以斜体显示。如果 address 嵌套在 article 里，则属于其所在的最近的 article 元素；否则属于页面的 body。说明整个页面的作者的联系信息时，通常将 address 放在 footer 元素里。article 里的 address 提供的是该 article 作者的联系信息，而不是嵌套在该 article 里的其他任何 article（如用户评论）的作者的联系信息。

address 只能包含作者的联系信息，不能包括其他内容，如文档或文章的最后修改时间。此外，HTML5 禁止在 address 里包含 h1～h6、article、address、aside、footer、header、hgroup、nav 和 section 元素。

3.3.6 标记显示方向

如果在 HTML 页面中混合了从左到右书写的字符（如大多数语言所用的拉丁字符）和从右到左书写的字符（如阿拉伯语或希伯来语字符），就可能要用到 bdo 和 bdi 元素。

要使用 bdo，必须包含 dir 属性，取值包括 ltr（由左至右）或 rtl（由右至左），指定希望呈现的显示方向。

bdo 适用于段落里的短语或句子，不能用它包围多个段落。bdi 元素是 HTML5 中新增的元素，用于内容的方向未知的情况，不必包含 dir 属性，因为默认已设为自动判断。

【示例】设置用户名根据语言不同自动调整显示顺序。

```
<ul>
    <li><bdi>jcranmer</bdi></li>
    <li><bdi>hober</bdi></li>
    <li><bdi>نايب</bdi></li>
</ul>
```

当前，只有 Firefox 和 Chrome 浏览器支持 bdi 元素。

3.3.7 标记换行断点

HTML5 为 br 引入了一个相似的元素：wbr。它代表"一个可换行处"。可以在一个较长的无间断短语（如 URL）中使用该元素，表示此处可以在必要的时候进行换行，从而让文本在有限的空间内更具可读性。但是，与 br 不同，wbr 不会强制换行，而是让浏览器知道哪里可以根据需要进行换行。

【示例】本示例为 URL 字符串添加换行符标签，这样当窗口宽度变化时，浏览器会自动根据断点确定换行位置，效果如图 3.8 所示。

```
<p>本站旧地址为：https:<wbr>//<wbr>www.old_site.com/，新地址为：https:<wbr>//<wbr>www.new_site.com/。</p>
```

（a）IE 中换行断点无效 　　　　　　（b）Chrome 中换行断点有效

图 3.8　定义换行断点

3.3.8 标记旁注

旁注标记是东亚语言（如中文和日文）中一种惯用符号，通常用于表示生僻字的发音。这些小的注解字符出现在它们标注的字符的上方或右方。它们常简称为旁注（ruby 或 rubi）。日语中的旁注字符称为振假名。

ruby 元素以及它们的子元素 rt 和 rp 是 HTML5 中为内容添加旁注标记的机制。rt 指明对基准字符进行注解的旁注字符。可选的 rp 元素用于在不支持 ruby 的浏览器中的旁注文本周围显示括号。

【示例】使用<ruby>和<rt>标签为唐诗诗句注音，效果如图 3.9 所示。

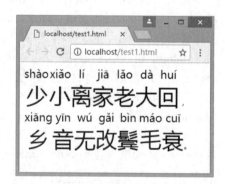

图 3.9　给唐诗诗句注音

```
<style type="text/css">
ruby { font-size: 40px; }
</style>
<ruby>少<rt>shào</rt>小<rt>xiǎo</rt>离<rt>lí</rt>家<rt>jiā</rt>老<rt>lǎo</rt>大<rt>dà</rt>回<rt>huí</rt> </ruby>，
<ruby>乡<rt>xiāng</rt>音<rt>yīn</rt>无<rt>wú</rt>改<rt>gǎi</rt>鬓<rt>bìn</rt>毛<rt>máo</rt>衰<rt>cuī</rt> </ruby>。
```

支持旁注标记的浏览器会将旁注文本显示在基准字符的上方（也可能在旁边），不显示括号。不支持旁注标记的浏览器会将旁注文本显示在括号里，就像普通的文本一样。

当前，IE 9+、Firefox、Opera、Chrome 和 Safari 浏览器都支持 ruby、rt 和 rp 这 3 个标签。

3.3.9　标记展开/收缩详细信息

HTML5 新增 details 和 summary 元素，允许用户创建一个可展开、折叠的元件，让一段文字或标题包含一些隐藏的信息。

一般情况下，details 用来对显示在页面的内容做进一步的解释，details 元素内并不仅限于放置文字，也可以放置表单、插件或对一个统计图提供详细数据的表格。

details 元素有一个布尔型的 open 属性，当该属性值为 true 时，details 包含的内容会展开显示；当该属性值为 false（默认值）时，其包含的内容被收缩起来不显示。

summary 元素从属于 details 元素，当单击 summary 元素包含的内容时，details 包含的其他所有从属子元素将会展开或收缩。如果 details 元素内没有 summary 元素，浏览器会提供默认文字以供单击，同时还会提供一个类似上下箭头的图标，提示 details 的展开或收缩状态。

当 details 元素的状态从展开切换为收缩时，或者从收缩切换为展开时，均将触发 toggle 事件。

【示例】本示例设计一件商品的详细数据的展示，效果如图 3.10 所示。

```
<details>
    <summary>HUAWEI Mate 40 Pro 5G</summary>
    <p>商品详情：</p>
    <dl>
        <dt>电池</dt>
        <dd>4400mAh</dd>
        …
    </dl>
</details>
```

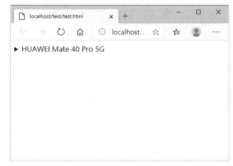

（a）收缩　　　　　　　　　　　　　（b）展开

图 3.10　收缩与展开信息效果

当前，Chrome 12+、Edge 79+、Firefox 49+、Safari 8+和 Opera 26+浏览器支持 details 和 summary 元素。

3.3.10　标记对话框信息

HTML5 新增 dialog 元素，用来定义一个对话框或窗口。dialog 在界面中默认为隐藏状态，可以设置 open 属性，定义是否打开对话框或窗口，也可以在脚本中使用该元素的 show()或 close()方法动态控制对话框的显示或隐藏。

【示例 1】dialog 元素的应用，效果如图 3.11 所示。

```
<dialog>
    <h1>Hi, HTML5</h1>
    <button id="close">关闭</button>
</dialog>
<button id="open">打开对话框</button>
<script>
var d = document.getElementsByTagName("dialog")[0],
    openD = document.getElementById("open"),
    closeD = document.getElementById("close");
openD.onclick = function() {d.show();} //显示对话框
closeD.onclick = function() {d.close();} //关闭对话框
</script>
```

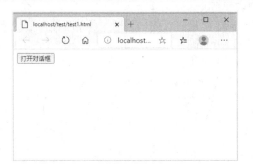　　　　

（a）隐藏对话框状态　　　　　　　　　（b）打开对话框状态

图 3.11　隐藏与打开对话框状态效果

提示：在脚本中，设置 dialog.open="open"也可以打开对话框，设置 dialog.open=""可以关闭。

【示例 2】如果调用 dialog 元素的 showModal()方法可以以模态对话框的形式打开，效果如图 3.12 所示。然后使用::backdrop 伪类设计模态对话框的背景样式。

```
<style>
::backdrop{background-color:black;}
</style>
<input type="button" value="打开对话框"   onclick=" document.getElementById('dg'). showModal(); ">
<dialog id="dg" onclose="alert('对话框被关闭')" oncancel="alert('在模式窗口中按 Esc 键')">
    <h1>Hi, HTML5</h1>
    <input type="button" value="关闭"   onclick="document.getElementById('dg').close();"/>
</dialog>
```

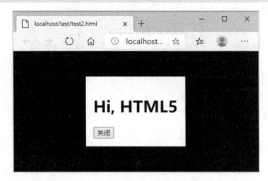

图 3.12　以模态对话框形式打开

3.4 其他类型文本

3.4.1 超链接

HTML5 为 a 元素新增了 3 个属性，简单说明如下。

☑ download：设置被下载的超链接目标。

☑ media：设置目标 URL 是为何种媒介/设备优化的。

☑ type：设置被链接文档的 MIME 类型。

【示例】使用 download 属性设计使图片只能下载，而不是在窗口中显示。

```
<a href="images/1.jpg" download="images/1.jpg"><img src="images/1.jpg"/></a>
```

提示：当前，最新 Chrome、Opera 和 Firefox 版本的浏览器均支持该属性，IE 浏览器暂不支持。

下面列举 HTML5 支持的特殊超链接用法。

```
<a href='sms:13511228899'>短信</a>
```

在手机端，当点击"短信"时将实现发送短信功能，进入发送短信界面，自动填写好手机号码。

```
<a href="tel:13511228899">电话</a>
```

在手机端，当点击"电话"时将实现拨打电话功能，进入拨打电话界面，自动填写好手机号码。

```
<a href="mailto:99884567@qq.com">邮件</a>
```

点击"邮件"时将启动客户端发送邮件的软件，如 outlook、foxmail 等。

3.4.2 有序列表

HTML5 为 ol 元素新增了 reversed 属性，用来设置列表顺序为降序显示。

【示例】使用 reversed 属性设计列表项目按倒序显示，效果如图 3.13 所示。

```
<ol reversed>
    <li>compact</li>
    <li>reversed</li>
    <li>start</li>
    <li>type</li>
</ol>
```

图 3.13　列表项目倒序显示

提示：当前，最新版本的 Chrome、Opera、Firefox 浏览器均支持该属性，IE 浏览器暂不支持。

3.4.3 描述列表

HTML5 重新定义 dl 元素，允许 dl 列表包含多个带名字的列表项。每一项包含一个或多个带名字的 dt 元素，用来表示术语，dt 元素后面紧跟一个或多个 dd 元素，用来表示定义。在一个元素内，不允许有相同名字的 dt 元素，即不允许有重复的术语。

【示例】使用 dl 元素对诗句进行逐句解析。

```
<h3>《静夜思》赏析</h3>
<dl>
    <dt><dfn>床前明月光，疑是地上霜。</dfn></dt>
    <dd>诗的前两句，是写诗人在作客他乡的特定环境中一刹那间所产生的错觉。</dd>
    <dt><dfn>举头望明月，低头思故乡。</dfn></dt>
    <dd>诗的后两句，则是通过动作神态的刻画，深化思乡之情。</dd>
</dl>
```

3.4.4 浮动框架

HTML5 主要从安全性方面增强 iframe 元素，新增了 3 个属性，简单说明如下。

☑ sandbox：启用一系列对 iframe 中内容的额外限制，取值包括："""、allow-forms（允许表单提交）、allow-same-origin（允许同源访问）、allow-scripts（允许执行脚本）、allow-top-navigation（允许框架访问）。

☑ seamless：定义 iframe 看上去像是包含文档的一部分，取值为 seamless（无缝嵌入），或者不设置。

☑ srcdoc：规定在 iframe 中显示的 HTML 内容，取值为 HTML 代码。

HTML5 为 iframe 元素增加 sandbox 属性，是出于安全性方面的原因，对 iframe 元素内的内容是否允许显示，表单是否允许被提交，以及脚本是否允许被执行等方面进行一些限制。

通过设置 iframe 元素的 sandbox 属性后，iframe 元素内显示的页面被添加如下所示的限制。

☑ 该页面中的插件被禁用。

☑ 该页面中的表单被禁止提交。

☑ 该页面中的 JavaScript 脚本代码被禁止运行。

☑ 如果单击该页面内的超链接，将把浏览器窗口或 iframe 元素之外的任何内容导航到 iframe，则该超链接被禁用。

☑ 该页面被视为来自一个单独的源，所以禁止加载该页面中来自服务器端的内容，禁止该页面与服务器端进行交互，同时禁止加载页面中从 Cookie 或 Web Storage 中读出的内容。

提示：sandbox 属性允许指定多个属性值，属性值与属性值中间用空格分隔。

3.4.5 异步执行脚本

HTML5 为 script 元素新增 async 属性，规定异步执行脚本，仅适用于外部脚本，取值为 async。

【示例 1】async 属性的应用。

```
<script src="test1.js" async onload="ok()"></script>
<script>
console.log("内部脚本");
</script>
```

设计在页面中导入外部脚本文件 test1.js，该文件的代码如下。

```
function ok(){
    console.log("外部脚本");
}
```

在 Chrome 浏览器中预览，可以看到页面内部脚本先被执行，最后才执行异步导入的脚本文件代码，效果如图 3.14 所示。

【示例 2】 如果在 script 元素中删除 async 属性，则可以看到在外部 JavaScript 脚本文件加载完毕之后，才执行内部脚本，效果如图 3.15 所示。

```
<script src="test1.js" onload="ok()"></script>
<script>
console.log("内部脚本");
</script>
```

图 3.14　异步加载 JavaScript 脚本

图 3.15　同步加载 JavaScript 脚本

3.5　在线支持

扫码免费学习更多实用技能	一、基础知识	二、专项练习	三、更多案例实战
	☑ 把 HTML 转换为 XHTML ☑ 标签的语义化解析	☑ 定义段落文本 ☑ 定义旁注文本 ☑ 定义强调文本 ☑ 定义流 ☑ 定义引用	☑ 设计自我介绍页面 **四、参考** ☑ 格式标签列表 ☑ 编程标签列表 📝 新知识、新案例不断更新中……

…实际有更多题目

第 4 章

HTML5 多媒体

HTML5 新增了两个多媒体元素：audio 和 video，其中，audio 元素专门用来播放音频，video 元素专门用来播放视频。同时 HTML5 规范了多媒体 API，允许使用 JavaScript 脚本操控多媒体的接口方法和标准。

4.1 响应式图像

HTML5 新增 picture 元素和 img 元素的 srcset、sizes 属性，使得响应式图片的实现更为简单便捷，很多主流浏览器的新版本也支持这些新增加的内容。

4.1.1 定义流内容

HTML5 新增 figure 和 figcaption 元素，用来定义流内容。流内容可以是图表、照片、图形、代码片段，以及其他类似的独立内容。可以由页面其他内容引出 figure。figcaption 是 figure 的可选标题，一般位于 figure 内容的开头或结尾处。例如：

```
<figure>
    <p>思索</p>
    <img src="images/1.jpg" width="350" />
</figure>
```

这个 figure 元素只有一个照片，不过也可以放置多个图像或其他类型的内容（如数据表格、视频等）。figcaption 元素并不是必需的，如果包含它，它就必须是 figure 元素内嵌的第一个或最后一个元素。

【示例】将包含新闻图片及其标题的 figure 元素显示在 article 文本中间。图以缩进的形式显示，这是浏览器的默认样式，如图 4.1 所示。

```
<article>
    <h1>我国首次实现月球轨道交会对接 嫦娥五号完成在轨样品转移</h1>
    <p>12 月 6 日，航天科技人员在北京航天飞行控制中心指挥大厅监测嫦娥五号上升器与轨道器返回器组合体交会对接
情况。</p>
    <p>记者从国家航天局获悉，12 月 6 日 5 时 42 分，嫦娥五号上升器成功与轨道器返回器组合体交会对接，并于 6 时
12 分将月球样品容器安全转移至返回器中。这是我国航天器首次实现月球轨道交会对接。</p>
    <figure>
        <figcaption>新华社记者<b>金立旺</b>摄</figcaption>
        <img src="images/news.jpg" alt="嫦娥五号完成在轨样品转移" /> </figure>
    <p>来源：<a href="http://www.xinhuanet.com/">新华网</a></p>
</article>
```

Note

图 4.1　流内容显示效果

figure 元素可以包含多个内容块，但不论包含多少内容，只允许有一个 figcaption 元素。

注意：不要简单地将 figure 元素作为在文本中嵌入独立内容实例的方法。这种情况下，通常更适合用 aside 元素。figcaption 文本是对 figure 内容的简短描述，类似照片的描述文本。

在默认情况下现代浏览器会为 figure 元素添加 40px 宽的左右外边距。可以使用 CSS 的 margin-left 和 margin-right 属性修改这一样式。例如，使用"margin-left:0;"让 figure 图片靠左显示，还可以使用 figure{ float: left; }让包含 figure 的文本环绕在四周显示。

4.1.2　使用 picture 元素

<picture>标签仅作为容器，可以包含一个或多个<source>子标签。<source>可以加载多媒体源，它包含如下属性。

☑　srcset：必需，设置图片文件路径，如 srcset="img/minpic.png"。或者是逗号分隔的用像素密度描述的图片路径，如 srcset="img/minpic.png,img/maxpic.png 2x"。

☑　media：设置媒体查询，如 media="(min-width: 320px)"。

☑　sizes：设置宽度，如 sizes="100vw"。或者是媒体查询宽度，如 sizes="(min-width: 320px) 100vw"。也可以是逗号分隔的媒体查询宽度列表，如 sizes="(min-width: 320px) 100vw, (min-width: 640px) 50vw, calc(33vw - 100px)"。

☑　type：设置 MIME 类型，如 type= "image/webp"或者 type= "image/vnd.ms-photo"。

浏览器将根据 source 的列表顺序，使用第一个合适的 source 元素，并根据这些设置属性，加载具体的图片源，同时忽略后面的<source>标签。

注意：建议在<picture>标签尾部添加<img>标签，用来兼容不支持<picture>标签的浏览器。

【示例】使用 picture 元素设计在不同视图下加载不同的图片，效果如图 4.2 所示。

```
<picture>
    <source media="(min-width: 650px)" srcset="images/kitten-large.png">
    <source media="(min-width: 465px)" srcset="images/kitten-medium.png">
    <!--img 标签用于不支持 picture 元素的浏览器-->
    <img src="images/kitten-small.png" alt="a cute kitten" id="picimg">
</picture>
```

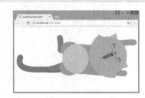

（a）小屏　　　　　　　（b）中屏　　　　　　　（c）大屏

图 4.2　根据视图大小加载图片

4.1.3　设计横屏和竖屏显示

【示例】根据屏幕的方向作为条件，当屏幕方向为横屏方向时加载 kitten-large.png 的图片，当屏幕方向为竖屏方向时加载 kitten-medium.png 的图片。效果如图 4.3 所示。

```
<picture>
    <source media="(orientation: portrait)" srcset="images/kitten-medium.png">
    <source media="(orientation: landscape)" srcset="images/kitten-large.png">
    <!--img 标签用于不支持 picture 元素的浏览器-->
    <img src="images/kitten-small.png" alt="a cute kitten" id="picimg">
</picture>
```

（a）横屏　　　　　　　　　　　（b）竖屏

图 4.3　根据屏幕方向加载图片

💡 提示：可以结合多种条件，例如，根据屏幕方向和视图大小，分别加载不同的图片代码如下：

```
<picture>
    <source media="(min-width: 320px) and (max-width: 640px) and (orientation: landscape)" srcset=" images/minpic_landscape.
png">
    <source media="(min-width: 320px) and (max-width: 640px) and (orientation: portrait)" srcset=" images/minpic_portrait.
png">
    <source media="(min-width: 640px) and (orientation: landscape)" srcset=" images/middlepic_ landscape.png">
```

```
    <source media="(min-width: 640px) and (orientation: portrait)" srcset="images/middlepic_portrait.png">
    <img src="images/picture.png" alt=" this is a picture ">
</picture>
```

4.1.4　根据分辨率显示不同图像

【示例】以屏幕像素密度作为条件，设计当像素密度为 2x 时，加载后缀为_retina.png 的图片；当像素密度为 1x 时，加载无后缀 retina 的图片。

```
<picture>
    <source media="(min-width: 320px) and (max-width: 640px)" srcset="images/minpic_retina.png 2x">
    <source media="(min-width: 640px)" srcset="img/middle.png,img/middle_retina.png 2x">
    <img src="img/picture.png,img/picture.png 1x" alt="this is a picture">
</picture>
```

提示：有关 srcset 属性的详细说明请参考下面介绍。

4.1.5　根据格式显示不同图像

【示例】以图片的文件格式作为条件。当支持 webp 格式图片时加载 webp 格式图片，否则加载 png 格式图片。

```
<picture>
    <source type="image/webp" srcset="images/picture.webp">
    <img src="images/picture.png" alt=" this is a picture ">
</picture>
```

4.1.6　自适应像素比

除 source 元素外，HTML5 为 img 元素也新增了 srcset 属性。srcset 属性是一个包含一个或多个源图的集合，不同源图用逗号分隔，每一个源图由下面两部分组成。

☑　图像 URL。

☑　x（像素比描述）或 w（图像像素宽度描述）的描述符。描述符需要与图像 URL 以一个空格进行分隔，w 描述符的加载策略是通过 sizes 属性里的声明来计算选择的。

如果没有设置第二部分，则默认为 1x。在同一个 srcset 里，不能混用 x 描述符和 w 描述符，或者在同一个图像中，既使用 x 描述符，也使用 w 描述符。

sizes 属性的写法与 srcset 相同，也是用逗号分隔的一个或多个字符串，每个字符串由下面两部分组成。

☑　媒体查询。最后一个字符串不能设置媒体查询，作为匹配失败后回退选项。

☑　图像 size（大小）信息。注意，不能使用"%"来描述图像大小，如果想用百分比来表示，应使用类似于 vm（100vm = 100%设备宽度）这样的单位来描述，其他的（如 px、em 等）可以正常使用。

sizes 里给出的不同媒体查询选择图像大小的建议，只对 w 描述符起作用。也就是说，如果 srcset 里用的是 x 描述符，或根本没有定义 srcset，这个 sizes 是没有意义的。

注意：除 IE 浏览器不兼容外，其他浏览器全部支持该技术，详细信息可以访问 http://caniuse.com/#search=srcset。

【示例】 设计屏幕 5 像素比（如高清 2k 屏）的设备使用 2500px×2500px 的图片，3 像素比的设备使用 1500px×1500px 的图片，2 像素比设备使用 1000px×1000px 的图片，1 像素比（如普通笔记本显示屏）的设备使用 500px×500px 的图片。对于不支持 srcset 的浏览器，显示 src 的图片。

第 1 步，设计之前，先准备 5 张图。

- ☑ 500.png：大小等于 500px×500px。
- ☑ 1000.png：大小等于 1000px×1000px。
- ☑ 1500.png：大小等于 1500px×1500px。
- ☑ 2000.png：大小等于 2000px×2000px。
- ☑ 2500.png：大小等于 2500px×2500px。

第 2 步，新建 HTML5 文档，输入下面代码即可，然后在不同屏幕比的设备上进行测试。

```
<img width="500" srcset="
        images/2500.png 5x,
        images/1500.png 3x,
        images/1000.png 2x,
        images/500.png 1x"
    src="images/500.png"
/>
```

对于 srcset 里没有给出像素比的设备，不同浏览器的选择策略不同。例如，如果没有给出 1.5 像素比的设备要使用哪张图，浏览器可以选择 2 像素比的，也可以选择 1 像素比的设备等。

4.1.7　自适应视图宽

w 描述符可以简单理解为描述源图的像素大小，无关宽度还是高度，大部分情况下可以理解为宽度。如果没有设置 sizes，一般是按照 100vm 来选择加载图片。

【示例 1】 设计如果视口在 500px 及以下时，使用 500w 的图片；如果视口在 1000px 及以下时，使用 1000w 的图片，以此类推。最后再设置如果媒体查询都满足的情况下，使用 2000w 的图片。代码如下。

```
<img width="500" srcset="
        images/2000.png 2000w,
        images/1500.png 1500w,
        images/1000.png 1000w,
        images/500.png 500w
        "
    sizes="
        (max-width: 500px) 500px,
        (max-width: 1000px) 1000px,
        (max-width: 1500px) 1500px,
        2000px "
    src="images/500.png"
/>
```

如果没有对应的 w 描述，一般选择第一个大于它的。例如，如果有一个媒体查询是 700px，一般加载 1000w 对应的源图。

【示例 2】 设计使用百分比来设置视口宽度。

```
<img width="500" srcset="
        images/2000.png 2000w,
        images/1500.png 1500w,
```

```
        images/1000.png 1000w,
        images/500.png 500w
        "
    sizes="
        (max-width: 500px) 100vm,
        (max-width: 1000px) 80vm,
        (max-width: 1500px) 50vm,
        2000px "
    src="images/500.png"
/>
```

这里设计图片的选择：视口宽度乘以 1、0.8 或 0.5，根据得到的像素来选择不同的 w。例如，如果 viewport 为 800px，对应 80vm，就是 800×0.8=640px，应该加载一个 640w 的源图，但是 srcset 中没有 640w，这时会选择第一个大于 640w 的，也就是 1000w。如果没有设置，一般是按照 100vm 来选择加载图片。

4.2　使用插件

在 HTML5 之前，可以通过第三方插件为网页添加音频和视频，但这样做有一些问题：在某个浏览器中嵌入 Flash 视频的代码在另一个浏览器中可能不起作用，也没有优雅的兼容方式。同时，像 Flash 这样的插件会占用大量的计算资源，使浏览器变慢，影响用户体验。

HTML5 支持使用<embed>标签定义嵌入插件，以便播放多媒体信息。用法如下。

```
<embed src="helloworld.swf" />
```

src 属性必须设置，用来指定媒体源。<embed>标签包含的属性说明如表 4.1 所示。

表 4.1　<embed>标签属性

属　　性	值	描　　述
height	pixels（像素）	设置嵌入内容的高度
src	url	嵌入内容的 URL
type	type	定义嵌入内容的类型
width	pixels（像素）	设置嵌入内容的宽度

【示例 1】设计背景音乐。打开本小节备用练习文档 test1.html，另存为 test2.html。在<body>标签内输入下面代码。

```
<embed src="images/bg.mp3" width="307" height="32" hidden="true" autostart="true" loop="infinite"></embed>
```

指定背景音乐为"images/bg.mp3"，通过 hidden="true"属性隐藏插件显示，使用 autostart="true"设置背景音乐自动播放，使用 loop="infinite"设置背景音乐循环播放。设置完属性后，在浏览器中浏览，这时就可以边浏览网页，边听着播放的背景音乐《小夜曲》。

提示：要正确使用，需要浏览器支持对应的插件。

【示例 2】设计播放视频。新建 test3.html，在<body>标签内输入下面代码。

```
<embed src="images/vid2.avi" width="413" height="292"></embed>
```

使用 width 和 height 属性设置视频播放窗口的大小，在浏览器中浏览效果如图 4.4 所示。

图 4.4　插入视频

4.3　使用音频和视频

现代浏览器都支持 HTML5 的 audio 元素和 video 元素，如 IE 9.0+、Firefox 3.5+、Opera 10.5+、Chrome 3.0+、Safari 3.2+等。本节将详细讲解这两个元素的使用方法。

4.3.1　使用 audio 元素

<audio>标签可以播放声音文件或音频流，支持 Ogg Vorbis、MP3、Wav 等音频格式，其用法如下。

```
<audio src="samplesong.mp3" controls="controls"></audio>
```

其中，src 属性用于指定要播放的声音文件，controls 属性用于设置是否显示工具条。<audio>标签可用的属性如表 4.2 所示。

表 4.2　<audio>标签可用的属性

属　　性	值	说　　明
autoplay	autoplay	如果出现该属性，则音频在就绪后马上播放
controls	controls	如果出现该属性，则向用户显示控件，如播放按钮
loop	loop	如果出现该属性，则每当音频结束时重新开始播放
preload	preload	如果出现该属性，则音频在页面加载时进行加载，并预备播放；如果使用"autoplay"，则忽略该属性
src	url	要播放的音频的 URL

提示：如果浏览器不支持<audio>标签，可以在<audio>与</audio>标识符之间嵌入替换的 HTML 字符串，这样旧的浏览器就可以显示这些信息。例如：

```
<audio src=" test.mp3" controls="controls">
您的浏览器不支持 audio 标签。
</audio>
```

替换内容可以是简单的提示信息，也可以是一些备用音频插件，或者是音频文件的链接等。

【示例 1】<audio>标签可以包裹多个<source>标签，用来导入不同的音频文件，浏览器会自动选择第一个可以识别的格式进行播放。

```
<audio controls>
    <source src="medias/test.ogg" type="audio/ogg">
    <source src="medias/test.mp3" type="audio/mpeg">
    <p>你的浏览器不支持 HTML5 audio，你可以 <a href="piano.mp3">下载音频文件</a> (MP3, 1.3 MB) </p>
</audio>
```

以上代码在 Chrome 浏览器中的运行结果如图 4.5 所示，这个 audio 元素（含默认控件集）定义了两个音频源文件，一个为 Ogg，另一个为 MP3。完整的过程同指定多个视频源文件的过程是一样的。浏览器会忽略它不能播放的，仅播放它能播放的。

图 4.5　播放音频

支持 Ogg 的浏览器（如 Firefox）会加载 piano.ogg。Chrome 同时识别 Ogg 和 MP3，但是会加载 Ogg 文件，因为在 audio 元素的代码中，Ogg 文件位于 MP3 文件之前。不支持 Ogg 格式，但支持 MP3 格式的浏览器（如 IE 10）会加载 test.mp3，旧浏览器（如 IE 8）会显示备用信息。

【补充】

<source>标签可以为<video>和<audio>标签定义多媒体资源，它必须包裹在<video>或<audio>标识符内。<source>标签包含 3 个可用属性。

- ☑　media：定义媒体资源的类型。
- ☑　src：定义媒体文件的 URL。
- ☑　type：定义媒体资源的 MIME 类型。如果媒体类型与源文件不匹配，浏览器可能会拒绝播放。可以省略 type 属性，让浏览器自动检测编码方式。

为了兼容不同浏览器，一般使用多个<source>标签包含多种媒体资源。对于数据源，浏览器会按照声明顺序进行选择，如果支持的不止一种，那么浏览器会优先播放位置靠前的媒体资源。数据源列表的排放顺序应按照用户体验由高到低，或者服务器消耗由低到高列出。

【示例 2】 在页面中插入背景音乐。在<audio>标签中设置 autoplay 和 loop 属性，详细代码如下。

```
<audio autoplay loop>
    <source src="medias/test.ogg" type="audio/ogg">
    <source src="medias/test.mp3" type="audio/mpeg">
    您的浏览器不支持 audio 标签。
</audio>
```

4.3.2　使用 video 元素

<video>标签可以播放视频，支持 Ogg、MPEG4、WebM 等视频格式，用法如下。

```
<video src="samplemovie.mp4" controls="controls"></video>
```

其中，src 属性用于指定要播放的视频文件，controls 属性用于提供播放、暂停和音量控件。<video>标签可用的属性如表 4.3 所示。

表 4.3　<video>标签可用的属性

属　　性	值	说　　明
autoplay	autoplay	如果出现该属性，则视频在就绪后马上播放
controls	controls	如果出现该属性，则向用户显示控件，如播放按钮
height	pixels	设置视频播放器的高度
loop	loop	如果出现该属性，则当媒介文件完成播放后再次开始播放
muted	muted	设置视频的音频输出应该被静音

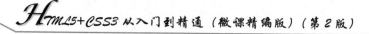

续表

属　性	值	说　明
poster	URL	设置视频下载时显示的图像，或者在用户单击播放按钮前显示的图像
preload	preload	如果出现该属性，则视频在页面加载时进行加载，并预备播放；如果使用 "autoplay"，则忽略该属性
src	url	要播放视频的 URL
width	pixels	设置视频播放器的宽度

提示： HTML5 的<video>标签支持 3 种常用的视频格式，简单说明如下，浏览器支持情况：Safari 3+、Firefox 4+、Opera 10+、Chrome 3+、IE 9+等。

☑ Ogg：带有 Theora 视频编码和 Vorbis 音频编码的 Ogg 文件。

☑ MPEG4：带有 H.264 视频编码和 AAC 音频编码的 MPEG 4 文件。

☑ WebM：带有 VP8 视频编码和 Vorbis 音频编码的 WebM 文件。

注意： 如果浏览器不支持<video>标签，可以在<video>与</video>标识符之间嵌入替换的 HTML 字符串，这样旧的浏览器就可以显示这些信息。例如：

```
<video src=" test.mp4" controls="controls">
    您的浏览器不支持 video 标签。
</video>
```

【示例 1】 使用<video>标签在页面中嵌入一段视频，然后使用<source>标签链接不同的视频文件，浏览器会自己选择第一个可以识别的格式。

```
<video controls>
    <source src="medias/trailer.ogg" type="video/ogg">
    <source src="medias/trailer.mp4" type="video/mp4">
    您的浏览器不支持 video 标签。
</video >
```

一个 video 元素中可以包含任意数量的 source 元素，因此为视频定义两种不同的格式是相当容易的。浏览器会加载它第一个支持的 source 元素引用的文件格式，并忽略其他来源。

以上代码在 Chrome 浏览器中的运行，当鼠标经过播放画面，可以看到出现一个比较简单的视频播放控制条，包含了播放、暂停、位置、时间显示、音量控制等控件，如图 4.6 所示。

当为<video>标签设置 controls 属性时，可以在页面上以默认方式进行播放控制。如果不设置 controls 属性，那么在播放时就不会显示控制条界面。

【示例 2】 通过设置 autoplay 属性，不需要播放控制条，音频或视频文件就会在加载完成后自动播放。

```
<video autoplay>
    <source src="medias/trailer.ogg" type="video/ogg">
    <source src="medias/trailer.mp4" type="video/mp4">
    您的浏览器不支持 video 标签。
</video >
```

也可以使用 JavaScript 脚本控制媒体播放，简单说明如下。

☑ load()：可以加载音频或者视频文件。

☑ play()：可以加载并播放音频或视频文件，除非已经暂停，否则默认从开头播放。

☑ pause()：暂停处于播放状态的音频或视频文件。

☑ canPlayType(type)：检测 video 元素是否支持给定 MIME 类型的文件。

【示例 3】 通过移动鼠标来触发视频的 play 和 pause 功能。设计当用户移动鼠标到视频界面上时，播放视频，如果移出鼠标，则暂停视频播放。

```
<video id="movies" onmouseover="this.play()" onmouseout="this.pause()" autobuffer="true"
    width="400px" height="300px">
    <source src="medias/trailer.ogv" type='video/ogg; codecs="theora, vorbis"'>
    <source src="medias/trailer.mp4" type='video/mp4'>
</video>
```

上面代码在浏览器中预览，效果如图 4.7 所示。

图 4.6　播放视频

图 4.7　使用鼠标控制视频播放

4.3.3　视频同步字幕

HTML5 新增 track 元素，用于为 video 元素播放的视频或使用 audio 元素播放的音频添加字幕、标题等文字信息。track 元素允许用户沿着 audio 元素所使用的音频文件中的时间轴，或者 video 元素所使用的视频文件中的时间轴，来指定时间同步的文字资源。

Chrome 18+、Firefox 28+、IE 10+、Opera 12+和 Safari 6+以上版本浏览器提供对 track 元素的支持，不包括 Firefox 30。

track 是一个空元素，其开始标签与结束标签之间并不包含任何内容，必须将其书写在 video 或 audio 元素内部。如果使用 source 元素，则 track 元素必须位于 source 元素之后。用法如下。

```
<video width="320" height="240" controls="controls">
    <source src="forrest_gump.mp4" type="video/mp4" />
    <source src="forrest_gump.ogg" type="video/ogg" />
    <track kind="subtitles" src="subs_chi.srt" srclang="zh" label="Chinese">
    <track kind="subtitles" src="subs_eng.srt" srclang="en" label="English">
</video>
```

【示例】使用 video 元素播放一段视频，同时使用 track 元素在视频中显示字幕信息，效果如图 4.8 所示。

```
<!DOCTYPE html>
<html>
<head>
<meta charset="utf-8">
<title></title>
</head>
<body>
<video src="medias/test.webm" controls>
    <track kind="subtitles" src="medias/test.vtt" default></track>
    您的浏览器不支持 video 元素
```

```
</video>
</body>
</html>
```

图 4.8　为视频添加字幕

在 HTML5 中，track 元素包含几个特殊用途的属性，说明如表 4.4 所示。

表 4.4　track 元素属性

属　　性	值	说　　明
default	default	假如没有选择任何轨道，规定该轨道是默认的。例如： <track kind="subtitles" default src="chisubs.srt" srclang="zh">
kind	captions chapters descriptions metadata subtitles	表示轨道属于什么文本类型。例如： <video width="320" height="240" controls="controls"> 　<source src="forrest_gump.mp4" type="video/mp4" /> 　<track kind="subtitles" src="subschi.srt" srclang="zh" label="Chinese"> 　<track kind="subtitles" src="subseng.srt" srclang="en" label="English"> </video>
label	label	轨道的标签或标题。例如： <track kind="subtitles" label="Chinese subtitles" src="subschi.srt" 　srclang="zh" label="Chinese">
src	url	轨道的 URL
srclang	language_code	轨道的语言，若 kind 属性值是 subtitles，则该属性是必需的。例如， <track kind="subtitles" src="subschi.srt" srclang="zh" label="Chinese">

其中 kind 属性的取值说明如下。

☑　captions：该轨道定义将在播放器中显示的简短说明。

☑　chapters：该轨道定义章节，用于导航媒介资源。

☑　descriptions：该轨道定义描述，假如内容不可播放或不可见，用于通过音频描述媒介的内容。

☑　metadata：该轨道定义脚本使用的内容。

☑　subtitles：该轨道定义字幕，用于在视频中显示字幕。

【拓展】

网络视频文本轨道，简称为 WebVTT，是一种用于标记文本轨道的文件格式。它与 HTML5 的 <track> 元素相结合，可给音频、视频等媒体添加字幕、标题和其他描述信息，并同步显示。

1. 文件格式

WebVTT 文件是一个以 UTF-8 为编码，以.vtt 为文件扩展名的文本文件。

注意： 如果要在服务器上使用 WebVTT 文件，可能需要显性定义其内容类型，例如，在 Apache 服务器的.htaccess 文件中加入如下代码。

```
<Files mysubtitle.vtt>
    ForceType text/vtt;charset=utf-8
</Files>
```

WebVTT 文件的头部按如下顺序定义。

（1）可选的字节顺序标记（BOM）。

（2）字符串 WEBVTT。

（3）一个空格（Space）或者制表符（Tab），后面接任意非回车换行的元素。

（4）两个或两个以上的 WEBVTT 行结束符：回车\r、换行\n，或者同时回车换行\r\n。

例如：

```
WEBVTT

Cue-1
00:00:15.000 --> 00:00:18.000
At the left we can see...
```

2．WebVTT Cues

WebVTT 文件包含一个或多个 WebVTT Cues，WebVTT Cues 之间用两个或多个 WebVTT 行结束符分隔开来。

WebVTT Cues 允许用户指定特定时间戳范围内的文字（如字幕），也可以给 WebVTT Cues 指定一个唯一的标识符，标识符由简单字符串构成，不包含"-->"，也不包含任何的 WebVTT 行结束符。每一个提示采用以下格式。

```
[idstring]
[hh:]mm:ss.msmsms --> [hh:]mm:ss.msmsms
Text string
```

标志符是可选项，建议加入，因为它能够帮助组织文件，也方便脚本操控。

时间戳遵循标准格式：小时部分[hh:]是可选的，毫秒和秒用一个点（.）分离，而不是冒号（:）。时间戳范围的后者必须大于前者。对于不同的 Cues，时间戳可以重叠，但在单个 Cue 中，不能有字符串"-->"，或两个连续的行结束符。

时间范围后的文字可以是单行或者多行。特定的时间范围之后的任何文本都与该时间范围匹配，直到一个新的 Cue 出现或文件结束。例如：

```
Cue-8
00:00:52.000 --> 00:00:54.000
I don't think so. You?

Cue-9
00:00:55.167 --> 00:00:57.042
I'm Ok.
```

3．WebVTT Cue 设置

在时间范围值后面可以设置 Cue。

```
[idstring]
[hh:]mm:ss.msmsms --> [hh:]mm:ss.msmsms [cue settings]
Text string
```

Cue 设置能够定义文本的位置和对齐方式，Cue 设置选项说明如表 4.5 所示。

表 4.5　Cue 设置选项

设　置	值	说　明
vertical	rl ‖ lr	将文本纵向向左对齐（lr）或向右对齐（rl）（如日文的字幕）
line	[-][0 or more]	行位置，负数从框底部数起，正数从顶部数起
	[0-100]%	百分数意味着离框顶部的位置
position	[0-100]%	百分数意味着文字开始时离框左边的位置（如英文字幕）
size	[0-100]%	百分数意味着 cue 框的大小是整体框架宽度的百分比
align	start ‖ middle ‖ end	指定 cue 中文本的对齐方式

📢 **注意：** 如果没有设置 Cue 选项，默认位置是底部居中。例如：

```
Cue-8
00:00:52.000 --> 00:00:54.000 align:start size:15%
I don't think so. You?


Cue-9
00:00:55.167 --> 00:00:57.042 align:end line:10%
I'm Ok.
```

在上面示例代码中，Cue-8 将靠左对齐，文本框大小为 15%，而 Cue-9 靠右对齐，纵向位置距离框顶部 10%。

4．WebVTT Cue 内联样式

用户可以使用 WebVTT 内联样式来给 Cue 文本添加样式。这些内联样式类似于 HTML 元素，可以用来添加语义及样式。可用的内联样式说明如下。

- ☑ c：用 c 定义（CSS）类。例如，<c.className>Cue text</c>。
- ☑ i：斜体字。
- ☑ b：粗体字。
- ☑ u：添加下画线。
- ☑ ruby：定义类似于 HTML5 的<ruby>元素。在这样的内联样式中，允许出现一个或多个<rt>元素。
- ☑ v：指定声音标签。例如，<v Ian>This is useful for adding subtitles</v>。注意，此声音标签不会显示，它只是作为一个样式标记。

例如：

```
Cue-8
00:00:52.000 --> 00:00:54.000 align:start size:15%
<v Emo>I don't think so. <c.question>You?</c></v>


Cue-9
00:00:55.167 --> 00:00:57.042 align:end line:10%
<v Proog>I'm Ok.</v>
```

上面示例给 Cue 文本添加两种不同的声音标签：Emo 和 Proog。另外，一个 question 的 CSS 类被指定，可以按惯常方法在 CSS 链接文件，或 HTML 页面里为其指定样式。

📢 **注意：** 要给 Cue 文本添加 CSS 样式，需要用一个特定的伪选择元素，例如：

```
video::cue(v[voice="Emo"]) { color:lime }
```

给 Cue 文本添加时间戳也是可能的，表示在不同的时间，不同的内联样式出现，例如：

```
Cue-8
```

```
00:00:52.000 --> 00:00:54.000
<c>I don't think so.</c> <00:00:53.500><c>You?</c>
```

虽然所有文本依旧在同一时间显示，不过在支持的浏览器中，可以用:past 和:future 伪类为其显示不同样式。例如：

```
video::cue(c:past) { color:yellow }
```

4.4　案　例　实　战

HTML5 为 audio 和 video 元素提供了很多脚本属性、方法和事件，以方便用户使用 JavaScript 来操控多媒体，详细列表请参考本章 4.5 节。本例将整合 HTML5 多媒体 API 中各种属性、方法和事件，演示如何在一个视频中实现对这些信息进行访问和操控，效果如图 4.9 所示。

图 4.9　HTML5 多媒体 API 接口访问

【操作步骤】

第 1 步，设计 HTML5 文档结构。整个结构包含 3 部分：<video id='video'>视频播放界面、<div id='buttons'>视频控制方法集、<div id="info">接口访问信息汇总。

```
<h1>HTML5 Web Video API</h1>
<div>
    <video id='video' controls preload='none'   poster="video/trailer.png">
        <source id='mp4' src="video/trailer.mp4"   type='video/mp4'>
        <source id='webm'   src="video/trailer.webm" type='video/webm'>
        <source id='ogv'   src="video/trailer.ogv" type='video/ogg'>
        <p>你的浏览器不支持 HTML5 video 元素。</p>
    </video>
    <div id='buttons'>
        <button   onclick="getVideo().load()">load()</button>
        <button   onclick="getVideo().play()">play()</button>
        <button   onclick="getVideo().pause()">pause()</button>
        <button   onclick="getVideo().currentTime+=10">currentTime+=10</button>
        <button   onclick="getVideo().currentTime-=10">currentTime-=10</button>
```

```
        <button   onclick="getVideo().currentTime=50">currentTime=50</button>
        <button   onclick="getVideo().playbackRate++">playbackRate++</button>
        <button   onclick="getVideo().playbackRate--">playbackRate--</button>
        <button   onclick="getVideo().playbackRate+=0.1">playbackRate+=0.1</button>
        <button   onclick="getVideo().playbackRate-=0.1">playbackRate-=0.1</button>
        <button   onclick="getVideo().volume+=0.1">volume+=0.1</button>
        <button   onclick="getVideo().volume-=0.1">volume-=0.1</button>
        <button   onclick="getVideo().muted=true">muted=true</button>
        <button   onclick="getVideo().muted=false">muted=false</button>
        <button   onclick="switchVideo(0);">Sintel   teaser</button>
        <button   onclick="switchVideo(1);">Bunny trailer</button>
        <button   onclick="switchVideo(2);">Bunny movie</button>
        <button   onclick="switchVideo(3);">Test movie</button>
    </div>
    <div id="info">
        <table>
            <caption>媒体事件</caption>
            <tbody id='events'> </tbody>
        </table>
        <table>
            <caption>媒体属性</caption>
            <tbody   id='properties'></tbody>
        </table>
        <table   id='canPlayType'>
            <caption>播放类型</caption>
            <tbody id='m_video'></tbody>
        </table>
        <table id='tracks'>
            <caption>轨道</caption>
            <tbody>
                <tr><th>Audio</th><th>Video</th><th>Text</th></tr>
                <tr><td id='m_audiotracks' class='false'>?</td><td  id='m_videotracks' class='false'>?</td> <td id='m_texttracks'
class='false'>?</td></tr>
            </tbody>
        </table>
    </div>
</div>
```

第 2 步，初始化多媒体事件和属性数据。

```
//初始化事件类型
var media_events = new Array();
media_events["loadstart"] = 0;
media_events["progress"] = 0;
media_events["suspend"] = 0;
media_events["abort"] = 0;
media_events["error"] = 0;
media_events["emptied"] = 0;
media_events["stalled"] = 0;
media_events["loadedmetadata"] = 0;
media_events["loadeddata"] = 0;
media_events["canplay"] = 0;
media_events["canplaythrough"] = 0;
media_events["playing"] = 0;
media_events["waiting"] = 0;
media_events["seeking"] = 0;
```

```
media_events["seeked"] = 0;
media_events["ended"] = 0;
media_events["durationchange"] = 0;
media_events["timeupdate"] = 0;
media_events["play"] = 0;
media_events["pause"] = 0;
media_events["ratechange"] = 0;
media_events["resize"] = 0;
media_events["volumechange"] = 0;
//在数组中汇集多媒体属性
var media_properties = [ "error", "src", "srcObject", "currentSrc", "crossOrigin", "networkState", "preload", "buffered", "readyState",
"seeking", "currentTime", "duration", "paused", "defaultPlaybackRate", "playbackRate", "played", "seekable", "ended", "autoplay", "loop",
"controls", "volume", "muted", "defaultMuted", "audioTracks", "videoTracks", "textTracks", "width", "height", "videoWidth",
"videoHeight", "poster" ];
```

第 3 步，初始化事件函数，在该函数中根据初始化的多媒体事件数组 media_events，逐一读取每一个元素所存储的事件类型，然后为播放的视频对象绑定事件。同时使用 for 语句把每个事件的当前状态值汇集并显示在页面表格中，如图 4.9 所示。

```
function init_events(id, arrayEventDef) {
        var f;
        for (key in arrayEventDef) {
                document._video.addEventListener(key, capture, false);
        }
        var tbody = document.getElementById(id);
        var i = 1;
        var tr = null;
        for (key in arrayEventDef) {
                if (tr == null)    tr    = document.createElement("tr");
                var th =    document.createElement("th");
                th.textContent = key;
                var td =    document.createElement("td");
                 td.setAttribute("id", "e_" + key);
                td.textContent =    "0";
                td.className =    "false";
                tr.appendChild(th);
                tr.appendChild(td);
                 if ((i++ % 5) == 0) {
                        tbody.appendChild(tr);
                        tr = null;
                }
        }
        if (tr != null) tbody.appendChild(tr);
}
```

第 4 步，初始化属性函数，在该函数中根据初始化的多媒体属性数组 media_properties，逐一读取每一个元素所存储的属性，然后使用 do 语句把每一个属性值显示在页面表格中，如图 4.9 所示。

```
function init_properties(id, arrayPropDef, arrayProp) {
        var tbody = document.getElementById(id);
        var i = 0;
        var tr = null;
        do {
                if (tr == null)    tr    = document.createElement("tr");
```

```
var th =   document.createElement("th");
th.textContent =   arrayPropDef[i];
var td =   document.createElement("td");
var r;
td.setAttribute("id", "p_" + arrayPropDef[i]);
r =   eval("document._video." + arrayPropDef[i]);
td.textContent = r;
if (typeof(r) !=   "undefined") {
        td.className = "true";
} else {
        td.className = "false";
}
tr.appendChild(th);
tr.appendChild(td);
arrayProp[i] = td;
if ((++i % 3) == 0) {
        tbody.appendChild(tr);
        tr = null;
}
} while (i < arrayPropDef.length);
if (tr != null) tbody.appendChild(tr);
}
```

第 5 步，定义页面初始化函数，在函数 init()中，获取页面中的视频播放控件，然后调用 init_events()和 init_properties()函数，同时使用定时器，定义每隔 250ms，将调用一次 update_properties()函数，该函数将不断刷新多媒体属性值，并动态显示出来。

```
function init() {
    document._video =   document.getElementById("video");
    webm = document.getElementById("webm");
    media_properties_elts = new   Array(media_properties.length);
    init_events("events", media_events);
    init_properties("properties",   media_properties, media_properties_elts);
    init_mediatypes();
    setInterval(update_properties, 250);
}
```

4.5 在线支持

一、专项练习
- ☑ HTML5 音频和视频
- ☑ 自动播放
- ☑ 显示控制条
- ☑ 控制大小
- ☑ 停播或出错画面

…实际有更多题目

二、更多案例实战
- ☑ 图文混排
- ☑ 设计图文新闻
- ☑ 设计阴影白边
- ☑ 设计音乐播放器
- ☑ 设计 MP3 播放器

…实际有更多案例

三、参考
- ☑ 图像标签列表
- ☑ 音频/视频标签列表

四、HTML5 多媒体 API
- ☑ HTML5 多媒体 API 的属性
- ☑ HTML5 多媒体 API 的方法
- ☑ HTML5 多媒体 API 的事件
- ☑ 综合案例

新知识、新案例不断更新中……

第 5 章

HTML5 表单

视 频 讲 解

HTML5 基于 Web Forms 2.0 标准对 HTML4 表单模块进行全面升级，在保持简便、易用的基础上，新增了很多控件和属性，减轻了开发人员的代码编写强度。本章将重点介绍 HTML5 表单控件的基本用法。

5.1 认识 HTML5 表单

HTML5 的一个重要特性就是对表单的完善，引入新的表单元素和属性，简单概况如下。

☑ HTML5 新增输入型表单控件如下。

❖ 电子邮件框：<input type="email">。

❖ 搜索框：<input type="search">。

❖ 电话框：<input type="tel">。

❖ URL 框：<input type="url">。

☑ 以下控件得到了部分浏览器的支持，更多信息可以访问 www.wufoo.com/html5。

❖ 日期：<input type="date">，浏览器支持见 ttps://caniuse.com/#feat=input-datetime。

❖ 数字：<input type="number">，浏览器支持见 https://caniuse.com/#feat=input-number。

❖ 范围：<input type="range">，浏览器支持见 https://caniuse.com/#feat=input-range。

❖ 数据列表：<input type="text" name="favfruit" list="fruit" />

                    <datalist id="fruit">

                              <option>备选列表项目 1</option>

                              <option>备选列表项目 2</option>

                              <option>备选列表项目 3</option>

                    </datalist>。

☑ 以下控件争议较大，浏览器对其支持也不统一，W3C 曾经放弃把它们列入 HTML5，不过最后还是保留下来。

❖ 颜色：<input type="color" />。

❖ 全局日期和时间：<input type="datetime" />。

❖ 局部日期和时间：<input type="datetime-local" />。

❖ 月：<input type="month" />。

❖ 时间：<input type="time" />。

❖ 周：<input type="week" />。

❖ 输出：<output></output>。

☑ HTML5 新增的表单属性如下。

❖ accept：限制用户可上传文件的类型。

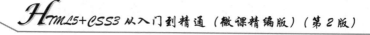

- ❖ autocomplete：如果对 form 元素或特定的字段添加 autocomplete="off"，就会关闭浏览器的对该表单或该字段的自动填写功能。默认值为 on。
- ❖ autofocus：页面加载后将焦点放到该字段。
- ❖ multiple：允许输入多个电子邮件地址，或者上传多个文件。
- ❖ list：将 datalist 与 input 联系起来。
- ❖ maxlength：指定 textarea 的最大字符数，在 HTML5 之前的文本框就支持该特性。
- ❖ pattern：定义一个用户所输入的文本在提交之前必须遵循的模式。
- ❖ placeholder：指定一个出现在文本框中的提示文本，用户开始输入后该文本消失。
- ❖ required：需要访问者在提交表单之前必须完成该字段。
- ❖ formnovalidate：关闭 HTML5 的自动验证功能。应用于提交按钮。
- ❖ novalidate：关闭 HTML5 的自动验证功能。应用于表单元素。

> 💡 提示：有关浏览器支持信息，https://caniuse.com/上的信息通常比 www.wufoo.com/html5 上的更新一些，不过后者仍然是有关 HTML5 表单信息的一个重要资源。RyanSeddon 的 H5F（https://github.com/ryanseddon/H5F）可以为旧式浏览器提供模仿 HTML5 表单行为的 JavaScript 方案。

5.2 HTML5 新型输入框

5.2.1 定义 E-mail 框

email 类型的 input 元素是一种专门用于输入 E-mail 地址的文本框，在提交表单时，会自动验证 E-mail 输入框的值。如果不是一个有效的电子邮件地址，则该输入框不允许提交该表单。

【示例】下面是 email 类型的一个应用示例。

```
<form action="demo_form.php" method="get">
请输入您的 E-mail 地址： <input type="email" name="user_email" /><br />
<input type="submit" />
</form>
```

以上代码在 Chrome 浏览器中的运行结果如图 5.1 所示。如果输入了错误的 E-mail 地址格式，单击"提交"按钮时会出现如图 5.2 所示的提示。

图 5.1　email 类型的 input 元素示例　　　　图 5.2　检测到不是有效的 E-mail 地址

对于不支持 type="email"的浏览器来说，将会以 type="text"来处理，所以并不妨碍旧版浏览器浏览采用 HTML5 中 type="email"输入框的网页。

5.2.2 定义 URL 框

url 类型的 input 元素提供用于输入 URL 地址的文本框。当提交表单时，如果所输入的是 URL 地址格式的字符串，则会提交服务器，如果不是，则不允许提交。

【示例】下面是 url 类型的一个应用示例。

```
<form action="demo_form.php" method="get">
请输入网址：<input type="url" name="user_url" /><br/>
<input type="submit" />
</form>
```

以上代码在 Chrome 浏览器中的运行结果如图 5.3 所示。如果输入了错误格式的 URL 地址，单击"提交"按钮时会出现如图 5.4 所示的提示。

图 5.3　url 类型的 input 元素示例

图 5.4　检测到不是有效的 URL 地址

注意：www.baidu.com 并不是有效的 URL，因为 URL 必须以 http://或 https://开头。这里最好使用占位符提示访问者。另外，还可以在该字段下面的解释文本中指出合法的格式。

对于不支持 type="url"的浏览器，将会以 type="text"来处理。

5.2.3　定义数字框

number 类型的 input 元素提供用于输入数值的文本框。用户还可以设定对所接受的数字的限制，包括允许的最大值和最小值、合法的数字间隔或默认值等。如果所输入的数字不在限定范围之内，则会提示错误信息。number 类型的属性及其说明如表 5.1 所示。

表 5.1　number 类型的属性及其说明

属　　性	值	说　　明
max	number	规定允许的最大值
min	number	规定允许的最小值
step	number	规定合法的数字间隔（如果 step="4"，则合法的数是-4、0、4、8 等）
value	number	规定默认值

【示例】number 类型的一个应用示例。

```
<form action="demo_form.php" method="get">
请输入数值：<input type="number" name="number1" min="1" max="20" step="4">
<input type="submit" />
</form>
```

以上代码在 Chrome 浏览器中的运行结果如图 5.5 所示。如果输入了不在限定范围之内的数字，单击"提交"按钮时会出现如图 5.6 所示的提示。

图 5.5　number 类型的 input 元素示例

图 5.6　检测到输入了不在限定范围之内的数字

图 5.6 所示为输入了大于规定的最大值时所出现的提示。同样的，如果违反了其他限定，也会出现相关提示。例如，如果输入数值 15，则单击"提交"按钮时会出现"值无效"的提示，如图 5.7 所示。这是因为限定了合法的数字间隔为 4，在输入时只能输入 4 的倍数，如 4、8、16 等。又如，如果输入数值−12，则会提示"值必须大于或等于 1"，如图 5.8 所示。

图 5.7　出现"值无效"的提示　　　　　　　　图 5.8　提示"值必须大于或等于 1"

5.2.4　定义范围框

　　range 类型的 input 元素提供用于输入包含一定范围内数字值的文本框，在网页中显示为滑动条。用户可以设定对所接受的数字的限制，包括规定允许的最大值和最小值、合法的数字间隔或默认值等。如果所输入的数字不在限定范围之内，则会出现错误提示。

　　range 类型使用下面的属性来规定对数字类型的限定，说明如表 5.2 所示。

表 5.2　range 类型的属性

属　　性	值	说　　　明
max	number	规定允许的最大值
min	number	规定允许的最小值
step	number	规定合法的数字间隔（如果 step="4"，则合法的数是−4、0、4、8 等）
value	number	规定默认值

　　从表 5.2 可以看出，range 类型的属性与 number 类型的属性相同，这两种类型的不同在于外观表现上，支持 range 类型的浏览器都会将其显示为滑块的形式，而不支持 range 类型的浏览器则会将其显示为普通的文本框，即以 type="text"来处理。

　　【示例】下面是 range 类型的一个应用示例。

```
<form action="demo_form.php" method="get">
请输入数值：<input type="range" name="range1" min="1" max="30" />
<input type="submit" />
</form>
```

　　以上代码在 Chrome 浏览器中的运行结果如图 5.9 所示。range 类型的 input 元素在不同浏览器中的外观也不同，例如，在 Firefox 浏览器中的外观如图 5.10 所示。

图 5.9　range 类型的 input 元素在 Chrome　　　图 5.10　range 类型的 input 元素在 Firefox
　　　　　 浏览器中的外观　　　　　　　　　　　　　　　 浏览器中的外观

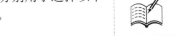

5.2.5 定义日期选择器

HTML5 提供了 6 种可用于选取日期和时间的输入类型,即日期选择器控件,分别用于选择以下日期格式:日期、月、星期、时间、日期+时间、日期+时间+时区,如表 5.3 所示。

表 5.3 日期选择器类型

输 入 类 型	HTML 代码	功能与说明
date	\<input type="date"\>	选取日、月、年
month	\<input type="month"\>	选取月、年
week	\<input type="week"\>	选取周和年
time	\<input type="time"\>	选取时间(小时和分钟)
datetime	\<input type="datetime"\>	选取时间、日、月、年(UTC 时间)
datetime-local	\<input type="datetime-local"\>	选取时间、日、月、年(本地时间)

> 提示:UTC 时间就是 0 时区的时间,而本地时间就是本地时区的时间。例如,如果北京时间为早上 8 点,则 UTC 时间为 0 点,也就是说 UTC 时间比北京时间晚 8 小时。

1. date 类型

date 类型的日期选择器用于选取日、月、年,即选择一个具体的日期,例如 2021 年 1 月 10 日,选择后会以 2021/01/10 的形式显示。

【示例 1】下面是 date 类型的一个应用示例。

```
<form action="demo_form.php" method="get">
请输入日期: <input type="date" name=" date1" />
<input type="submit" />
</form>
```

以上代码在 Chrome 浏览器中的运行结果如图 5.11 所示,在 Edge 浏览器中的运行结果如图 5.12 所示。单击右侧小图标时会显示出日期控件,用户可以使用控件来选择具体日期。

图 5.11 date 类型的 input 元素在 Chrome
浏览器中的运行结果

图 5.12 date 类型的 input 元素在 Edge
浏览器中的运行结果

2. month 类型

month 类型的日期选择器用于选取月、年,即选择一个具体的月份,例如 2021 年 1 月,选择后会以 2021 年 01 月的形式显示。

【示例2】下面是 month 类型的一个应用示例。

```
<form action="demo_form.php" method="get">
请输入月份： <input type="month" name=" month1" />
<input type="submit" />
</form>
```

以上代码在 Chrome 浏览器中的运行结果如图 5.13 所示，在 Edge 浏览器中的运行结果如图 5.14 所示。单击右侧小图标时会显示出日期控件，用户可以使用控件来选择具体月份，但不能选择具体日期。可以看到，整个月份中的日期都会以深灰色显示，单击该区域可以选择整个月份。

图 5.13　month 类型的 input 元素在 Chrome
浏览器中的运行结果

图 5.14　month 类型的 input 元素在 Edge
浏览器中的运行结果

3. week 类型

week 类型的日期选择器用于选取周和年，即选择一个具体的哪一周，例如 2021 年 1 月第 1 周，选择后会以"第 01 周，2021"的形式显示。

【示例3】下面是 week 类型的一个应用示例。

```
<form action="demo_form.php" method="get">
请选择年份和周数： <input type="week" name="week1" />
<input type="submit" />
</form>
```

以上代码在 Chrome 浏览器中的运行结果如图 5.15 所示，在 Edge 浏览器中的运行结果如图 5.16 所示。单击右侧小方块时会显示日期控件，用户可以使用控件来选择具体的年份和周数，但不能选择具体日期。可以看到，整个月份中的日期都会以深灰色且按周数显示，单击该区域可以选择某一周。

图 5.15　week 类型的 input 元素在 Chrome
浏览器中的运行结果

图 5.16　week 类型的 input 元素在 Edge
浏览器中的运行结果

4. time 类型

time 类型的日期选择器用于选取时间，具体到小时和分钟。例如，选择后会以 22:59 的形式显示。

【示例 4】 下面是 time 类型的一个应用示例。

```
<form action="demo_form.php" method="get">
请选择或输入时间：<input type="time" name="time1" />
<input type="submit" />
</form>
```

以上代码在 Chrome 浏览器中的运行结果如图 5.17 所示，在 Edge 浏览器中的运行结果如图 5.18 所示。

图 5.17　time 类型的 input 元素在 Chrome
浏览器中的运行结果

图 5.18　time 类型的 input 元素在 Edge
浏览器中的运行结果

除了可以使用微调按钮外，还可以直接输入时间值。如果输入了错误的时间格式并单击"提交"按钮，则在 Chrome 浏览器中会自动更正为最接近的合法值，而在 IE 10 浏览器中则以普通的文本框显示，如图 5.19 所示。

图 5.19　IE 10 浏览器不支持该类型输入框

time 类型支持使用一些属性来限定时间的大小范围或合法的时间间隔，如表 5.4 所示。

表 5.4　time 类型的属性

属　　性	值	说　　明	属　　性	值	说　　明
max	time	规定允许的最大值	step	number	规定合法的时间间隔
min	time	规定允许的最小值	value	time	规定默认值

【示例 5】 可以使用下列代码来限定时间。

```
<form action="demo_form.php" method="get">
请选择或输入时间：<input type="time" name="time1" step="5" value="09:00">
<input type="submit" />
</form>
```

以上代码在 Chrome 浏览器中的运行结果如图 5.20 所示，可以看到，在输入框中出现设置的默认值 "09:00"，并且当单击微调按钮时，会以 5s 为单位递增或递减。当然，用户还可以使用 min 和 max 属性指定时间的范围。

在 date 类型、month 类型、week 类型中也支持使用上述属性值。

5. datetime 类型

datetime 类型的日期选择器用于选取时间、日、月、年，其中，时间为 UTC 时间。

【示例 6】下面是 datetime 类型的一个应用示例。

```
<form action="demo_form.php" method="get">
请选择或输入时间：<input type="datetime" name="datetime1" />
<input type="submit" />
</form>
```

以上代码在 Edge 浏览器中的运行结果如图 5.21 所示。

图 5.20　使用属性值限定时间　　　　图 5.21　datetime 类型的 input 元素在 Edge 浏览器中的运行结果

注意：IE、Edge、Firefox 和 Chrome 最新版本浏览器不再支持<input type="datetime">元素，Chrome 和 Safari 部分版本浏览器支持。Opera 12 以及更早的版本浏览器完全支持。

6. datetime-local 类型

datetime-local 类型的日期选择器用于选取时间、日、月、年，其中时间为本地时间。

【示例 7】下面是 datetime-local 类型的一个应用示例。

```
<form action="demo_form.php" method="get">
请选择或输入时间：<input type="datetime-local" name="datetime-local1" />
<input type="submit" />
</form>
```

以上代码在 Chrome 浏览器中的运行结果如图 5.22 所示，在 Edge 浏览器中的运行结果如图 5.23 所示。

图 5.22　datetime-local 类型的 input 元素在 Chrome　　　图 5.23　datetime-local 类型的 input 元素在 Edge
　　　　　浏览器中的运行结果　　　　　　　　　　　　　　　　浏览器中的运行结果

5.2.6　定义搜索框

search 类型的 input 元素提供用于输入搜索关键词的文本框。在外观上看起来，search 类型的 input 元素与普通的 text 类型的区别：当输入内容时，右侧会出现一个"×"按钮，单击即可清除搜索框。

【示例】搜索框是应用 placeholder 的最佳控件。同时，注意这里的 form 用的是 method="get"，

Note

而不是 method="post"。这是搜索字段的常规做法（无论是 type="search"，还是 type="text"）。

```
<form method="get" action="search-results.php" role="search">
    <label for="search">请输入搜索关键词：</label>
    <input type="search" id="search" name="search" size="30" placeholder="输入的关键字" />
    <input type="submit" value="Go" />
</form>
```

以上代码在 Chrome 浏览器中的运行结果如图 5.24 所示。如果在搜索框中输入要搜索的关键词，在搜索框右侧就会出现一个"×"按钮。单击该按钮可以清除已经输入的内容。

macOS X 上的 Chrome、Safari 以及 iOS 上的 Mobile Safari 会将搜索框渲染为圆角边框，当用户开始输入，字段右侧出现一个"×"按钮，用于清除输入的内容。新版的 IE、Chrome、Opera 浏览器支持"×"按钮这一功能，Firefox 浏览器则不支持，而是显示为常规文本框的样子，如图 5.25 所示。

图 5.24 search 类型的应用

图 5.25 Firefox 浏览器没有"×"按钮

5.2.7 定义电话号码框

tel 类型的 input 元素提供专门用于输入电话号码的文本框。它并不限定只输入数字，因为很多的电话号码还包括其他字符，如"+""-""（""）"等，如 86-0536-8888888。

【示例】下面是 tel 类型的一个应用示例。

```
<form action="demo_form.php" method="get">
请输入电话号码：<input type="tel" name="tel1" />
<input type="submit" value="提交"/>
</form>
```

以上代码在 Chrome 浏览器中的运行结果如图 5.26 所示。从某种程度上来说，所有的浏览器都支持 tel 类型的 input 元素，因为它们都会将其作为一个普通的文本框来显示。HTML5 规则并不需要浏览器执行任何特定的电话号码语法或以任何特别的方式来显示电话号码。

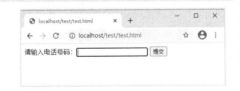

图 5.26 tel 类型的应用

5.2.8 定义拾色器

color 类型的 input 元素提供专门用于选择颜色的文本框。当 color 类型文本框获取焦点后，会自动调用系统的颜色窗口，包括苹果系统也能弹出相应的系统色盘。

【示例】下面是 color 类型的一个应用示例。

```
<form action="demo_form.php" method="get">
请选择一种颜色：<input type="color" name="color1" />
<input type="submit" value="提交"/>
</form>
```

以上代码在 Edge 浏览器中的运行结果如图 5.27 所示，

图 5.27 color 类型的应用

单击颜色文本框，会打开"颜色"控件，如图 5.28 所示，选择一种颜色之后，这时可以看到颜色文本框显示对应颜色效果，如图 5.29 所示。

图 5.28 "颜色"控件

图 5.29 设置颜色后效果

提示：IE 和 Safari 浏览器暂不支持。

5.3 HTML5 输入属性

5.3.1 定义自动完成

autocomplete 属性可以帮助用户在输入框中实现自动完成输入。取值包括 on 和 off，用法如下。

```
<input type="email" name="email" autocomplete="off" />
```

提示：autocomplete 属性适用 input 类型包括 text、search、url、telephone、email、password、datepickers、range 和 color。

autocomplete 属性也适用于 form 元素，默认状态下表单的 autocomplete 属性处于打开状态，其包含的输入域会自动继承 autocomplete 状态，也可以为某个输入域单独设置 autocomplete 状态。

注意：在某些浏览器中需要先启用浏览器本身的自动完成功能，才能使 autocomplete 属性起作用。

【示例】设置 autocomplete 为 on 时，可以使用 HTML5 新增的 datalist 元素和 list 属性提供一个数据列表供用户进行选择。下面演示如何应用 autocomplete 属性、datalist 元素和 list 属性实现自动完成。

```
<h2>输入你最喜欢的城市名称</h2>
<form autocompelete="on">
    <input type="text" id="city" list="cityList">
    <datalist id="cityList" style="display:none;">
        <option value="BeiJing">BeiJing</option>
        <option value="QingDao">QingDao</option>
        <option value="QingZhou">QingZhou</option>
        <option value="QingHai">QingHai</option>
    </datalist>
</form>
```

在浏览器中预览，当用户将焦点定位到文本框中，会自动出现一个城市列表供用户选择，如图 5.30 所示。而当用户单击页面的其他位置时，这个列表就会消失。

当用户输入时，该列表会随用户的输入自动更新，例如，当输入字母 q 时，会自动更新列表，只列出以 q 开头的城市名称，如图 5.31 所示。随着用户不断地输入新的字母，下面的列表还会随之变化。

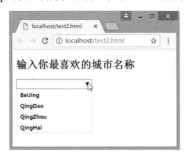

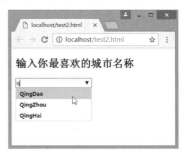

图 5.30　自动完成数据列表　　　　　图 5.31　数据列表随用户输入而更新

提示：多数浏览器都带有辅助用户完成输入的自动完成功能，只要开启了该功能，浏览器会自动记录用户所输入的信息，当再次输入相同的内容时，浏览器就会自动完成内容的输入。从安全性和隐私的角度考虑，这个功能存在较大的隐患，如果不希望浏览器自动记录这些信息，则可以为 form 或 form 中的 input 元素设置 autocomplete 属性，关闭该功能。

5.3.2　定义自动获取焦点

autofocus 属性可以实现在页面加载时，让表单控件自动获得焦点。用法如下。

```
<input type="text" name="fname" autofocus="autofocus" />
```

autofocus 属性适用所有<input>标签的类型，如文本框、复选框、单选按钮、普通按钮等。

注意：在同一页面中只能指定一个 autofocus 对象，当页面中的表单控件比较多时，建议为最需要聚焦的那个控件设置 autofocus 属性值，如页面中搜索文本框，或者许可协议的"同意"按钮等。

【示例 1】autofocus 属性的应用。

```
<form>
    <p>请仔细阅读许可协议：</p>
    <p>
        <label for="textarea1"></label>
        <textarea name="textarea1" id="textarea1" cols="45" rows="5">许可协议具体内容……</textarea>
    </p>
    <p>
        <input type="submit" value="同意" autofocus>
        <input type="submit" value="拒绝">
    </p>
</form>
```

以上代码在 Chrome 浏览器中的运行结果如图 5.32 所示。页面载入后，"同意"按钮自动获得焦点，因为通常希望用户直接单击该按钮。如果将"拒绝"按钮的 autofocus 属性值设置为 on，则页面载入后焦点就会在"拒绝"按钮上，如图 5.33 所示，但从页面公用的角度来说这样并不合适。

【示例 2】如果浏览器不支持 autofocus 属性，可以使用 JavaScript 实现相同的功能。在下面脚本中，先检测浏览器是否支持 autofocus 属性，如果不支持则获取指定的表单域，为其调用 focus()方法，强迫其获取焦点。

```
<script>
if (!("autofocus" in document.createElement("input"))) {
    document.getElementById("ok").focus();
```

```
}
</script>
```

图 5.32 "同意"按钮自动获得焦点

图 5.33 "拒绝"按钮自动获得焦点

5.3.3 定义所属表单

form 属性可以设置表单控件归属的表单。适用于所有<input>标签的类型。

💡 提示：在 HTML4 中，用户必须把相关的控件放在表单内部，即<form>和</form>之间。在提交表单时，在<form>和</form>之外的控件将被忽略。

【示例】form 属性必须引用所属表单的 id，如果一个 form 属性要引用两个或两个以上的表单，则需要使用空格将表单的 id 值分隔开。下面是一个 form 属性应用。

```
<form action="" method="get" id="form1">
请输入姓名：<input type="text" name="name1" autofocus/>
<input type="submit"    value="提交"/>
</form>
请输入住址：<input type="text" name="address1" form="form1" />
```

以上代码在 Chrome 浏览器中的运行结果如图 5.34 所示。如果填写姓名和住址并单击"提交"按钮，则 name1 和 address1 分别会被赋值为所填写的值。例如，如果在姓名处填写"zhangsan"，住址处填写"北京"，则单击"提交"按钮后，服务器端会接收到"name1=zhangsan"和"address1=北京"。用户也可以在提交后观察浏览器的地址栏，可以看到有"name1=zhangsan&address1=北京"字样，如图 5.35 所示。

图 5.34 form 属性的应用

图 5.35 地址中要提交的数据

5.3.4 定义表单重写

HTML5 新增 5 个表单重写属性，用于重写<form>标签属性设置，简单说明如下。

- ☑ formaction：重写<form>标签的 action 属性。
- ☑ formenctype：重写<form>标签的 enctype 属性。
- ☑ formmethod：重写<form>标签的 method 属性。

☑ formnovalidate：重写<form>标签的 novalidate 属性。

☑ formtarget：重写<form>标签的 target 属性。

📢 **注意**：表单重写属性仅适用于 submit 和 image 类型的 input 元素。

【示例】下面示例设计通过 formaction 属性实现将表单提交到不同的服务器页面。

```
<form action="1.asp" id="testform">
请输入电子邮件地址：<input type="email" name="userid" /><br />
    <input type="submit" value="提交到页面 1" formaction="1.asp" />
    <input type="submit" value="提交到页面 2" formaction="2.asp" />
    <input type="submit" value="提交到页面 3" formaction="3.asp" />
</form>
```

5.3.5 定义高和宽

height 和 width 属性仅用于设置<input type="image">标签的图像高度和宽度。

【示例】下面示例演示了 height 与 width 属性的应用。

```
<form action="testform.asp" method="get">
请输入用户名：<input type="text" name="user_name" /><br />
<input type="image" src="images/submit.png" width="72" height="26" />
</form>
```

源图像的大小为 288px×104px，使用以上代码将其大小限制为 72px×26px，在 Chrome 浏览器中的运行结果如图 5.36 所示。

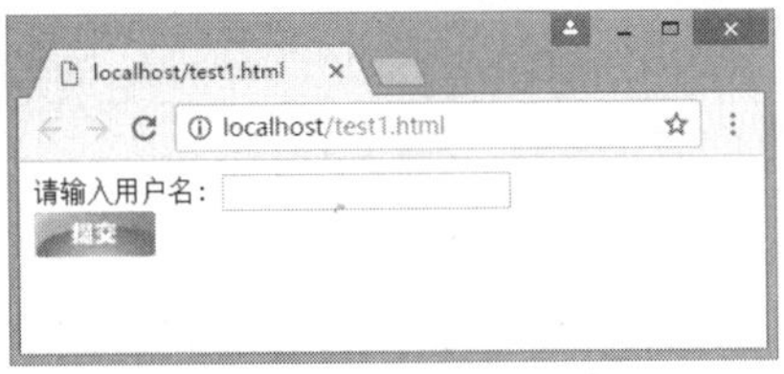

5.3.6 定义列表选项

list 属性用于设置输入域的 datalist。datalist 是输入域的选项列表。该属性适用于<input>标签：text、search、url、telephone、email、date pickers、number、range 和 color。

演示示例可参考 5.4.1 节 datalist 元素介绍。

图 5.36 height 和 width 属性的应用

📢 **注意**：目前最新的主流浏览器都已支持 list 属性，不过呈现形式略有不同。

5.3.7 定义最小值、最大值和步长

min、max 和 step 属性用于为包含数字或日期的 input 输入类型设置限值，适用于 date pickers、number 和 range 类型的<input>标签，具体说明如下。

☑ max 属性：设置输入框所允许的最大值。

☑ min 属性：设置输入框所允许的最小值。

☑ step 属性：为输入框设置合法数字间隔（步长）。例如，step="4"，合法值包括−4、0、4 等。

【示例】设计一个数字输入框，并规定该输入框接收 0～12 的值，且数字间隔为 4。

```
<form action="testform.asp" method="get">
    请输入数值：<input type="number" name="number1" min="0" max="12" step="4" />
    <input type="submit" value="提交" />
</form>
```

在 Chrome 浏览器中运行，如果单击数字输入框右侧的微调按钮，则可以看到数字以 4 为步进值递增，如图 5.37 所示；如果输入不合法的数值，如 5，单击"提交"按钮时会显示错误提示，如图 5.38 所示。

图 5.37 以 4 为步进值递增效果

图 5.38 显示错误提示

5.3.8 定义多选

multiple 属性可以设置输入域一次选择多个值。适用于 email 和 file 类型的<input>标签。

【示例】在页面中插入一个文件域，使用 multiple 属性允许用户一次可提交多个文件。

```
<form action="testform.asp" method="get">
    请选择要上传的多个文件：<input type="file" name="img" multiple />
    <input type="submit" value="提交" />
</form>
```

在 Chrome 浏览器中的运行结果如图 5.39 所示。如果单击"选择文件"按钮，则会允许在打开的对话框中选择多个文件。选择文件并单击"打开"按钮后会关闭对话框，同时在页面中会显示选中文件的个数，如图 5.40 所示。

图 5.39 multiple 属性的应用

图 5.40 显示被选中文件的个数

5.3.9 定义匹配模式

pattern 属性规定用于验证 input 域的模式（pattern）。模式就是 JavaScript 正则表达式，通过自定义的正则表达式匹配用户输入的内容，以便进行验证。该属性适用于 text、search、url、telephone、email 和 password 类型的<input>标签。

【示例】使用 pattern 属性设置文本框必须输入 6 位数的邮政编码。

```
<form action="/testform.asp" method="get">
    请输入邮政编码：<input type="text" name="zip_code" pattern="[0-9]{6}"
                                        title="请输入 6 位数的邮政编码" />
    <input type="submit" value="提交" />
</form>
```

在 Chrome 浏览器中的运行结果如图 5.41 所示。如果输入的数字不是 6 位，则会出现错误提示，如图 5.42 所示。如果输入的并非规定的数字，而是字母，也会出现这样的错误提示，因为 pattern="[0-9]{6}"中规定了必须输入 0～9 这样的阿拉伯数字，并且必须为 6 位数。

图 5.41 pattern 属性的应用   图 5.42 出现错误提示

💡 提示：读者可以在 http://html5pattern.com 上面找到一些常用的正则表达式，并将它们复制粘贴到自己的 pattern 属性中进行应用。

5.3.10 定义替换文本

placeholder 属性用于为 input 类型的输入框提供一种文本提示，这些提示可以描述输入框期待用户输入的内容，在输入框为空时显示，而当输入框获取焦点时自动消失。placeholder 属性适用于 text、search、url、telephone、email 和 password 类型的<input>标签。

【示例】placeholder 属性的应用。请注意比较本例与上例提示方法的不同。

```
<form action="/testform.asp" method="get">
    请输入邮政编码：
    <input type="text" name="zip_code" pattern="[0-9]{6}"
placeholder="请输入 6 位数的邮政编码" />
    <input type="submit" value="提交" />
</form>
```

以上代码在 Chrome 浏览器中的运行结果如图 5.43 所示。当输入框获得焦点并输入字符时，提示文字消失，如图 5.44 所示。

5.3.11 定义必填

required 属性用于定义输入框填写的内容不能为空，否则不允许提交表单。该属性适用于 text、search、url、telephone、email、password、date pickers、number、checkbox、radio 和 file 类型的<input>标签。

【示例】使用 required 属性规定文本框必须输入内容。

```
<form action="/testform.asp" method="get">
    请输入姓名：<input type="text" name="usr_name" required="required" />
    <input type="submit" value="提交" />
</form>
```

在 Chrome 浏览器中的运行结果如图 5.45 所示。当输入框内容为空并单击"提交"按钮时，会出现"请填写此字段"的提示，只有输入内容之后才允许提交表单。

图 5.43 placeholder 属性的应用   图 5.44 提示文字消失   图 5.45 提示"请填写此字段"

5.3.12 定义文本区域

HTML5 为 textarea 元素新增了两个特殊的属性，简单说明如下。

☑ maxlength：设置文本区域的最大长度，单位为字符。

☑ wrap：设置提交表单时，是否包含换行符。取值有两个。

❖ wrap="hard"，如果文本区域内的文本自动换行显示，则提交文本中会包含换行符。当使用 hard 时，必须设置 cols 属性。

❖ wrap="soft"，为默认值，提交的文本不会为自动换行位置添加换行符。

【示例】简单比较设置 wrap="hard" 与 wrap="soft" 时，提交的数据是不同的，效果如图 5.46 所示。

☑ 客户端表单

```
<form action="test.php"   method="post">
<textarea name="test" maxlength=40 rows=6 wrap="hard" cols=30></textarea>
<input type="submit" value="提交"/>
</form>
```

☑ 服务器端脚本

```php
<?php
echo "<pre>".$_POST['test']."</pre>";
?>
```

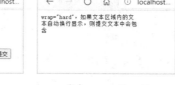

（a）提交的文本　　　　　（b）wrap="hard"　　　　　（c）wrap="soft"

图 5.46　提交多行文本及其回显效果

5.3.13 定义复选框状态

在 HTML4 中，复选框有两种状态：选中和未选中。HTML5 为复选框添加了一种状态：未知，使用 indeterminate 属性可以进行控制，它与 checked 属性一样，都是布尔属性，用法相同。

```
<label><input type="checkbox" id="chk1" >未选中状态</label>
<label><input type="checkbox" id="chk2" checked >选中状态</label>
<label><input type="checkbox" id="chk3" indeterminate >未知状态</label>
```

【示例】在 JavaScript 脚本中直接设置或访问复选框的状态。

```
<style>
input:indeterminate {width: 20px; height: 20px;}     /*未知状态的样式*/
input:checked {width: 20px; height: 20px;}           /*选中状态的样式*/
</style>
<script>
chk3.indeterminate = true;                            //设置为未知状态
chk2.indeterminate = false;                           //设置为已知状态
if ( chk3.indeterminate ){ alert("未知状态") }
else{
    if ( chk3.checked ){ alert("选中状态") }
    else{ alert("未选中状态") }
```

```
}
</script>
```

🔊 **注意**：当前浏览器仅支持使用 JavaScript 脚本控制未知状态，如果直接为复选框标签设置 indeterminate 属性，则无任何效果，如图 5.47 所示。

图 5.47　复选框的 3 种状态

☀ **提示**：复选框的 indeterminate 状态的价值仅是视觉意义，在用户界面上看起来更友好，复选框的值仍然只有选中和未选中两种。

5.3.14　获取文本选取方向

HTML5 为文本框和文本区域控件新增 selectionDirection 属性，用来检测用户在这两个元素中使用鼠标选取文字时的操作方向。如果正向选择，则返回 forward；如果反向选择，则返回 backford；如果没有选择，则返回 forward。

【示例】获取用户选择文本的操作方向。

```
<script>
function ok() {
    var a=document.forms[0]['test'];
    alert(a.selectionDirection);
}
</script>
<form>
<input type="text"   name="test" value="selectionDirection 属性">
<input type="button" value="提交" onClick="ok()">
</form>
```

5.3.15　访问标签绑定的控件

HTML5 为 label 元素新增 control 属性，允许使用该属性访问 label 绑定的表单控件。

【示例】使用<label>包含一个文本框，然后通过 label.control 来访问文本框。

```
<script type="text/javascript">
function setValue() {
    var label =document.getElementById("label");
    label.control.value = "010888";              //访问绑定的文本框，并设置它的值
}
</script>
<form>
<label id="label">邮编  <input id="code" maxlength="6"></label>
<input type="button" value="默认值" onclick="setValue()">
</form>
```

☀ **提示**：也可以通过 label 元素的 for 属性绑定文本框，然后使用 label 的 control 属性访问它。

5.3.16 访问控件的标签集

HTML5 为所有表单控件新增 labels 属性，允许使用该属性访问与控件绑定的标签对象，该属性返回一个 NodeList 对象（节点集合），再通过下标或 for 循环可以访问某个具体绑定的标签。

【示例】使用 text.labels.length 获取与文本框绑定的标签个数，如果仅绑定一个标签，则创建一个标签，然后绑定到文本框上，设置它的属性，并显示在按钮前面。然后判断用户输入的信息，并把验证信息显示在第二个绑定的标签对象中，效果如图 5.48 所示。

```
<script type="text/javascript">
window.onload = function () {
    var text = document.getElementById('text');
    var btn = document.getElementById('btn');
    if(text.labels.length==1) {                                //如果文本框仅绑定一个标签
        var label = document.createElement("label");           //创建标签对象
        label.setAttribute("for","text");                      //绑定到文本框上
        label.setAttribute("style","font-size:9px;color:red"); //设置标签文本的样式
        btn.parentNode.insertBefore(label,btn);                //插入按钮前面并显示
    }
    btn.onclick = function() {
        if (text.value.trim() == "") {                         //如果文本框为空，则提示错误信息
            text.labels[1].innerHTML = "不能够为空";
        }
        else if(! /^[0-9]{6}$/.test(text.value.trim() )){      //如果不是 6 个数字，则提示非法
            text.labels[1].innerHTML = "请输入 6 位数字";
        } else{                                                //否则提示验证通过
            text.labels[1].innerHTML = "验证通过";
        }
    }
}
</script>
<form>
    <label id="label" for="text">邮编 </label>
    <input id="text">
    <input id="btn" type="button" value="验证">
</form>
```

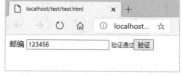

（a）不能够为空　　　　　　（b）请输入 6 位数字　　　　　　（c）验证通过

图 5.48　验证输入的邮政编码

5.4　HTML5 新表单元素

5.4.1 定义数据列表

datalist 元素用于为输入框提供一个可选的列表，供用户输入匹配或直接选择。如果不想从列表中

选择，也可以自行输入内容。

datalist 元素需要与 option 元素配合使用，每一个 option 选项都必须设置 value 属性值。其中，
<datalist>标签用于定义列表框，<option>标签用于定义列表项。如果要把 datalist 提供的列表绑定在某
输入框上，还需要使用输入框的 list 属性来引用 datalist 元素的 id。

【示例】datalist 元素和 list 属性的配合应用。

```
<form action="testform.asp" method="get">
    请输入网址：<input type="url" list="url_list" name="weblink" />
    <datalist id="url_list">
        <option label="新浪" value="http://www.sina.com.cn" />
        <option label="搜狐" value="http://www.sohu.com" />
        <option label="网易" value="http://www.163.com" />
    </datalist>
    <input type="submit" value="提交" />
</form>
```

在 Chrome 浏览器中运行，当用户单击输入框之后，就会弹出一个网址下拉列表，供用户选择，
效果如图 5.49 所示。

5.4.2 定义密钥对生成器

keygen 元素的作用是提供一种验证用户的可靠方法。

作为密钥对生成器，当提交表单时，keygen 元素会生
成两个键：私钥和公钥。私钥存储于客户端；公钥被发送
到服务器，公钥可用于之后验证用户的客户端证书。

当前，浏览器对该元素的支持不是很理想。

【示例】keygen 属性的应用。

图 5.49 datalist 元素和 list 元素配合应用

```
<form action="/testform.asp" method="get">
    请输入用户名：<input type="text" name="usr_name" /><br>
    请选择加密强度：<keygen name="security" /><br>
    <input type="submit" value="提交" />
</form>
```

以上代码在 Chrome 浏览器中的运行结果如图 5.50 所示。在"请选择加密强度"右侧的 keygen
元素中可以选择一种密钥强度，有 2048（高强度）和 1024（中等强度）两种，在 Firefox 浏览器也提
供两种选项，如图 5.51 所示。

图 5.50 Chrome 浏览器提供的密钥等级

图 5.51 Firefox 浏览器提供的密钥等级

5.4.3 定义输出结果

output 元素用于在浏览器中显示计算结果或脚本输出，其语法如下。

```
<output name="">Text</output>
```

output 元素应该位于表单结构的内部，或者设置 form 属性，指定所属表单。也可以设置 for 属性，绑定输出控件。

【示例】本例是 output 元素的应用，计算用户输入的两个数字的乘积。

```
<script type="text/javascript">
function multi(){
    a=parseInt(prompt("请输入第 1 个数字。",0));
    b=parseInt(prompt("请输入第 2 个数字。",0));
    document.forms["form"]["result"].value=a*b;
}
</script>
<body onload="multi()">
<form action="testform.asp" method="get" name="form">
    两数的乘积为：<output name="result"></output>
</form>
</body>
```

以上代码在 Chrome 浏览器中的运行结果如图 5.52 和图 5.53 所示。当页面载入时，会首先提示"请输入第 1 个数字"，输入并单击"确定"按扭后再根据提示输入第 2 个数字。再次单击"确定"按钮后，显示计算结果，如图 5.54 所示。

图 5.52　提示输入第 1 个数字

图 5.53　提示输入第 2 个数字

图 5.54　显示计算结果

5.5　HTML5 表单属性

5.5.1　定义自动完成

autocomplete 属性用于规定 form 中所有元素都拥有自动完成功能。该属性在介绍 input 属性时已经介绍过，用法与之相同。

但是当 autocomplete 属性用于整个 form 时，所有从属于该 form 的控件都具备自动完成功能。如果要关闭部分控件的自动完成功能，则需要单独设置 autocomplete="off"，具体示例可参考 autocomplete 属性的介绍。

5.5.2　定义禁止验证

HTML5 表单控件具有自动验证功能，如果要取消验证，可以使用 novalidate 属性。该属性规定在提交表单时不应该验证 form 或 input 域。该属性适用于<form>标签，以及 text、search、url、telephone、email、password、date pickers、range 和 color 类型的<input>标签。

【示例 1】使用 novalidate 属性取消了整个表单的验证。

```
<form action="testform.asp" method="get" novalidate>
    请输入电子邮件地址：<input type="email" name="user_email" />
    <input type="submit" value="提交" />
</form>
```

【补充】

HTML5 为 form、input、select 和 textarea 元素定义了一个 checkValidity()方法。调用该方法，可以显式地对表单内所有元素内容或单个元素内容进行有效性验证。checkValidity()方法将返回布尔值，以提示是否通过验证。

【示例 2】使用 checkValidity()方法，主动验证用户输入的 E-mail 地址是否有效。

```
<script>
function check(){
    var email = document.getElementById("email");
    if(email.value==""){
        alert("请输入 E-mail 地址");
        return false;
    }
    else if(!email.checkValidity()){
        alert("请输入正确的 E-mail 地址");
        return false;
    }
    else
        alert("您输入的 E-mail 地址有效");
}
</script>
<form id=testform onsubmit="return check();" novalidate>
    <label for=email>E-mail</label>
    <input name=email id=email type=email /><br>
    <input type=submit>
</form>
```

> 提示：在 HTML5 中，form 和 input 元素都有一个 validity 属性，该属性返回一个 ValidityState 对象。该对象具有很多属性，其中最简单、最重要的属性为 valid 属性，它表示表单内所有元素内容是否有效或单个 input 元素内容是否有效。

5.6　案例实战

5.6.1　设计 HTML5 表单页

本例将利用 HTML5 新的表单元素，设计一个简单的用户注册的界面，注册项目包括 ID、密码、出生日期、国籍、保密问题等内容。不同浏览器对 HTML5 特性的支持不同，其中，Opera 浏览器在表单方面支持得比较好，本例在 Opera 浏览器中的运行效果如图 5.55 所示。

图 5.55　设计 HTML5 注册表单

【操作步骤】

第 1 步，新建 HTML5 文档，构建注册表单结构。

```html
<form action='#' enctype="application/x-www-form+xml" method="post">
    <p>
        <label for='name'>ID（请使用 E-mail 注册）</label>
        <input name='name' required="required" type='email'></input>
    </p><p>
        <label for='password'>密码</label>
        <input name='password' required="required" type='password'></input>
    </p><p>
        <label for='birthday'>出生日期</label>
        <input type='date' name='birthday'>
    </p><p>
        <label for='gender'>国籍</label>
        <select name='country' data='countries.xml'></select>
    </p><p>
        <label for='photo'>个性头像</label>
        <input type='file' name='photo' accept='image/*'></p>
    <table>
        <tr>
            <td><button type="add" template="questionId">+</button> 保密问题</td>
            <td>答案</td><td></td></tr>
        <tr id="questionId" repeat="template" repeat-start="1" repeat-min="1" repeat-max="3">
            <td><input type="text" name="questions[questionId].q"></td>
            <td><input type="text" name="questions[questionId].a"></td>
            <td><button type="remove">删除</button></td></tr>
    </table>
    <p><input type='submit' value='提交信息' class='submit'> </p>
</form>
```

本例运用了一些 HTML5 新的表单元素，如 email 类型的输入框（ID），日期类型的输入框（出生日期）。使用重复模型来引导用户填写保密问题，在个性头像上传中，通过限制文件类型，方便用户选择图片进行合乎规范的内容上传。

第 2 步,用户选择国籍的下拉列表框采用的是外联数据源的形式,外联数据源使用 coutries.xml,内容如下。

```
<select xmlns="http://www.w3.org/1999/xhtml">
    …
    <option value="CL">智利</option>
    <option value="CN">中国</option>
    <option value="CO">哥伦比亚</option>
    …
</select>
```

第 3 步,form 的 enctype 是 application/x-www-form+xml,也就是 HTML5 的 XML 提交。一旦 form 校验通过,form 的内容将会以 XML 的形式提交。当用户在浏览时还会发现,如果在 ID 输入框中没有值,或者输入了非法的 email 类型字符串时,一旦试图提交表单,就会有错误的信息提示出现,而这都是浏览器内置的。

第 4 步,目前浏览器对于外联数据源、重复模型、XML Submission 等新特性支持不是很友好。针对当前用户,我们可以使用 JavaScript 脚本兼容 data 外联数据源,代码如下。

```
<script type="text/javascript" src="jquery-1.10.2.js"></script>
<script>
$(function(){
    $("select[data]").each(function() {
        var _this = this;
        $.ajax({
            type:"GET",
            url:$(_this).attr("data"),
            success: function(xml){
                var opts = xml.getElementsByTagName("option");
                $(opts).each(function() {
                    $(_this).append('<option value="'+ $(this).val() +'">'+ $(this).text() +'</option>');
                });
            }
        });
    });
})
</script>
```

5.6.2 设计表单验证

本节示例将利用 HTML5 表单校验机制,设计一个表单验证页面,效果如图 5.56 所示。

【操作步骤】

第 1 步,新建 HTML5 文档,设计一个 HTML5 表单页面。

```
<form method="post" action="" name="myform" class="form" >
    <label for="user_name">真实姓名<br/>
        <input id="user_name" type="text" name="user_name" required pattern="^([\u4e00-\u9fa5]+|([a-z]+\s?) +)$" />
    </label>
    <label for="user_item">比赛项目<br/>
        <input list="ball" id="user_item" type="text" name="user_item" required/>
    </label>
    <datalist id="ball">
        <option value="篮球"/>
```

```
        <option value="羽毛球"/>
        <option value="桌球"/>
    </datalist>
    <label for="user_email">电子邮箱<br/>
        <input id="user_email" type="email" name="user_email" pattern="^[0-9a-z][a-z0-9\._-]{1,}@[a-z0-9-]{1,}[a-z0-9]\.[a-z\.]{1,}[a-z]$" required />
    </label>
    <label for="user_phone">手机号码<br/>
        <input id="user_phone" type="tel" name="user_phone" pattern="^1\d{10}$|^(0\d{2,3}-?|\(0\d{2,3}\))?[1-9]\d{4,7}(-\d{1,8})?$" required/>
    </label>
    <label for="user_id">身份证号
        <input id="user_id" type="text" name="user_id" required pattern="^[1-9]\d{5}[1-9]\d{3}((0\d)|(1[0-2]))(([0|1|2]\d)|3[0-1])\d{3}([0-9]|X)$" />
    </label>
    <label for="user_born">出生年月
        <input id="user_born" type="month" name="user_born" required />
    </label>
    <label for="user_rank">名次期望 <span>第<em id="ranknum">5</em>名</span></label>
    <input id="user_rank" type="range" name="user_rank" value="5" min="1" max="10" step="1" required /> <br/>
    <button type="submit" name="submit" value="提交表单">提交表单</button>
</form>
```

图 5.56 设计 HTML5 表单验证

第 2 步，设计表单控件的验证模式。真实姓名选项为普通文本框，要求必须输入，验证模式为中文字符。

pattern="^([\u4e00-\u9fa5]+|([a-z]+\s?)+)$"

比赛项目选项设计一个数据列表，使用 datalist 元素设计，通过 list="ball"绑定到文本框上。

第 3 步，电子邮箱选项设计 type="email"类型，同时使用如下匹配模式兼容旧版本浏览器。

pattern="^[0-9a-z][a-z0-9\._-]{1,}@[a-z0-9-]{1,}[a-z0-9]\.[a-z\.]{1,}[a-z]$"

第 4 步，手机号码选项设计 type="tel"类型，同时使用如下匹配模式兼容旧版本浏览器。

pattern="^1\d{10}$|^(0\d{2,3}-?|\(0\d{2,3}\))?[1-9]\d{4,7}(-\d{1,8})?$"

第 5 步，身份证号选项使用普通文本框设计，要求必须输入，定义匹配模式如下。

pattern="^[1-9]\d{5}[1-9]\d{3}((0\d)|(1[0-2]))(([0|1|2]\d)|3[0-1])\d{3}([0-9]|X)$"

第 6 步，出生年月选项设计 type="month"类型，这样就不需要进行验证，用户必须在日期选择器面板中进行选择，无法作弊。

第 7 步，名次期望选项设计 type="range"类型，限制用户只能在 1～10 进行选择。

第 8 步，通过 CSS3 动画设计动态交互效果，详细代码请参考本节示例源码。

5.7 在 线 支 持

| 扫码免费学习
更多实用技能
 | 一、专项练习
☑ 获取焦点
☑ 禁用表单对象
☑ 关闭自动提示
☑ 关闭输入法
☑ 设计注册表单页
...实际有更多题目 | 二、更多案例实战
☑ 组织表单结构
☑ 添加提示文本
☑ 文本框
☑ 密码框
☑ 文本区域
...实际有更多案例 | 三、参考
☑ 表单标签列表
☑ form 标签的属性
📝 新知识、新案例不断更新中…… |

第 6 章

HTML5 绘图

HTML5 新增<canvas>标签，并提供了一套 Canvas API，允许用户通过使用 JavaScript 脚本在<canvas>标签标识的画布上绘制图形、创建动画，甚至可以进行实时视频处理或渲染。本章将重点介绍 Canvas API 的基本用法，帮助用户在网页中绘制漂亮的图形，创造丰富多彩、赏心悦目的 Web 动画。

视 频 讲 解

6.1 使用 canvas

在 HTML5 文档中，使用<canvas>标签可以在网页中创建一块画布，用法如下。

```
<canvas id="myCanvas" width="200" height="100"></canvas>
```

该标签包含 3 个属性。

- ☑ id：用来标识画布，以方便 JavaScript 脚本对其引用。
- ☑ height：设置 canvas 的高度。
- ☑ width：设置 canvas 的宽度。

在默认情况下，canvas 创建的画布大小为宽 300 像素、高 150 像素，可以使用 width 和 height 属性自定义其宽度和高度。

📢 **注意**：与<img>不同，<canvas>需要结束标签</canvas>。如果结束标签不存在，则文档的其余部分会被认为是替代内容，将不会显示出来。

【**示例 1**】使用 CSS 控制 canvas 的外观。本例中使用 style 属性为 canvas 元素添加一个实心的边框，在浏览器中的预览效果如图 6.1 所示。

```
<canvas id="myCanvas" style="border:1px solid;" width="200" height="100"></canvas>
```

使用 JavaScript 可以在 canvas 画布内绘画，或设计动画。

【**操作步骤**】

第 1 步，在 HTML5 页面中添加<canvas>标签，设置 canvas 的 id 属性以便 JavaScript 调用。

```
<canvas id="myCanvas" width="200" height="100"></canvas>
```

第 2 步，在 JavaScrip 脚本中使用 document.getElementById()方法，根据 canvas 元素的 id 获取对 canvas 的引用。

```
var c=document.getElementById("myCanvas");
```

第 3 步，通过 canvas 元素的 getContext()方法获取画布上下文（context），创建 context 对象，以获取允许进行绘制的 2D 环境。

```
var context=c.getContext("2d");
```

getContext("2d")方法返回一个画布渲染上下文对象，使用该对象可以在 canvas 元素中绘制图形，参数"2d"表示二维绘图。

第 4 步，使用 JavaScript 进行绘制。例如，使用以下代码可以绘制一个位于画布中央的矩形。

```
context.fillStyle="#FF00FF";
context.fillRect(50,25,100,50);
```

这两行代码中，fillStyle 属性定义将要绘制的矩形的填充颜色为粉红色，fillRect()方法指定了要绘制的矩形的位置和尺寸。图形的位置由前面的 canvas 坐标值决定，尺寸由后面的宽度和高度值决定。在本例中，坐标值为(50,25)，尺寸为宽 100px、高 50px，根据这些数值，粉红色矩形将出现在画面的中央。

【示例 2】下面给出完整的示例代码。

```
<canvas id="myCanvas" style="border:1px solid;" width="200" height="100"></canvas>
<script>
var c=document.getElementById("myCanvas");
var context=c.getContext("2d");
context.fillStyle="#FF00FF";
context.fillRect(50,25,100,50);
</script>
```

以上代码在浏览器中的预览效果如图 6.2 所示。在画布周围加了边框是为了更能清楚地看到中间矩形位于画布的什么位置。

图 6.1 为 canvas 元素添加实心边框

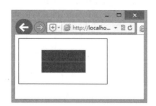

图 6.2 使用 canvas 绘制图形

fillRect(50,25,100,50)方法用来绘制矩形图形，它的前两个参数用于指定绘制图形的 x 轴和 y 轴坐标，后两个参数用于设置绘制矩形的宽度和高度。

在 canvas 中，坐标原点(0,0)位于 canvas 画布的左上角，x 轴水平向右延伸，y 轴垂直向下延伸，所有元素的位置都相对于原点进行定位，如图 6.3 所示。

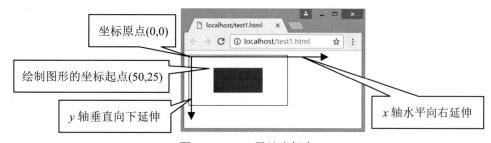

图 6.3 canvas 默认坐标点

当前，IE 9+、Firefox、Opera、Chrome 和 Safari 版本浏览器均支持 canvas 元素。

旧版本浏览器可能不支持 canvas 元素，因此在特定用户群中，需要为这些浏览器提供替代内容。只需要在<canvas>标签内嵌入替代内容，不支持 canvas 的浏览器会忽略 canvas 元素，而显示替代内容；支持 canvas 的浏览器则会正常渲染 canvas，而忽略替代内容。例如：

```
<canvas id="stockGraph" width="150" height="150">当前浏览器暂不支持 canvas </canvas>
<canvas id="clock" width="150" height="150">
    <img src="images/clock.png" width="150" height="150" alt=""/>
</canvas>
```

> 🔊 **注意**：canvas 元素可以实现绘图功能，也可以设计动画演示，但若 HTML 页面中有比 canvas 元素更合适的元素，则建议不使用该元素。例如，用 canvas 元素来渲染 HTML 页面的标题样式标签就不太合适。

6.2 绘制图形

本节将介绍一些基本图形的绘制，包括矩形、直线、圆形、曲线等形状或路径。

6.2.1 矩形

canvas 仅支持一种原生的图形绘制：矩形。绘制其他图形都至少需要生成一条路径。canvas 提供了 3 种方法绘制矩形。

☑ fillRect(x, y, width, height)：绘制一个填充的矩形。

☑ strokeRect(x, y, width, height)：绘制一个矩形的边框。

☑ clearRect(x, y, width, height)：清除指定矩形区域，让清除部分完全透明。

参数说明如下。

☑ x：矩形左上角的 x 坐标。

☑ y：矩形左上角的 y 坐标。

☑ width：矩形的宽度，以像素为单位。

☑ height：矩形的高度，以像素为单位。

【示例】分别使用上述 3 种方法绘制 3 个嵌套的矩形，预览效果如图 6.4 所示。

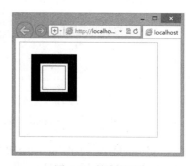

图 6.4 绘制矩形

```
<canvas id="canvas" width="300" height="200" style="border:solid 1px #999;"></canvas>
<script>
draw();
function draw() {
    var canvas = document.getElementById('canvas');
    if (canvas.getContext) {
        var ctx = canvas.getContext('2d');
        ctx.fillRect(25,25,100,100);
        ctx.clearRect(45,45,60,60);
        ctx.strokeRect(50,50,50,50);
    }
}
</script>
```

在上面代码中，fillRect()方法绘制了一个边长为 100px 的黑色正方形。clearRect()方法从正方形的中心开始擦除了一个 60px×60px 的正方形，接着 strokeRect()方法在清除区域内生成一个 50px×50px 的正方形边框。

不同于路径函数，以上 3 个函数绘制之后，会马上显现在 canvas 上，即时生效。

6.2.2 路径

图形的基本元素是路径。路径是通过不同颜色和宽度的线段或曲线相连形成的不同形状的点的集合。一个路径，甚至一个子路径，都是闭合的。使用路径绘制图形的步骤如下。

第 1 步，创建路径起始点。

第 2 步，使用画图命令绘制路径。

第 3 步，把路径封闭。

第 4 步，生成路径之后，可以通过描边或填充路径区域来渲染图形。

需要调用的方法说明如下。

- ☑ beginPath()：开始路径。新建一条路径，生成之后，图形绘制命令被指向到路径上生成路径。
- ☑ closePath()：闭合路径。闭合路径之后图形绘制命令又重新指向到上下文中。
- ☑ stroke()：描边路径。通过线条来绘制图形轮廓。
- ☑ fill()：填充路径。通过填充路径的内容区域生成实心的图形。

💡 **提示**：生成路径的第一步是调用 beginPath()方法。每次调用这个方法之后，表示开始重新绘制新的图形。当调用 fill()方法时，所有没有闭合的形状都会自动闭合，所以闭合路径 closePath()不是必需的。但是调用 stroke()时，所有没有闭合的形状都不会自动闭合，所以需要调用 closePath()方法。

【示例 1】 绘制一个三角形，效果如图 6.5 所示。代码仅提供绘图函数 draw()，完整代码可以参考 6.2.1 节示例，后面各节示例类似。

```
function draw() {
    var canvas = document.getElementById('canvas');
    if (canvas.getContext){
        var ctx = canvas.getContext('2d');
        ctx.beginPath();
        ctx.moveTo(75,50);
        ctx.lineTo(100,75);
        ctx.lineTo(100,25);
        ctx.fill();
    }
}
```

使用 moveTo(x, y)方法可以将笔触移动到指定的坐标 x 和 y 上。当初始化 canvas，或者调用 beginPath()方法后，通常会使用 moveTo()方法重新设置起点。

【示例 2】 用户可以使用 moveTo()方法绘制一些不连续的路径。本实例绘制一个笑脸图形，效果如图 6.6 所示。

```
function draw() {
    var canvas = document.getElementById('canvas');
    if (canvas.getContext){
        var ctx = canvas.getContext('2d');
        ctx.beginPath();
        ctx.arc(75,75,50,0,Math.PI*2,true);        //绘制
        ctx.moveTo(110,75);
        ctx.arc(75,75,35,0,Math.PI,false);          //口（顺时针）
        ctx.moveTo(65,65);
        ctx.arc(60,65,5,0,Math.PI*2,true);          //左眼
        ctx.moveTo(95,65);
        ctx.arc(90,65,5,0,Math.PI*2,true);          //右眼
        ctx.stroke();
    }
}
```

上面代码中使用到 arc()方法，调用它可以绘制圆形，在后面小节中将详细说明。

Note

6.2.3 直线

使用 lineTo() 方法可以绘制直线，用法如下。

```
lineTo(x,y)
```

参数 x 和 y 分别表示终点位置的 x 坐标和 y 坐标。lineTo(x, y) 将绘制一条从当前位置到指定 (x, y) 位置的直线。

【示例】绘制两个三角形，一个是填充的，另一个是描边的，效果如图 6.7 所示。

```
function draw() {
    var canvas = document.getElementById('canvas');
    if (canvas.getContext){
        var ctx = canvas.getContext('2d');
        //填充三角形
        ctx.beginPath();
        ctx.moveTo(25,25);
        ctx.lineTo(105,25);
        ctx.lineTo(25,105);
        ctx.fill();
        //描边三角形
        ctx.beginPath();
        ctx.moveTo(125,125);
        ctx.lineTo(125,45);
        ctx.lineTo(45,125);
        ctx.closePath();
        ctx.stroke();
    }
}
```

图 6.5 绘制三角形

图 6.6 绘制笑脸

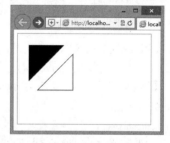

图 6.7 绘制三角形

在上面示例代码中，从调用 beginPath() 方法准备绘制一个新的形状路径开始，使用 moveTo() 方法移动到目标位，两条线段绘制后构成三角形的两条边。当路径使用填充（fill()）时，路径自动闭合；而使用描边（stroke()）则不会闭合路径。如果没有添加闭合路径 closePath() 到描边三角形中，则只绘制了两条线段，并不是一个完整的三角形。

6.2.4 圆弧

使用 arc() 方法可以绘制弧或者圆，用法如下。

```
context.arc(x, y, r, sAngle, eAngle, counterclockwise);
```

参数说明如下。

☑ x：圆心的 x 坐标。

☑ y：圆心的 y 坐标。

☑ r：圆的半径。

☑ sAngle：起始角，以弧度计（提示：弧的圆形的三点钟位置是 0°）。

☑ eAngle：结束角，以弧度计。

☑ counterclockwise：可选参数，定义绘图方向。false 为顺时针，为默认值，true 为逆时针。

如果使用 arc()方法创建圆，可以把起始角设置为 0，结束角设置为 2*Math.PI。

【示例 1】绘制 12 个不同的角度以及填充的圆弧。主要使用两个 for 循环，生成圆弧的行列(x,y)坐标。每一段圆弧的开始都调用 beginPath()方法。代码中，每个圆弧的参数都是可变的，(x,y)坐标是可变的，半径（radius）和开始角度（startAngle）都是固定的。结束角度（endAngle）在第一列开始时是 180°（半圆），然后每列增加 90°。最后一列形成一个完整的圆，效果如图 6.8 所示。

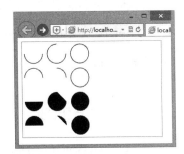

图 6.8　绘制圆和弧

```javascript
function draw() {
    var canvas = document.getElementById('canvas');
    if (canvas.getContext){
        var ctx = canvas.getContext('2d');
        for(var i=0;i<4;i++){
            for(var j=0;j<3;j++){
                ctx.beginPath();
                var x              = 25+j*50;                  //x 坐标值
                var y              = 25+i*50;                  //y 坐标值
                var radius         = 20;                       //圆弧半径
                var startAngle     = 0;                        //开始点
                var endAngle       = Math.PI+(Math.PI*j)/2;    //结束点
                var anticlockwise  = i%2==0 ? false : true;    //顺时针或逆时针
                ctx.arc(x, y, radius, startAngle, endAngle, anticlockwise);
                if (i>1){
                    ctx.fill();
                } else {
                    ctx.stroke();
                }
            }
        }
    }
}
```

使用 arcTo()方法可以绘制曲线，该方法是 lineTo()的曲线版，它能够创建两条切线之间的弧或曲线。用法如下。

```javascript
context.arcTo(x1,y1,x2,y2,r);
```

参数说明如下：

☑ x1：弧的起点的 x 坐标。

☑ y1：弧的起点的 y 坐标。

☑ x2：弧的终点的 x 坐标。

☑ y2：弧的终点的 y 坐标。

☑ r：弧的半径。

【示例 2】使用 lineTo()和 arcTo()方法绘制直线和曲线，如图 6.9 所示。

图 6.9　绘制直线和曲线

```
function draw() {
    var canvas = document.getElementById('canvas');
    var ctx = canvas.getContext('2d');
    ctx.beginPath();
    ctx.moveTo(20,20);                          //设置起点
    ctx.lineTo(100,20);                         //绘制水平直线
    ctx.arcTo(150,20,150,70,50);                //绘制曲线
    ctx.lineTo(150,120);                        //绘制垂直直线
    ctx.stroke();                               //开始绘制
}
```

6.2.5 二次方曲线

使用 quadraticCurveTo()方法可以绘制二次方贝塞尔曲线，用法如下。

```
context.quadraticCurveTo(cpx,cpy,x,y);
```

参数说明如下。

☑   cpx：贝塞尔控制点的 x 坐标。

☑   cpy：贝塞尔控制点的 y 坐标。

☑   x：结束点的 x 坐标。

☑   y：结束点的 y 坐标。

二次方贝塞尔曲线需要两个点。第一个点是用于二次贝塞尔计算中的控制点，第二个点是曲线的结束点。曲线的开始点是当前路径中最后一个点。如果路径不存在，需要使用 beginPath()和 moveTo()方法来定义开始点，演示说明如图 6.10 所示。操作步骤如下。

第 1 步，确定开始点，如 moveTo(20,20)。

第 2 步，定义控制点，如 quadraticCurveTo(20,100, x, y)。

第 3 步，定义结束点，如 quadraticCurveTo(20,100,200,20)。

【示例】先绘制一条二次方贝塞尔曲线，再绘制出其控制点和控制线。

```
function draw() {
    var canvas = document.getElementById('canvas');
    var ctx=canvas.getContext("2d");
    //下面开始绘制二次方贝塞尔曲线
    ctx.strokeStyle="dark";
    ctx.beginPath();
    ctx.moveTo(0,200);
    ctx.quadraticCurveTo(75,50,300,200);
    ctx.stroke();
    ctx.globalCompositeOperation="source-over";
    //绘制直线，表示曲线的控制点和控制线，控制点坐标即两直线的交点(75,50)
    ctx.strokeStyle="#ff00ff";
    ctx.beginPath();
    ctx.moveTo(75,50);
    ctx.lineTo(0,200);
    ctx.moveTo(75,50);
    ctx.lineTo(300,200);
    ctx.stroke();
}
```

在浏览器中运行效果如图 6.11 所示，其中曲线即为二次方贝塞尔曲线，两条直线为控制线，两直线的交点即为曲线的控制点。

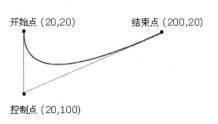

图 6.10 二次方贝塞尔曲线演示示意图

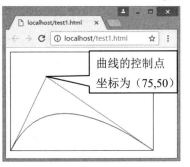

图 6.11 二次方贝塞尔曲线及其控制点

6.2.6 三次方曲线

使用 bezierCurveTo()方法可以绘制三次方贝塞尔曲线，用法如下。

```
context.bezierCurveTo(cp1x,cp1y,cp2x,cp2y,x,y);
```

参数说明如下。

☑ cp1x：第一个贝塞尔控制点的 *x* 坐标。

☑ cp1y：第一个贝塞尔控制点的 *y* 坐标。

☑ cp2x：第二个贝塞尔控制点的 *x* 坐标。

☑ cp2y：第二个贝塞尔控制点的 *y* 坐标。

☑ x：结束点的 *x* 坐标。

☑ y：结束点的 *y* 坐标。

三次方贝塞尔曲线需要三个点，前两个点是用于三次贝塞尔计算中的控制点，第三个点是曲线的结束点。曲线的开始点是当前路径中最后一个点，如果路径不存在，需要使用 beginPath()和 moveTo()方法来定义开始点，演示说明如图 6.12 所示。操作步骤如下。

第 1 步，确定开始点，如 moveTo(20,20)。

第 2 步，定义第一个控制点，如 bezierCurveTo(20,100,cp2x,cp2y,x,y)。

第 3 步，定义第二个控制点，如 bezierCurveTo(20,100,200,100,x,y)。

第 4 步，定义结束点，如 bezierCurveTo(20,100,200,100,200,20)。

【示例】先绘制一条三次方贝塞尔曲线，再绘制出两个控制点和两条控制线。

```
function draw() {
    var canvas = document.getElementById('canvas');
    var ctx=canvas.getContext("2d");
    //下面开始绘制三次方贝塞尔曲线
    ctx.strokeStyle="dark";
    ctx.beginPath();
    ctx.moveTo(0,200);
    ctx.bezierCurveTo(25,50,75,50,300,200);
    ctx.stroke();
    ctx.globalCompositeOperation="source-over";
    //下面绘制直线用于表示上面曲线的控制点和控制线，控制点坐标为(25,50)和(75,50)
    ctx.strokeStyle="#ff00ff";
    ctx.beginPath();
    ctx.moveTo(25,50);
    ctx.lineTo(0,200);
    ctx.moveTo(75,50);
```

```
    ctx.lineTo(300,200);
    ctx.stroke();
}
```

在浏览器中的预览效果如图 6.13 所示，其中曲线即为三次方贝塞尔曲线，两条直线为控制线，两直线上方的端点即为曲线的控制点。

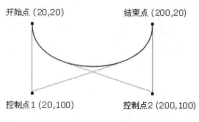

图 6.12　三次方贝塞尔曲线演示示意图

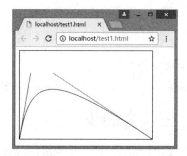

图 6.13　三次方贝塞尔曲线

6.3　定义样式和颜色

canvas 支持很多颜色和样式选项，如线型、渐变、图案、透明度和阴影。

6.3.1　颜色

使用 fillStyle 和 strokeStyle 属性可以给图形上色。其中，fillStyle 设置图形的填充颜色，strokeStyle 设置图形轮廓的颜色。

颜色值可以是表示 CSS 颜色值的字符串，也可以是渐变对象或者图案对象（参考下面小节介绍）。默认情况下，线条和填充颜色都是黑色，CSS 颜色值为#000000。

一旦设置了 strokeStyle 或 fillStyle 的值，那么这个新值就会成为新绘制的图形的默认值。如果要给每个图形定义不同的颜色，就需要重新设置 fillStyle 或 strokeStyle 的值。

【示例 1】使用嵌套 for 循环绘制方格阵列，每个方格填充不同色，效果如图 6.14 所示。

```
function draw() {
    var ctx = document.getElementById('canvas').getContext('2d');
    for (var i=0;i<6;i++){
        for (var j=0;j<6;j++){
            ctx.fillStyle = 'rgb(' + Math.floor(255-42.5*i) + ',' + Math.floor(255-42.5*j) + ',0)';
            ctx.fillRect(j*25,i*25,25,25);
        }
    }
}
```

在嵌套 for 结构中，使用变量 i 和 j 为每一个方格产生唯一的 RGB 色彩值，其中仅修改红色和绿色通道的值，而保持蓝色通道的值不变。可以通过修改这些颜色通道的值来产生各种各样的色板。通过增加渐变的频率，可以绘制出类似 Photoshop 调色板的效果。

【示例 2】下面的代码与示例 1 代码类似，但使用 strokeStyle 属性画的不是方格，而是用 arc()方法画圆，效果如图 6.15 所示。

```
function draw() {
    var ctx = document.getElementById('canvas').getContext('2d');
```

```
for (var i=0;i<6;i++){
    for (var j=0;j<6;j++){
        ctx.strokeStyle = 'rgb(0,' + Math.floor(255-42.5*i) + ',' + Math.floor(255-42.5*j) + ')';
        ctx.beginPath();
        ctx.arc(12.5+j*25,12.5+i*25,10,0,Math.PI*2,true);
        ctx.stroke();
    }
}
}
```

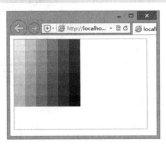

图 6.14　绘制渐变色块

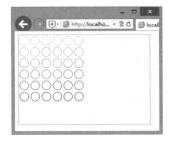

图 6.15　绘制渐变圆圈

6.3.2　不透明度

使用 globalAlpha 全局属性可以设置绘制图形的不透明度，另外，也可以通过色彩的不透明度参数来为图形设置不透明度，这种方法相对于使用 globalAlpha 属性来说，会更灵活些。

使用 rgba()方法可以设置具有不透明度的颜色，用法如下。

rgba(R,G,B,A)

其中，R、G、B 将颜色的红色、绿色和蓝色成分指定为 0～255 的十进制整数，A 把 alpha（不透明）成分指定为 0.0～1.0 的一个浮点数值，0.0 为完全透明，1.0 为完全不透明。例如，可以用 rgba(255,0,0,0.5)表示半透明的完全红色。

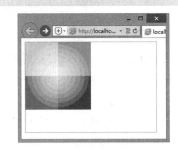

【示例】使用四色格作为背景，设置 globalAlpha 为 0.2 后，在上面画一系列半径递增的半透明圆，最终结果是一个径向渐变效果，如图 6.16 所示。圆叠加得越多，原先所画的圆的透明度会越低。通过增加循环次数，画更多的圆，背景图的中心部分会完全消失。

图 6.16　用 globalAlpha 设置不透明度

```
function draw() {
    var ctx = document.getElementById('canvas').getContext('2d');
    //画背景
    ctx.fillStyle = '#FD0';
    ctx.fillRect(0,0,75,75);
    ctx.fillStyle = '#6C0';
    ctx.fillRect(75,0,75,75);
    ctx.fillStyle = '#09F';
    ctx.fillRect(0,75,75,75);
    ctx.fillStyle = '#F30';
    ctx.fillRect(75,75,75,75);
    ctx.fillStyle = '#FFF';
    //设置透明度值
    ctx.globalAlpha = 0.2;
```

```
//画半透明圆
for (var i=0;i<7;i++){
    ctx.beginPath();
    ctx.arc(75,75,10+10*i,0,Math.PI*2,true);
    ctx.fill();
}
}
```

6.3.3 实线

1. 线的粗细

使用 lineWidth 属性可以设置线条的粗细，取值必须为正数，默认为1.0。

【示例1】使用 for 循环绘制12条线宽依次递增的线段，效果如图6.17所示。

图6.17 lineWidth 示例

```
function draw() {
    var ctx = document.getElementById('canvas').getContext('2d');
    for (var i = 0; i < 12; i++){
        ctx.strokeStyle="red";
        ctx.lineWidth = 1+i;
        ctx.beginPath();
        ctx.moveTo(5,5+i*14);
        ctx.lineTo(140,5+i*14);
        ctx.stroke();
    }
}
```

2. 端点样式

lineCap 属性用于设置线段端点的样式，包括3种样式：butt、round 和 square，默认值为 butt。

【示例2】绘制3条蓝色的直线段，并依次设置上述3种属性值，两侧有两条红色的参考线，以方便观察，预览效果如图6.18所示。可以看到这3种端点样式从上到下依次为平头、圆头和方头。

图6.18 lineCap 示例

```
function draw() {
    var ctx = document.getElementById('canvas').getContext('2d');
    var lineCap = ['butt','round','square'];
    //绘制参考线
    ctx.strokeStyle = 'red';
    ctx.beginPath();
    ctx.moveTo(10,10);
    ctx.lineTo(10,150);
    ctx.moveTo(150,10);
    ctx.lineTo(150,150);
    ctx.stroke();
    //绘制直线段
    ctx.strokeStyle = 'blue';
    for (var i=0;i<lineCap.length;i++){
        ctx.lineWidth = 20;
```

```
        ctx.lineCap = lineCap[i];
        ctx.beginPath();
        ctx.moveTo(10,30+i*50);
        ctx.lineTo(150,30+i*50);
        ctx.stroke();
    }
}
```

3. 连接样式

lineJoin 属性用于设置两条线段连接处的样式，包括 3 种样式：round、bevel 和 miter，默认值为 miter。

【示例 3】绘制 3 条蓝色的折线，并依次设置上述 3 种属性值，观察拐角处（即直线段连接处）样式的区别。在浏览器中的预览效果如图 6.19 所示。

图 6.19　lineJoin 示例

```
function draw() {
    var ctx = document.getElementById('canvas').getContext('2d');
    var lineJoin = ['round','bevel','miter'];
    ctx.strokeStyle = 'blue';
    for (var i=0;i<lineJoin.length;i++){
        ctx.lineWidth = 25;
        ctx.lineJoin = lineJoin[i];
        ctx.beginPath();
        ctx.moveTo(10+i*150,30);
        ctx.lineTo(100+i*150,30);
        ctx.lineTo(100+i*150,100);
        ctx.stroke();
    }
}
```

4. 交点方式

miterLimit 属性用于设置两条线段连接处交点的绘制方式，其作用是为斜面的长度设置一个上限，默认为 10，即规定斜面的长度不能超过线条宽度的 10 倍。当斜面的长度达到线条宽度的 10 倍时，就会变为斜角。如果 lineJoin 属性值为 round 或 bevel 时，miterLimit 属性无效。

【示例 4】通过下面的代码可以观察当角度和 miterLimit 属性值发生变化时斜面长度的变化。在运行代码之前，也可以将 miterLimit 属性值改为固定值，以观察不同的值产生的结果，效果如图 6.20 所示。

图 6.20　miterLimit 示例

```
function draw() {
    var ctx = document.getElementById('canvas').getContext('2d');
    for (var i=1;i<10;i++){
        ctx.strokeStyle = 'blue';
        ctx.lineWidth = 10;
        ctx.lineJoin = 'miter';
        ctx.miterLimit = i*10;
        ctx.beginPath();
```

```
            ctx.moveTo(10,i*30);
            ctx.lineTo(100,i*30);
            ctx.lineTo(10,33*i);
            ctx.stroke();
        }
    }
```

6.3.4 虚线

使用 setLineDash()方法和 lineDashOffset 属性可以定义虚线样式。setLineDash()方法接收一个数组，来指定线段与间隙的交替，lineDashOffset 属性设置起始偏移量。

【示例】绘制一个矩形虚线框，然后使用定时器设计每隔 0.5s 重绘一次，重绘时改变 lineDashOffset 属性值，从而创建一个行军蚁的效果，效果如图 6.21 所示。

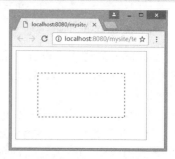

图 6.21　设计动态虚线框

```
var ctx = document.getElementById('canvas').getContext('2d');
var offset = 0;
function draw() {
    ctx.clearRect(0,0, canvas.width, canvas.height);
    ctx.setLineDash([4, 4]);
    ctx.lineDashOffset = -offset;
    ctx.strokeRect(50,50, 200, 100);
}
function march() {
    offset++;
    if (offset > 16) {
        offset = 0;
    }
    draw();
    setTimeout(march, 100);
}
march();
```

◀》 **注意**：在 IE 浏览器中，从 IE 11 开始才支持 setLineDash()方法和 lineDashOffset 属性。

6.3.5　线性渐变

要绘制线性渐变，首先使用 createLinearGradient()方法创建 canvasGradient 对象，然后使用 addColorStop()方法进行上色。createLinearGradient()方法的用法如下。

```
context.createLinearGradient(x0,y0,x1,y1);
```

参数说明如下。

- ☑　x0：渐变开始点的 x 坐标。
- ☑　y0：渐变开始点的 y 坐标。
- ☑　x1：渐变结束点的 x 坐标。
- ☑　y1：渐变结束点的 y 坐标。

addColorStop()方法的用法如下。

```
gradient.addColorStop(stop,color);
```

参数说明如下。

☑　stop：介于 0.0～1.0 的值，表示渐变中开始与结束之间的相对位置。渐变起点的偏移值为 0，终点的偏移值为 1。如果 position 值为 0.5，则表示色标会出现在渐变的正中间。

☑　color：在结束位置显示的 CSS 颜色值。

【示例】绘制线性渐变。在本例中共添加了 8 个色标，分别为红、橙、黄、绿、青、蓝、紫、红，预览效果如图 6.22 所示。

图 6.22　绘制线性渐变

```
function draw() {
    var ctx = document.getElementById('canvas').getContext('2d');
    var lingrad = ctx.createLinearGradient(0,0,0,200);
    lingrad.addColorStop(0, '#ff0000');
    lingrad.addColorStop(1/7, '#ff9900');
    lingrad.addColorStop(2/7, '#ffff00');
    lingrad.addColorStop(3/7, '#00ff00');
    lingrad.addColorStop(4/7, '#00ffff');
    lingrad.addColorStop(5/7, '#0000ff');
    lingrad.addColorStop(6/7, '#ff00ff');
    lingrad.addColorStop(1, '#ff0000');
    ctx.fillStyle = lingrad;
    ctx.strokeStyle = lingrad;
    ctx.fillRect(0,0,300,200);
}
```

使用 addColorStop 可以添加多个色标，色标可以在 0～1 的任意位置添加，例如，从 0.3 处开始设置一个蓝色色标，再在 0.5 处设置一个红色色标，则 0～0.3 都会填充为蓝色。从 0.3～0.5 为蓝色到红色的渐变，0.5～1 处则填充为红色。

6.3.6　径向渐变

要绘制径向渐变，首先需要使用 createRadialGradient()方法创建 canvasGradient 对象，然后使用 addColorStop()方法进行上色。createRadialGradient()方法的用法如下。

```
context.createRadialGradient(x0,y0,r0,x1,y1,r1);
```

参数说明如下。

☑　x0：渐变的开始圆的 x 坐标。
☑　y0：渐变的开始圆的 y 坐标。
☑　r0：开始圆的半径。
☑　x1：渐变的结束圆的 x 坐标。
☑　y1：渐变的结束圆的 y 坐标。
☑　r1：结束圆的半径。

【示例】使用径向渐变在画布中央绘制一个圆球形状，预览效果如图 6.23 所示。

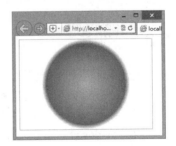

图 6.23　绘制径向渐变

```
function draw() {
    var ctx = document.getElementById('canvas').getContext('2d');
    //创建渐变
    var radgrad = ctx.createRadialGradient(150,100,0,150,100,100);
    radgrad.addColorStop(0, '#A7D30C');
    radgrad.addColorStop(0.9, '#019F62');
```

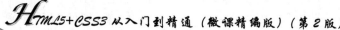

Note

```
        radgrad.addColorStop(1, 'rgba(1,159,98,0)');
        //填充渐变色
        ctx.fillStyle = radgrad;
        ctx.fillRect(0,0,300,200);
    }
```

6.3.7　图案

使用 createPattern()方法可以绘制图案效果，用法如下。

```
context.createPattern(image,"repeat|repeat-x|repeat-y|no-repeat");
```

参数说明如下。

- ☑　image：规定要使用的图片、画布或视频元素。
- ☑　repeat：默认值。该模式在水平和垂直方向重复。
- ☑　repeat-x：该模式只在水平方向重复。
- ☑　repeat-y：该模式只在垂直方向重复。
- ☑　no-repeat：该模式只显示一次（不重复）。

创建图案的步骤与创建渐变有些类似，需要先创建出一个
pattern 对象，然后将其赋予 fillStyle 属性或 strokeStyle 属性。

【示例】以一幅 png 格式的图像作为 image 对象用于创建图
案，以平铺方式同时沿 x 轴与 y 轴方向平铺。在浏览器中的预览
效果如图 6.24 所示。

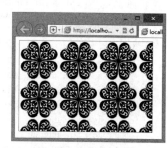

图 6.24　绘制图案

```
function draw() {
    var ctx = document.getElementById('canvas').getContext('2d');
    //创建用于图案的新 image 对象
    var img = new Image();
    img.src = 'images/1.png';
    img.onload = function(){
        //创建图案
        var ptrn = ctx.createPattern(img,'repeat');
        ctx.fillStyle = ptrn;
        ctx.fillRect(0,0,600,600);
    }
}
```

6.3.8　阴影

创建阴影需要 4 个属性，简单说明如下。

- ☑　shadowColor：设置阴影颜色。
- ☑　shadowBlur：设置阴影的模糊级别。
- ☑　shadowOffsetX：设置阴影在 x 轴的偏移距离。
- ☑　shadowOffsetY：设置阴影在 y 轴的偏移距离。

【示例】创建文字阴影效果，如图 6.25 所示。

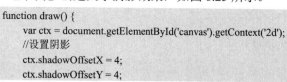

图 6.25　为文字设置阴影效果

```
function draw() {
    var ctx = document.getElementById('canvas').getContext('2d');
    //设置阴影
    ctx.shadowOffsetX = 4;
    ctx.shadowOffsetY = 4;
```

```
    ctx.shadowBlur = 4;
    ctx.shadowColor = "rgba(0, 0, 0, 0.5)";
    //绘制文本
    ctx.font = "60px Times New Roman";
    ctx.fillStyle = "Black";
    ctx.fillText("Canvas API", 5, 80);
}
```

6.3.9　填充规则

前面介绍了使用 fill()方法可以填充图形，该方法可以接收两个值，用来定义填充规则。取值说明如下。

☑　"nonzero"：非零环绕数规则，为默认值。

☑　"evenodd"：奇偶规则。

填充规则根据某处在路径的外面或者里面来决定该处是否被填充，这对于路径相交或者路径被嵌套时是有用的。

【示例】使用 evenodd 规则填充图形，效果如图 6.26 所示，默认填充效果如图 6.27 所示。

```
function draw() {
    var ctx = document.getElementById('canvas').getContext('2d');
    ctx.beginPath();
    ctx.arc(50, 50, 30, 0, Math.PI*2, true);
    ctx.arc(50, 50, 15, 0, Math.PI*2, true);
    ctx.fill("evenodd");
}
```

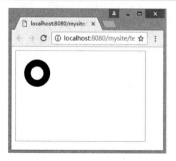

图 6.26　evenodd 规则填充

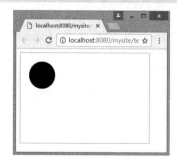

图 6.27　nonzero 规则默认填充

注意：IE 浏览器暂不支持 evenodd 规则填充。

6.4　图 形 变 形

本节将介绍如何对画布进行操作以及如何对画布中的图形进行变形，以便设计复杂图形。

6.4.1　保存和恢复状态

Canvas 状态存储在栈中，一个绘画状态包括两部分。

☑　当前应用的变形，如移动、旋转和缩放，样式属性如下：strokeStyle、fillStyle、globalAlpha、lineWidth、lineCap、lineJoin、miterLimit、shadowOffsetX、shadowOffsetY、shadowBlur、 shadowColor、globalCompositeOperation。

☑ 当前的裁切路径，参考 6.5.2 节介绍。

使用 save()方法可以将当前的状态推送到栈中保存，使用 restore()方法可以将上一个保存的状态从栈中弹出，恢复上一次所有的设置。

【示例】先绘制一个矩形，填充颜色为#ff00ff，轮廓颜色为蓝色，然后保存这个状态，再绘制另外一个矩形，填充颜色为#ff0000，轮廓颜色为绿色，最后恢复第一个矩形的状态，并绘制两个小的矩形，则其中一个矩形填充颜色必为#ff00ff，另外矩形轮廓颜色必为蓝色，因为此时已经恢复了原来保存的状态，所以会沿用最先设定的属性值，预览效果如图 6.28 所示。

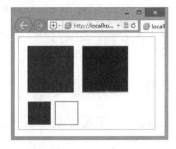

图 6.28 保存与恢复 canvas 状态

```javascript
function draw() {
    var ctx = document.getElementById('canvas').getContext('2d');
    //开始绘制矩形
    ctx.fillStyle="#ff00ff";
    ctx.strokeStyle="blue";
    ctx.fillRect(20,20,100,100);
    ctx.strokeRect(20,20,100,100);
    ctx.fill();
    ctx.stroke();
    //保存当前 canvas 状态
    ctx.save();
    //绘制另外一个矩形
    ctx.fillStyle="#ff0000";
    ctx.strokeStyle="green";
    ctx.fillRect(140,20,100,100);
    ctx.strokeRect(140,20,100,100);
    ctx.fill();
    ctx.stroke();
    //恢复第一个矩形的状态
    ctx.restore();
    //绘制两个矩形
    ctx.fillRect(20,140,50,50);
    ctx.strokeRect(80,140,50,50);
}
```

6.4.2 清除画布

使用 clearRect()方法可以清除指定区域内的所有图形，显示画布背景，该方法的用法如下。

```
context.clearRect(x,y,width,height);
```

参数说明如下。

☑ x：要清除的矩形左上角的 x 坐标。

☑ y：要清除的矩形左上角的 y 坐标。

☑ width：要清除的矩形的宽度，以像素计。

☑ height：要清除的矩形的高度，以像素计。

【示例】如何使用 clearRect()方法来擦除画布中的绘图。

```html
<canvas id="canvas" width="300" height="200" style="border:solid 1px #999;"></canvas>
<input name="" type="button"  value="清空画布" onClick="clearMap();">
```

Note

```
<script>
var ctx = document.getElementById('canvas').getContext('2d');
ctx.strokeStyle="#FF00FF";
ctx.beginPath();
ctx.arc(200,150,100,-Math.PI*1/6,-Math.PI*5/6,true);
ctx.stroke();
function clearMap(){
    ctx.clearRect(0,0,300,200);
}
</script>
```

在浏览器中的预览效果如图 6.29 所示，先是在画布上绘制一段弧线。如果单击"清空画布"按钮，则会清除这段弧线，效果如图 6.30 所示。

图 6.29　绘制弧线

图 6.30　清空画布

6.4.3　移动坐标

在默认状态下，画布以左上角（0,0）为原点作为绘图参考。使用 translate()方法可以移动坐标原点，这样新绘制的图形就以新的坐标原点为参考进行绘制。其用法如下。

```
context.translate(dx, dy);
```

参数 dx 和 dy 分别为坐标原点沿水平和垂直两个方向的偏移量，效果如图 6.31 所示。

注意：在使用 translate()方法之前，应该先使用 save()方法保存画布的原始状态。当需要时可以使用 restore()方法恢复原始状态，特别是在重复绘图时非常重要。

【示例】综合运用 save()、restore()、translate()方法来绘制一个伞状图形。

```
<canvas id="canvas" width="600" height="200" style="border:solid 1px #999;"></canvas>
<script>
draw();
function draw() {
    var ctx = document.getElementById('canvas').getContext('2d');
    //注意：所有的移动都是基于这一上下文
    ctx.translate(0,80);
    for (var i=1;i<10;i++){
        ctx.save();
        ctx.translate(60*i, 0);
        drawTop(ctx,"rgb("+(30*i)+","+(255-30*i)+",255)");
        drawGrip(ctx);
        ctx.restore();
    }
}
```

```
//绘制伞形顶部半圆
function drawTop(ctx, fillStyle){
    ctx.fillStyle = fillStyle;
    ctx.beginPath();
    ctx.arc(0, 0, 30, 0,Math.PI,true);
    ctx.closePath();
    ctx.fill();
}
//绘制伞形底部手柄
function drawGrip(ctx){
    ctx.save();
    ctx.fillStyle = "blue";
    ctx.fillRect(-1.5, 0, 1.5, 40);
    ctx.beginPath();
    ctx.strokeStyle="blue";
    ctx.arc(-5, 40, 4, Math.PI,Math.PI*2,true);
    ctx.stroke();
    ctx.closePath();
    ctx.restore();
}
</script>
```

在浏览器中的预览效果如图 6.32 所示。可见，canvas 中图形移动的实现，其实是通过改变画布的坐标原点来实现的，所谓的"移动图形"只是"看上去"的样子，实际移动的是坐标空间。领会并掌握这种方法，对于随心所欲地绘制图形非常有帮助。

6.4.4　旋转坐标

使用 rotate()方法可以以原点为中心旋转 canvas 上下文对象的坐标空间，其用法如下。

```
context.rotate(angle);
```

rotate 方法只有一个参数，即旋转角度 angle，旋转角度以顺时针方向为正方向，以弧度为单位，旋转中心为 canvas 的原点，如图 6.33 所示。

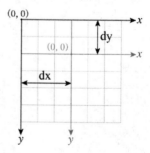

图 6.31　坐标空间的偏移
　　　　示意图

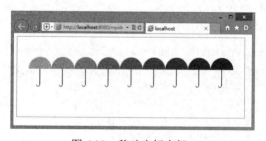

图 6.32　移动坐标空间

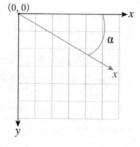

图 6.33　以 canvas 原点为
　　　　旋转中心

提示：如需将角度转换为弧度，可以使用公式 degrees*Math.PI/180 进行计算。例如，如果要旋转 5°，可套用公式为 5*Math.PI/180。

【示例】在 6.4.3 节示例的基础上，设计在每次开始绘制图形之前，先将坐标空间旋转 PI*(2/4+i/4)，再将坐标空间沿 y 轴负方向移动 100，然后开始绘制图形，从而实现使图形沿一中心点平均旋转分布。在浏览器中的预览效果如图 6.34 所示。

Note

```
function draw() {
    var ctx = document.getElementById('canvas').getContext('2d');
    ctx.translate(150,150);
    for (var i=1;i<9;i++){
        ctx.save();
        ctx.rotate(Math.PI*(2/4+i/4));
        ctx.translate(0,-100);
        drawTop(ctx,"rgb("+(30*i)+","+(255-30*i)+",255)");
        drawGrip(ctx);
        ctx.restore();
    }
}
```

6.4.5 缩放图形

使用 scale()方法可以增减 canvas 上下文对象的像素数目，从而实现图形的放大或缩小，其用法如下。

```
context.scale(x,y);
```

其中，x 为横轴的缩放因子，y 为纵轴的缩放因子，值必须是正值。如果需要放大图形，则将参数值设置为大于 1 的数值，如果需要缩小图形，则将参数值设置为小于 1 的数值，当参数值等于 1 时则没有任何效果。

【示例】使用 scale(0.95,0.95)来缩小图形到上次的 0.95，共循环 80 次，同时移动和旋转坐标空间，从而实现图形呈螺旋状由大到小的变化，预览效果如图 6.35 所示。

```
function draw() {
    var ctx = document.getElementById('canvas').getContext('2d');
    ctx.translate(200,20);
    for (var i=1;i<80;i++){
        ctx.save();
        ctx.translate(30,30);
        ctx.scale(0.95,0.95);
        ctx.rotate(Math.PI/12);
        ctx.beginPath();
        ctx.fillStyle="red";
        ctx.globalAlpha="0.4";
        ctx.arc(0,0,50,0,Math.PI*2,true);
        ctx.closePath();
        ctx.fill();
    }
}
```

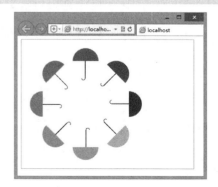

图 6.34　旋转坐标空间

图 6.35　缩放图形

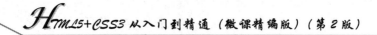

6.4.6 变换图形

transform()方法可以同时缩放、旋转、移动和倾斜当前的上下文环境,其用法如下。

```
context.transform(a,b,c,d,e,f);
```

参数说明如下。

- ☑ a:水平缩放绘图。
- ☑ b:水平倾斜绘图。
- ☑ c:垂直倾斜绘图。
- ☑ d:垂直缩放绘图。
- ☑ e:水平移动绘图。
- ☑ f:垂直移动绘图。

提示:translate(x,y)方法可以用 context.transform(0,1,1,0,dx,dy)或 context.transform(1,0,0,1,dx,dy) 来代替。其中,dx 为原点沿 x 轴移动的数值,dy 为原点沿 y 轴移动的数值。

scale(x,y)可以用 context.transform(m11,0,0,m22,0,0)或 context.transform(0,m12,m21,0,0,0)来代替。其中,dx、dy 都为 0 表示坐标原点不变。m11、m22 或 m12、m21 为沿 x、y 轴放大的倍数。

rotate(angle)可以用 context.transform(cosθ,sinθ,-sinθ,cosθ,0,0)来代替。其中,θ 为旋转角度的弧度值,dx、dy 都为 0 表示坐标原点不变。

setTransform()方法用于将当前的变换矩阵进行重置为最初的矩阵,然后以相同的参数调用 transform 方法,用法为 context.setTransform(m11,m12,m21,m22,dx,dy)。

【示例】使用 setTransform()方法将前面已经发生变换的矩阵首先重置为最初的矩阵,即恢复最初的原点,然后再将坐标原点改为(10,10),并以新的坐标为基准绘制一个蓝色的矩形。

```
function draw() {
    var ctx = document.getElementById('canvas').getContext('2d');
    ctx.translate(200,20);
    for (var i=1;i<90;i++){
        ctx.save();
        ctx.transform(0.95,0,0,0.95,30,30);
        ctx.rotate(Math.PI/12);
        ctx.beginPath();
        ctx.fillStyle="red";
        ctx.globalAlpha="0.4";
        ctx.arc(0,0,50,0,Math.PI*2,true);
        ctx.closePath();
        ctx.fill();
    }
    ctx.setTransform(1,0,0,1,10,10);
    ctx.fillStyle="blue";
    ctx.fillRect(0,0,50,50);
    ctx.fill();
}
```

在浏览器中的预览效果如图 6.36 所示。在本例中,使用 scale(0.95,0.95)来缩小图形到上次的 0.95,共循环 89 次,同时移动和旋转坐标空间,从而实现图形呈螺旋状由大到小的变化。

图 6.36 矩阵重置并变换

6.5　图　形　合　成

本节将介绍图形合成的一般方法以及路径裁切的实现。

6.5.1　合成

当两个或两个以上的图形存在重叠区域时，默认情况下一个图形画在前一个图形之上。通过指定图形 globalCompositeOperation 属性的值可以改变图形的绘制顺序或绘制方式，从而实现更多种可能。

【示例】设置所有图形的透明度为 1，即不透明。设置 globalCompositeOperation 属性值为 source-over，即默认设置，新的图形会覆盖在原有图形之上，也可以指定其他值，如表 6.1 所示。

```
function draw() {
    var ctx = document.getElementById('canvas').getContext('2d');
    ctx.fillStyle="red";
    ctx.fillRect(50,25,100,100);
    ctx.fillStyle="green";
    ctx.globalCompositeOperation="source-over";
    ctx.beginPath();
    ctx.arc(150,125,50,0,Math.PI*2,true);
    ctx.closePath();
    ctx.fill();
}
```

表 6.1　globalCompositeOperation 属性所有可用的值

属　性　值	图形合成示例	说　　明
source-over（默认值）		A over B，这是默认设置，即新图形覆盖在原有内容之上
destination-over		B over A，即原有内容覆盖在新图形之上
source-atop		只绘制原有内容和新图形与原有内容重叠的部分，且新图形位于原有内容之上
destination-atop		只绘制新图形和新图形与原有内容重叠的部分，且原有内容位于重叠部分之下
source-in		新图形只出现在与原有内容重叠的部分，其余区域变为透明

续表

属　性　值	图形合成示例	说　　明
destination-in		原有内容只出现在与新图形重叠的部分，其余区域为透明
source-out		新图形中与原有内容不重叠的部分被保留
destination-out		原有内容中与新图形不重叠的部分被保留
lighter		两图形重叠的部分做加色处理
darker		两图形重叠的部分做减色处理
copy		只保留新图形。在 Chrome 浏览器中无效，Opera 6.5 中有效
xor		将重叠的部分变为透明

在浏览器中的预览效果如图 6.37 所示。如果将 globalAlpha 的值更改为 0.5（ctx.globalAlpha=0.5;），则两个图形都会呈半透明效果，如图 6.38 所示。

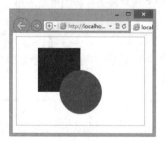

图 6.37　图形的组合

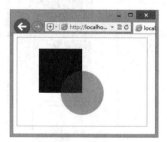

图 6.38　半透明效果

表 6.1 给出了 globalCompositeOperation 属性所有可用的值。表中的图例矩形表示为 B，为先绘制的图形（原有内容为 destintation），圆形表示为 A，为后绘制的图形（新图形为 source）。在应用时注意 globalCompositeOperation 语句的位置，应处在原有内容与新图形之间。Chrome 浏览器支持大多数属性值，无效的属性在表中已经标出。Opera 浏览器对这些属性值的支持相对来说更好一些。

6.5.2 裁切

使用 clip()方法能够从原始画布中裁切任意形状和尺寸。其原理与绘制普通 canvas 图形类似，只不过 clip()的作用是形成一个蒙版，没有蒙版的区域会被隐藏。

提示：一旦裁切了某个区域，则之后所有的绘图都会被限制在被裁切的区域内，不能访问画布上的其他区域。用户也可以在使用 clip()方法前，通过使用 save()方法对当前画布区域进行保存，并在以后的任意时间通过 restore()方法对其进行恢复。

【示例】 如果绘制一个圆形，并进行裁切，则圆形之外的区域将不会绘制在 canvas 上。

```
function draw() {
    var ctx = document.getElementById('canvas').getContext('2d');
    //绘制背景
    ctx.fillStyle="black";
    ctx.fillRect(0,0,300,300);
    ctx.fill();
    //绘制圆形
    ctx.beginPath();
    ctx.arc(150,150,100,0,Math.PI*2,true);
    //裁切路径
    ctx.clip();
    ctx.translate(200,20);
    for (var i=1;i<90;i++){
        ctx.save();
        ctx.transform(0.95,0,0,0.95,30,30);
        ctx.rotate(Math.PI/12);
        ctx.beginPath();
        ctx.fillStyle="red";
        ctx.globalAlpha="0.4";
        ctx.arc(0,0,50,0,Math.PI*2,true);
        ctx.closePath();
        ctx.fill();
    }
}
```

图 6.39 裁切图形

可以看到只有圆形区域内螺旋图形被显示了出来，其余部分被裁切掉了，效果如图 6.39 所示。

6.6 绘 制 文 本

使用 fillText()和 strokeText()方法可以分别以填充方式和轮廓方式绘制文本。

6.6.1 填充文字

fillText()方法能够在画布上绘制填色文本，默认颜色是黑色。其用法如下。

```
context.fillText(text, x, y, maxWidth);
```

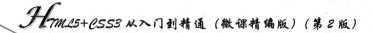

参数说明如下。

☑ text：规定在画布上输出的文本。

☑ x：开始绘制文本的 x 坐标位置（相对于画布）。

☑ y：开始绘制文本的 y 坐标位置（相对于画布）。

☑ maxWidth：可选。允许的最大文本宽度，以像素计。

【示例】下面使用 fillText()在画布上绘制文本"Hi"和"Canvas API"，效果如图 6.40 所示。

图 6.40　绘制填充文字

```
function draw() {
    var canvas = document.getElementById('canvas');
    var ctx = canvas.getContext('2d');
    ctx.font="40px Georgia";
    ctx.fillText("Hi",10,50);
    ctx.font="50px Verdana";
    //创建渐变
    var gradient=ctx.createLinearGradient(0,0,canvas.width,0);
    gradient.addColorStop("0","magenta");
    gradient.addColorStop("0.5","blue");
    gradient.addColorStop("1.0","red");
    //用渐变填色
    ctx.fillStyle=gradient;
    ctx.fillText("Canvas API",10,120);
}
```

6.6.2　轮廓文字

使用 strokeText()方法可以在画布上绘制描边文本，默认颜色是黑色。其用法如下。

```
context.strokeText(text, x, y, maxWidth);
```

参数说明如下。

☑ text：规定在画布上输出的文本。

☑ x：开始绘制文本的 x 坐标位置（相对于画布）。

☑ y：开始绘制文本的 y 坐标位置（相对于画布）。

☑ maxWidth：可选。允许的最大文本宽度，以像素计。

【示例】使用 strokeText()方法绘制文本"Hi"和"Canvas API"，效果如图 6.41 所示。

图 6.41　绘制轮廓文字

```
function draw() {
    var canvas = document.getElementById('canvas');
    var ctx = canvas.getContext('2d');
    ctx.font="40px Georgia";
    ctx.fillText("Hi",10,50);
    ctx.font="50px Verdana";
    //创建渐变
    var gradient=ctx.createLinearGradient(0,0,canvas.width,0);
    gradient.addColorStop("0","magenta");
    gradient.addColorStop("0.5","blue");
    gradient.addColorStop("1.0","red");
    //用渐变填色
    ctx.strokeStyle=gradient;
```

```
    ctx.strokeText("Canvas API",10,120);
}
```

6.6.3 文本样式

下面简单介绍文本样式的相关属性。

☑ font：定义字体样式，语法与 CSS 字体样式相同。默认字体样式为 10px sans-serif。

☑ textAlign：设置正在绘制的文本水平对齐方式。取值说明如下。

  ❖ start：默认，文本在指定的位置开始。

  ❖ end：文本在指定的位置结束。

  ❖ center：文本的中心被放置在指定的位置。

  ❖ left：文本左对齐。

  ❖ right：文本右对齐。

☑ textBaseline：设置正在绘制的文本基线对齐方式，即文本垂直对齐方式。取值说明如下。

  ❖ alphabetic：默认值，文本基线是普通的字母基线。

  ❖ top：文本基线是 em 方框的顶端。

  ❖ hanging：文本基线是悬挂基线。

  ❖ middle：文本基线是 em 方框的正中。

  ❖ ideographic：文本基线是表意基线。

  ❖ bottom：文本基线是 em 方框的底端。

提示：大部分浏览器尚不支持 hanging 和 ideographic 属性值。

☑ direction：设置文本方向。取值说明如下。

  ❖ ltr：从左到右。

  ❖ rtl：从右到左。

  ❖ inherit：默认值，继承文本方向。

【示例 1】在 x 轴 150px 的位置创建一条竖线。位置 150 就被定义为所有文本的锚点。然后比较每种 textAlign 属性值的对齐效果，效果如图 6.42 所示。

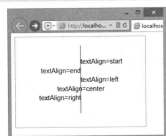

图 6.42　比较每种 textAlign 属性值对齐效果

```
function draw() {
    var ctx = document.getElementById('canvas').getContext('2d');
    //在位置 150 创建一条竖线
    ctx.strokeStyle="blue";
    ctx.moveTo(150,20);
    ctx.lineTo(150,170);
    ctx.stroke();
    ctx.font="15px Arial";
    //显示不同的 textAlign 值
    ctx.textAlign="start";
    ctx.fillText("textAlign=start",150,60);
    ctx.textAlign="end";
    ctx.fillText("textAlign=end",150,80);
    ctx.textAlign="left";
    ctx.fillText("textAlign=left",150,100);
```

```
        ctx.textAlign="center";
        ctx.fillText("textAlign=center",150,120);
        ctx.textAlign="right";
        ctx.fillText("textAlign=right",150,140);
}
```

【示例2】在 y 轴 100px 的位置创建一条水平线。位置 100 就被定义为用蓝色填充的矩形。然后比较每种 textBaseline 属性值的对齐效果，效果如图 6.43 所示。

```
function draw() {
        var ctx = document.getElementById('canvas').getContext('2d');
        //在位置 y=100 绘制蓝色线条
        ctx.strokeStyle="blue";
        ctx.moveTo(5,100);
        ctx.lineTo(395,100);
        ctx.stroke();
        ctx.font="20px Arial"
        //在 y=100 以不同的 textBaseline 值放置每个单词
        ctx.textBaseline="top";
        ctx.fillText("Top",5,100);
        ctx.textBaseline="bottom";
        ctx.fillText("Bottom",50,100);
        ctx.textBaseline="middle";
        ctx.fillText("Middle",120,100);
        ctx.textBaseline="alphabetic";
        ctx.fillText("Alphabetic",190,100);
        ctx.textBaseline="hanging";
        ctx.fillText("Hanging",290,100);
}
```

6.6.4 测量宽度

使用 measureText()方法可以测量当前所绘制文字中指定文字的宽度，它返回一个 TextMetrics 对象，使用该对象的 width 属性可以得到指定文字参数后所绘制文字的总宽度，其用法如下。

```
metrics=context. measureText(text);
```

其中，text 为要绘制的文字。

提示：如果需要在文本向画布输出之前就了解文本的宽度，应该使用该方法。

【示例】measureText()方法的应用，效果如图 6.44 所示。

```
function draw() {
        var ctx = document.getElementById('canvas').getContext('2d');
        ctx.font = "bold 20px 楷体";
        ctx.fillStyle="Blue";
        var txt1 = "HTML5+CSS3";
        ctx.fillText(txt1,10,40);
        var txt2 = "以上字符串的宽度为：";
        var mtxt1 = ctx.measureText(txt1);
        var mtxt2 = ctx.measureText(txt2);
        ctx.font = "bold 15px 宋体";
        ctx.fillStyle="Red";
        ctx.fillText(txt2,10,80);
        ctx.fillText(mtxt1.width,mtxt2.width,80);
}
```

图 6.43　比较每种 textBaseline 属性值对齐效果　　　　图 6.44　测量文字宽度

6.7　使　用　图　像

在 canvas 中可以导入图像。导入的图像可以改变大小、裁切或合成。canvas 支持多种图像格式，如 PNG、GIF、JPEG 等。

6.7.1　导入图像

在 canvas 中导入图像的步骤如下。

第 1 步，确定图像来源。

第 2 步，使用 drawImage()方法将图像绘制到 canvas 中。

确定图像来源有 4 种方式，用户可以任选一种即可。

☑　页面内的图片：如果已知图片元素的 ID，则可以通过 document.images 集合、document.getElementsByTagName()或 document.getElementById()等方法获取页面内的该图片元素。

☑　其他 canvas 元素：可以通过 document.getElementsByTagName()或 document.getElementById()等方法获取已经设计好的 canvas 元素。例如，可以用这种方法为一个比较大的 canvas 生成缩略图。

☑　用脚本创建一个新的 image 对象：使用脚本可以从零开始创建一个新的 image 对象。不过这种方法存在一个缺点是如果图像文件来源于网络且较大，则会花费较长的时间来装载。所以如果不希望因为图像文件装载而导致的漫长的等待，需要做好预装载的工作。

☑　使用 data:url 方式引用图像：这种方法允许用 Base64 编码的字符串来定义一个图片，优点是图片可以即时使用，不必等待装载，而且迁移也非常容易。缺点是无法缓存图像，所以如果图片较大，则不太适宜用这种方法，因为这会导致嵌入的 url 数据相当庞大。

使用脚本创建新 image 对象时，其方法如下。

```
var img = new Image();          //创建新的 Image 对象
img.src = 'image1.png';         //设置图像路径
```

如果要解决图片预装载的问题，则可以使用下面的方法，即使用 onload 事件一边装载图像一边执行绘制图像的函数。

```
var img = new Image();          //创建新的 Image 对象
img.onload = function(){
    //此处放置 drawImage 的语句
}
img.src = 'image1.png';         //设置图像路径
```

不管采用什么方式获取图像来源，之后的工作都是使用 drawImage()方法将图像绘制到 canvas 中。
drawImage()方法能够在画布上绘制图像、画布或视频。该方法也能够绘制图像的某些部分，以及增
加或减少图像的尺寸。其用法如下。

```
//语法 1：在画布上定位图像
context.drawImage(img, x, y);
//语法 2：在画布上定位图像，并规定图像的宽度和高度
context.drawImage(img, x, y, width, height);
//语法 3：剪切图像，并在画布上定位被剪切的部分
context.drawImage(img, sx, sy, swidth, sheight, x, y, width, height);
```

参数说明如下。

☑ img：规定要使用的图像、画布或视频。

☑ sx：可选。开始剪切的 x 坐标位置。

☑ sy：可选。开始剪切的 y 坐标位置。

☑ swidth：可选。被剪切图像的宽度。

☑ sheight：可选。被剪切图像的高度。

☑ x：在画布上放置图像的 x 坐标位置。

☑ y：在画布上放置图像的 y 坐标位置。

☑ width：可选。要使用的图像的宽度。可以实现伸展或缩
小图像。

☑ height：可选。要使用的图像的高度。可以实现伸展或缩
小图像。

【示例】将图像引入 canvas 中，预览效果如图 6.45 所示。至
于第二和第三种 drawImage()方法，我们将在后续小节中单独介绍。

图 6.45　向 canvas 中导入图像

```
function draw() {
    var ctx = document.getElementById('canvas').getContext('2d');
    var img = new Image();
    img.onload = function(){
        ctx.drawImage(img,0,0);
    }
    img.src = 'images/1.jpg';
}
```

6.7.2　缩放图像

drawImage()方法的第二种用法可以用于使图片按指定的大
小显示，其用法如下。

```
context.drawImage(image, x, y, width, height);
```

其中，width 和 height 分别是图像在 canvas 中显示的宽度和
高度。

【示例】将 6.7.1 节示例中的代码稍作修改，设置导入的图
像放大显示，并仅显示头部位置，效果如图 6.46 所示。

图 6.46　放大图像显示

```
function draw() {
    var ctx = document.getElementById('canvas').getContext('2d');
    var img = new Image();
```

```
    img.onload = function(){
        ctx.drawImage(img,-100,-40,800,500);
    }
    img.src = 'images/1.jpg';
}
```

6.7.3　裁切图像

drawImage 的第三种用法用于创建图像切片，其用法如下。

context.drawImage(image, sx, sy, sw, sh, dx, dy, dw, dh);

其中，image 参数与前两种用法相同，其余 8 个参数可以参考图 6.47 的图示。sx、sy 为源图像被切割区域的起始坐标，sw、sh 为源图像被切下来的宽度和高度，dx、dy 为被切割下来的源图像要放置到目标 canvas 的起始坐标，dw、dh 为被切割下来的源图像放置到目标 canvas 的显示宽度和高度。

【示例】创建图像切片，预览效果如图 6.48 所示。

```
function draw() {
    var ctx = document.getElementById('canvas').getContext('2d');
    var img = new Image();
    img.onload = function(){
        ctx.drawImage(img,70,50,100,70,5,5,290,190);
    }
    img.src = 'images/1.jpg';
}
```

图 6.47　其余 8 个参数的图示　　　　　　图 6.48　创建图像切片

6.7.4　平铺图像

图像平铺就是让图像填满画布，有两种方法可以实现，下面结合示例进行说明。

【示例 1】drawImage()方法。

```
function draw() {
    var canvas = document.getElementById('canvas');
    var ctx = canvas.getContext('2d');
    var image = new Image();
    image.src = "images/1.png";
    image.onload = function(){
        var scale=5;                    //平铺比例
        var n1=image.width/scale;       //缩小后图像宽度
        var n2=image.height/scale;      //缩小后图像高度
        var n3=canvas.width/n1;         //平铺横向个数
        var n4=canvas.height/n2;        //平铺纵向个数
        for(var i=0;i<n3;i++)
```

```
            for(var j=0;j<n4;j++)
                ctx.drawImage(image,i*n1,j*n2,n1,n2);
        };
    }
```

本例用到几个变量以及循环语句，相对来说处理方法复杂一些，预览效果如图 6.49 所示。

【示例 2】使用 createPattern()方法，该方法只使用了几个参数就达到了示例 1 的平铺效果。createPattern()方法的用法如下。

```
context.createPattern(image,type);
```

其中，参数 image 为要平铺的图像，参数 type 必须是下面的字符串值之一。

- ☑ no-repeat：不平铺。
- ☑ repeat-x：横方向平铺。
- ☑ repeat-y：纵方向平铺。
- ☑ repeat：全方向平铺。

创建 image 对象，指定图像文件后，使用 createPattern()方法创建填充样式，然后将该样式指定给图形上下文对象的 fillStyle 属性，最后填充画布，重复填充的效果如图 6.50 所示。

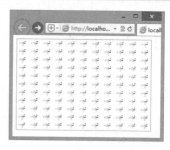

图 6.49　通过 drawImage()方法平铺显示

图 6.50　通过 createPattern()方法平铺显示

```
function draw() {
    var canvas = document.getElementById('canvas');
    var ctx = canvas.getContext('2d');
    var image = new Image();
    image.src = "images/1.png";
    image.onload = function(){
        var ptrn = ctx.createPattern(image,'repeat');   //创建填充样式，全方向平铺
        ctx.fillStyle = ptrn;                            //指定填充样式
        ctx.fillRect(0,0,300,200);                       //填充画布
    };
}
```

6.8　像素操作

6.8.1　认识 ImageData 对象

ImageData 对象表示图像数据，存储 canvas 对象真实的像素数据，它包含以下几个只读属性。
- ☑ width：返回 ImageData 对象的宽度，单位是像素。
- ☑ height：返回 ImageData 对象的高度，单位是像素。
- ☑ data：返回一个对象，其包含指定的 ImageData 对象的图像数据。

图像数据是一个数组，包含着 RGBA 格式的整型数据，范围为 0～255（包括 255），通过图像数据可以查看画布初始像素数据。每个像素用 4 个值来代表，分别是红、绿、蓝和透明值。对于透明值

来说，0 是透明的，255 是完全可见的。数组格式如下。

[r1, g1, b1, a1, r2, g2, b2, a2, r3, g3, b3, a3,...]

r1、g1、b1 和 a1 分别为第一个像素的红色值、绿色值、蓝色值和透明度值。r2、g2、b2、a2 分别为第二个像素的红色值、绿色值、蓝色值、透明度值，依此类推。像素是从左到右，然后自上而下，使用 data.length 可以遍历整个数组。

6.8.2　创建图像数据

使用 createImageData()方法可以创建一个新的、空白的 ImageData 对象，具体用法如下。

```
//以指定的尺寸（以像素计）创建新的 ImageData 对象
var imgData=context.createImageData(width,height);
//创建与指定的另一个 ImageData 对象尺寸相同的新 ImageData 对象（不会复制图像数据）
var imgData=context.createImageData(imageData);
```

参数简单说明如下。

☑　width：定义 ImageData 对象的宽度，以像素计。

☑　height：定义 ImageData 对象的高度，以像素计。

☑　imageData：指定另一个 ImageData 对象。

调用该方法将创建一个指定大小的 ImageData 对象，所有像素被预设为透明黑。

6.8.3　将图像数据写入画布

putImageData()方法可以将图像数据从指定的 ImageData 对象写入画布。具体用法如下。

```
context.putImageData(imgData, x, y, dirtyX, dirtyY, dirtyWidth, dirtyHeight);
```

参数简单说明如下。

☑　imgData：要写入画布的 ImageData 对象。

☑　x：ImageData 对象左上角的 x 坐标，以像素计。

☑　y：ImageData 对象左上角的 y 坐标，以像素计。

☑　dirtyX：可选参数，在画布上放置图像的 x 轴位置，以像素计。

☑　dirtyY：可选参数，在画布上放置图像的 y 轴位置，以像素计。

☑　dirtyWidth：可选参数，在画布上绘制图像所使用的宽度。

☑　dirtyHeight：可选参数，在画布上绘制图像所使用的高度。

【示例】创建一个 100px×100px 的 ImageData 对象，其中每个像素都是红色的，然后把它写入画布中显示出来。

```
<canvas id="myCanvas"></canvas>
<script>
var c=document.getElementById("myCanvas");
var ctx=c.getContext("2d");
var imgData=ctx.createImageData(100,100);                    //创建图像数据
//使用 for 循环语句，逐一设置图像数据中每个像素的颜色值
for (var i=0;i<imgData.data.length;i+=4){
    imgData.data[i+0]=255;
    imgData.data[i+1]=0;
    imgData.data[i+2]=0;
    imgData.data[i+3]=255;
}
```

```
ctx.putImageData(imgData,10,10);                              //把图像数据写入画布
</script>
```

6.8.4 在画布中复制图像数据

getImageData()方法能复制画布指定矩形的像素数据，返回 ImageData 对象，用法如下。

```
var imgData=context.getImageData(x, y, width, height);
```

参数简单说明如下。

- ☑ x：开始复制的左上角位置的 x 坐标。
- ☑ y：开始复制的左上角位置的 y 坐标。
- ☑ width：将要复制的矩形区域的宽度。
- ☑ height：将要复制的矩形区域的高度。

【示例】先创建一个图像对象，使用 src 属性加载外部图像源，加载成功之后，使用 drawImage()方法把外部图像绘制到画布上。然后使用 getImageData()方法把画布中的图像转换为 ImageData（图像数据）对象。然后，使用 for 语句逐一访问每个像素点，对每个像素的颜色进行反显操作，再存回数组。最后，使用 putImageData()方法将反显操作后的图像重绘在画布上。

```
<canvas id="myCanvas" width="384" height="240"></canvas>
<script>
var canvas = document.getElementById("myCanvas");
var context = canvas.getContext('2d');
var image = new Image();
image.src = "images/1.jpg";
image.onload = function (){
    context.drawImage(image, 0, 0);
    var imagedata = context.getImageData(0,0,image.width,image.height);
    for (var i = 0, n = imagedata.data.length; i < n; i += 4){
        imagedata.data[i+0] = 255 - imagedata.data[i+0]; //red
        imagedata.data[i+1] = 255 - imagedata.data[i+2]; //green
        imagedata.data[i+2] = 255 - imagedata.data[i+1]; //blue
    }
    context.putImageData(imagedata, 0, 0);
};
</script>
```

以上代码在 IE 浏览器中的预览效果如图 6.51 所示。

（a）原图

（b）反转效果图

图 6.51　图像反色显示

6.8.5 保存图片

HTMLCanvasElement 提供一个 toDataURL()方法，使用它可以将画布保存为图片，返回一个包含图片展示的 data URI。具体用法如下。

```
canvas.toDataURL(type, encoderOptions);
```

参数简单说明如下。

☑ type：可选参数，默认为 image/png。

☑ encoderOptions：可选参数，默认为 0.92。在指定图片格式为 image/jpeg 或 image/webp 的情况下，可以设置图片的质量，取值在 0~1 的区间选择，如果超出取值范围，将会使用默认值。

💡 提示：*所谓 data URI，是指目前大多数浏览器能够识别的一种 Base64 位编码的 URI，主要用于小型的、可以在网页中直接嵌入，而不需要从外部文件嵌入的数据，如 img 元素中的图像文件等，类似于 "data:image/png; base64, iVBORwOKGgoAAAANSUhEUgAAAAoAAAAK...etc"。目前，大多数现代浏览器都支持该功能。*

使用 toBlob()方法可以把画布存储到 Blob 对象中，用以展示 canvas 上的图片；这个图片文件可以被缓存或保存到本地。具体用法如下。

```
void canvas.toBlob(callback, type, encoderOptions);
```

其中，参数 callback 表示回调函数，当存储成功时调用，可获得一个单独的 Blob 对象参数。type 和 encoderOptions 参数与 toDataURL()方法相同。

【示例】将绘图输出到 data URI，效果如图 6.52 所示。

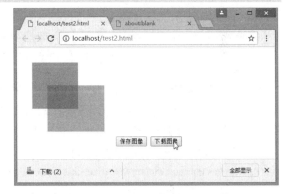

图 6.52　把图形输出到 data URI

```
<canvas id="myCanvas" width="400" height="200"></canvas>
<script type="text/javascript">
var canvas = document.getElementById("myCanvas");
var context = canvas.getContext('2d');
context.fillStyle = "rgb(0, 0, 255)";
context.fillRect(0, 0, canvas.width, canvas.height);
context.fillStyle = "rgb(255, 255, 0)";
context.fillRect(10, 20, 50, 50);
window.location =canvas.toDataURL("image/jpeg");
</script>
```

6.9　案例实战

本示例将演示如何抓取 video 元素中的帧画面并动态显示在 canvas 上。当视频播放时，定时从视频中抓取图像帧并绘制到 canvas 上，当用户单击 canvas 上显示的任何一帧时，所播放的视频会跳转到相应的时间点。效果如图 6.53 所示。

图 6.53 查看视频帧画面

【操作步骤】

第 1 步，添加 video 和 canvas 元素。使用 video 元素播放视频。

```
<video id="movies" autoplay oncanplay="startVideo()" onended="stopTimeline()" autobuffer="true" width="400px" height= "300px">
    <source src="medias/volcano.ogv" type='video/ogg; codecs="theora, vorbis"'>
    <source src="medias/volcano.mp4" type='video/mp4'>
</video>
```

video 元素声明了 autoplay 属性，这样页面加载完成后，视频会被自动播放。此外还增加了两个事件处理函数，当视频加载完毕，准备开始播放时会触发 oncanplay() 函数来执行预设的动作。当视频播放完会触发 onended() 函数以停止帧的创建。

第 2 步，创建 id 为 timeline 的 canvas 元素，以固定的时间间隔在上面绘制视频帧画面。

```
<canvas id="timeline" width="400px" height="300px">
```

第 3 步，添加变量。创建必须的元素之后，为示例编写脚本代码，在脚本中声明一些变量，同时增强代码的可读性。

```
//定义时间间隔，以毫秒为单位
var updateInterval = 5000;
//定义抓取画面显示大小
var frameWidth = 100;
var frameHeight = 75;
//定义行列数
var frameRows = 4;
var frameColumns = 4;
var frameGrid = frameRows * frameColumns;
//定义当前帧
var frameCount = 0;
var intervalId;
//定义播放完毕取消定时器
var videoStarted = false;
```

变量 updateInterval 控制抓取帧的频率，其单位是毫秒，5000 表示每 5s 抓取一次。frameWidth 和 frameHeight 两个参数用来指定在 canvas 中展示的视频帧画面的大小。frameRows、frameColumns 和 frameGrid 3 个参数决定了在画布中总共显示多少帧。为了跟踪当前播放的帧，定义了 frameCount 变量。frameCount 变量能够被所有函数调用。intervalId 用来停止控制抓取帧的计时器。videoStarted 标

· 132 ·

志变量用来确保每个示例只创建一个计时器。

第 4 步，添加 updateFrame() 函数。整个示例的核心功能是抓取视频帧并绘制到 canvas 上，它是视频与 canvas 相结合的部分，具体代码如下。

```
//该函数负责把抓取的帧画面绘制到画布上
function updateFrame() {
    var video = document.getElementById("movies");
    var timeline = document.getElementById("timeline");
    var ctx = timeline.getContext("2d");
    //根据帧数计算当前播放位置，然后以视频为输入参数绘制图像
    var framePosition = frameCount % frameGrid;
    var frameX = (framePosition % frameColumns) * frameWidth;
    var frameY = (Math.floor(framePosition / frameRows)) * frameHeight;
    ctx.drawImage(video, 0, 0, 400, 300, frameX, frameY, frameWidth, frameHeight);
    frameCount++;
}
```

在操作 canvas 前，首先需要获取 canvas 的二维上下文对象。

```
var ctx = timeline.getContext("2d");
```

这里设计按从左到右、从上到下的顺序填充 canvas 网格，所以需要精确计算从视频中截取的每帧应该对应到哪个 canvas 网格中。根据每帧的宽度和高度，可以计算出它们的起始绘制坐标。

```
var framePosition = frameCount % frameGrid;
var frameX = (framePosition % frameColumns) * frameWidth;
var frameY = (Math.floor(framePosition / frameRows)) * frameHeight;
```

第 5 步，将图像绘制到 canvas 上的关键函数调用。这里向 drawImage() 函数中传入的不是图像，而是视频对象。

```
ctx.drawImage(video, 0, 0, 400, 300, frameX, frameY, frameWidth, frameHeight);
```

canvas 的绘图顺序可以将视频源当作图像或者图案进行处理，这样开发人员就可以方便地修改视频并将其重新显示在其他位置。

当 canvas 使用视频作为绘制源时，画出来的只是当前播放的帧。canvas 的显示图像不会随着视频的播放而动态更新，如果希望更新显示内容，需要在视频播放期间中断绘制图像。

第 6 步，定义 startVideo() 函数。startVideo() 函数负责定时更新画布上的帧画面图像。一旦视频加载并可以播放就会触发 startVideo() 函数。因此每次页面加载都仅触发一次 startVideo() 函数，除非视频重新播放。在该函数中，当视频开始播放后，将抓取第一帧，接着会启用计时器来定期调用 updateFrame() 函数。

```
updateFrame();
intervalId = setInterval(updateFrame, updateInterval);
```

第 7 步，处理用户单击。当用户单击某一帧图像时，将计算帧图像对应视频位置，然后定位到该位置进行播放。

```
var timeline = document.getElementById("timeline");
timeline.onclick = function(evt) {
    var offX = evt.layerX - timeline.offsetLeft;
    var offY = evt.layerY - timeline.offsetTop;
    //计算哪个位置的帧被单击
    var clickedFrame = Math.floor(offY / frameHeight) * frameRows;
    clickedFrame += Math.floor(offX / frameWidth);
    //计算视频对应播放到哪一帧
    var seekedFrame = (((Math.floor(frameCount / frameGrid)) * frameGrid) + clickedFrame);
```

```
//如果用户单击帧位于当前帧之前，则设定是上一轮的帧
if (clickedFrame > (frameCount % 16))
    seekedFrame -= frameGrid;
//不允许跳出当前帧
if (seekedFrame < 0)
    return;
var video = document.getElementById("movies");
video.currentTime = seekedFrame * updateInterval / 1000;
frameCount = seekedFrame;
}
```

第 8 步，添加 stopTimeline()函致。最后要做的工作是在视频播放完毕时，停止视频抓取。

```
function stopTimeline() {
    clearInterval(intervalId);
}
```

视频播放完毕时会触发 onended()函数，stopTimeline()函数会在此时被调用。

6.10　在线支持

扫码免费学习
更多实用技能

一、专项练习

- ☑　在网页嵌入画布
- ☑　绘制矩形
- ☑　使用 arc 绘制弧形
- ☑　使用 bezierCurveTo 绘制弧形
- ☑　使用 translate 设置坐标平移

...实际有更多题目

二、更多案例实战

- ☑　用 canvas 绘制矩形
- ☑　路径和坐标
- ☑　绘制卡通图形
- ☑　渐变填充
- ☑　绘制文字

...实际有更多案例

新知识、新案例不断更新中……

第 7 章

HTML5 SVG 矢量图

SVG（Scalable Vector Graphics，即可缩放矢量图形）是一种 XML 应用，简约而不简单，可以以一种简洁、可移植的形式表示图形信息，具有强大的矢量图形绘制及动态交互功能，并提供丰富的视觉效果。目前，在网页设计中出现越来越多的 SVG 图形，大多数现代浏览器都能显示 SVG 图形，并且大多数矢量绘图软件都能导出 SVG 图形。

视 频 讲 解

7.1 SVG 基础

SVG 是一种专门为网络而设计的基于文本的图像格式，与 XML 高度兼容，且开放标准，所以可扩展性很强，能够描述任何复杂的图像。

7.1.1 SVG 发展历史

1998 年，W3C 收到了两份关于新的图形格式的提案：PGML 和 VML。虽然 PGML 和 VML 都是使用基于 CSS 的 XML 标记语言，但二者是相互竞争的对手。

为了更好地促进 XML 矢量图形的发展，W3C 决定在融合两者优点的基础上，开发一种新的语言：SVG。W3C 期望 SVG 这种基于开放标准的可扩展语言能够满足 Web 开发者对动态、可缩放、平台无关的 Web 内容表现和日益增长的交互手段需求。

- ☑ 1999 年 2 月，SVG 草案出台。
- ☑ 2000 年 8 月，W3C 最终发布了 SVG 标准草案。
- ☑ 2001 年 9 月，W3C 正式发布 SVG 1.0 标准。
- ☑ 2003 年 1 月，W3C 发布了 1.1 版本的 SVG 标准，并且成为 W3C 的推荐标准。
- ☑ 2005 年 4 月，W3C 颁布了 SVG 1.2 版本的工作草案。
- ☑ 2006 年 8 月，SVG 提供给移动设备使用的标准 SVG tiny 1.2 版本也成为 W3C 的候选推荐标准。

W3C 推荐给当前 SVG 开发者使用的是 SVG 1.1 标准。

7.1.2 SVG 特点

SVG 有很多特点，简单说明如下。

- ☑ 超强交互性：SVG 能轻易地制作强大的动态交互。利用设计完善的 DOM 接口进行编程，动态地生成包含 SVG 图形的 Web 页面，能对用户操作做出不同响应，如高亮、声效、特效、动画等，体现了网络互动的本质。

☑ 文本独立性：SVG 图像中的文字独立于图像，文字标注也可被动态地移动和缩放，方便用户对 SVG 图像内的文字进行基于图形的查询，图像中的文字被搜索引擎作为关键字搜索已经不再是梦想。

☑ 高品质矢量图：SVG 图像的清晰度适合任何屏幕分辨率或打印分辨率。用户可以自由地缩放图像而不会破坏图像的清晰度。这对于查看某些图像细节的应用非常有用。

☑ 超强颜色控制：SVG 具有一个 1600 万色彩的调色板，支持 ICC 标准、RGB、线性填充和遮罩。

☑ 基于 XML：通过 XML 来表达信息、传递数据，不仅跨越平台，还跨越空间，更跨越设备。

7.1.3 在 HTML 中应用 SVG

SVG 文件可以通过以下元素嵌入 HTML 文档：<embed>、<object>或者<iframe>。SVG 代码也可以直接嵌入 HTML 页面中，或直接链接到 SVG 文件。

☑ 使用<embed>元素：优点：所有主要浏览器都支持，并允许使用脚本；缺点：不推荐在 HTML4 和 XHTML 中使用，但在 HTML5 中允许。具体用法如下。

```
<embed src="test.svg" type="image/svg+xml" />
```

☑ 使用<object>元素：优点：所有主要浏览器都支持，并支持 HTML4、XHTML 和 HTML5 标准；缺点：不允许使用脚本。具体用法如下。

```
<object data="test.svg" type="image/svg+xml"></object>
```

☑ 使用<iframe>元素：优点：所有主要浏览器都支持，并允许使用脚本；缺点：不推荐在 HTML4 和 XHTML 中使用，但在 HTML5 中允许。具体用法如下。

```
<iframe src="test.svg"></iframe>
```

☑ 直接在 HTML 中嵌入 SVG 代码：在 Firefox、IE 9+、Chrome 和 Safari 浏览器中，可以直接在 HTML 中嵌入 SVG 代码。但 SVG 不能直接嵌入 Opera 浏览器。

【示例】在 HTML 中嵌入 SVG 代码。

```
<html>
<body>
<svg xmlns="http://www.w3.org/2000/svg" version="1.1">
    <circle cx="100" cy="50" r="40" stroke="black" stroke-width="2" fill="red"/>
</svg>
</body>
</html>
```

☑ 链接到 SVG 文件：可以使用<a>元素链接到一个 SVG 文件，例如：

```
<a href="test.svg">View SVG file</a>
```

7.1.4 设计第一个 SVG 图形

本节示例使用 SVG 在网页中输出显示"Hello world!"文本字符图形，效果如图 7.1 所示。

【操作步骤】

第 1 步，新建文本文件，保存为 hi.svg。注意，文件扩展名为.svg。

第 2 步，使用记事本打开 hi.svg，然后输入下面代码。

图 7.1　绘制第一个 SVG 图形

```
<?xml version="1.0" encoding="utf-8"?>
<!DOCTYPE svg PUBLIC "-//W3C//DTD SVG 1.1//EN" "http://www.w3.org/Graphics/SVG/1.1/DTD/svg11.dtd">
```

```
<!--Scalable Vector Graphic-->
<svg   xmlns="http://www.w3.org/2000/svg" width="400" height="200">
    <rect x="50" y="50" width="300" height="100" stroke="red" stroke-width="2" fill="blue"/>
    <text x="100" y="100" style="font-size:30;fill:#fff;">Hello world!</text>
</svg>
```

代码解析：第 1 行代码，是一个标准 XML 文档的开头方式，使用 utf-8 的编码方式。在此处，SVG 与其他 XML 文档相比，并没有什么特别之处。第 2 行代码，文档类型声明，定义文档的类型和版本号，说明该 XML 文档的<SVG>标记所参照的 DTD 文档的出处。可以省略。第 3 行代码，使用"<!--注释内容-->"这样的形式来注释。本章后面示例为了节约版面，这 3 行代码一般情况下将不再显示出来。第 4 行代码，是 SVG 文档真正的开始，也是解析器开始进行渲染的开始，告知解析器该 SVG 的渲染区域是宽 400px，高 200px。其中"xmlns=http://www.w3.org/2000/svg"定义标记的命名空间，必须要正确设置。第 5 行代码，是图 7.1 中矩形框，设置了偏移位置（x="50" y="50"）、大小（width="300" height= "100"）、边框的颜色以及粗细（stroke="red" stroke-width="2"），以及填充的颜色（fill="blue"）。第 6 行代码，是一段文字，样式设置了字体大小和颜色。第 5 行和第 6 行代码绘制矩形和文字，这两个图形都设置了样式，只是样式设置的方式不一样。可以看到，SVG 的文档与其他 XML 文档以及 HTML 文档都很相似，只不过 SVG 是用文本来描述图像的。

第 3 步，完成 SVG 文件的编写后，可以把 SVG 文件嵌入 HTML 页面中，与 HTML 页面一起显示。这里使用<embed >标签导入外部文件 hi.svg。HTML 代码如下。

```
<!DOCTYPE html>
<html>
<head>
<meta charset="utf-8">
</head>
<body>
<embed src="hi.svg" type="image/svg+xml" />
</body>
</html>
```

第 4 步，保存网页文档为 test1.html，然后在浏览器中预览，则可以看到图 7.1 所示效果。用户也可以直接在浏览器中预览 hi.svg 文件，所看到的效果是一样的。

7.2 使用 SVG

SVG 预定义很多元素，用来绘制各种图形。SVG 元素是一组事先定义好如何绘制图像的指令集，由解析器负责解释，并把 SVG 图像在指定设备上渲染出来，使用 SVG 可以在网页上显示出各种高质量的矢量图形，支持很多常见的图形图像功能，如几何图形变换、动画效果、渐变色、滤镜效果、嵌入字体和透明效果等。

7.2.1 矩形

<rect>元素可以用来创建矩形以及矩形的变种，其包含的属性说明如下。

☑ x：矩形的左上角的 x 轴。

☑ y：矩形的左上角的 y 轴。

☑ rx：x 轴的半径（round 元素）。

☑ ry：y 轴的半径（round 元素）。

☑ width：矩形的宽度，必需的。

☑ height：矩形的高度，必需的。

显现属性包括 Color、FillStroke、Graphics。

【示例 1】使用<rect>元素绘制一个矩形，效果如图 7.2 所示。

```
<!DOCTYPE html>
<html>
<head>
<meta charset="utf-8">
</head>
<body>
<svg xmlns="http://www.w3.org/2000/svg" version="1.1">
    <rect width="300" height="100"
        style="fill:rgb(0,0,255);stroke-width:1;stroke:rgb(0,0,0)"/>
</svg>
</body>
</html>
```

代码解析：rect 元素的 width 和 height 属性可定义矩形的宽度和高度，style 属性用来定义 CSS 属性，其中，CSS 的 fill 属性定义矩形的填充颜色，取值可以为 rgb 值、颜色名或者十六进制值，stroke-width 属性定义矩形边框的宽度，stroke 属性定义矩形边框的颜色。

【示例 2】下面的代码包含一些新的绘图属性，效果如图 7.3 所示。

```
<svg xmlns="http://www.w3.org/2000/svg" version="1.1">
    <rect x="50" y="20" width="300" height="150"
        style="fill:blue;stroke:pink;stroke-width:5;fill-opacity:0.1;
        stroke-opacity:0.9"/>
</svg>
```

代码解析：x 属性定义矩形的左侧位置，例如，x="0"定义矩形到浏览器窗口左侧的距离是 0px；y 属性定义矩形的顶端位置，例如，y="0"定义矩形到浏览器窗口顶端的距离是 0px；CSS 的 fill-opacity 属性定义填充颜色透明度，取值范围为 0～1，stroke-opacity 属性定义笔触颜色的透明度，取值范围为 0～1。

【示例 3】绘制一个圆角矩形，效果如图 7.4 所示。

```
<svg xmlns="http://www.w3.org/2000/svg" version="1.1">
    <rect x="50" y="20" rx="20" ry="20" width="300" height="150"
        style="fill:red;stroke:black;stroke-width:5;opacity:0.5"/>
</svg>
```

图 7.2　绘制矩形　　　　图 7.3　绘制半透明效果的矩形　　　　图 7.4　绘制圆角矩形

其中，rx 和 ry 属性可使矩形产生圆角。

7.2.2 圆形

<circle>元素可用来创建一个圆，其包含的属性说明如下。

☑ cx：圆的 x 轴坐标。

☑ cy：圆的 y 轴坐标。

☑ r：圆的半径，必需。

显现属性包括 Color、FillStroke、Graphics。

【示例】在页面中设计一个简单的圆形，效果如图 7.5 所示。

图 7.5 设计简单的圆形效果

```
<!DOCTYPE html>
<html>
<head>
<meta charset="utf-8">
</head>
<body>
<svg xmlns="http://www.w3.org/2000/svg" version="1.1">
    <circle cx="120" cy="70" r="60" stroke="black"
    stroke-width="2" fill="red"/>
</svg>
</body>
</html>
```

代码解析：cx 和 cy 属性定义圆点的 x 和 y 坐标，如果省略 cx 和 cy，圆的中心默认设置为(0,0)；r 属性定义圆的半径。

7.2.3 椭圆

椭圆与圆很相似，不同之处在于椭圆有不同的 x 和 y 半径，而圆的 x 和 y 半径是相同的。<ellipse>元素可以用来创建椭圆，其包含的属性说明如下。

☑ cx：椭圆 x 轴坐标。

☑ cy：椭圆 y 轴坐标。

☑ rx：沿 x 轴椭圆形的半径，必需。

☑ ry：沿 y 轴长椭圆形的半径，必需。

显现属性包括 Color、FillStroke、Graphics。

【示例 1】创建一个椭圆，效果如图 7.6 所示。

图 7.6 设计椭圆效果

```
<svg xmlns="http://www.w3.org/2000/svg" version="1.1">
    <ellipse cx="150" cy="80" rx="100" ry="50"
    style="fill:yellow;stroke:purple;stroke-width:2"/>
</svg>
```

代码解析：cx 属性定义椭圆中心的 x 坐标，cy 属性定义椭圆中心的 y 坐标，rx 属性定义水平半径，ry 属性定义垂直半径。

【示例 2】创建 3 个累叠而上的椭圆，效果如图 7.7 所示。

```
<svg xmlns="http://www.w3.org/2000/svg" version="1.1">
    <ellipse cx="240" cy="100" rx="220" ry="30" style="fill:purple"/>
    <ellipse cx="220" cy="70" rx="190" ry="20" style="fill:lime"/>
    <ellipse cx="210" cy="45" rx="170" ry="15" style="fill:yellow"/>
</svg>
```

Note

【示例3】组合两个椭圆，一个黄色，一个白色，效果如图 7.8 所示。

```
<svg xmlns="http://www.w3.org/2000/svg" version="1.1">
    <ellipse cx="240" cy="50" rx="220" ry="30" style="fill:yellow"/>
    <ellipse cx="220" cy="50" rx="190" ry="20" style="fill:white"/>
</svg>
```

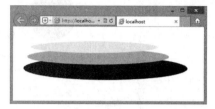

图 7.7　设计 3 个累叠而上的椭圆效果　　　　图 7.8　设计两个椭圆效果

7.2.4　多边形

<polygon>元素可以用来定义多边形。多边形是由直线组成，其形状是封闭的，即所有的线条连接起来。其包含的属性说明如下。

☑　points：多边形的点。点的总数必须是偶数，必需的。

☑　fill-rule：FillStroke 演示属性的部分。

显现属性包括 Color、FillStroke、Graphics、Markers。

【示例1】使用<polygon>元素创建含有不少于三条边的图形，效果如图 7.9 所示。

```
<svg xmlns="http://www.w3.org/2000/svg" version="1.1">
    <polygon points="200,10 250,190 160,210"
    style="fill:lime;stroke:purple;stroke-width:1"/>
</svg>
```

代码解析：points 属性定义多边形每个角的 x 和 y 坐标。

【示例2】创建一个不规则的四边形，效果如图 7.10 所示。

```
<svg xmlns="http://www.w3.org/2000/svg" version="1.1">
    <polygon points="220,10 300,210 170,250 123,234"
    style="fill:lime;stroke:purple;stroke-width:1"/>
</svg>
```

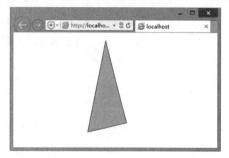
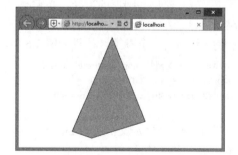

图 7.9　设计多边形效果　　　　图 7.10　设计四边形效果

【示例3】使用<polygon>元素创建一个星形，效果如图 7.11 所示。

```
<svg xmlns="http://www.w3.org/2000/svg" version="1.1">
    <polygon points="100,10 40,180 190,60 10,60 160,180"
    style="fill:lime;stroke:purple;stroke-width:5;fill-rule:nonzero;" />
</svg>
```

【示例 4】在示例 3 的基础上改变 fill-rule 属性为 evenodd，效果如图 7.12 所示。

```
<svg xmlns="http://www.w3.org/2000/svg" version="1.1">
    <polygon points="100,10 40,180 190,60 10,60 160,180"
    style="fill:lime;stroke:purple;stroke-width:5;fill-rule:evenodd;" />
</svg>
```

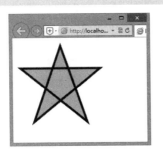
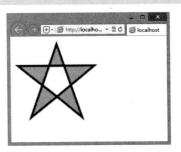

图 7.11　设计星形效果　　　　图 7.12　设计镂空的星形效果

7.2.5　直线

<line>元素可以用来创建一条直线，其包含的属性说明如下。

- ☑　x1：直线起始点 x 坐标。
- ☑　y1：直线起始点 y 坐标。
- ☑　x2：直线终点 x 坐标。
- ☑　y2：直线终点 y 坐标。

显现属性包括 Color、FillStroke、Graphics、Markers。

【示例】设计一条直线，效果如图 7.13 所示。

```
<svg xmlns="http://www.w3.org/2000/svg" version="1.1">
    <line x1="0" y1="0" x2="200" y2="200"
    style="stroke:rgb(255,0,0);stroke-width:2"/>
</svg>
```

代码解析：x1 属性在 x 轴定义线条的开始，y1 属性在 y 轴定义线条的开始，x2 属性在 x 轴定义线条的结束，y2 属性在 y 轴定义线条的结束。

7.2.6　折线

<polyline>元素可以用来创建任何只有直线的形状。其包含的属性说明如下。

- ☑　points：折线上的点，必需的。

显现属性包括 Color、FillStroke、Graphics、Markers。

【示例 1】创建一条 5 段折线，效果如图 7.14 所示。

```
<svg xmlns="http://www.w3.org/2000/svg" version="1.1">
    <polyline points="20,20 40,25 60,40 80,120 120,140 200,180"
    style="fill:none;stroke:black;stroke-width:3" />
</svg>
```

【示例 2】创建台阶式的折线，效果如图 7.15 所示。

```
<svg xmlns="http://www.w3.org/2000/svg" version="1.1">
    <polyline points="0,40 40,40 40,80 80,80 80,120 120,120 120,160" style="fill:white;stroke:red;stroke-width:4" />
</svg>
```

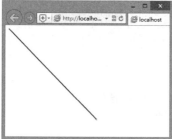

图 7.13　设计直线效果

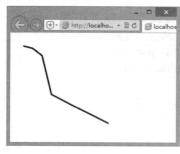

图 7.14　设计折线效果

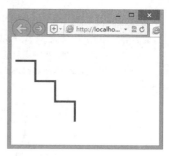

图 7.15　设计台阶式折线效果

7.2.7　路径

<path>元素可以用来定义一个路径，其包含的属性说明如下。

☑ d：定义路径指令，具体指令说明如下。

  ❖ M = moveto

  ❖ L = lineto

  ❖ H = horizontal lineto

  ❖ V = vertical lineto

  ❖ C = curveto

  ❖ S = smooth curveto

  ❖ Q = quadratic Bézier curve

  ❖ T = smooth quadratic Bézier curveto

  ❖ A = elliptical Arc

  ❖ Z = closepath

☑ pathLength：如果存在，路径将进行缩放，以便计算各点相当于此值的路径长度。

☑ transform：转换列表。

显现属性包括 Color、FillStroke、Graphics、Markers。

注意：以上所有命令均允许字母小写。大写表示绝对定位，小写表示相对定位。

【**示例 1**】定义一条路径，它开始于位置(150 0)，到达位置(75 200)，然后到(225 200)，最后在(150 0)关闭路径，效果如图 7.16 所示。

```
<svg xmlns="http://www.w3.org/2000/svg" version="1.1">
    <path d="M150 0 L75 200 L225 200 Z" />
</svg>
```

使用贝塞尔曲线流畅的曲线模型，可无限期地缩放。一般情况下，用户选择两个端点和一个或两个控制点。一个控制点的贝塞尔曲线被称为二次贝塞尔曲线，两个控制点的贝塞尔曲线被称为三次贝塞尔曲线。

【**示例 2**】创建一条二次贝塞尔曲线，A 和 C 分别是起点和终点，B 是控制点，效果如图 7.17 所示。

```
<svg xmlns="http://www.w3.org/2000/svg" version="1.1">
    <path id="lineAB" d="M 100 350 l 150 -300" stroke="red" stroke-width="3" fill="none" />
    <path id="lineBC" d="M 250 50 l 150 300" stroke="red" stroke-width="3" fill="none" />
    <path d="M 175 200 l 150 0" stroke="green" stroke-width="3" fill="none" />
    <path d="M 100 350 q 150 -300 300 0" stroke="blue" stroke-width="5" fill="none" />
    <!--Mark relevant points-->
    <g stroke="black" stroke-width="3" fill="black">
```

```
        <circle id="pointA" cx="100" cy="350" r="3" />
        <circle id="pointB" cx="250" cy="50" r="3" />
        <circle id="pointC" cx="400" cy="350" r="3" />
    </g>
    <!--Label the points-->
    <g font-size="30" font="sans-serif" fill="black" stroke="none" text-anchor="middle">
        <text x="100" y="350" dx="-30">A</text>
        <text x="250" y="50" dy="-10">B</text>
        <text x="400" y="350" dx="30">C</text>
    </g>
</svg>
```

图 7.16 设计简单的路径效果

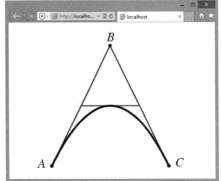

图 7.17 设计简单的路径效果

提示：由于绘制路径比较复杂，建议用户使用 SVG 编辑器来创建复杂的图形。

7.2.8 文本

<text>元素可以用来定义文本。其包含的属性说明如下。

☑ x：表示文本的横坐标，默认值为 0。

☑ y：表示文本的纵坐标，默认值为 0。

☑ dx：表示移动的横坐标。

☑ dy：表示移动的纵坐标。

☑ rotate：表示旋转的度数。

☑ textLength：定义文本的长度。

☑ lengthAdjust：根据指定长度尝试调整文本显示，调整方式包括 spacing 和 spacingAndGlyphs。

显现属性包括 Color、FillStroke、Graphics、FontSpecification、TextContentElements。

【示例 1】在页面中输出文本"HTML5+CSS3"，效果如图 7.18 所示。

```
<svg xmlns="http://www.w3.org/2000/svg" version="1.1">
    <text x="0" y="15" fill="red">HTML5+CSS3</text>
</svg>
```

【示例 2】下面设计旋转的文字，效果如图 7.19 所示。

```
<svg xmlns="http://www.w3.org/2000/svg" version="1.1">
    <text x="0" y="15" fill="red" transform="rotate(30 20,40)">HTML5+CSS3</text>
</svg>
```

图 7.18　输出文本　　　　　图 7.19　设计旋转的文字

【示例 3】根据路径设计路径文字，实现文字任意扭曲变形，效果如图 7.20 所示。

```
<svg xmlns="http://www.w3.org/2000/svg" version="1.1"
 xmlns:xlink="http://www.w3.org/1999/xlink">
    <defs>
     <path id="path1" d="M75,20 a1,1 0 0,0 100,0" />
    </defs>
    <text x="10" y="100" style="fill:red;">
     <textPath xlink:href="#path1">HTML5+CSS3 HTML5+CSS3</textPath>
    </text>
</svg>
```

【示例 4】<text>元素可以分组显示文本，该元素可以包含一个或多个<tspan>元素，每个<tspan>元素可以包含不同的格式和位置的文本。本示例中，在<text>元素中嵌入两个<tspan>元素，这样可以设计 3 行文本，并可以根据需要设计它们的显示样式，效果如图 7.21 所示。

```
<svg xmlns="http://www.w3.org/2000/svg" version="1.1">
    <text x="10" y="20" style="fill:red;">第一行文本
     <tspan x="10" y="45">第二行文本</tspan>
     <tspan x="10" y="70">第三行文本</tspan>
    </text>
</svg>
```

【示例 5】使用<a>元素和<text>元素配合设计链接文本，效果如图 7.22 所示。

```
<svg xmlns="http://www.w3.org/2000/svg" version="1.1"
 xmlns:xlink="http://www.w3.org/1999/xlink">
    <a xlink:href="https://www.baidu.com/" target="_blank">
     <text x="0" y="15" fill="red">百度一下</text>
    </a>
</svg>
```

图 7.20　设计路径文字　　　图 7.21　设计分组显示文本　　　图 7.22　设计链接文本

7.2.9　线框样式

SVG 提供了 stroke 属性用于定义线框样式，stroke 属性包含 3 个子属性。

☑　stroke-width

☑　stroke-linecap

☑　stroke-dasharray

所有 stroke 属性可应用于任何种类的线条，文字和元素就像一个圆的轮廓。

1. stroke 属性

stroke 属性可以定义一条线、文本或元素轮廓颜色。

【示例 1】 使用 stroke 属性定义红、蓝、黑 3 色线条，效果如图 7.23 所示。

```
<svg xmlns="http://www.w3.org/2000/svg" version="1.1">
  <g fill="none">
    <path stroke="red" d="M5 20 l215 0" />
    <path stroke="blue" d="M5 40 l215 0" />
    <path stroke="black" d="M5 60 l215 0" />
  </g>
</svg>
```

2. stroke-width 属性

stroke-width 属性可以定义一条线、文本或元素轮廓厚度。

【示例 2】 使用 stroke-width 属性定义 3 条不同宽度的线条，效果如图 7.24 所示。

```
<svg xmlns="http://www.w3.org/2000/svg" version="1.1">
  <g fill="none" stroke="black">
    <path stroke-width="2" d="M5 20 l215 0" />
    <path stroke-width="4" d="M5 40 l215 0" />
    <path stroke-width="6" d="M5 60 l215 0" />
  </g>
</svg>
```

3. stroke-linecap 属性

stroke-linecap 属性定义线段或路径端点样式，取值包括 butt（平直）、round（圆形）、square（正方形）和 inherit（继承）。

【示例 3】 使用 stroke-linecap 属性设计不同线条端点样式，效果如图 7.25 所示。

```
<svg xmlns="http://www.w3.org/2000/svg" version="1.1">
  <g fill="none" stroke="black" stroke-width="20">
    <path stroke-linecap="butt" d="M5 20 l215 0" />
    <path stroke-linecap="round" d="M5 60 l215 0" />
    <path stroke-linecap="square" d="M5 100 l215 0" />
  </g>
</svg>
```

图 7.23　设计线条颜色

图 7.24　设计线条宽度

图 7.25　设计线条端点样式

4. stroke-dasharray 属性

stroke-dasharray 属性用于创建虚线。

虚线是由一些间隔的实线组成，而 stroke-dasharray 属性接收一串数字，表示这段路径实线和空隙的长度。例如，实现类似 CSS 中 border:dotted 这样的点线样式，可以定义 stroke-dasharray:1,1，或者简写为 stroke-dasharray:1，其中第一个数字表示实线长度 1，第二个数字表示间隔长度 1，后面则循环；如果要加大间隔而不加长实线，则可以定义 stroke-dasharray:1,5。

注意： 如果传入的是奇数个数字，如 stroke-dasharray:1,2,3，那么应该等于这样的写法：stroke-dasharray:1,2,3,1,2,3。

【**示例4**】使用 stroke-dasharray 属性设计虚线，效果如图 7.26 所示。

```
<svg xmlns="http://www.w3.org/2000/svg" version="1.1">
  <g fill="none" stroke="black" stroke-width="4">
    <path stroke-dasharray="5,5" d="M5 20 l215 0" />
    <path stroke-dasharray="10,10" d="M5 40 l215 0" />
    <path stroke-dasharray="20,10,5,5,5,10" d="M5 60 l215 0" />
  </g>
</svg>
```

5．stroke-dashoffset 属性

stroke-dashoffset 属性定义虚线开始时的偏移长度，正数表示从路径起始点向前偏移，负数表示向后偏移。

【**示例5**】使用 stroke-dashoffset 属性设计虚线偏移值，效果如图 7.27 所示。

```
<svg xmlns="http://www.w3.org/2000/svg" version="1.1">
  <g fill="none" stroke="black" stroke-width="4">
    <path stroke-dasharray="15, 10, 5, 10" stroke-dashoffset="0"   d="M5 20 l215 0" />
    <path stroke-dasharray="15, 10, 5, 10" stroke-dashoffset="15"   d="M5 40 l215 0" />
  </g>
</svg>
```

图 7.26　设计虚线样式　　　　图 7.27　比较虚线偏移前后效果

7.2.10　SVG 滤镜

SVG 滤镜用来增加对 SVG 图形的特殊效果。用户可以在每个 SVG 元素上使用多个滤镜。

注意： IE 和 Safari 浏览器早期版本不支持 SVG 滤镜。

将 SVG 滤镜应用到 SVG 的<text>元素有两种方法。

☑ 通过 CSS：

```
.filtered {
    filter: url(#filter);
}
```

☑ 通过属性：

```
<text filter="url(#filter)">特效文本</text>
```

滤镜可以嵌入 SVG，在 SVG 中定义滤镜，并使用 CSS 把它应用到任何 HTML 元素中。

```
filter: url(#mySVGfilter);
```

对于 Blink 和 WebKit 需要添加前缀。

```
-webkit-filter: url(#mySVGfilter);
```

WebKit、Firefox 和 Blink 目前都支持 SVG 滤镜应用于 HTML 内容。IE 和 Microsoft Edge 却会显

示未添加滤镜的元素，所以要确保设计默认样式。

　　包含滤镜的 SVG 可能不会被设置为 display:none，但是可以设置为 visibility:hidden。

7.2.11　模糊效果

　　所有 SVG 滤镜都定义在<defs>元素中。<defs>元素含有特殊元素（如滤镜）的定义。<filter>元素用来定义 SVG 滤镜，<filter>元素使用 id 属性定义向图形应用哪个滤镜。

　　使用<feGaussianBlur>元素可以创建模糊效果。

　　【示例】使用<feGaussianBlur>元素为矩形设计模糊效果，效果如图 7.28 所示。

图 7.28　设计模糊效果

```
<svg xmlns="http://www.w3.org/2000/svg" version="1.1">
  <defs>
    <filter id="f1" x="0" y="0">
      <feGaussianBlur in="SourceGraphic" stdDeviation="15" />
    </filter>
  </defs>
  <rect width="90" height="90" stroke="green" stroke-width="3" fill="yellow" filter="url(#f1)" />
</svg>
```

　　代码解析：<filter>元素 id 属性定义一个滤镜的唯一名称，<feGaussianBlur>元素定义模糊效果，in="SourceGraphic"这个部分定义了由整个图像创建效果，stdDeviation 属性定义模糊量，<rect>元素的滤镜属性用来把元素链接到"f1"滤镜。

7.2.12　阴影效果

　　<feOffset>元素用于创建阴影效果。

　　【示例】偏移一个矩形，然后混合偏移图像顶部，效果如图 7.29 所示。

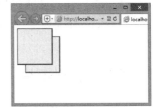

图 7.29　设计阴影效果

```
<svg xmlns="http://www.w3.org/2000/svg" version="1.1">
  <defs>
    <filter id="f1" x="0" y="0" width="200%" height="200%">
      <feOffset result="offOut" in="SourceGraphic" dx="20" dy="20" />
      <feBlend in="SourceGraphic" in2="offOut" mode="normal" />
    </filter>
  </defs>
  <rect width="90" height="90" stroke="green" stroke-width="3"
  fill="yellow" filter="url(#f1)" />
</svg>
```

　　代码解析：<filter>元素 id 属性定义一个滤镜的唯一名称，<rect>元素的滤镜属性用来把元素链接到"f1"滤镜。

7.2.13　线性渐变

　　渐变是一种从一种颜色到另一种颜色的平滑过渡。另外，可以把多个颜色的过渡应用到同一个元素上。SVG 渐变主要有两种类型：Linear 和 Radial。

　　<linearGradient>元素用于定义线性渐变。<linearGradient>元素必须嵌套在<defs>的内部。<defs>

元素是 definitions 的缩写，它可对诸如渐变之类的特殊元素进行定义。

线性渐变可以定义为水平、垂直或角渐变。

- ☑ 当 y1 和 y2 相等，而 x1 和 x2 不同时，可创建水平渐变。
- ☑ 当 x1 和 x2 相等，而 y1 和 y2 不同时，可创建垂直渐变。
- ☑ 当 x1 和 x2 不同，且 y1 和 y2 不同时，可创建角形渐变。

【示例】定义水平线性渐变从黄色到红色的椭圆形，效果如图 7.30 所示。

图 7.30　设计水平渐变效果

```
<svg xmlns="http://www.w3.org/2000/svg" version="1.1">
    <defs>
        <linearGradient id="grad1" x1="0%" y1="0%" x2="100%" y2="0%">
            <stop offset="0%" style="stop-color:rgb(255,255,0);stop-opacity:1" />
            <stop offset="100%" style="stop-color:rgb(255,0,0);stop-opacity:1" />
        </linearGradient>
    </defs>
    <ellipse cx="200" cy="70" rx="85" ry="55" fill="url(#grad1)" />
</svg>
```

代码解析：<linearGradient>元素的 id 属性可为渐变定义一个唯一的名称，<linearGradient>的 x1、x2、y1、y2 属性定义渐变开始和结束位置；渐变的颜色范围可由两种或多种颜色组成。每种颜色通过一个<stop>标签规定。offset 属性定义渐变的开始和结束位置；填充属性把 ellipse 元素链接到此渐变。

7.2.14　放射渐变

<radialGradient>元素用于定义放射性渐变。<radialGradient>元素必须嵌套在<defs>的内部。<defs>元素是 definitions 的缩写，它可对诸如渐变之类的特殊元素进行定义。

【示例 1】下面的代码定义一个径向渐变从白色到蓝色椭圆，效果如图 7.31 所示。

```
<svg xmlns="http://www.w3.org/2000/svg" version="1.1">
    <defs>
        <radialGradient id="grad1" cx="50%" cy="50%" r="50%" fx="50%" fy="50%">
            <stop offset="0%" style="stop-color:rgb(255,255,255);
            stop-opacity:0" />
            <stop offset="100%" style="stop-color:rgb(0,0,255);stop-opacity:1" />
        </radialGradient>
    </defs>
    <ellipse cx="200" cy="70" rx="85" ry="55" fill="url(#grad1)" />
</svg>
```

代码解析：<radialGradient>元素的 id 属性可为渐变定义一个唯一的名称；cx、cy 和 r 属性定义的是最外层圆，fx 和 fy 定义的是最内层圆；渐变颜色范围可以由两个或两个以上的颜色组成。每种颜色用一个<stop>元素指定。offset 属性用来定义渐变色开始和结束。填充属性把 ellipse 元素链接到此渐变。

【示例 2】定义一个放射性渐变从白色到蓝色的椭圆，效果如图 7.32 所示。

```
<svg xmlns="http://www.w3.org/2000/svg" version="1.1">
    <defs>
        <radialGradient id="grad1" cx="20%" cy="30%" r="30%" fx="50%" fy="50%">
```

```
        <stop offset="0%" style="stop-color:rgb(255,255,255);
        stop-opacity:0" />
        <stop offset="100%" style="stop-color:rgb(0,0,255);stop-opacity:1" />
    </radialGradient>
    </defs>
    <ellipse cx="200" cy="70" rx="85" ry="55" fill="url(#grad1)" />
</svg>
```

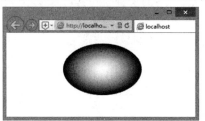

图 7.31　设计径向渐变效果

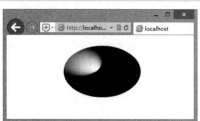

图 7.32　设计放射渐变效果

7.3　案例实战

本节使用 SVG 元素绘制一个简笔画，效果如图 7.33 所示。

图 7.33　绘制简笔画效果

【操作步骤】

第 1 步，新建网页文档，保存为 test1.html。

第 2 步，在\<body\>标签内定义 SVG 基本结构，代码如下。

```
<svg  width="140" height="170"  xmlns="http://www.w3.org/2000/svg">
    <title>卡通猫</title>
    <desc>一只猫的轮廓</desc>
    <!--在这里绘制图像-->
</svg>
```

使用\<svg\>元素定义画布，以像素为单位定义了整个图像的 width 和 height，通过 xmlns 属性定义了 SVG 的命名空间。\<title\>元素的内容可以被阅读器显示在标题栏上或者是作为鼠标指针指向图像时的提示，\<desc\>元素允许为图像定义完整的描述信息。

第 3 步，定义基本形状。添加一个\<circle\>元素绘制猫的脸部，指定中心点和半径。圆的位置和尺寸是绘图结构的一部分，绘图的颜色是表现的一部分。为了保持最大的灵活性，应该分离结构和表现。表现信息包含在 style 属性中，它的值是一系列表现属性和值。这里设计轮廓的画笔颜色为黑色，填充颜色为 none，以使猫的脸部透明。

Note

```
<svg  width="140" height="170"  xmlns="http://www.w3.org/2000/svg">
    <title>卡通猫</title>
    <desc>一只猫的轮廓</desc>
    <circle cx="70"  cy="95" r="50" style="stroke: black; fill:  none"/>
</svg>
```

第4步，指定样式属性。接下来添加两个圆作为猫的眼睛。虽然填充颜色和画笔颜色也是表现的一部分，但是 SVG 允许用户使用单独的属性设置。在这个示例中，填充（fill）和轮廓颜色（stroke）写在两个单独的属性中，而不是全部写在 style 属性中。

```
<svg  width="140" height="170"  xmlns="http://www.w3.org/2000/svg">
    ...
    <circle cx="55"  cy="80" r="5" stroke="black"  fill="#339933"/>
    <circle cx="85"  cy="80" r="5" stroke="black"  fill="#339933"/>
</svg>
```

第5步，图形对象分组。使用两个<line>元素在猫的右脸上添加了胡须，为了把这些胡须作为一个部件控制，因此把它们包装在分组元素<g>里面，然后给它一个 id。通过指定起点和终点的 x 坐标和 y 坐标（分别为 x1、y1、x2 和 y2）的方式绘制一条直线。

```
<svg  width="140" height="170"  xmlns="http://www.w3.org/2000/svg">
    ...
    <g id="whiskers">
        <line x1="75"  y1="95" x2="135" y2="85" style="stroke:  black;" />
        <line x1="75"  y1="95" x2="135" y2="105" style="stroke:  black;" />
    </g>
</svg>
```

第6步，变换坐标系统。现在使用<use>元素复用胡须分组并将它变换（transform）为左侧胡须。首先在 scale 变换中对 x 坐标乘以−1，翻转了坐标系统。这意味着原始坐标系统中的点(75,95)现在位于(−75,95)。在新的坐标系统中，向左移动会使坐标增大。这就意味着必须将坐标系统向右 translate（平移）140px（负值），才能将它们移到目标位置。

```
<svg  width="140" height="170"  xmlns="http://www.w3.org/2000/svg"
                    xmlns:xlink="http://www.w3.org/1999/xlink">
    ...
    <g id="whiskers">
        <line x1="75"  y1="95" x2="135" y2="85" style="stroke:  black;" />
        <line x1="75"  y1="95" x2="135" y2="105" style="stroke:  black;" />
    </g>
    <use xlink:href="#whiskers" transform="scale(-1   1) translate(-140 0)" />
</svg>
```

注意：<use>元素中的 xlink:href 属性在不同的命名空间中，为了确保 SVG 文档能在所有 SVG 阅读器中工作，必须在开始的<svg>标签中添加 xmlns:xlink 属性。transform 属性依次列出了所有的变换，不同的变换之间使用空格分隔。

第7步，绘制其他基本图形。使用<polyline>元素构建猫的耳朵和嘴，它接收一对 x 和 y 坐标作为 points 属性的值，可以根据喜好使用空格或者逗号分隔这些数值。

```
<svg  width="140" height="170" xmlns="http://www.w3.org/2000/svg"
                    xmlns:xlink="http://www.w3.org/1999/xlink">
    ...
    <!--耳朵-->
    <polyline points="108 62,  90 10,   70 45, 50, 10, 32, 62"    style="stroke: black; fill: none;" />
    <!--嘴-->
```

```
        <polyline points="35 110, 45 120,    95 120, 105, 110" style="stroke: black; fill: none;" />
    </svg>
```

第 8 步，绘制路径。所有基本形状实际上都是通用的<path>元素的快捷写法，使用<path>元素为猫添加了鼻子，这个元素被设计用来以尽可能简洁的方式指定路径或者一系列直线和曲线。

```
<svg   width="140" height="170"   xmlns="http://www.w3.org/2000/svg"
                        xmlns:xlink="http://www.w3.org/1999/xlink">

    …
    <!--鼻子-->
    <path d="M 75 90 L 65 90 A 5 10   0   0 0 75 90"
            style="stroke: black; fill:    #ffcccc"/>
</svg>
```

第 9 步，输入文本。最后为这个图像添加了一些文本作为标记。在<text>元素中，x 和 y 属性用于指定文本的位置，它们也是结构的一部分。字体和字号是表现的一部分，因而也是 style 属性的一部分。与其他元素不同，<text>是一个容器元素，它的内容是要显示的文本。

```
<svg   width="140" height="170"   xmlns="http://www.w3.org/2000/svg"
                        xmlns:xlink="http://www.w3.org/1999/xlink">

    …
    <text x="40" y="170"   style="font-family: sans-serif; font-size: 14pt;
            stroke: none; fill: black;">卡通猫</text>
</svg>
```

提示：本例完整代码请参考本节示例源代码。

7.4 在线支持

扫码免费学习 更多实用技能	一、专项练习	二、更多案例实战
	☑ SVG 矩形	☑ SVG 高斯滤镜
	☑ SVG 椭圆	☑ SVG 阴影效果
	☑ SVG 线条	☑ SVG 线性渐变
	☑ SVG 多边形	☑ SVG 放射渐变
	☑ SVG 折线	📝 新知识、新案例不断更新中……

第 8 章

HTML5 请求动画和异步处理

HTML5 本着开放的精神，对社区内比较成熟、优秀的 API 都会兼收并蓄，不断抛弃落后的技术，确保 HTML5 标准代表最先进的生产力。本章介绍两款工具类 API：requestAnimationFrame 和 Promise。请求动画帧是设计高品质动画的基础，而异步处理回调函数常与其他 API 深度合作，以提升代码编写体验，如 Fetch、Service Worker 等。

视频讲解

8.1 请 求 动 画

8.1.1 requestAnimationFrame 基础

在传统网页设计中，一般使用 setTimeout()或 setInterval()函数来设计动画。CSS3 动画出来后，又可以使用 CSS3 来实现动画，而且性能和流畅度也得到了很大的提升。但是 CSS3 动画还有很多局限性，例如，不是所有属性都能参与动画、动画缓动效果太少、无法完全控制动画过程等。

HTML5 为 window 对象新增 window.requestAnimFrame()方法，用于设计动画。推出这个 API 的目的是让各种网页动画，如 DOM 动画、canvas 动画、SVG 动画、WebGL 动画等，能够有一个统一的刷新机制，从而节省系统资源，提高系统性能，改善视觉效果。

requestAnimationFrame 的优势：能够充分利用显示器的刷新机制，比较节省系统资源，解决了浏览器不知道动画什么时候开始，不知道最佳循环间隔时间的问题。

☑ 如果有多个 requestAnimationFrame()方法要执行，浏览器只要通知一次就可以了。而 setTimeout()函数是做不到的。

☑ 一旦页面不处于当前页面，如最小化、切换页面，页面是不会进行重绘的，自然 requestAnimationFrame 也不会触发。页面绘制全部停止，资源高效利用。

显示器都有固定的刷新频率，如 60Hz 或 75Hz，即每秒最多只能重绘 60 次或 75 次。requestAnimationFrame 的设计思路：与显示器的刷新频率保持同步，根据刷新频率进行页面重绘。如果浏览器绘制间隔是 16.7ms，就按 16.7ms 绘制；如果浏览器绘制间隔是 10ms，就按 10ms 绘制。这样就不会存在过度绘制的问题，动画也不会丢帧。

当前，Firefox 26+、Chrome 31+、IE 10+、Opera 19+、Safari 6+版本浏览器对 requestAnimationFrame 提供支持。也可以使用下面封装代码兼容各种早期版本浏览器。

```
window.requestAnimFrame = (function() {
    return  window.requestAnimationFrame ||
            window.webkitRequestAnimationFrame ||
            window.mozRequestAnimationFrame ||
            window.oRequestAnimationFrame ||
            window.msRequestAnimationFrame ||
            function( /* function FrameRequestCallback */ callback, /* DOMElement Element */ element) {
```

```
                    return window.setTimeout(callback, 1000 / 60);
        };
})0;
```

各主流浏览器都支持自己的私有实现，因此要兼容早期版本浏览器，需要加前缀，对于不支持 requestAnimationFrame 的浏览器，最后只能使用 setTimeout()，因为二者的使用方式几乎相同，二者兼容起来并不难。对于支持 requestAnimationFrame 的浏览器，使用 requestAnimationFrame；如果不支持，则优雅降级使用传统的 setTimeout()。

requestAnimationFrame 的使用方式如下。

```
function animate() {                                    //动画函数
    //执行动画
    requestAnimationFrame(animate);                     //循环请求动画
}
requestAnimationFrame(animate);                         //初次请求动画
```

requestAnimationFrame()与 setInterval()函数一样会返回一个句柄，然后把动画句柄作为参数传递给 cancelAnimationFrame()函数，可以取消动画。控制动画代码如下。

```
var globalID;
function animate() {                                    //动画函数
    //执行动画
    globalID = requestAnimationFrame(animate);          //循环请求动画
    if(条件表达式)
        cancelAnimationFrame(globalID);                 //取消动画
}
globalID = requestAnimationFrame(animate);              //初次请求动画
```

8.1.2　案例：设计进度条

本例模拟一个进度条动画，初始 div 宽度为 1px，在 step()函数中将进度加 1，然后再更新到 div 宽度上，在进度达到 100 之前，一直重复这一过程。为了演示方便添加了一个运行按钮，效果如图 8.1 所示。示例主要代码如下。

图 8.1　设计进度条

```
<div id="test" style="width:1px;height:17px;background:#0f0;">0%</div>
<input type="button" value="Run" id="run"/>
<script>
window.requestAnimationFrame = window.requestAnimationFrame || window.mozRequestAnimationFrame || window.
webkitRequestAnimationFrame || window.msRequestAnimationFrame;
    var start = null;
    var ele = document.getElementById("test");
    var progress = 0;
    function step(timestamp) {                          //动画函数
        progress += 1;                                  //递增变量
        ele.style.width = progress + "%";               //递增进度条的宽度
        ele.innerHTML=progress + "%";                   //动态更新进度条的宽度
        if (progress < 100) {                           //设置执行动画的条件
            requestAnimationFrame(step);                //循环请求动画
        }
    }
    requestAnimationFrame(step);                        //初始启动动画
    document.getElementById("run").addEventListener("click", function() {
```

```
        ele.style.width = "1px";
        progress = 0;
        requestAnimationFrame(step);
    }, false);
</script>
```

8.2　异步处理

8.2.1　Promise 基础

Promise 是一种抽象的异步处理对象，其核心概念为"确保在一件事做完之后，再做另一件事"，这个概念最早出现在 E 语言中，现在 JavaScript 也引入了这个概念，并被纳入 ECMAScript 6 规范。

当前，Chrome 34+、Firefox 30+、Opera 20+和 Safari 8+版本浏览器都支持 Promise 对象。

一直以来，JavaScript 处理异步操作都是以 callback（回调函数）的方式实现。在 Web 开发中，callback 机制深入人心。近几年随着 JavaScript 开发模式的逐渐成熟，Common JS 规范顺势而生，其中就包括 Promise 规范，Promise 完全改变了 JavaScript 异步编程的写法，让异步编程变得十分易于理解。

【示例 1】在 callback 模型中，如果需要执行一个异步队列，设计的代码模式如下。

```
loadImg('a.jpg', function() {
    loadImg('b.jpg', function() {
        loadImg('c.jpg', function() {
            console.log('all done!');
        });
    });
});
```

上面代码是典型的回调函数金字塔模型，当异步的任务很多的时候，维护大量的 callback 将是一场灾难。

所谓 Promise，字面上可以理解为"承诺"，就是说 A 调用 B，B 返回一个"承诺"给 A，然后 A 就可以这么写：当 B 返回结果时，A 执行方案 S1，反之如果 B 没有返回 A 想要的结果，那么 A 执行应急方案 S2，这样一来，所有的潜在风险都在 A 的可控范围之内。

【示例 2】下面使用代码描述 Promise。

```
var resB = B();
var runA = function() {
    resB.then(execS1, execS2);
};
runA();
```

上面代码比较简单，但现实情况可能比这复杂许多，例如，A 要完成一件事，可能要依赖不止 B 的响应，可能需要同时向多个人询问，当收到所有的应答之后再执行下一步的方案。

【示例 3】下面代码进一步细化 Promise 的描述。

```
var resB = B();
var resC = C();
...
var runA = function() {
    reqB
        .then(resC, execS2)
        .then(resD, execS3)
```

```
        .then(resE, execS4)
        ...
        .then(execS1);
};
runA();
```

在上面代码中，当每一个被询问者做出不符合预期的应答时，都用了不同的处理机制。事实上，Promise 规范没有要求这样做，甚至可以不做任何处理，即不传入 then 的第二个参数，或者统一处理。

Promise API 规范的内容不多，简单描述如下。

☑　一个 Promise 对象可能有 3 种状态：等待（pending）、已完成（fulfilled）、已拒绝（rejected）。

☑　一个 Promise 对象的状态只可能从"等待"转到"完成"或者"拒绝"状态，不能逆向转换，同时"完成"和"拒绝"状态不能相互转换。

☑　promise 必须实现 then()方法，then 就是 Promise 的核心，而且 then 必须返回一个 Promise，同一个 Promise 的 then 可以调用多次，并且回调的执行顺序跟它们被定义时的顺序一致。

☑　then()方法接收两个参数，第一个参数是成功时的回调，在 Promise 由"等待"转换到"完成"状态时调用；另一个是失败时的回调，在 Promise 由"等待"转换到"拒绝"状态时调用。同时，then 可以接收另一个 Promise 传入，也接收一个"类 then"的对象或方法，即 thenable 对象。

在使用 JavaScript 时，经常会遇到"一件事做完之后，再做另一件事"的处理要求，尤其是在制作动画的时候。虽然可以使用回调函数来实现这一要求，但回调函数并不能解决所有情况。例如，当需要从网站中读取一些资源，并且当资源读取完毕时，执行某些处理。

【示例 4】为了理解 Promise 对象的作用，本例在页面中显示一个"读取文件"按钮，当用户用鼠标单击该按钮时，将读取 1.txt、2.txt、3.txt 这 3 个文件，并将读取到的文件内容依次显示在页面中，以此模拟先后进行的 3 个异步处理。3 个文本文件的内容如下。

☑　1.txt 文件：

```
1.
春晓
唐  孟浩然
春眠不觉晓，处处闻啼鸟。
夜来风雨声，花落知多少。
```

☑　2.txt 文件：

```
2.
山居秋暝
唐  王维
空山新雨后，天气晚来秋。
明月松间照，清泉石上流。
竹喧归浣女，莲动下渔舟。
随意春芳歇，王孙自可留。
```

☑　3.txt 文件：

```
3.
江雪
作者  柳宗元
千山鸟飞绝，万径人踪灭。
孤舟蓑笠翁，独钓寒江雪。
```

test1.html 的页面代码如下。

```
<!DOCTYPE html>
<html><head><meta charset="UTF-8"></head>
```

```
<script>
function CreateXMLHTTP() {
    if (window.ActiveXObject) {
        var objXmlHttp = new ActiveXObject("Microsoft.XMLHTTP");
    }
    else {
        if (window.XMLHttpRequest) {
            var objXmlHttp = new XMLHttpRequest();
        }
        else {
            alert("不能初始化 XMLHTTP 对象！");
            return null;
        }
    }
    return objXmlHttp;
}
function getData(fileName){
    var objXmlHttp=CreateXMLHTTP();
    objXmlHttp.open("GET",fileName, true);
    objXmlHttp.onreadystatechange = function() {
        if (objXmlHttp.readyState == 4) {
            if (objXmlHttp.status == 200){
                var result=document.getElementById("result")
                result.innerHTML+=objXmlHttp.responseText+"<br/>";
            }
            else
                alert("读取文件失败");
        }
    }
    objXmlHttp.send();
}
function read(){
    getData("1.txt");
    getData("2.txt");
    getData("3.txt");
}
</script>
<input type="button" value="读取文件" onclick="read()"/>
<div name="result" id="result" style="white-space:pre"></div>
</body></html>
```

在浏览器中访问页面，单击"读取文件"按钮，脚本将 1.txt、2.txt 和 3.txt 文件中的内容显示在页面中，效果如图 8.2 所示。

【示例 5】如果将代码中任一异步读取操作指定为一个不存在的文件，则页面仍将显示其他读取成功的文件内容。修改 read()函数内容如下。

```
function read(){
    getData("1.txt");
    getData("2.txt");
    getData("4.txt");
}
```

在浏览器中访问页面，单击"读取文件"按钮，浏览器将抛出"Failed to load resource..."的异常，页面中仍显示脚本读取成功的其他文件内容，效果如图 8.3 所示。

图 8.2　在页面中分别读取和显示文本文件内容

图 8.3　读取最后一个文件失败

现在修改脚本逻辑：设计当读取任意一个文件失败时，任何文件内容均不显示。

【示例 6】添加使用 3 个全局变量，其中第一个全局变量 errFlag 用于判断是否发生了读取文件失败的情况，变量初始值为 false，当发生读取文件失败的情况则该值被设置为 true，如果是首次，浏览器将提示 404 请求错误。第二个全局变量 allData 用于保存读取到的文件内容，第三个全局变量 count 用于记录成功读取到的文件个数，初始值为 0，每成功读取到一个文件时将该值加 1，当该值等于 3 时，将读取到的全部文件内容显示在浏览器中，效果如图 8.4 所示。

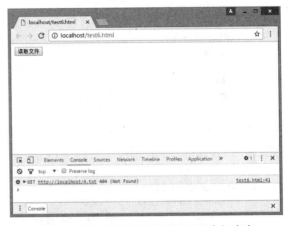

图 8.4　读取文件失败时不再显示全部内容

```
<script>
function CreateXMLHTTP() {
    if (window.ActiveXObject) {
        var objXmlHttp = new ActiveXObject("Microsoft.XMLHTTP");
    } else {
        if (window.XMLHttpRequest) {
            var objXmlHttp = new XMLHttpRequest();
        }else {
            alert("不能够初始化 XMLHTTP 对象！");
            return null;
        }
    }
    return objXmlHttp;
}
function getData(fileName){
    var objXmlHttp=CreateXMLHTTP();
    objXmlHttp.open("GET",fileName, true);
    objXmlHttp.onreadystatechange = function() {
        if (objXmlHttp.readyState == 4) {
            if (objXmlHttp.status == 200){
                allData+=objXmlHttp.responseText+"<br/>";
                count+=1;
```

```
            if(count==3){
                var result=document.getElementById("result");
                result.innerHTML=allData;
            }
        }else{
            if(errFlag==false)
                alert("读取文件失败");
            errFlag=true;
        }
    }
}
objXmlHttp.send();
}
function read(){
    errFlag=false;
    allData="";
    count=0;
    getData("1.txt");
    getData("2.txt");
    getData("4.txt");
}
</script>
<input type="button" value="读取文件" onclick="read()"/>
<div name="result" id="result" style="white-space:pre"></div>
```

【示例7】如果使用示例6的修改方法，则需要使用到3个全局变量，且代码的可读性变得更差。如果使用 Promise 对象，则可以不使用任何全局变量，实现的代码如下。

```
<script>
function CreateXMLHTTP() {
    if (window.ActiveXObject) {
        var objXmlHttp = new ActiveXObject("Microsoft.XMLHTTP");
    }else {
        if (window.XMLHttpRequest) {
            var objXmlHttp = new XMLHttpRequest();
        }else {
            alert("不能够初始化 XMLHTTP 对象！");
        }
    }
    return objXmlHttp;
}
function getData(fileName){
    return new Promise(function(resolve, reject) {
        var objXmlHttp=CreateXMLHTTP();
        objXmlHttp.open("GET",fileName, true);
        objXmlHttp.onreadystatechange = function() {
            if (objXmlHttp.readyState == 4) {
                if (objXmlHttp.status == 200){
                    resolve(objXmlHttp.responseText);
                }else{
                    reject();
                }
            }
        }
        objXmlHttp.send();
    });
```

```
}
function read(){
    Promise.all([getData("1.txt"),getData("2.txt"),getData("3.txt")]).then(function(responses){
        var result=document.getElementById("result");
        responses.forEach(function(response){
            result.innerHTML+=response+"<br/>";
        });
    },function(){
        alert("读取文件失败");
    });
}
</script>
<input type="button" value="读取文件" onclick="read()"/>
<div name="result" id="result" style="white-space:pre"></div>
```

在上面示例代码中，先读取 1.txt、2.txt、3.txt 这 3 个文件，读取全部文件成功时将文件内容显示在页面中，读取任一文件失败时，在浏览器中会弹出"读取文件失败"提示信息文字。

8.2.2　创建 Promise 对象

创建 Promise 对象的方法如下。

```
var promise = new Promise(function(resolve, reject){
    //做一些事情，可以是异步的，然后……
    if(/*一切正常*/){
        resolve("一切正常");
    }else{
        reject(Error("处理失败"));
    }
})
```

Promise 类的构造函数中使用一个参数，参数值为一个回调函数。该回调函数又使用两个参数，参数值分别为两个回调函数：resolve()和 reject()。例如，在上面代码中，分别使用 resolve 与 reject 变量来引用这两个回调函数。在 Promise 构造函数的参数值回调函数中可以执行一些处理，可以是异步处理。

如果执行结果正常，则调用 resolve()回调函数，否则调用 reject()回调函数。在 HTML5 中，将执行结果正常称为 Promise 对象返回肯定结果，将执行结果失败称为 Promise 对象返回否定结果。

与传统 JavaScript 中的 throw 一样，在调用 reject()时使用一个 Error 对象的这种做法只是惯例，而非必须。使用 Error 对象的好处在于它可以捕捉到一个错误堆栈，从而使调试工具变得更加有用。

在上面代码中，创建 Promise 对象的使用方法如下。

```
promise.then(function(result){
    console.log(result);                    //一切正常
}, function(err){
    console.log(err);                       // Error:处理失败
})
```

Promise 对象有一个 then()方法，该方法采用两个参数，参数值均为回调函数，第一个回调函数用于对 Promise 构造函数中所指定的参数值回调函数中的处理执行成功的场合，另一个回调函数用于执行失败的场合。两个回调函数都是可选的，所以可以只为成功或失败指定一个回调函数，如下所示。

```
//只指定成功时的回调函数
promise.then(function(result){
    console.log(result);                    //一切正常
```

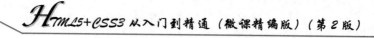

```
})
//只指定失败时的回调函数
promise.then(undefined, function(err){
    console.log(err);                                    //Error:处理失败
})
```

【示例】在页面中显示一个"读取文件"按钮，单击该按钮后读取服务器端 1.txt 文件内容并将其显示在页面中。读取失败时在浏览器中弹出"读取文件失败"错误提示信息。

```
<script>
function CreateXMLHTTP() {
    if (window.ActiveXObject) {
        var objXmlHttp = new ActiveXObject("Microsoft.XMLHTTP");
    } else {
        if (window.XMLHttpRequest) {
            var objXmlHttp = new XMLHttpRequest();
        }else {
            alert("不能够初始化 XMLHTTP 对象！");
        }
    }
    return objXmlHttp;
}
function read(){
    var fileName="1.txt";
    var promise=new Promise(function(resolve, reject) {
        var objXmlHttp=CreateXMLHTTP();
        objXmlHttp.open("GET",fileName, true);
        objXmlHttp.onreadystatechange = function() {
            if (objXmlHttp.readyState == 4) {
                if (objXmlHttp.status == 200)
                    resolve(objXmlHttp.responseText);
                else
                    reject();
            }
        }
        objXmlHttp.send();
    });
    promise.then(function(response){
        var result=document.getElementById("result");
        result.innerHTML=response;
    },
    function(){
        alert("读取文件失败");
    });
}
</script>
<input type="button" value="读取文件" onclick="read()"/>
<div name="result" id="result" style="white-space:pre"></div>
```

8.2.3 使用 then()方法

可以通过链式语法调用 Promise 对象的 then()方法，连续运行附加的异步操作，代码如下。

```
var promise = new Promise(function(resolve, reject){
    resolve(1);
})
```

```
promise.then(function(val){
    console.log(val);                               //输出 1
    return val+1;
}).then(function(val){
    console.log (val);                              //输出 2
    return val+1;
}).then(function(val){
    console.log (val);                              //输出 3
    return val+1;
}).then(function(val){
    console.log (val);                              //输出 4
});
```

【示例】在页面中显示一个"读取资料"按钮及一个表单，单击"读取资料"按钮时将从服务器端 user.json 文件中读取一个用户资料，并将其显示在表单中。

☑　user.json 文件：

```
{
    "user":"张三",
    "password":"123456"
}
```

☑　test2.html：

```
<script>
function CreateXMLHTTP() {
    if (window.ActiveXObject) {
        var objXmlHttp = new ActiveXObject("Microsoft.XMLHTTP");
    } else {
        if (window.XMLHttpRequest) {
            var objXmlHttp = new XMLHttpRequest();
        }else {
            alert("不能够初始化 XMLHTTP 对象！");
        }
    }
    return objXmlHttp;
}
function read(){
    var fileName="user.json";
    var promise=new Promise(function(resolve, reject) {
        var objXmlHttp=CreateXMLHTTP();
        objXmlHttp.open("GET",fileName, true);
        objXmlHttp.onreadystatechange = function() {
            if (objXmlHttp.readyState == 4) {
                if (objXmlHttp.status == 200) {
                    resolve(objXmlHttp.responseText);
                }else
                    reject();
            }
        }
        objXmlHttp.send();
    });
    promise.then(function(response){
        return JSON.parse(response);
    },
    function(){
        alert("读取失败");
```

```
    }).then(function(obj){
        document.getElementById("user").value=obj.user;
        document.getElementById("password").value=obj.password;
    });
}
</script>
<form id="form1">
    用户名:<input type="text" id="user" /><br/>
    密　码:<input type="number" id="password" /><br/><br/>
    <input type="button" value="读取资料" onclick="read()"/>
</form>
```

在浏览器中访问 test2.html 页面，在页面中单击"读取
资料"按钮，将从服务器端的 user.json 文件中读取一个用
户资料并将其显示在表单中，如图 8.5 所示。

图 8.5　读取用户资料

8.2.4　队列化异步操作

通过链式语法，调用 Promise 对象的 then()方法可以实
现队列化异步操作。当从一个 then()方法的回调函数参数进
行返回时，如果返回一个值，下一个 then()方法将被立即调
用，并且使用该返回值。然而，如果 then()方法的回调函数参数返回一个 Promise 对象，下一个 then()
方法将对其进行等待，直到这个 Promise 对象的回调函数参数的处理结果确定以后才会被调用。

【示例】在页面中显示一个"读取文件"按钮，当单击该按钮时，依次读取 1.txt、2.txt、3.txt
这 3 个文件，并将读取到的文件内容显示在页面中，这 3 个文本文件的内容可参考 8.2.1 节示例 4。

```
<script>
function CreateXMLHTTP() {
    if (window.ActiveXObject) {
        var objXmlHttp = new ActiveXObject("Microsoft.XMLHTTP");
    }else {
        if (window.XMLHttpRequest) {
            var objXmlHttp = new XMLHttpRequest();
        }else {
            alert("不能够初始化 XMLHTTP 对象！");
        }
    }
    return objXmlHttp;
}
function getData(fileName){
    return new Promise(function(resolve, reject) {
        var objXmlHttp=CreateXMLHTTP();
        objXmlHttp.open("GET",fileName, true);
        objXmlHttp.onreadystatechange = function() {
            if (objXmlHttp.readyState == 4) {
                if (objXmlHttp.status == 200){
                    allData+=objXmlHttp.responseText+"<br/>";
                    resolve();
                }else{
                    alert("读取文件失败");
                }
            }
        }
```

```
            objXmlHttp.send();
        });
    }
    function read(){
        allData="";
        getData("1.txt").then(function(){
            return getData("2.txt");
        }).then(function(){
            return getData("3.txt");
        }).then(function(){
            var result=document.getElementById("result");
            result.innerHTML=allData;
        });
    }
</script>
<input type="button" value="读取文件" onclick="read()"/>
<div name="result" id="result" style="white-space:pre"></div>
```

8.2.5 异常处理

Promise 对象的 then()方法包含两个参数：一个为 Promise 构造函数的参数值回调函数中的处理执行成功时调用，另一个为执行失败时调用。

```
promise.then(function(result){
    console.log(result);                    //一切正常
}, function(err){
    console.log(err);                       //Error:处理失败
});
```

【示例 1】使用 catch 机制来捕捉 Promise 构造函数的参数值回调函数中抛出的异常。

```
promise.then(function(response){
    console.log(result);                    //一切正常
}).catch(function(err){
    console.log(err);                       //Error:处理失败
});
```

上面两段代码具有相同的功能，但是 then()方法的语法更简明，代码可读性高。实际上，后者等同于：

```
promise.then(function(response){
    console.log(result);                    //一切正常
}).then(undefined,function(err){
    console.log(err);                       //Error:处理失败
});
```

两者的差别比较细小，但是非常有用。Promise 对象返回否定结果之后，会跳转到之后第一个配置了否定回调的 then()方法，或者是 catch()方法，两者含义相同。

针对 then(func1, func2)来说，func1 或 func2 将被会调用，但绝不会两者都被调用。但针对 then(func1).catch(func2)来说，当 func1 执行失败时，两者都会被调用，因为它们处于链式语法调用的不同位置。

Promise 对象的否定回调函数可以通过 promise.reject()方法显式调用，也可以被 Promise 构造函数的参数值回调函数中抛出的错误隐式调用。

【示例 2】在 Promise 构造函数的参数值回调函数中，抛出一个异常，该异常将被 catch 机制捕获，从而在浏览器控制台中输出"处理失败!"文字。

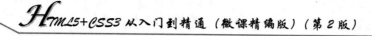

```
var jsonPromise = new Promise(function(resolve, reject){
    //当参数值为无效的 JSON 对象时，JSON.parse 将抛出一个错误，导致隐式否定
    resolve(JSON.parse("This isn't JSON"))
})
jsonPromise.then(function(data){
    //下面代码不会被执行
    console.log("处理正常!", data);
}).catch(function(err){
    //下面代码将被执行
    console.log("处理失败!", err);
})
```

这种机制将在 Promise 构造器的参数值回调函数中执行所有的 Promise 对象相关工作时变得非常有用，因为错误将被自动捕捉并转化为否定结果。

【示例 3】在 Promise 对象的 then()方法的参数值回调函数中抛出的错误。

```
promise.then(function(){
    var a;
    console.log(a-10);                         //抛出未定义错误
}).catch (function(err){
    //下面代码将被执行
    console.log("错误：", err);
});
```

8.2.6　创建序列

在使用 Promise 对象序列时，需要用到 Promise 类的静态方法 resolve()。该方法最多可使用一个参数，当参数值为 Promise 对象时，resolve()方法根据传入的 Promise 对象复制一个新的 Promise 对象，如果传入参数为其他任何值，resolve()方法将创建一个以这个值为肯定结果的 Promise 对象。如果不指定参数值，则创建一个以 undefined 为肯定结果的 Promise 对象。

【示例】在页面中显示一个文件控件和一个按钮。当使用文件控件选取多个文本文件，并单击按钮时，脚本将读取到的文件内容显示在页面中。

```
<script>
var result=document.getElementById("result");
var file=document.getElementById("file");
var allData="";
function getData(file){
    return new Promise(function(resolve, reject) {
        var reader = new FileReader();
        //将文件以文本形式进行读入页面
        reader.readAsText(file);
        reader.onload = function(f){
            allData+=this.result+"<br/>";
            resolve();
        }
        reader.onerror=function(){
            reject();
        }
    });
}
function get(file){
    return getData(file).catch(function(err){
        alert("读取文件失败");
```

```
            throw err;
        });
    }
    function getSequence(){
        var files=[];
        for(var i=0;i<document.getElementById("file").files.length;i++){
            files.push(document.getElementById("file").files[i]);
        }
        var sequence=Promise.resolve();
        files.forEach(function(file){
            sequence = sequence.then(function() {
                return get(file);
            });
        });
        return sequence;
    }
    //将文件以文本形式进行读入页面
    function read(){
        Promise.resolve().then(function(){
            return getSequence();
        }).then(function(){
            var result=document.getElementById("result");
            result.innerHTML=allData;
        }).catch(function(){
            console.log("读取文件发生错误");
        });
    }
</script>
<div id="divTip"></div>
<label>选择文件: </label>
<input type="file" id="file" multiple />
<input type="button" value="读取文件" onclick="read()"/>
<div name="result" id="result"    style="white-space:pre"></div>
```

在浏览器中预览，示例页面中将显示一个文件控件和一个控制按钮，当使用文件控件选取多个文本文件，并单击"读取文件"按钮时，脚本将读取到的文件内容显示在页面中，如图 8.6 所示。

在上面示例中，当单击"读取文件"按钮时，调用 read()函数，在该函数中首先使用 Promise.resolve()方法创建一个 Promise 对象。然后调用该对象的 then()方法，以确保首先调用 getSequence()函数，并且待该函数内的所有异步处理执行完毕后，继续调用该对象的 then()方法在页面中显示用户选取的所有文件内容。

图 8.6 显示读取到的所有文件内容

```
//将文件以文本形式进行读入页面
function read(){
    Promise.resolve().then(function(){
        return getSequence();
    }).then(function(){
        var result=document.getElementById("result");
```

```
        result.innerHTML=allData;
    }).catch(function(){
        console.log("读取文件发生错误");
    });
}
```

在 getSequence()函数中，首先根据用户选取的所有文件，创建一个 files 数组。

```
function getSequence(){
    var files=[];
    for(var i=0;i<document.getElementById("file").files.length;i++){
        files.push(document.getElementById("file").files[i]);
    }
```

使用 Promise. resolve()方法创建一个 Promise 对象，并将其赋值给 sequence 变量。

```
var sequence=Promise.resolve();
```

最后，对 files 数组进行遍历，对数组中的每一个文件调用 get()方法以读取文件内容，并将异步处理的执行结果赋值给 sequence 对象，以确保每一个异步处理依序执行。

```
files.forEach(function(file){
    sequence = sequence.then(function() {
        return get(file);
    });
});
return sequence;
```

在 get()方法中，调用 getData()方法以读取文件。如果读取失败，则在浏览器中弹出"读取文件失败"提示信息文字并且抛出该错误。

```
function get(file){
    return getData(file).catch(function(err){
        alert("读取文件失败");
        throw err;
    });
}
```

在 getData()方法中，创建一个 Promise 对象以读取每一个文件，如果读取成功，就调用 resolve 参数值回调函数；如果读取失败，就调用 reject 参数值回调函数。

```
function getData(file){
    return new Promise(function(resolve, reject) {
        var reader = new FileReader();
        //将文件以文本形式进行读入页面
        reader.readAsText(file);
        reader.onload = function(f){
            allData+=this.result+"<br/>";
            resolve();
        }
        reader.onerror=function(){
            reject();
        }
    });
}
```

8.2.7 并行处理

使用 Promise 的 all()方法可以实现并行执行多个异步处理。all()方法的用法如下。

```
Promise.all(arrayOfPromises).then(function(arrayOfResults){
    //回调函数代码略
})
```

Promise.all()方法以一个 Promise 对象数组作为参数，并创建一个当所有执行结果都已成功时返回肯定结果的 Promise 对象。在该对象的 then()方法中可以得到一个结果数组，无论该对象的肯定结果为何，该结果数组与传入的 Promise 对象数组顺序保持一致。

【示例】Promise.all()方法的应用。当在页面中单击"读取文件"按钮时，调用 read()函数，在该函数中使用 Promise.all()方法读取 1.txt、2.txt、3.txt 这 3 个文件，传入参数分别为 getData("1.txt")、getData("2.txt")和 getData("3.txt")。

```
<script>
function CreateXMLHTTP() {
    if (window.ActiveXObject) {
        var objXmlHttp = new ActiveXObject("Microsoft.XMLHTTP");
    } else {
        if (window.XMLHttpRequest) {
            var objXmlHttp = new XMLHttpRequest();
        }else {
            alert("Can't intialize XMLHTTP object！ ");
        }
    }
    return objXmlHttp;
}
function getData(fileName){
    return new Promise(function(resolve, reject) {
        var objXmlHttp=CreateXMLHTTP();
        objXmlHttp.open("GET",fileName, true);
        objXmlHttp.onreadystatechange = function() {
            if (objXmlHttp.readyState == 4) {
                if (objXmlHttp.status == 200){
                    resolve(objXmlHttp.responseText);
                }else{
                    reject();
                }
            }
        }
        objXmlHttp.send();
    });
}
function read(){
    Promise.all([getData("1.txt"),getData("2.txt"),getData("3.txt")])
    .then(function(responses){
        var result=document.getElementById("result");
        responses.forEach(function(response){
            result.innerHTML+=response+"<br/>";
        });
    },function(){
        alert("读取文件失败");
    });
}
</script>
<input type="button" value="读取文件" onclick="read()"/>
<div name="result" id="result" style="white-space:pre"></div>
```

在 getData()函数中将创建并返回一个 Promise 对象，该对象的作用为读取文件，读取成功则返回肯定结果，调用 resolve 参数值回调函数，读取失败则返回否定结果，调用 reject 参数值回调函数。

　　在 read()函数中，待 3 个 getData()函数中的异步处理全部执行完毕后，调用 Promise.all()方法所创建的 Promise 对象的 then()方法，将读取到的文件内容全部显示在页面中，如果任一 getData()函数中创建的 Promise 对象返回否定结果，则在浏览器中弹出"读取文件失败"提示信息文字。

> 💡 提示：HTML5 还提供一个 Promise.race()方法，该方法同样以一个 Promise 对象数组作为参数，但是当数组中任何元素返回肯定结果时，Promise.race()方法立即返回肯定结果，或者当数组中任何元素返回否定结果时，Promise.race()方法立即返回否定结果。

8.3　在线支持

扫码免费学习
更多实用技能

一、专项练习

- ☑ 观察文档结构变化，在控制台进行提示
- ☑ 操作回退和撤销回退
- ☑ requestAnimationFrame 实现皮球落地的缓动效果
- ☑ 使用 SVG 和 requestAnimationFrame 实现的圆形倒计时时钟
- ☑ requestAnimationFrame 等同于定时器

二、更多案例实战

- ☑ 设计粒子动画

📝 新知识、新案例不断更新中……

第9章

HTML5 文件操作

视频讲解

HTML5 新增 FileReader API 和 FileSystem API。其中，FileReader API 负责读取文件内容，FileSystem API 负责本地文件系统的有限操作。另外，HTML5 增强了 HTML4 的文件域功能，允许提交多个文件，本章将围绕这两个 API 详细介绍 HTML5 文件的基本操作。

9.1 FileList

HTML5 在 HTML4 文件域基础上为 File 控件新添 multiple 属性，允许用户在一个 File 控件内选择和提交多个文件。

【示例 1】在文档中插入一个文件域，允许用户同时提交多个文件。

```
<input type="file" multiple>
```

为了方便用户在脚本中访问这些将要提交的文件，HTML5 新增了 FileList 和 File 对象。

☑　FileList：表示用户选择的文件列表。

☑　File：表示 File 控件内的每一个被选择的文件对象。FileList 对象为这些 File 对象的列表，代表用户选择的所有文件。

【示例 2】使用 FileList 和 File 对象访问用户提交的文件名称列表，效果如图 9.1 所示。

```
<script>
function ShowFileName(){
    //document.getElementById("file").files 返回 FileList 对象
    for(var i=0;i<document.getElementById("file").files.length;i++) {
        var file = document.getElementById("file").files[i];        //获取每个选择的 File 对象
        console.log(file.name);                                      //在控制台显示每个文件的名称
    }
}
</script>
<input type="file" id="file" multiple>
<input type="button" onclick="ShowFileName();" value="文件上传"/>
```

（a）选择多个文件

（b）在控制台显示提示信息

图 9.1　使用 FileList 和 File 对象访问提交文件信息

提示：File 对象包含两个属性：name 属性表示文件名，但不包括路径；lastModifiedDate 属性表示文件的最后修改日期。

9.2　Blob

HTML5 的 Blob 对象用于存储二进制数据，还可以设置存储数据的 MINE 类型，其他 HTML5 二进制对象继承 Blob 对象。

9.2.1　访问 Blob

Blob 对象包含两个属性。

☑　size：表示一个 Blob 对象的字节长度。

☑　type：表示 Blob 的 MIME 类型，如果为未知类型，则返回一个空字符串。

【示例 1】获取文件域中第一个文件的 Blob 对象，并访问该文件的长度和文件类型，效果如图 9.2 所示。

图 9.2　在控制台显示第一个选取文件的大小和类型

```
<script>
function ShowFileType(){
    var file = document.getElementById("file").files[0];    //获取用户选择的第一个文件
    console.log( file.size );                                //显示文件字节长度
    console.log( file.type);                                 //显示文件类型
}
</script>
<input type="file" id="file" multiple>
<input type="button" onclick="ShowFileType();" value="文件上传"/>
```

注意：对于图像类型的文件，Blob 对象的 type 属性都是以 "image/" 开头的，后面是图像类型。

【示例 2】在示例 1 基础上，利用 Blob 的 type 属性，判断用户选择的文件是否为图像文件。如果在批量上传时只允许上传图像文件，可以检测每个文件的 type 属性值，当提交非图像文件时，弹出错误提示信息，并跳过该文件，不进行上传。

```
<script>
function fileUpload(){
    var file;
    for(var i=0;i<document.getElementById("file").files.length;i++){
        file = document.getElementById("file").files[i];
        if(!/image\/\w+/.test(file.type)){
            alert(file.name+"不是图像文件！");
            continue;
        } else{
            //此处加入文件上传的代码
            alert(file.name+"文件已上传");
        }
    }
}
</script>
```

Note

【拓展】

HTML5 为 file 控件新添加 accept 属性，设置 file 控件只能接收某种类型的文件。当前主流浏览器对其支持还不统一、不规范，部分浏览器仅限于打开文件选择窗口时，默认选择文件类型。

```
<input type="file" id="file" accept="image/*" />
```

9.2.2 创建 Blob

创建 Blob 对象的基本方法如下。

```
var blob = new Blob(blobParts, type);
```

参数说明如下。

- ☑ blobParts：可选参数，数组类型，其中可以存放任意个以下类型的对象，这些对象中所携带的数据将被依序追加到 Blob 对象中。
    - ❖ ArrayBuffer 对象
    - ❖ ArrayBufferView 对象
    - ❖ Blob 对象
    - ❖ String 对象
- ☑ type：可选参数，字符串型，设置被创建的 Blob 对象的 type 属性值，即定义 Blob 对象的 MIME 类型。默认参数值为空字符串，表示未知类型。

💡 **提示**：当创建 Blob 对象时，可以使用两个可选参数。如果不使用任何参数，创建的 Blob 对象的 size 属性值为 0，即 Blob 对象的字节长度为 0，代码如下。

```
var blob = new Blob();
```

【示例 1】设置 Blob 对象的第一个参数。

```
var blob = new Blob(["4234" + "5678"]);
var shorts = new Uint16Array(buffer, 622, 128);
var blobA = new Blob([blob, shorts]);
var bytes = new Uint8Array(buffer, shorts.byteOffset + shorts.byteLength);
var blobB = new Blob([blob, blobA, bytes])
var blobC = new Blob([buffer, blob, blobA, bytes]);
```

📢 **注意**：上面代码用到了 ArrayBuffer 对象和 ArrayBufferView 对象，后面将详细介绍这两个对象。

【示例 2】设置 Blob 对象的第二个参数。

```
var blob = new Blob(["4234" + "5678"], {type: "text/plain"});
var blob = new Blob(["4234" + "5678"], {type: "text/plain; charset=UTF-8"});
```

💡 **提示**：为了安全起见，在创建 Blob 对象之前，可以先检测一下浏览器是否支持 Blob 对象。

```
if(!window.Blob)
    alert ("您的浏览器不支持 Blbo 对象。");
else
    var blob = new Blob(["4234" + "5678"], {type: "text/plain"});
```

当前，各主流浏览器的最新版本都支持 Blob 对象。

【示例 3】创建一个 Blob 对象。

在页面中设计一个文本区域和一个按钮，当在文本框中输入文字，然后单击"创建 Blob 对象"按钮后，JavaScript 脚本根据用户输入文字创建二进制对象，再根据该二进制对象中的内容创建 URL 地址，最后在页面底部动态添加一个"Blob 对象文件下载"超链接，单击该超链接可以下载新创建的文件，使用文本文件打开，其内容为用户在文本框中输入的文字，如图9.3所示。

```
<script>
function test(){
    var text = document.getElementById("textarea").value;
    var result = document.getElementById("result");
    //创建 Blob 对象
    if(!window.Blob)
        result.innerHTML="浏览器不支持 Blob 对象。";
    else
        var blob =new Blob([text]);    //Blob 中数据为文字时默认使用 utf8 格式
    //通过 createObjectURL 方法创建文字链接
    if (window.URL) {
        result.innerHTML = '<a download href="' +window.URL.createObjectURL(blob) + '" target="_blank"> Blob 对象文件
下载</a>';
    }
}
</script>
<textarea id="textarea"></textarea><br />
<button onclick="test()">创建 Blob 对象</button>
<p id="result"></p>
```

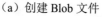
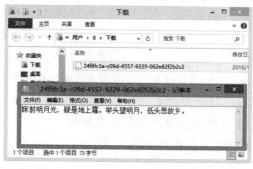

（a）创建 Blob 文件　　　　　　（b）查看文件信息

图 9.3　创建和查看 Blob 文件信息

动态生成的<a>标签中包含 download 属性，它设置超链接为文件下载类型。

【拓展】

HTML5 支持 URL 对象，通过该对象的 createObjectURL 方法可以根据一个 Blob 对象的二进制数据创建一个 URL 地址，并返回该地址，当用户访问该 URL 地址时，可以直接下载原始二进制数据。

9.2.3　截取 Blob

Blob 对象包含 slice()方法，它可以从 Blob 对象中截取一部分数据，然后将这些数据创建为一个新的 Blob 对象并返回，用法如下。

```
var newBlob = blob.slice(start, end, contentType);
```

参数说明如下。

☑　start：可选参数，整数值，设置起始位置。

❖　如果值为 0，表示从第一个字节开始复制数据。

❖　如果值为负数，且 Blob 对象的 size 属性值+start 参数值大于等于 0，则起始位置为 Blob
对象的 size 属性值+start 参数值。

> ❖ 如果值为负数，且 Blob 对象的 size 属性值+start 参数值小于 0，则起始位置为 Blob 对象的起点位置。
> ❖ 如果值为正数，且大于等于 Blob 对象的 size 属性值，则起始位置为 Blob 对象的 size 属性值。
> ❖ 如果值为正数，且小于 Blob 对象的 size 属性值，则起始位置为 start 参数值。

☑ end：可选参数，整数值，设置终点位置。

> ❖ 如果忽略该参数，则终点位置为 Blob 对象的结束位置。
> ❖ 如果值为负数，且 Blob 对象的 size 属性值+end 参数值大于等于 0，则终点位置为 Blob 对象的 size 属性值+end 参数值。
> ❖ 如果值为负数，且 Blob 对象的 size 属性值+end 参数值小于 0，则终点位置为 Blob 对象的起始位置。
> ❖ 如果值为正数，且大于等于 Blob 对象的 size 属性值，则终点位置为 Blob 对象的 size 属性值。
> ❖ 如果值为正数，且小于 Blob 对象的 size 属性值，则终点位置为 end 参数值。

☑ contentType：可选参数，字符串值，指定新建 Blob 对象的 MIME 类型。

如果 slice()方法的 3 个参数均省略时，相当于把一个 Blob 对象原样复制到一个新建的 Blob 对象中。当起始位置大于等于终点位置时，slice()方法复制从起始位置开始到终点位置结束这一范围的数据。当起始位置小于终点位置时，slice()方法复制从终点位置开始到起始位置结束这一范围的数据。新建的 Blob 对象的 size 属性值为复制范围的长度，单位为 byte。

【示例】应用 Blob 对象的 slice()方法。

```
<input type="file" id="file" multiple>
<input type="button" onclick="ShowFileType();" value="文件上传"/>
<script>
var file = document.getElementById("file").files[0];
if(file){
    var file1 = file.slice();                          //复制 File 对象
    var file2 = file.slice(0,file.size);               //复制 File 对象
    var file3 = file.slice(-(Math.round(file.size/2))); //复制 File 对象的后半部分
    var file4 = file.slice(0, Math.round(file.size/2)); //复制 File 对象的前半部分
    //复制 File 对象，从开始处复制到结束处之前的 150 个字节处，并设置 MIME 类型
    var file5 = file.slice(0,-150, "application/plain");
}
</script>
```

9.2.4 保存 Blob

HTML5 支持在 indexedDB 数据库中保存 Blob 对象。当前，Chrome 37+、Firefox 17+、IE 10+和 Opera 24+浏览器支持该功能。

【示例】在页面中显示一个文件控件和一个按钮，通过文件控件选取文件后，单击按钮 JavaScript 脚本将把用户选取的文件保存到 indexedDB 数据库中。

```
<input type="file" id="file" multiple>
<input type="button" onclick="saveFile();" value="保存文件"/>
<script>
window.indexedDB = window.indexedDB || window.webkitIndexedDB || window.mozIndexedDB || window. msIndexedDB;
window.IDBTransaction = window.IDBTransaction || window.webkitIDBTransaction || window.msIDBTransaction;
window.IDBKeyRange = window.IDBKeyRange|| window.webkitIDBKeyRange || window.msIDBKeyRange;
```

```
window.IDBCursor = window.IDBCursor || window.webkitIDBCursor || window.msIDBCursor;
var dbName = 'test';                                          //数据库名
var dbVersion = 20170202;                                     //版本号
var idb;
var dbConnect = indexedDB.open(dbName, dbVersion);
dbConnect.onsuccess = function(e){ idb = e.target.result; }
dbConnect.onerror = function(){alert('数据库连接失败'); };
dbConnect.onupgradeneeded = function(e){
    idb = e.target.result;
    idb.createObjectStore('files');
};
function saveFile(){
    var file = document.getElementById("file").files[0];     //得到用户选择的第一个文件
    var tx = idb.transaction(['files'],"readwrite");          //开启事务
    var store = tx.objectStore('files');
    var req = store.put(file,'blob');
    req.onsuccess = function(e){ alert("文件保存成功"); };
    req.onerror = function(e){ alert("文件保存失败");};
}
</script>
```

在浏览器中预览，页面中显示一个文件控件和一个按钮，通过文件控件选取文件，然后单击"保存文件"按钮，JavaScript 将把用户选取的文件保存到 indexedDB 数据库中，保存成功后弹出提示对话框，如图 9.4 所示。

（a）选择文件　　　　　　　　　　　　　　（b）保存文件

图 9.4　保存 Blob 对象应用

9.3　FileReader

FileReader 能够把文件读入内存，并且读取文件中的数据。当前，Firefox 3.6+、Chrome 6+、Safari 5.2+、Opera 11+和 IE 10+版本浏览器都支持 FileReader 对象。

9.3.1　读取文件

使用 FileReader 对象之前，需要实例化 FileReader 类型，代码如下。

```
if(typeof FileReader == "undefined"){alert("当前浏览器不支持 FileReader 对象");}
else{ var reader = new FileReader();}
```

FileReader 对象包含 5 个方法，其中前 4 个用来读取文件，另一个用来中断读取操作。

　☑　readAsText(Blob, type)：将 Blob 对象或文件中的数据读取为文本数据。该方法包含两个参数，

其中第二个参数是文本的编码方式，默认值为 UTF-8。

☑ readAsBinaryString(Blob)：将 Blob 对象或文件中的数据读取为二进制字符串。通常调用该方法将文件提交到服务器端，服务器端可以通过这段字符串存储文件。

☑ readAsDataURL(Blob)：将 Blob 对象或文件中的数据读取为 DataURL 字符串。该方法就是将数据以一种特殊格式的 URL 地址形式直接读入页面。

☑ readAsArrayBuffer(Blob)：将 Blob 对象或文件中的数据读取为一个 ArrayBuffer 对象。

☑ abort()：不包含参数，中断读取操作。

注意： 上述 4 个方法都包含一个 Blob 对象或 File 对象参数，无论读取成功或失败，都不会返回读取结果，读取结果存储在 result 属性中。

【示例】在网页中读取并显示图像文件、文本文件和二进制代码文件。

```
<script>
window.onload = function(){
    var result=document.getElementById("result");
    var file=document.getElementById("file");
    if (typeof FileReader == 'undefined' ){
        result.innerHTML = "<h1>当前浏览器不支持 FileReader 对象</h1>";
        file.setAttribute('disabled', 'disabled' );
    }
}
function readAsDataURL(){                                //将文件以 Data URL 形式进行读入页面
    var file = document.getElementById("file").files[0];    //检查是否为图像文件
    if(!/image\/\w+/.test(file.type)){
        alert("提交文件不是图像类型");
        return false;
    }
    var reader = new FileReader();
    reader.readAsDataURL(file);
    reader.onload = function(e){
        result.innerHTML = '<img src="'+this.result+'" alt=""/>';
    }
}
function readAsBinaryString(){                           //将文件以二进制形式进行读入页面
    var file = document.getElementById("file").files[0];
    var reader = new FileReader();
    reader.readAsBinaryString(file);
    reader.onload = function(f){
        result.innerHTML=this.result;
    }
}
function readAsText(){                                   //将文件以文本形式进行读入页面
    var file = document.getElementById("file").files[0];
    var reader = new FileReader();
    reader.readAsText(file);
    reader.onload = function(f) {
        result.innerHTML=this.result;
    }
}
</script>
<input type="file" id="file" />
<input type="button" value="读取图像" onclick="readAsDataURL()"/>
```

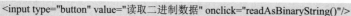

```
<input type="button" value="读取二进制数据" onclick="readAsBinaryString()"/>
<input type="button" value="读取文本文件" onclick="readAsText()"/>
<div name="result" id="result"></div>
```

在 Firefox 浏览器中预览，使用 file 控件选择一个图像文件，然后单击"读取图像"按钮，效果如图 9.5 所示；重新使用 file 控件选择一个二进制文件，然后单击"读取二进制数据"按钮，效果如图 9.6 所示；最后选择文本文件，单击"读取文本文件"按钮，效果如图 9.7 所示。

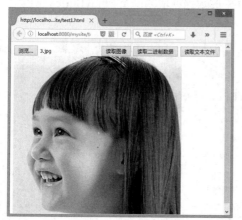

图 9.5　读取图像文件

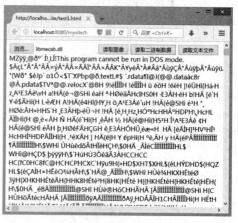

图 9.6　读取二进制文件

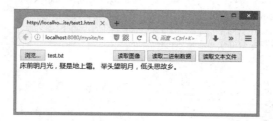

图 9.7　读取文本文件

上面示例演示如何读显文件，用户也可以选择不显示，直接提交给服务器，然后保存到文件或数据库中。注意，fileReader 对象读取的数据都保存在 result 属性中。

9.3.2　事件监测

FileReader 对象提供 6 个事件，用于监测文件读取状态，简单说明如下。

☑　onabort：数据读取中断时触发。

☑　onprogress：数据读取中触发。

☑　onerror：数据读取出错时触发。

☑　onload：数据读取成功完成时触发。

☑　onloadstart：数据开始读取时触发。

☑　onloadend：数据读取完成时触发，无论成功或失败。

【示例】当使用 fileReader 对象读取文件时，会发生一系列事件，在控制台跟踪了读取状态的先后顺序，效果如图 9.8 所示。

```
<script>
window.onload = function(){
    var result=document.getElementById("result");
```

Note

```
        var file=document.getElementById("file");
        if (typeof FileReader == 'undefined' ){
            result.innerHTML = "<h1>当前浏览器不支持 FileReader 对象</h1>";
            file.setAttribute('disabled', 'disabled' );
        }
    }
    function readFile(){
        var file = document.getElementById("file").files[0];
        var reader = new FileReader();
        reader.onload = function(e){
            result.innerHTML = '<img src="'+this.result+'" alt=""/>';
            console.log("load");
        }
        reader.onprogress = function(e){ console.log("progress"); }
        reader.onabort = function(e){ console.log("abort"); }
        reader.onerror = function(e){ console.log("error");}
        reader.onloadstart = function(e){ console.log("loadstart");}
        reader.onloadend = function(e){ console.log("loadend"); }
        reader.readAsDataURL(file);
    }
</script>
<input type="file" id="file" />
<input type="button" value="显示图像" onclick="readFile()" />
<div name="result" id="result"></div>
```

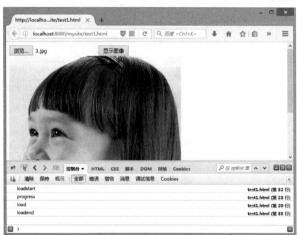

图 9.8　跟踪读取操作

在上面示例中，当单击"显示图像"按钮后，将在页面中读入一个图像文件，同时在控制台可以看到按顺序触发的事件。用户还可以在 onprogress 事件中使用 HTML5 新增元素 progress 显示文件的读取进度。

9.4　ArrayBuffer *和* ArrayBufferView

HTML5 新增 ArrayBuffer 对象和 ArrayBufferView 对象。ArrayBuffer 对象表示一个固定长度的缓存区，用来存储文件或网络大数据；ArrayBufferView 对象表示将缓存区中的数据转换为各种类型的数值数组。

📢 **注意**：HTML5 不允许直接对 ArrayBuffer 对象内的数据进行操作，需要使用 ArrayBufferView 对象来读写 ArrayBuffer 对象中的内容。

9.4.1 使用 ArrayBuffer

ArrayBuffer 对象表示一个固定长度的存储二进制数据的缓存区。用户不能直接存取 ArrayBuffer 缓存区中的内容，必须通过 ArrayBufferView 对象来读写 ArrayBuffer 缓存区中的内容。ArrayBuffer 对象包含 length 属性，该属性值表示缓存区的长度。

创建 ArrayBuffer 对象的方法如下。

```
var buffer = new ArrayBuffer(32);
```

参数为一个无符号长整型的整数，用于设置缓存区的长度，单位为 byte。ArrayBuffer 缓存区创建成功之后，该缓存区内存储数据初始化为 0。

Firefox 4+、Opera 11.6+、Chrome 7+、Safari 5.1+、IE 10+等版本浏览器支持 ArrayBuffer 对象。

9.4.2 使用 ArrayBufferView

HTML5 使用 ArrayBufferView 对象以一种标准格式来表示 ArrayBuffer 缓存区中的数据。HTML5 不允许直接使用 ArrayBufferView 对象，而是使用 ArrayBufferView 的子类实例来存取 ArrayBuffer 缓存区中的数据，各种子类说明如表 9.1 所示。

表 9.1 ArrayBufferView 的子类

类　　型	字 节 长 度	说　　明
Int8Array	1	8 位整数数组
Uint8Array	1	8 位无符号整数数组
Uint8ClampedArray	1	8 位无符号整数数组
Int16Array	2	16 位整数数组
Uint16Array	2	16 位无符号整数数组
Int32Array	4	32 位整数数组
Uint32Array	4	32 位无符号整数数组
Float32Array	4	32 位 IEEE 浮点数数组
Float64Array	8	64 位 IEEE 浮点数数组

💡 **提示**：Uint8ClampedArray 子类用于定义一种特殊的 8 位无符号整数数组，该数组的作用：代替 CanvasPixelArray 数组用于 Canvas API 中。

该数组与普通 8 位无符号整数数组的区别：将 ArrayBuffer 缓存区中的数值进行转换时，内部使用箱位（clamping）算法，而不是模数（modulo）算法。

ArrayBufferView 对象的作用：可以根据同一个 ArrayBuffer 对象创建各种数值类型的数组。

【示例 1】 根据相同的 ArrayBuffer 对象，可以创建 32 位的整数数组和 8 位的无符号整数数组。

```
//根据 ArrayBuffer 对象创建 32 位整数数组
var array1 = new Int32Array(Arrayeuffer);
//根据同一个 ArrayBuffer 对象创建 8 位无符号整数数组
var array2 = new Uint8Array(ArrayBuffer);
```

在创建 ArrayBufferView 对象时，除了要指定 ArrayBuffer 缓存区外，还可以使用下面两个可选参数。

☑ byteOffset：为无符号长整型数值，设置开始引用位置与 ArrayBuffer 缓存区第一个字节之间的偏离值，单位为字节。提示，属性值必须为数组中单个元素的字节长度的倍数，省略该参数值时，ArrayBufferView 对象将从 ArrayBuffer 缓存区的第一个字节开始引用。

☑ length：为无符号长整型数值，设置数组中元素的个数。如果省略该参数值，将根据缓存区长度、ArrayBufferView 对象开始引用的位置、每个元素的字节长度自动计算出元素个数。

如果设置了 byteOffset 和 length 参数值，数组从 byteOffset 参数值指定的开始位置开始，长度为：length 参数值所指定的元素个数×每个元素的字节长度。

如果忽略了 byteOffset 和 length 参数值，数组将跨越整个 ArrayBuffer 缓存区。

如果省略 length 参数值，数组将从 byteOffset 参数值指定的开始位置到 ArrayBuffer 缓存区的结束位置。

ArrayBufferView 对象包含 3 个属性。

☑ buffer：只读属性，表示 ArrayBuffer 对象，返回 ArrayBufferView 对象引用的 ArrayBuffer 缓存区。

☑ byteOffset：只读属性，表示一个无符号长整型数值，返回 ArrayBufferView 对象开始引用的位置与 ArrayBuffer 缓存区的第一个字节之间的偏离值，单位为字节。

☑ length：只读属性，表示一个无符号长整型数值，返回数组中元素的个数。

【示例 2】存取 ArrayBuffer 缓存区中的数据。

```
var byte = array2[4];                          //读取第 5 个字节的数据
array2[4] = 1;                                 //设置第 5 个字节的数据
```

9.4.3 使用 DataView

除了使用 ArrayBufferView 子类外，也可以使用 DataView 类存取 ArrayBuffer 缓存区中的数据。DataView 继承于 ArrayBufferView 类，提供了直接存取 ArrayBuffer 缓存区中数据的方法。

创建 DataView 对象的方法如下。

```
var view = new DataView(buffer, byteOffset, byteLength);
```

参数说明如下。

☑ buffer：为 ArrayBuffer 对象，表示一个 ArrayBuffer 缓存区。

☑ byteOffset：可选参数，为无符号长整型数值，表示 DataView 对象开始引用的位置与 ArrayBuffer 缓存区第一个字节之间的偏离值，单位为字节。如果忽略该参数值，将从 ArrayBuffer 缓存区的第一个字节开始引用。

☑ byteLength：可选参数，为无符号长整型数值，表示 DataView 对象的总字节长度。

如果设置了 byteOffset 和 byteLength 参数值，DataView 对象从 byteOffset 参数值所指定的开始位置开始，长度为 byteLength 参数值所指定的总字节长度。

如果忽略了 byteOffset 和 byteLength 参数值，DataView 对象跨越整个 ArrayBuffer 缓存区。

如果省略 byteLength 参数值，DataView 对象将从 byteOffset 参数所指定的开始位置到 ArrayBuffer 缓存区的结束位置。

DataView 对象包含的方法及其说明如表 9.2 所示。

表 9.2 DataView 对象方法

方 法	说 明
getInt8(byteOffset)	获取指定位置的一个 8 位整数值

续表

方　　法	说　　明
getUint8(byteOffeet)	获取指定位置的一个 8 位无符号型整数值
getIntl6(byteOffeet, littleEndian)	获取指定位置的一个 16 位整数值
getUintl6(byteOffeet, littleEndian)	获取指定位置的一个 16 位无符号型整数值
getUint32(byteOffeet, littleEndian)	获取指定位置的一个 32 位无符号型整数值
getFloat32(byteOffeet, littleEndian)	获取指定位置的一个 32 位浮点数值
getFloat64(byteOffset, littleEndian)	获取指定位置的一个 64 位浮点数值
setInt8(byteOffaet, value)	设置指定位置的一个 8 位整数值
setUint8(byteOffset, value)	设置指定位置的一个 8 位无符号型整数值
setIntl6(byteOffset, value, littleEndian)	设置指定位置的一个 16 位整数值
setUintl6(byteOffeet, value, littleEndian)	设置指定位置的一个 16 位无符号型整数值
setUint32(byteOffset, value, littleEndian)	设置指定位置的一个 32 位无符号型整数值
setFloat32(byteOffset, value, littleEndian)	设置指定位置的一个 32 位浮点数值
setFloat64(byteOffeet, value, littleEndian)	设置指定位置的一个 64 位浮点数值

在上述方法中，各个参数说明如下。

☑　byteOffset：为一个无符号长整型数值，表示设置或读取整数所在位置与 DataView 对象对 ArrayBuffer 缓存区的开始引用位置之间相隔多少个字节。

☑　value：为无符号对应类型的数值，表示在指定位置进行设定的整型数值。

☑　littleEndian：可选参数，为布尔类型，判断该整数数值的字节序。当值为 true 时，表示以 little-endian 方式设置或读取该整数数值（低地址存放最低有效字节）；当参数值为 false 或忽略该参数值时，表示以 big-endian 方式读取该整数数值（低地址存放最高有效字节）。

【示例】使用 DataView 对象的相关方法，实现对文件数据进行截取和检测，效果如图 9.9 所示。完整示例代码请参考本节示例源代码。

图 9.9　判断选取文件的类型

【操作步骤】

第 1 步，在页面中设计一个文件控件。

第 2 步，当用户在浏览器中选取一个图像文件后，JavaScript 先检测文件类型，当为图像文件后，再使用 File 对象的 slice()方法将该文件中前 4 个字节的内容复制到一个 Blob 对象中，代码如下。

```
var file=document.getElementById("file").files[0];
if(!/image\/\w+/.test(file.type)){
    alert("请选择一个图像文件！ ");
    return;
}
var slice=file.slice(0,4);
```

第 3 步，新建 FileReader 对象，使用该对象的 readAsArrayBuffer()方法将 Blob 对象中的数据读取为一个 ArrayBuffer 对象，代码如下。

```
var reader = new FileReader();
reader.readAsArrayBuffer(slice);
```

第 4 步，读取 ArrayBuffer 对象后，使用 DataView 对象读取该 ArrayBuffer 缓存区中位于开头位置的一个 32 位整数，代码如下。

```
reader.onload = function(e){
    var buffer=this.result;
    var view=new DataView(buffer);
    var magic=view.getInt32(0,false);
}
```

第 5 步，最后根据该整数值判断用户选取的文件类型，并将文件类型显示在页面上。

```
if(magic<0)    magic = magic + 0x100000000;
magic=magic.toString(16).toUpperCase();
if(magic.indexOf('FFD8FF') >=0)         type="jpg 文件";
if(magic.indexOf('89504E47') >=0)       type="png 文件";
if(magic.indexOf('47494638') >=0)       type="gif 文件";
if(magic.indexOf('49492A00') >=0)       type="tif 文件";
if(magic.indexOf('424D') >=0)                   type="bmp 文件";
document.getElementById("result").innerHTML ='文件类型为： '+type;
```

9.5　FileSystem API

HTML5 的 FileSystem API 可以将数据保存到本地磁盘的文件系统中，实现数据的永久保存。

9.5.1　认识 FileSystem API

FileSystem API 包括两部分内容：一部分内容为除后台线程之外的任何场合使用的异步 API，另一部分内容为后台线程中专用的同步 API。本节仅介绍异步 API 内容。

FileSystem API 具有如下特性。

☑　支持跨域通信，但是每个域的文件系统只能被该域专用，不能被其他域访问。

☑　存储的数据是永久的，不能被浏览器随意删除，但是存储在临时文件系统中的数据可以被浏览器自行删除。

☑　当 Web 应用连续发出多次对文件系统的操作请求时，每一个请求都将得到响应，同时第一个请求中所保存的数据可以被之后的请求立即得到。

当前，Chrome 10+、Edge 79+、Opera 15+浏览器支持 FileSystem API。

9.5.2　访问 FileSystem

使用 window 对象的 requestFileSystem()方法可以请求访问受到浏览器沙箱保护的本地文件系统，其用法如下。

```
window.requestFileSystem = window.requestFileSystem || window.webkitRequestFileSystem;
window.requestFileSystem(type, size, successCallback, opt_ errorCallback) ;
```

参数说明如下。

☑　type：设置请求访问的文件系统使用的文件存储空间的类型，取值包括 window.TEMPORARY 和 window.PERSISTENT。当值为 window.TEMPORARY 时，表示请求临时的存储空间，存储在临时存储空间中的数据可以被浏览器自行删除；当值为 window.PERSISTENT 时，表示请求永久存储空间，存储在该空间的数据不能被浏览器在用户不知情的情况下将其清除，只能通过用户或应用程序来清除，请求永久存储空间需要用户为应用程序指定一定的磁盘配额。

☑　size：设置请求的文件系统使用的文件存储空间的大小，单位为 byte。

☑ successCallback：设置请求成功时执行的回调函数，该回调函数的参数为一个 FileSystem 对象，表示请求访问的文件系统对象。

☑ opt_errorCallback：可选参数，设置请求失败时执行的回调函数，该回调函数的参数为一个 FileError 对象，其中存放了请求失败时的各种信息。

FileError 对象包含 code 属性，其值为 FileSystem API 中预定义的常量值，说明如下。

☑ FileError.QUOTA_EXCEEDED_ERR：文件系统所使用的存储空间的尺寸超过磁盘配额控制中指定的空间尺寸。

☑ FileError.NOT_FOUND_ERR：未找到文件或目录。

☑ FileError.SECURITY_ERR：操作不当引起安全性错误。

☑ FileError.INVALID_MODIFICATION_ERR：对文件或目录所指定的操作（如文件复制、删除、目录复制、目录删除等处理）不能被执行。

☑ FileError.INVALID_STATE_ERR：指定的状态无效。

☑ FileError. ABORT_ERR：当前操作被终止。

☑ FileError. NOT_READABLE_ERR：指定的目录或文件不可读。

☑ FileError. ENCODING_ERR：文字编码错误。

☑ FileError.TYPE_MISMATCH_ERR：用户企图访问目录或文件，但是用户访问的目录事实上是一个文件或用户访问的文件事实上是一个目录。

☑ FileError. PATH_EXISTS_ERR：用户指定的路径中不存在需要访问的目录或文件。

【示例】在 Web 应用中使用 FileSystem API。

```
<script>
window.requestFileSystem = window.requestFileSystem || window.webkitRequestFileSystem;
var fs = null;
if(window.requestFileSystem){
    window.requestFileSystem(window.TEMPORARY, 1024*1024,
    function(filesystem) {
        fs = filesystem;
    }, errorHandler);
}
function errorHandler(FileError) {
    switch (FileError.code) {
        case FileError.QUOTA_EXCEEDED_ERR:
            console.log('文件系统所使用的存储空间的尺寸超过磁盘限额控制中指定的空间尺寸');
            break;
        case FileError.NOT_FOUND_ERR:
            console.log('未找到文件或目录');
            break;
        case FileError.SECURITY_ERR:
            console.log( '操作不当引起安全性错误');
            break;
        case FileError.INVALID_MODIFICATION_ERR:
            console.log('对文件或目录所指定的操作不能被执行');
            break;
        case FileError.INVALID_STATE_ERR:
            console.log('指定的状态无效');
    };
}
</script>
```

在上面代码中，先判断浏览器是否支持 FileSystem API，如果支持则调用 window.requestFileSystem()

方法请求访问本地文件系统，如果请求失败则在控制台显示错误信息。

9.5.3　申请配额

当在磁盘中保存数据时，首先需要申请一定的磁盘配额。在 Chrome 浏览器中，可以通过 window.webkitStorageInfo.requestQuota()方法向用户计算机申请磁盘配额。用法如下。

```
window.webkitStorageInfo.requestQuota(PERSISTENT, 1024*1024,
    //申请磁盘配额成功时执行的回调函数
    function(grantedBytes){
        window.requestFilesystem(PERSISTENT, grantedBytes, onInitFs, errorHandler);
    },
    //申请磁盘配额失败时执行的回调函数
    errorHandler
)
```

该方法包含 4 个参数，说明如下。

第 1 个参数：为 TEMPORARY 或 PERSISTENT。为 TEMPORARY 时，表示为临时数据申请磁盘配额；为 PERSISTENT 时，表示为永久数据申请磁盘配额。

当在用户计算机中保存临时数据，如果其他磁盘空间尺寸不足时，可能会删除应用程序所用磁盘配额中的数据。在磁盘配额中保存数据后，当浏览器被关闭或关闭计算机电源时，这些数据不会丢失。

第 2 个参数：为整数值，表示申请的磁盘空间尺寸，单位为 byte。上面代码将参数值设为 1024×1024，表示向用户计算机申请 1GB 的磁盘空间。

第 3 个参数：为一个函数，表示申请磁盘配额成功时执行的回调函数。在回调函数中可以使用一个参数，参数值为申请成功的磁盘空间尺寸，单位为 byte。

第 4 个参数：为一个函数，表示申请磁盘配额失败时执行的回调函数，该回调函数使用一个参数，参数值为一个 FileError 对象，其中存放申请磁盘配额失败时的各种错误信息。

提示： 当 Web 应用首次申请磁盘配额成功后，将立即获得该磁盘配额中指定的磁盘空间，下次使用该磁盘空间时不需要再次申请。

【示例】 申请磁盘配额。首先在页面中设计一个文本框，当用户在文本框控件中输入需要申请的磁盘空间尺寸后，JavaScript 向用户申请磁盘配额，申请磁盘配额成功后在页面中显示申请的磁盘空间尺寸。

```
<script>
function getQuota(){                                    //申请磁盘配额
    var size = document.getElementById("capacity").value;
    window.webkitStorageInfo.requestQuota(PERSISTENT,size,
    function(grantedBytes){                             //申请磁盘配额成功时执行的回调函数
        var text="申请磁盘配额成功<br>磁盘配额尺寸:"
        var strBytes,intBytes;
        if(grantedBytes>=1024*1024*1024){
            intBytes=Math.floor(grantedBytes/(1024*1024*1024));
            text+=intBytes+"GB ";
            grantedBytes=grantedBytes%(1024*1024*1024);
        }
        if(grantedBytes>=1024*1024){
            intBytes=Math.floor(grantedBytes/(1024*1024));
            text+=intBytes+"MB ";
            grantedBytes=grantedBytes%(1024*1024);
        }
```

Note

```
        if(grantedBytes>=1024){
            intBytes=Math.floor(grantedBytes/1024);
            text+=intBytes+"KB ";
            grantedBytes=grantedBytes%1024;
        }
        text+=grantedBytes+"Bytes";
        document.getElementById("result").innerHTML = text;
    },
    errorHandler);                      //申请磁盘配额失败时执行的回调函数
}
function errorHandler(FileError) {       //省略代码，请参考本节示例源代码  }
</script>
<form>
    <input type="text" id="capacity" value="1024">
    <input type="button" value="申请磁盘配额" onclick="getQuota()">
</form>
<output id="result" ></output>
```

在 Chrome 浏览器中浏览页面，然后在文本框控件中输入 30000，单击"申请磁盘配额"按钮，则 JavaScript 会自动计算出当前磁盘配额空间的大小，如图 9.10 所示。

成功申请磁盘配额后，可以使用 window.webkitStorageInfo. queryUsageAndQuota()方法查询申请的磁盘配额信息，用法如下。

图 9.10   申请磁盘配额

```
window.webkitStorageInfo.queryUsageAndQuota(PERSISTENT,
    //获取磁盘配额信息成功时执行的回调函数
    function(usage,quota)   {
    //代码
    },
    //获取磁盘配额信息失败时执行的回调函数
    errorHandler
);
```

该方法包含 3 个参数，说明如下。

第 1 个参数：可选 TEMPORARY 或 PERSISTENT 常量值。为 TEMPORARY 时，表示查询保存临时数据用磁盘配额信息；为 PERSISTENT 时，表示查询保存永久数据用磁盘配额信息。

第 2 个参数：函数，表示查询磁盘配额信息成功时执行的回调函数。在回调函数中可以使用两个参数，其中第 1 个参数为磁盘配额中已用磁盘空间尺寸，第 2 个参数表示磁盘配额所指定的全部磁盘空间尺寸，单位为 byte。

第 3 个参数：函数，表示查询磁盘配额信息失败时执行的回调函数。回调函数的参数为一个 FileError 对象，其中存放了查询磁盘配额信息失败时的各种错误信息。

9.5.4   新建文件

创建文件的操作思路：当用户调用 requestFileSystem()方法请求访问本地文件系统时，如果请求成功，则执行一个回调函数，这个回调函数中包含一个参数，它指向可以获取的文件系统对象，该文件系统对象包含一个 root 属性，属性值为一个 DirectoryEntry 对象，表示文件系统的根目录对象。在请求成功时执行的回调函数中，可以通过文件系统的根目录对象的 getFile()方法在根目录中创建文件。

getFile()方法包含 4 个参数，简单说明如下。

第 1 个参数：为字符串值，表示需要创建或获取的文件名。

第 2 个参数：为一个自定义对象。当创建文件时，必须将该对象的 create 属性值设为 true；当获取文件时，必须将该对象的 create 属性值设为 false；当创建文件时，如果该文件已存在，则覆盖该文件；如果该文件已存在，且被使用排他方式打开，则抛出错误。

第 3 个参数：为一个函数，代表获取文件或创建文件成功时执行的回调函数，在回调函数中可以使用一个参数，参数值为一个 FileEntry 对象，表示成功创建或获取的文件。

第 4 个参数：为一个函数，代表获取文件或创建文件失败时执行的回调函数，参数值为一个 FileError 对象，其中存放了获取文件或创建文件失败时的各种错误信息。

FileEntry 对象表示受到沙箱保护的文件系统中每一个文件。该对象包含如下属性。

☑ isFile：区分对象是否为文件。属性值为 true，表示该对象为文件；属性值为 false，表示该对象为目录。

☑ isDirectory：区分对象是否为目录。属性值为 true，表示该对象为目录；属性值为 false，表示该对象为文件。

☑ name：表示该文件的文件名，包括文件的扩展名。

☑ fullPath：表示该文件的完整路径。

☑ filesystem：表示该文件所在的文件系统对象。

另外，FileEntry 对象包括 remove()（删除）、moveTo()（移动）、copyTo()（复制）等方法。

【示例】在页面中设计两个文本框和一个"创建文件"按钮，其中一个文本框控件用于输入文件名，另一个文本框控件用于输入文件大小，单位为 byte，用户输入文件名及文件大小后，单击"创建文件"按钮，JavaScript 会在文件系统中的根目录下创建文件，并将创建的文件信息显示在页面中，如图 9.11 所示。

图 9.11　创建文件

```
<script>
window.requestFileSystem = window.requestFileSystem || window.webkitRequestFileSystem;
function createFile(){                                        //创建文件
    var size = document.getElementById("FileSize").value;
    window.requestFileSystem( PERSISTENT,   size,
        function(fs){                                        //请求文件系统成功时所执行的回调函数
            var filename = document.getElementById("FileName").value;
            fs.root.getFile(                                 //创建文件
                filename,
                { create: true },
                function(fileEntry){                         //创建文件成功时所执行的回调函数
                    var text = "完整路径："+fileEntry.fullPath+"<br>";
                    text += "文 件 名："+fileEntry.name+"<br>";
                    document.getElementById("result").innerHTML = text;
                },
                errorHandler                                 //创建文件失败时所执行的回调函数
            );
        },
        errorHandler                                         //请求文件系统失败时所执行的回调函数
    );
}
function errorHandler(FileError) { //省略代码，请参考本节示例源代码}
</script>
<h1>创建文件</h1>
```

```
文件名：<input type="text" id="FileName" value="test.txt"><br/><br/>
文件大小：<input type="text" id="FileSize" value="1024"/>Bytes<br/><br/>
<input type="button" value="创建文件" onclick="createFile()"><br/><br/>
<output id="result" ></output>
```

9.5.5　写入数据

HTML5 使用 FileWriter 和 FileWriterSync 对象执行文件写入操作，其中 FileWriterSync 对象用于在后台线程中进行文件的写操作，FileWriter 对象用于除后台线程之外任何场合进行写操作。

在 FileSystem API 中，当使用 DirectoryEntry 对象的 getFile()方法成功获取一个文件对象之后，可以在获取文件对象成功时所执行的回调函数中，利用文件对象的 createWriter()方法创建 FileWriter 对象。

createWriter()方法包含两个参数，分别为创建 FileWriter 对象成功时执行的回调函数和失败时执行的回调函数。在创建 FileWriter 对象成功时执行的回调函数中，包含一个参数，它表示 FileWriter 对象。

使用 FileWrier 对象的 write()方法在获取到的文件中写入二进制数据，用法如下。

```
fileWriter.write(data);
```

参数 data 为一个 Blob 对象，表示要写入的二进制数据。

使用 FileWrier 对象的 writeend 和 error 事件可以进行监听，在事件回调函数中可以使用一个对象，它表示被触发的事件对象。

【示例】以 9.5.4 节的示例为基础，对 createFile()函数进行修改，当用户单击"创建文件"按钮时，首先创建一个文件，在创建文件成功时执行的回调函数中创建一个 Blob 对象，并在其中写入"Hello, World"文字，当写文件操作成功时在页面中显示"写文件操作成功"文字，当写文件操作失败时在页面中显示"写文件操作失败"文字，如图 9.12 所示。

图 9.12　写入文件

```
<script>
window.requestFileSystem = window.requestFileSystem || window.webkitRequestFileSystem;
function createFile(){                                    //写入文件操作
    var size = document.getElementById("FileSize").value;
    window.requestFileSystem( PERSISTENT, size,
        function(fs){                                     //请求文件系统成功时所执行的回调函数
            var filename = document.getElementById("FileName").value;
            fs.root.getFile(filename,                     //创建文件
                {create: true},
                function(fileEntry) {
                    fileEntry.createWriter(function(fileWriter) {
                        fileWriter.onwriteend = function(e) {
                            document.getElementById("result").innerHTML ='写文件操作成功';
                        };
                        fileWriter.onerror = function(e) {
                            document.getElementById("result").innerHTML='写文件操作失败';
                        };
                        var blob = new Blob(['Hello, World']);
                        fileWriter.write(blob);
                    }, errorHandler);
                }, errorHandler);
        },
        errorHandler                                      //请求文件系统失败时所执行的回调函数
    );
```

```
}
function errorHandler(FileError) { //省略代码，请参考本节示例源代码}
</script>
<h1>创建文件</h1>
文 件 名：<input type="text" id="FileName" value="test.txt"><br/><br/>
文件大小：<input type="text" id="FileSize" value="1024"/>Bytes<br/><br/>
<input type="button" value="创建文件" onclick="createFile()"><br/>
<output id="result" ></output>
```

9.5.6 添加数据

向文件添加数据与创建文件并写入数据操作类似，区别在于在获取文件之后，首先需要使用 FileWriter 对象的 seek()方法将文件读写位置设置到文件底部，用法如下。

```
fileWriter.seek(fileWriter.length);
```

参数值为长整型数值。当值为正值时，表示文件读写位置与文件开头处之间的距离，单位为 byte（字节数）；当值为负值时，表示文件读写位置与文件结尾处之间的距离。

【示例】向指定文件添加数据。在页面中设计一个用于输入文件名的文本框和一个"添加数据"按钮，当用户在文件名文本框中输入文件名后，单击"添加数据"按钮，将在该文件中添加"新数据"文字，追加成功后在页面中显示"添加数据成功"提示信息，效果如图 9.13 所示。

图 9.13 添加数据

```
<script>
window.requestFileSystem = window.requestFileSystem || window.webkitRequestFileSystem;
function addData(){                          //向文件中添加数据
    window.requestFileSystem( PERSISTENT, 1024,
        function(fs){                        //请求文件系统成功时所执行的回调函数
            var filename = document.getElementById("fileName").value;
            fs.root.getFile(filename,        //创建文件
                {create:false},
                function(fileEntry) {
                    fileEntry.createWriter(function(fileWriter) {
                        fileWriter.onwriteend = function(e) {
                            document.getElementById("result").innerHTML ='添加数据成功';
                        };
                        fileWriter.onerror = function(e) {
                            document.getElementById("result").innerHTML='添加数据失败';
                        };
                        fileWriter.seek(fileWriter.length);
                        var blob = new Blob(['新数据']);
                        fileWriter.write(blob);
                    }, errorHandler);
                }, errorHandler);
        },
        errorHandler                         //请求文件系统失败时所执行的回调函数
    );
}
function errorHandler(FileError) { //省略代码，请参考本节示例源代码 }
</script>
<h1>添加数据</h1>
文件名：<input type="text" id="fileName" value="test.txt"><br/><br/>
```

```
<input type="button" value="添加数据" onclick="addData()"><br/>
<output id="result" ></output>
```

9.5.7 读取数据

在 FileSystem API 中，使用 FileReader 对象可以读取文件，详细介绍可以参考 9.3 节内容。

在文件对象（FileEntry）的 file()方法中包含两个参数，分别表示获取文件成功和失败时执行的回调函数，在获取文件成功时执行的回调函数中，可以使用一个参数，代表成功获取的文件。

【示例】设计一个用于输入文件名的文本框和一个"读取文件"按钮，当用户在文件名文本框中输入文件名后，单击"读取文件"按钮，将读取该文件中的内容，并将这些内容显示在页面上的 textarea 元素中，效果如图 9.14 所示。

图 9.14 读取并显示文件内容

```
<script>
window.requestFileSystem = window.requestFileSystem || window.webkitRequestFileSystem;
function readFile(){                                //读取文件
    window.requestFileSystem( PERSISTENT,   1024,
        function(fs){                               //请求文件系统成功时所执行的回调函数
            var filename = document.getElementById("FileName").value;
            fs.root.getFile(filename,               //获取文件对象
                {create:false},
                function(fileEntry) {               //获取文件对象成功时所执行的回调函数
                    fileEntry.file(                 //获取文件
                        function(file) {            //获取文件成功时所执行的回调函数
                            var reader = new FileReader();
                            reader.onloadend = function(e) {
                                var txtArea = document.createElement('textarea');
                                txtArea.value = this.result;
                                document.body.appendChild(txtArea);
                            };
                            reader.readAsText(file);
                        },
                        errorHandler                //获取文件失败时所执行的回调函数
                    );
                },
                errorHandler);                      //获取文件对象失败时所执行的回调函数
        },
        errorHandler                                //请求文件系统失败时所执行的回调函数
    );
}
function errorHandler(FileError) { //省略代码，请参考本节示例源代码}
</script>
<h1>读取文件</h1>
文件名：<input type="text" id="FileName" value="test.txt"><br/> <br/>
<input type="button" value="读取文件" onclick="readFile()"> <br/>
<output id="result" ></output>
```

9.5.8 复制文件

在 FileSystem API 中，可以使用 File 对象引用磁盘文件，然后将其写入文件系统，用法如下。

```
fileWriter.write(file);
```

参数 file 表示用户磁盘上的一个文件对象。也可以为一个 Blob 对象，表示需要写入的二进制数据。在 HTML5 中，File 对象继承 Blob 对象，所以在 write()方法中可以使用 File 对象作为参数，表示使用某个文件中的原始数据进行写文件操作。

【示例】将用户磁盘上的文件复制到受浏览器沙箱保护的文件系统中。先在页面上设计一个文件控件，当用户选取磁盘上的多个文件后，将用户选取文件复制到受浏览器沙箱保护的文件系统中，复制成功后，在页面中显示所有被复制的文件名，效果如图 9.15 所示。

图 9.15　复制文件内容

```
<script>
window.requestFileSystem = window.requestFileSystem || window.webkitRequestFileSystem;
function myfile_onchange(){                      //复制文件
    var files=document.getElementById("myfile").files;
    window.requestFileSystem( PERSISTENT, 1024,
        function(fs){                            //请求文件系统成功时所执行的回调函数
            for(var i = 0, file; file = files[i]; ++i){
                (function(f) {
                    fs.root.getFile(file.name, {create: true}, function(fileEntry) {
                        fileEntry.createWriter(function(fileWriter) {
                            fileWriter.onwriteend = function(e) {
                                document.getElementById("result").innerHTML+='复制文件名为：'+f.name+ '<br/>';
                            };
                            fileWriter.onerror = errorHandler
                            fileWriter.write(f);
                        }, errorHandler);
                    }, errorHandler);
                })(file);
            }
        },
        errorHandler                             //请求文件系统失败时所执行的回调函数
    );
}
function errorHandler(FileError) {   //省略代码，请参考本节示例源代码   }
</script>
<h1>复制文件</h1>
<input type="file" id="myfile" onchange="myfile_onchange()" multiple /><br>
<output id="result" ></output>
```

9.5.9　删除文件

在 FileSystem API 中，使用 FileEntry 对象的 remove()方法可以删除该文件。remove()方法包含两个参数，分别为删除文件成功和失败时执行的回调函数。

【示例】删除指定名称的文件。在页面中设计一个文本框和一个"删除文件"按钮，用户输入文件名后，单击"删除文件"按钮，在文件系统中将删除该文件，删除成功后在页面中显示该文件被删除的提示信息，效果如图 9.16 所示。

图 9.16　删除文件

```
<script>
window.requestFileSystem = window.requestFileSystem || window.webkitRequestFileSystem;
function deleteFile(){                              //删除文件
    window.requestFileSystem( PERSISTENT, 1024,
        function(fs){                               //请求文件系统成功时所执行的回调函数
            var filename = document.getElementById("fileName").value;
            fs.root.getFile(                        //获取文件
                filename,
                { create: false },
                function(fileEntry){                //获取文件成功时所执行的回调函数
                    fileEntry.remove(
                        function() {                //删除文件成功时所执行的回调函数
                            document.getElementById("result").innerHTML =fileEntry.name+'文件被删除';
                        },
                        errorHandler                //删除文件失败时所执行的回调函数
                    );
                },
                errorHandler                        //获取文件失败时所执行的回调函数
            );
        },
        errorHandler                                //请求文件系统失败时所执行的回调函数
    );
}
function errorHandler(FileError) { //省略代码，请参考本节示例源代码}
</script>
<h1>删除文件</h1>
文件名：<input type="text" id="fileName" value="test.txt"><br/><br/>
<input type="button" value="删除文件" onclick="deleteFile()"><br/>
<output id="result" ></output>
```

9.5.10 创建目录

在 FileSystem API 中，DirectoryEntry 对象表示一个目录，该对象包括如下属性。

☑ isFile：区分对象是否为文件。属性值为 true，表示该对象为文件；属性值为 false，表示该对象为目录。

☑ isDirectory：区分对象是否为目录。属性值为 true，表示该对象为目录；属性值为 false，表示该对象为文件。

☑ name：表示该目录的目录名。

☑ fullPath：表示该目录的完整路径。

☑ filesystem：表示该目录所在的文件系统对象。

DirectoryEntry 对象还包括一些可以创建、复制或删除目录的方法。

使用 DirectoryEntry 对象的 getDirectory()方法可以在一个目录中创建或获取子目录，该方法包含 4 个参数，简单说明如下。

第 1 个参数：为一个字符串，表示需要创建或获取的子目录名。

第 2 个参数：为一个自定义对象。当创建目录时，必须将该对象的 create 属性值设定为 true；当获取目录时，必须将该对象的 create 属性值设定为 false。

第 3 个参数：为一个函数，表示获取子目录或创建子目录成功时执行的回调函数，在回调函数中可以使用一个参数，参数为一个 DirectoryEntry 对象，代表创建或获取成功的子目录。

第 4 个参数：为一个函数，表示获取子目录或创建子目录失败时执行的回调函数，参数值为一个 FileError 对象，其中存放了获取子目录或创建子目录失败时的各种错误信息。

【示例】首先在页面中设计文本框，用于输入目录名称，同时添加一个"创建目录"按钮。输入目录名后，单击"创建目录"按钮，将在根目录下创建子目录，并将创建的目录信息显示在页面中，效果如图 9.17 所示。

图 9.17　创建目录

```
<script>
window.requestFileSystem = window.requestFileSystem || window.webkitRequestFileSystem;
function createDirectory(){                          //创建目录
    window.requestFileSystem(
        PERSISTENT,
        1024,
        function(fs){                                //请求目录系统成功时所执行的回调函数
            var directoryName = document.getElementById("directoryName").value;
            fs.root.getDirectory(                    //创建目录
                directoryName,
                { create: true },
                function(dirEntry){                  //创建目录成功时所执行的回调函数
                    var text = "目录路径："+dirEntry.fullPath+"<br>";
                    text += "目 录 名："+dirEntry.name+"<br>";
                    document.getElementById("result").innerHTML = text;
                },
                errorHandler                         //创建目录失败时所执行的回调函数
            );
        },
        errorHandler                                 //请求文件系统失败时所执行的回调函数
    );
}
function errorHandler(FileError) { //省略代码，请参考本节示例源代码}
</script>
<h1>创建目录</h1>
目录名：<input type="text" id="directoryName" value="test"><br/><br/>
<input type="button" value="创建目录" onclick="createDirectory()"><br/>
<output id="result" ></output>
```

在创建树形目录时，如果文件系统中不存在一个目录，直接创建该目录下的子目录时，将会抛出错误。但是有时应用程序中会有执行某个操作后先创建子目录，然后创建该目录下的子目录。

9.5.11　读取目录

在 FileSystem API 中读取目录的操作步骤如下。

第 1 步，使用 DirectoryEntry 对象的 createReader()方法可以创建 DirectoryReader 对象，用法如下。

```
cvar dirReader=fs.root.createReader();
```

该方法不包含任何参数，返回值为创建的 DirectoryEntry 对象。

第 2 步，在创建 DirectoryEntry 对象之后，使用该对象的 readEntries()方法读取目录。该方法包含两个参数，简单说明如下。

☑　第 1 个参数为读取目录成功时执行的回调函数。回调函数包含一个参数，代表被读取的该目录中目录及文件的集合。

☑ 第 2 个参数为读取目录失败时执行的回调函数。

第 3 步，在异步 FileSystem API 中，不能保证一次就能读取出该目录中的所有目录及文件，应该多次使用 readEntries() 方法，直到回调函数的参数集合的长度为 0 为止，表示不再读出目录或文件。

【示例】读取目录。在页面中设计一个"读取目录"按钮，单击该按钮将读取文件系统根目录中的所有目录和文件，并将其显示在页面上，效果如图 9.18 所示。

图 9.18　读取目录

```html
<script>
window.requestFileSystem = window.requestFileSystem || window.webkitRequestFileSystem;
function readDirectory(){                            //读取目录
    window.requestFileSystem( PERSISTENT, 1024,
        function(fs){                                //请求文件系统成功时所执行的回调函数
            var dirReader = fs.root.createReader();
            var entries = [];
            var readEntries = function() {           //调用 readEntries()方法直到读不出目录或文件
                dirReader.readEntries (
                    function(results) {              //读取目录成功时执行的回调函数
                        if (!results.length) {
                            listResults(entries.sort());
                        }
                        else {
                            entries = entries.concat(toArray(results));
                            readEntries();
                        }
                    },
                    errorHandler                     //读取目录失败时执行的回调函数
                );
            };
            readEntries();                           //开始读取目录
        },
        errorHandler                                 //请求文件系统失败时所执行的回调函数
    );
}
function listResults(entries) {
    var type;
    entries.forEach(function(entry, i) {
        if(entry.isFile)
            type="文件："+entry.name;
        else
            type="目录："+entry.name;
        document.getElementById("result").innerHTML+=type+"<br/>";
    });
}
function toArray(list) { return Array.prototype.slice.call(list || [], 0);}
function errorHandler(FileError) { //省略代码，请参考本节示例源代码}
</script>
<h1>读取目录</h1>
<input type="button" value="读取目录" onclick="readDirectory()"><br/>
<output id="result" ></output>
```

9.5.12　删除目录

在 FileSystem API 中，使用 DirectoryEntry 对象的 remove()
方法可以删除该目录。该方法包含两个参数，分别为删除目录成
功时执行的回调函数和删除目录失败时执行的回调函数。当删除
目录时，如果该目录中含有文件或子目录，则将抛出错误。

【示例】删除文件系统中某个目录。在页面中设计一个文本
框控件和一个"删除目录"按钮，当在文本框中输入目录名后，
单击"删除目录"按钮，将在文件系统中删除该目录，删除成功
后在页面中显示提示信息，效果如图 9.19 所示。

图 9.19　删除目录

```
<script>
window.requestFileSystem = window.requestFileSystem || window.webkitRequestFileSystem;
function deleteDirectory(){                                    //删除目录
    window.requestFileSystem(
        PERSISTENT,
        1024,
        function(fs){                                          //请求文件系统成功时所执行的回调函数
            var directoryName = document.getElementById("directoyName").value;
            fs.root.getDirectory(                             //获取目录
                directoryName,
                { create: false },
                function(dirEntry){                           //获取目录成功时所执行的回调函数
                    dirEntry.removeRecursively(
                        function() {                          //删除目录成功时所执行的回调函数
                            document.getElementById("result").innerHTML =dirEntry.name+'目录被删除';
                        },
                        errorHandler                         //删除目录失败时所执行的回调函数
                    );
                },
                errorHandler                                 //获取目录失败时所执行的回调函数
            );
        },
        errorHandler                                         //请求文件系统失败时所执行的回调函数
    );
}
function errorHandler(FileError) { //省略代码，请参考本节示例源代码}
</script>

<h1>删除目录</h1>
目录名：<input type="text" id="directoyName" value="test"><br/><br/>
<input type="button" value="删除目录" onclick="deleteDirectory()"><br/>
<output id="result" ></output>
```

💡 **提示**：当目录中含有子目录或文件时，要将该目录包括其中的子目录及文件一并删除时，可以使
用 DirectoryEntry 对象的 removeRecursively()方法删除该目录。该方法包含参数及其说明与 remove()
方法相同，这两个方法的不同仅在于 remove()方法只能删除空目录，而 removeRecursively()方法可以
将该目录下的所有子目录及文件一并删除。

9.5.13 复制目录

在 FileSystem API 中，使用 FileEntry 对象或 DirectoryEntry 对象的 copyTo()方法可以将一个目录中的文件或子目录复制到另一个目录中。该方法包含 4 个参数。

第 1 个参数：为一个 DirectoryEntry 对象，指定将文件或目录复制到哪个目标目录中。

第 2 个参数：可选参数，为一个字符串值，用于指定复制后的文件名或目录名。

第 3 个参数：可选参数，为一个函数，代表复制成功后执行的回调函数。

第 4 个参数：可选参数，为一个函数，代表复制失败后执行的回调函数。

【示例】使用 FileSystem API 复制文件系统中文件。页面包含 3 个文本框控件和一个"复制文件"按钮，其中一个文本框控件用于用户输入复制源目录，一个文本框控件用于用户输入复制的目标目录，一个文本框控件用于输入被复制的文件名，用户输入用于复制的源目录、目标目录与文件名并单击"复制文件"按钮后，将被复制的文件从源目录复制到目标目录中，复制成功后在页面中显示提示信息，如图 9.20 所示。

图 9.20　复制目录中文件

```
<script>
window.requestFileSystem = window.requestFileSystem || window.webkitRequestFileSystem;
function copyFile(){                                    //复制文件
    var src=document.getElementById("src").value;
    var dest=document.getElementById("dest").value;
    var fileName=document.getElementById("fileName").value;
    window.requestFileSystem(window.PERSISTENT, 1024*1024, function(fs) {
        copy(fs.root, src+'/'+fileName, dest+'/');
    }, errorHandler);
}
function copy(cwd, src, dest) {
    cwd.getFile(src, {create:false},
    function(fileEntry) {                               //获取被复制文件成功时执行的回调函数
        cwd.getDirectory(dest, {create:false},
        function(dirEntry) {                            //获取复制目标目录成功时执行的回调函数
            fileEntry.copyTo(dirEntry,fileEntry.name,
            function() {                                //复制文件操作成功时执行的回调函数
                document.getElementById("result").innerHTML ='文件复制成功';
            },
            errorHandler                                //复制文件操作失败时执行的回调函数
        );
        },
        errorHandler);                                  //获取复制目标目录失败时执行的回调函数
    }, errorHandler);                                   //获取被复制文件失败时执行的回调函数
}
function errorHandler(FileError) {//省略代码，请参考本节示例源代码}
</script>
<h1>复制文件</h1>
源 目 录：<input type="text" id="src"><br/>
目标目录：<input type="text" id="dest"><br/>
复制文件：<input type="text" id="fileName"><br/>
<input type="button" value="复制文件" onclick="copyFile()">
<output id="result" ></output>
```

9.5.14 重命名目录

在 FileSystem API 中，使用 FileEntry 对象或 DirectoryEntry 对象的 moveTo()方法将一个目录中的文件或子目录复制到另一个目录中。该方法所用参数及其说明与 copyTo()方法完全相同。

两个方法不同点仅在于使用 copyTo()方法时，将把指定文件或目录从源目录复制到目标目录中，复制后源目录中该文件或目录依然存在，而使用 moveTo()方法时，将把指定文件或目录从源目录移动到目标目录中，移动后源目录中该文件或目录被删除。

提示：用户可以在 9.5.13 节示例基础，把 copyTo()方法换为 moveTo()方法进行测试练习。

【示例】本示例演示了如何进行文件的重命名操作。先在页面中设计 3 个文本框和 1 个"文件重命名"按钮，当在 3 个文本框中分别输入文件所属目录、文件名与新的文件名，单击"文件重命名"按钮后，该文件名将被修改为新的文件名，且在页面上显示提示信息，如图 9.21 所示。

图 9.21 重命名文件

```
<script>
window.requestFileSystem  = window.requestFileSystem || window.webkitRequestFileSystem;
function renameFile(){                                    //文件重命名
    var folder=document.getElementById("folder").value;
    var oldFileName=document.getElementById("oldFileName").value;
    var newFileName=document.getElementById("newFileName").value;
    window.requestFileSystem(window.PERSISTENT, 1024*1024, function(fs) {
        rename(fs.root, folder+'/'+oldFileName,newFileName,folder+'/');
    }, errorHandler);
}
function rename(cwd,oldFileName,newFileName,folder) {
    cwd.getFile(oldFileName, {create:false},
    function(fileEntry) {                             //获取文件成功时执行的回调函数
        cwd.getDirectory(folder, {create:false},
        function(folder) {                            //获取文件目录成功时执行的回调函数
            fileEntry.moveTo(folder,newFileName,
                function() {                          //文件重命名操作成功时执行的回调函数
                    document.getElementById("result").innerHTML ='修改文件名成功,新文件名：'+newFileName;
                },
                errorHandler                          //文件重命名操作失败时执行的回调函数
            );
        },
        errorHandler);                                //获取目录失败时执行的回调函数
    }, errorHandler);                                 //获取文件失败时执行的回调函数
}
function errorHandler(FileError) {//省略代码，请参考本节示例源代码 }
</script>
<h1>文件重命名</h1>
目  录：<input type="text" id="folder"><br/>
文件名：<input type="text" id="oldFileName"><br/>
新文件名：<input type="text" id="newFileName"><br/>
<input type="button" value="文件重命名" onclick="renameFile()"><br/>
<output id="result" ></output>
```

9.5.15 使用 filesystem:URL

在 FileSystem API 中，可以使用带有"filesystem:"前缀的 URL，这种 URL 通常用在页面上元素的 href 属性值或 src 属性值中。

用户可以通过 window 对象的 resolveLocalFileSystemURL()方法根据一个带有"filesystem:"前缀的 URL 获取 FileEntry 对象。该方法包含 3 个参数，简单说明如下。

第 1 个参数：为一个带有"filesystem:"前缀的 URL。

第 2 个参数：为一个函数，表示获取文件对象成功时执行的回调函数，该函数使用一个参数，表示获取到的文件对象。

第 3 个参数：为一个函数，表示获取文件对象失败时执行的回调函数，该回调函数使用一个参数，参数值为一个 FileError 对象，其中存放获取文件对象失败时的各种错误信息。

【示例】下面示例演示了"filesystem:"前缀的 URL 和 resolveLocalFileSystemURL()方法的基本应用。在页面中显示一个文本框、一个"创建图片"按钮与一个"显示文件名"按钮，当输入图片文件名后，单击"创建图片"按钮，页面中显示该图片，单击"显示文件名"按钮，页面中显示该图片文件的文件名，效果如图 9.22 所示。

图 9.22　显示文件

```
<script>
window.requestFileSystem    = window.requestFileSystem || window.webkitRequestFileSystem;
var fileSystemURL;
function createImg(){                                //创建图片
    window.requestFileSystem(
        PERSISTENT,
        1024,
        function(fs){                                //请求文件系统成功时所执行的回调函数
            var filename =document.getElementById("fileName").value;
            fs.root.getFile(filename,                //获取文件对象
                {create:false},
                function(fileEntry) {                //获取文件成功时所执行的回调函数
                    var img = document.createElement('img');
                    fileSystemURL=fileEntry.toURL();
                    img.src = fileSystemURL;
                    document.getElementById("form1").appendChild(img);
                    document.getElementById("btnGetFile").disabled=false;
                },
                errorHandler);                       //获取文件失败时所执行的回调函数
        },
        errorHandler                                 //请求文件系统失败时所执行的回调函数
    );
}
function getFile(){
    window.resolveLocalFileSystemURL = window.resolveLocalFileSystemURL ||window. webkitResolveLocalFileSystemURL;
    window.resolveLocalFileSystemURL(fileSystemURL,
        function(fileEntry) {                        //获取文件对象成功时执行的回调函数
```

```
                document.getElementById("result").innerHTML="文件名为:"+fileEntry.name;
        },
        errorHandler                                //获取文件对象失败时执行的回调函数
    );
}
function errorHandler(FileError) { //省略代码，请参考本节示例源代码}
</script>
<h1>使用 filesystem 前缀的 URL</h1>
<form id="form1">
<input type="text" id="fileName">
<input type="button" id="btnCreateImg" value="创建图片" onclick="createImg()">
<input type="button" id="btnGetFile" value="显示文件名" onclick="getFile()"   disabled><br/>
</form>
<output id="result" ></output>
```

注意：在测试本节示例之前，应先运行 9.5.8 节示例代码，在文件系统中复制一个文件。

9.6　案例实战

本例设计在页面中显示 1 个文件控件、3 个按钮。当页面打开时显示文件系统根目录下的所有文件与目录，通过文件控件可以将磁盘上一些文件复制到文件系统的根目录下，复制完成之后用户可以通过单击"保存"按钮来重新显示文件系统根目录下的所有文件与目录，单击"清空"按钮可以删除文件系统根目录下的所有文件与目录，演示效果如图 9.23 所示。

图 9.23　操作文件系统

示例完整源代码如下。

```
<!DOCTYPE html><html><head><meta charset="utf-8">
<script>
var fs;                                         //文件系统对象
var fileList;                                   //显示根目录下所有文件与目录的 ul 元素
window.requestFileSystem = window.requestFileSystem || window.webkitRequestFileSystem;
window.requestFileSystem(window.PERSISTENT, 1024*1024,
    function(filesystem) {                      //请求文件系统成功时所执行的回调函数
        fileList=document.getElementById("fileList");
        fs = filesystem;
        document.getElementById("myfile").disabled=false;
        document.getElementById("btnreadRoot").disabled=false;
        document.getElementById("btndeleteFile").disabled=false;
        readRoot();                             //读取根目录
    },
    errorHandler                                //请求文件系统失败时所执行的回调函数
```

Note

```
);
function readRoot(){                                    //读取根目录
    document.getElementById("result").innerHTML="";
    for(var i=fileList.childNodes.length;i>0;i--){
        var el=fileList.childNodes[i-1];
        fileList.removeChild(el);
    }
    var dirReader = fs.root.createReader();
    var entries = [];
    var readEntries = function() {
        dirReader.readEntries (                         //读取目录
            function(results) {                         //读取目录成功时执行的回调函数
                if (!results.length) {
                    var fragment = document.createDocumentFragment();
                    for (var i = 0, entry; entry = entries[i]; ++i) {
                        var img = entry.isDirectory ? '<img src="icon-folder.gif">' :'<img src="icon-file.gif">';
                        var li = document.createElement('li');
                        li.innerHTML = [img, '<span>', entry.name, '</span>'].join('');
                        fragment.appendChild(li);
                    }
                    fileList.appendChild(fragment);
                }
                else {
                    entries = entries.concat(toArray(results));
                    readEntries();
                }
            },
            errorHandler                                //读取目录失败时执行的回调函数
        );
    };
    readEntries();                                      //开始读取根目录
}
function toArray(list) {
    return Array.prototype.slice.call(list || [], 0);
}
function myfile_onchange(){
    var files=document.getElementById("myfile").files;
    for(var i = 0, file; file = files[i]; ++i){
        (function(f) {
            fs.root.getFile(file.name, {create: true}, function(fileEntry) {
                fileEntry.createWriter(function(fileWriter) {
                    fileWriter.onwriteend = function(e) {
                        document.getElementById("result").innerHTML+='复制文件名为: '+f.name+'<br/>';
                    };
                    fileWriter.onerror = errorHandler
                    fileWriter.write(f);
                }, errorHandler);
            }, errorHandler);
        })(file);
    }
}
function deleteAllContents(){
    var dirReader = fs.root.createReader();
    var entries = [];
    var deleteEntries = function() {
```

```
            dirReader.readEntries (                          //读取目录
                function(results) {                          //读取目录成功时执行的回调函数
                    if (!results.length) {
                        for (var i = entries.length-1, entry; entry = entries[i];i--) {
                            if (entry.isDirectory) {
                                entry.removeRecursively(function() {}, errorHandler);
                            } else {
                                entry.remove(function() {}, errorHandler);
                            }
                        }
                        for(var i=fileList.childNodes.length;i>0;i--){
                            var el=fileList.childNodes[i-1];
                            fileList.removeChild(el);
                        }
                    } else {
                        entries = entries.concat(toArray(results));
                        deleteEntries();
                    }
                },
                errorHandler                                 //读取目录失败时执行的回调函数
            );
        };
        deleteEntries();                                     //开始删除根目录中内容
}
function errorHandler(FileError) { //省略代码，请参考本节示例源代码 }
</script>
</head><body>
<input type="file" id="myfile" multiple disabled onchange="myfile_onchange()"/>
<button id="btnreadRoot"    disabled onclick="readRoot()">保存</button><br/><br/>
<div>
    <ul id="fileList"></ul>
    <button id="btndeleteFile"    disabled onclick="deleteAllContents()">清空</button>
</div>
<output id="result" ></output>
</body></html>
```

9.7 在 线 支 持

扫码免费学习
更多实用技能

一、专项练习

☑ 选择文件，输出文件名

☑ 限制选择文件数量

☑ 显示文件信息

☑ 显示和限制文件字节数

☑ 编辑照片墙

...实际有更多题目

二、更多案例实战

☑ 文件拖曳预览

☑ 用户信息注册

☑ 限制上传照片大小

☑ 图片预览

☑ 文件预览

...实际有更多案例

📝 新知识、新案例不断更新中……

第 10 章

HTML5 通信

HTML5 新增多种通信技术，使用跨文档消息传输功能，可以在不同网页文档、不同端口、不同域之间进行消息的传递。使用 WebSocket API，可以让客户端与服务器端通过 socket 端口来传递数据，这样可以实现数据推送技术，服务器端不再是被动地等待客户端发出的请求，只要客户端与服务器端建立了一次连接之后，服务器端就可以在需要的时候，主动地将数据推送到客户端，直到客户端显示关闭这个连接。

视 频 讲 解

10.1　跨文档发送消息

HTML5 增加了在网页文档之间互相接收与发送消息的功能。使用这个功能，只要获取到目标网页所在窗口对象的实例，同源网页之间不仅可以互相通信，甚至可以实现跨域通信。

在 HTML5 中，跨域通信的核心是 postMessage()方法，该方法主要功能：向另一个地方传递数据。另一个地方可以是包含在当前页面中的 iframe 元素，或者由当前页面弹出的窗口，以及框架集中其他窗口。postMessage()方法的用法如下。

```
otherWindow.postMessage(message,origin);
```

参数说明如下。

- ☑ otherWindow：表示发送消息的目标窗口对象。
- ☑ message：发送的消息文本，可以是数字、字符串等。HTML5 规范定义该参数可以是 JavaScript 的任意基本类型或者可复制的对象，但是部分浏览器只能处理字符串参数，考虑浏览器兼容性，可以在传递参数时，使用 JSON.stringify()方法对参数对象序列化，接收数据后再用 JSON.parse()方法把序列化字符串转换为对象。
- ☑ origin：字符串参数，设置目标窗口的源，格式为"协议+主机+端口号[+URL]"，URL 会被忽略，可以不写，设置该参数主要是为了安全。postMessage()方法只会将 message 传递给指定窗口，也可以设置该参数为"*"，这样可以传递给任意窗口，如果设置为"/"，则定义目标窗口与当前窗口同源。

目标窗口接收到消息之后，会触发 window 对象的 message 事件。这个事件以异步形式触发，因此从发送消息到接受消息，即触发目标窗口的 message 事件，可能存在延迟现象。

触发 message 事件后，传递给 message 处理程序的事件对象包含 3 个重要信息。

- ☑ data：作为 postMessage()方法第 1 个参数传入的字符串数据。
- ☑ origin：发送消息的文档所在域。
- ☑ source：发送消息的文档的 window 对象的代理。这个代理对象主要用于在发送上一条消息的窗口中调用 postMessage()方法。如果发送消息的窗口来自同一个域，该对象就是 window。

注意： event.source 只是 window 对象的代理，不是引用 window 对象。用户可以通过这个代理调用 postMessage()方法，但不能访问 window 对象的任何信息。

当前，Firefox 4+、Safari 4+、Chrome 8+、Opera 10+、IE 8+版本浏览器都支持这种跨文档的消息传输方式。

【示例】设计 index.html 和 called.html 两个页面，其中 index.html 为主叫页面，called.html 为被叫页面。主叫页面可以通过底部的文本框向被叫页面发出实时消息，被叫页面能够在底部文本框中进行动态回应，整个示例效果如图 10.1 所示。

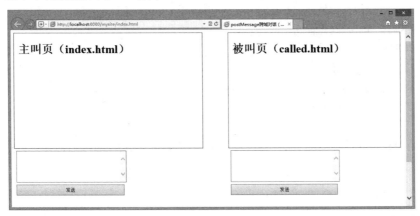

（a）默认效果

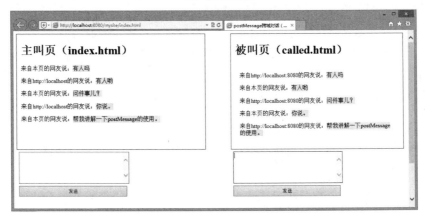

（b）对话效果

图 10.1　跨域动态对话演示效果

☑　主叫页面 index.html 文档的源代码如下。

```html
<div id="calling">
    <h1>主叫页（index.html）</h1>
    <div id="info"></div>
</div>
<div id="called"><iframe id="iframe" src="http://localhost/called.html"></iframe></div>
<div id="caller">
    <textarea id="call_content"></textarea>
    <button id="send" >发送</button>
</div>
```

```
<script type="text/javascript">
var EventUtil = {                                                  //定义事件处理基本模块
    addHandler: function (element, type, handler) {                //注册事件
        if (element.addEventListener) {                            //兼容 DOM 模型
            element.addEventListener(type, handler, false);
        } else if (element.attachEvent) {                          //兼容 IE 模型
            element.attachEvent("on" + type, handler);
        } else {                                                   //兼容传统模型
            element["on" + type] – handler;
        }
    }
};
var info = document.getElementById("info");
var iframe = document.getElementById("iframe");
var send = document.getElementById("send");
//窗口事件监听：监听 message
EventUtil.addHandler(window, "message", function (event) {
    if( event.origin != "http://localhost" ){                     //监测消息来源，非法来源屏蔽
        return;
    }
    info.innerHTML += '<p>来自<span class="red">'+ event.origin + '</span>的网友说：<span class="highlight">' + event.data +
'</span></p>';
});
EventUtil.addHandler(send, "click", function (event) {
    var iframeWindow = window.frames[0];
    var origin = iframe.getAttribute("src");
    var call_content = document.getElementById("call_content");
    if(call_content.value.length <=0) return;                     //如果文本框为空，则禁止呼叫
    iframeWindow.postMessage(call_content.value, origin);          //发出呼叫
    info.innerHTML += '<p>来自<span class="red">本页</span>的网友说：<span class="highlight">' + call_content.value +
'</span></p>';
    call_content.value = "";                                      //清空文本框
});
</script>
```

☑ 被叫页面 called.html 文档的源代码如下。

```
<div id="call">
    <div>
        <h1>被叫页（called.html）</h1>
        <div id="info"></div>
    </div>
</div>
<div id="caller">
    <textarea id="call_content"></textarea>
    <button id="send" >发送</button>
</div>
<script type="text/javascript">
var EventUtil = {                                                  //定义事件处理基本模块
    addHandler: function (element, type, handler) {                //注册事件
        if (element.addEventListener) {                            //兼容 DOM 模型
            element.addEventListener(type, handler, false);
        } else if (element.attachEvent) {                          //兼容 IE 模型
            element.attachEvent("on" + type, handler);
        } else {                                                   //兼容传统模型
            element["on" + type] = handler;
```

```
            }
        }
    };
    var origin,source;
    var info = document.getElementById("info");
    var send = document.getElementById("send");
    EventUtil.addHandler(window, "message", function (event) {
        origin = event.origin;
        source   = event.source;
        info.innerHTML += '<p>来自<span class="red">'+ origin +'</span>的网友说：<span class="highlight">' + event.data +
'</span></p>';
    });
    EventUtil.addHandler(send, "click", function (event) {
        var call_content = document.getElementById("call_content");
        if(call_content.value.length <=0) return;
        source.postMessage(call_content.value,origin);
        info.innerHTML += '<p>来自<span class="red">本页</span>的网友说：<span class="highlight">' + call_content.value +
'</span></p>';
        call_content.value = "";
    });
    </script>
```

10.2 消息通道通信

消息通道通信 API 提供了一种在多个源之间进行通信的方法，这些源之间通过端口（port）进行通信，从一个端口中发出的数据将被另一个端口接收。当前，IE10+、Edge 12+、Firefox 41、Chrome 4+、Safari 5+、Opera 11.5+浏览器支持消息通道 API。

提示： 在 HTML5 中，如果两个页面的 URL 地址位于不同的域中，或使用不同的端口号，则这两个页面属于不同的源。

使用消息通道通信之前，首先要创建一个 MessageChannel 对象，用法如下。

```
var me=new MessageChannel();
```

在创建 MessageChannel 对象的同时，两个端口将被同时创建，其中一个端口被本页面使用，而另一个端口将通过父页面被发送到内嵌的 iframe 元素的子页面中。

在 HTML5 消息通道通信中，使用的每个端口都是一个 MessagePort 对象，该对象包含 3 个方法。

☑ postMessage()：用于向通道发送消息。

☑ start()：用于激活端口，开始监听端口是否接收到消息。

☑ close()：用于关闭并停用端口。

同时每个 MessagePort 对象都有一个 message 事件，当端口接收到消息时触发该事件。与 postMessage 的 message 事件对象相似，MessagePort 的 message 事件对象包含下面几个属性。

☑ data：包含任意字符串数据，由原始脚本发送。

☑ origin：一个字符串，包含原始文档的方案、域名以及端口，如 http://domain.example:80。

☑ source：原始文件的窗口的引用，它是一个 WindowProxy 对象（window 代理）。

☑ ports：一个数组，包含任何 MessagePort 对象发送消息。

【示例】 在 Web 应用中实现消息通道通信。为了便于理解和练习，本例使用 3 个文件夹模拟 3 个站点。

- ☑ http://localhost/site_1
- ☑ http://localhost/site_2
- ☑ http://localhost/site_3

🔊 **注意：** 域名为本地一虚拟服务器，如果用户定义了虚拟目录，则需要在示例脚本中修改对应的域名。

本示例把测试主页放在 http://localhost/site_1 模拟站点（文件夹）中。在主页 index.html 中放置两个 iframe 元素，这两个 iframe 元素中放置两个子页，分别来自 http://localhost/site_2 模拟站点和 http://localhost/site_3 模拟站点。

在浏览器中预览主页，当子页 1 被加载完毕后，向子页 2 发送消息，消息为 "site_2/index.html 初始化完毕。"，当子页 2 接收到该消息后，向子页 1 返回消息，当子页 1 接收到来自子页 2 的返回消息后，将该消息在浏览器窗口中弹出显示，效果如图 10.2 所示。

【操作步骤】

第 1 步，在本地构建一个虚拟站点，域名为 http://localhost。

第 2 步，在站点内新建 3 个文件夹，分别命名为 site_1、site_2、site_3。

第 3 步，设计示例主页。在 site_1 目录下，新建网页保存为 index.html。

图 10.2　消息通道通信演示效果

第 4 步，在 site_1/index.html 页面中嵌入两个 iframe 元素。设置 src 分别为 http://localhost/site_2/index.html 和 http://localhost/site_3/index.html。同时，使用 CSS 隐藏显示 style="display:none"。

```
<iframe style="display:none" src="http://localhost/site_2/index.html"></iframe>
<iframe style="display:none" src="http://localhost/site_3/index.html"></iframe>
```

第 5 步，在首页脚本中，当页面加载完毕之后，注册一个 message 事件，监听管道消息。当接收到第一个 iframe 元素中的页面消息之后，把它转发给第二个 iframe 元素中的页面。

```
window.onload = function(){
    var iframes = window.frames;
    //对第一个 iframe 元素中的页面进行监听
    window.addEventListener('message',function(event){
        if( event.ports.length > 0 ){
            //将端口转发给第二个 iframe 元素中的页面
            iframes[1].postMessage(event.data,'http://localhost/site_3/index.html',event.ports);
        }
    },false);
}
```

第 6 步，在 site_2 目录下，新建网页保存为 index.html。在该页面脚本中，创建一个 MessageChannel 对象。

```
var mc = new MessageChannel();
```

第 7 步，创建 MessageChannel 对象后，两个 MessagePort 对象也被同时创建，可以通过 MessageChannel

对象的 port 1 属性值与 port2 属性值来访问这两个 MessagePort 对象。

这里将 MessageChannel 对象的 port1 属性值所引用的 MessagePort 对象留在本页面用，将 MessageChannel 对象的 port2 属性值所引用的 MessagePort 对象以及需要发送的消息通过父页面的 postMessage()方法发送给父页面。

```
window.onload = function(){
    var mc = new MessageChannel();
    //向父页面发送端口及消息
    window.parent.postMessage('site_2/index.html 初始化完毕。','http://localhost/site_1/index.html',[mc.port2]);
    //定义本页面端口接收到消息时的事件处理函数
    mc.port1.addEventListener('message', function(event){
        alert( event.data );
    }, false);
    //打开本页面中的端口，开始监听
    mc.port1.start();
}
```

在父页面中定义接收到 MessagePort 对象及消息后，转发给其第二个 iframe 元素中的子页面，代码可以参考第 5 步说明。同时，定义 MessagePort 对象在接收到消息时所执行的事件处理函数。

第 8 步，在 site_3 目录下，新建网页保存为 index.html。在该页面脚本中，定义当页面接收到消息及端口时，访问触发窗口对象的 message 事件对象的 ports 属性值中的第一个端口，即子页 1 发送过来的端口，然后将反馈消息发回给该端口。

```
window.onload = function(){
    //定义接收到消息时的事件处理函数
    window.addEventListener('message',function(event){
        event.ports[0].postMessage('site_3/index.html 收到消息：'+ event.data + '本页也已加载完毕。');
    },false);
}
```

10.3　网络套接字通信

本节及下面各节示例以 Windows 系统+Apache 服务器+ PHP 开发语言组合框架为基础进行演示说明。建议在本地搭建 Apache+PHP 虚拟服务器环境。

10.3.1　什么是 Socket

Socket 的英文原意是孔或插座，在 UNIX 的进程通信机制中被称为套接字。套接字由一个 IP 地址和一个端口号组成。Socket 正如其英文原意那样，像一个多孔插座，一台主机犹如布满各种插座（IP 地址）的房间，每个插座有很多插口（端口），通过这些插口接入电源线（进程），我们就可以烧水、看电视、玩计算机等。

从面向对象编程的角度来分析：Socket 是应用层与传输层、网络层之间进行通信的中间软件抽象层，它是一组接口，把复杂的 TCP/IP 协议隐藏在 Socket 接口后面，如图 10.3 所示。对用户来说，一组简单的接口就是全部，调用 Socket 接口函数去组织数据，以符合指定的协议，这样网络间的通信也就简单了许多。

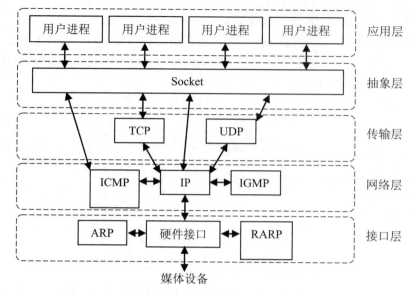

图 10.3　Socket 在 TCP/IP 协议组中的位置

10.3.2　为什么需要 Socket

在标准的 OIS 模型中并没有 Socket 层，也就是说不使用 Socket 也能实现网络通信。

在 Socket 出现之前，编写一个网络应用程序，开发人员需要花费大量的时间来解决网络协议之间的衔接问题。为了从这种重复、枯燥的底层代码编写中解放出来，于是就有人专门把协议实现的复杂代码进行封装，从而诞生了 Socket 接口层。

有了 Socket 以后，开发人员无须自己编写代码实现 TCP 三次握手、四次挥手、ARP 请求、数据打包等任务，Socket 已经封装好了，只需要遵循 Socket 接口的规定，写出的应用程序自然也遵循 TCP、UDP 标准。

应用程序通过 Socket 层向网络发送请求，或者应答网络请求。Socket 能够区分不同的应用程序进程，当一个进程绑定了本机 IP 的某个端口，那么传送至这个 IP 地址和端口的所有数据都会被系统转送至该进程的应用程序来进行处理。

10.3.3　Socket 的历史

套接字起源于 20 世纪 70 年代加利福尼亚大学伯克利分校版本的 UNIX，即 BSD UNIX。因此，也有人把套接字称为"伯克利套接字"或"BSD 套接字"。刚开始，套接字被设计用在同一台计算机上多个应用程序之间的通信，这也被称为进程间通信（IPC）。

套接字有两个种族，分别是基于文件型和基于网络型。

☑ 基于文件类型的套接字家族，名字为 AF_UNIX。在 UNIX 系统中，一切皆文件，基于文件的套接字，调用的就是底层的文件系统来读取数据，两个套接字进程运行在同一台主机上，可以通过访问同一个文件系统间接完成通信。

☑ 基于网络类型的套接字家族，名字为 AF_INET。也有 AF_INET6，被用于 IPv6 版本，还有一些其他的地址家族，不过，它们要么是只用于某个平台，要么是已经被废弃，或者是很少被使用，或者是根本没有实现。在所有地址家族中，AF_INET 是使用最广泛的一个，Python 支持很多种地址家族，但是由于大部分通信都是网络通信，所以大部分时候使用 AF_INET。

10.3.4　WebSocket 基础

WebSocket（网络套接字）是 HTML5 新增的一种在单个 TCP 连接上进行全双工通信的协议。全双工通信就是允许数据在两个方向上同时传输（A→B 且 B→A），相当于两个单工通信方式的结合。

WebSocket 使得客户端与服务器之间的数据交换变得更加简单，允许服务器端主动向客户端推送数据。在 WebSocket API 中，浏览器和服务器只需要一次握手，两者之间就可以创建持久性的连接，直接进行双向数据传输。

在传统网站开发中，为了实现数据推送服务，一般使用 Ajax 轮询技术。轮询是在特定的时间间隔（如每 1s），由浏览器向服务器发出 HTTP 请求，然后由服务器返回最新的数据给客户端的浏览器。这种模式缺点非常明显：浏览器需要不断地向服务器发出请求，然而 HTTP 每次请求都包含较长的头部，其中真正有效的数据可能只是很小的一部分，显然这样会浪费很多带宽等资源。

HTML5 定义的 WebSocket 协议，能更好地节省服务器资源和带宽，并且能够实时地进行通信。浏览器通过 JavaScript 向服务器发出建立 WebSocket 连接的请求，连接建立以后，客户端和服务器端就可以通过 TCP 连接直接交换数据。

这个连接是实时的、永久的，除非被主动关闭。这意味着当服务器准备向客户端推送数据时，无须重新建立连接。只要客户端有一个被打开的 socket（套接字）端口，且与服务器已建立连接，就可以把数据推送给这个 socket 端口，服务器不再需要轮询客户端的请求，由被动变为主动。

当前，Chrome 16+、Firefox 11+、IE 10+、Edge、Safari 7+、Opera 10.1+等主流浏览器均支持该协议，包括该协议中定义的二进制数据的传送。

WebSocket API 适用于多客户端与服务器端实现实时通信的场景。例如：

- ☑　在线游戏网站。
- ☑　聊天室。
- ☑　实时体育或新闻评论网站。
- ☑　实时交互用户信息的社交网站。

10.3.5　使用 WebSocket API

当用户获取 WebSocket 连接之后，可以通过 send()方法来向服务器发送数据，并通过 onmessage 事件来接收服务器返回的数据。

【操作步骤】

第 1 步，创建连接。新建一个 WebSocket 对象，代码如下。

```
var host = "ws://echo.websocket.org/";
var socket=new WebSocket(host);
```

注意：WebSocket()构造函数参数为 URL，必须以"ws"或"wss"（加密通信时）字符开头，后面字符串可以使用 HTTP 地址。该地址没有使用 HTTP 协议写法，因为它的属性为 WebSocket URL。URL 必须由 4 个部分组成，分别是通信标记（ws）、主机名称（host）、端口号（port）和 WebSocket Server。

在实际应用中，Socket 服务器端脚本可以是 Python、Node.js、Java、PHP。本例使用 http://www.websocket.org/网站提供的 Socket 服务器端，协议地址为 ws://echo.websocket.org/。这样方便初学者进行简单的测试和体验，避免编写复杂的服务器脚本。

第 2 步，发送数据。当 WebSocket 对象与服务器建立连接后，使用如下代码发送数据。

```
socket.send(dataInfo);
```

注意： Socket 为新创建的 WebSocket 对象，send()方法中的 dataInfo 参数为字符类型，只能使用文本数据或者将 JSON 对象转换成文本内容的数据格式。

第 3 步，接收数据。通过 message 事件接收服务器传过来的数据，代码如下。

```
socket.onmessage=function(event){
    //弹出收到的信息
    alert(event.data);
    //其他代码
}
```

其中，通过回调函数中 event 对象的 data 属性来获取服务器端发送的数据内容，该内容可以是一个字符串或者 JSON 对象。

第 4 步，显示状态。通过 WebSocket 对象的 readyState 属性记录连接过程中的状态值。readyState 属性是一个连接的状态标志，用于获取 WebSocket 对象在连接、打开、变比中和关闭时的状态。该状态标志共有 4 个属性值，简单说明如表 10.1 所示。

表 10.1　readyState 属性值

属 性 值	属 性 常 量	说　　明
0	CONNECTING	连接尚未建立
1	OPEN	WebSocket 的连接已经建立
2	CLOSING	连接正在关闭
3	CLOSED	连接已经关闭或不可用

提示： WebSocket 对象在连接过程中，通过侦测 readyState 状态标志的变化，可以获取服务器端与客户端连接的状态，并将连接状态以状态码形式返回给客户端。

第 5 步，通过 open 事件监听 Socket 的打开，用法如下。

```
WebSocket.onopen = function(event){
    //开始通信时处理
}
```

第 6 步，通过 close 事件监听 Socket 的关闭，用法如下。

```
WebSocket.onclose=function(event){
    //通信结束时的处理
}
```

第 7 步，调用 close()方法可以关闭 Socket，切断通信连接，用法如下。

```
WebSocket.close();
```

主要代码如下，完整代码请参考本节示例源代码。

```
var socket;                                                      //声明 Socket
function init(){                                                 //初始化
    var host = "ws://echo.websocket.org/";                       //声明 host，注意是 ws 协议
    try{
        socket = new WebSocket(host);                            //新建一个 Socket 对象
        log('当前状态：    '+socket.readyState);                   //将连接的状态信息显示在控制台
        socket.onopen    = function(msg){ log("打开连接：    "+ this.readyState); };   //监听连接
        socket.onmessage = function(msg){ log("接受消息：    "+ msg.data); };
                                                                 //监听当接收信息时触发匿名函数
        socket.onclose   = function(msg){ log("断开连接     "+ this.readyState); };    //关闭连接
        socket.onerror   = function(msg){ log("错误信息：    "+ msg.data); };          //监听错误信息
    }catch(ex){
```

```
        log(ex);
    }
    $("msg").focus();
}
function send(){                                    //发送信息
    …
    try{ socket.send(msg); log('发送消息：  '+msg); } catch(ex){ log(ex); }
}
function quit(){                                    //关闭 Socket
    log("再见");
    socket.close();
    socket=null;
}
```

在浏览器中预览，效果如图 10.4 所示。

（a）建立连接

（b）相互通信

（c）断开连接

图 10.4　使用 WebSocket 进行通信

10.3.6　案例：设计简单的通信

本节通过一个简单的示例演示如何使用 WebSocket 让客户端与服务器端握手连接，然后进行简单的呼叫和应答通信。

【操作步骤】

第 1 步，新建客户端页面，保存为 client.html。

第 2 步，在页面中设计一个简单的交互表单。其中，<textarea id="data">用于接收用户输入，单击<button id="send">按钮，可以把用户输入的信息传递给服务器，服务器接收到信息之后，响应信息并显示在<div id="message">容器中。

```
<div id="action">
    <textarea id="data"></textarea>
    <button id="send">发送信息</button>
</div>
<div id="message"> </div>
```

第 3 步，设计 JavaScript 脚本，建立与服务器端的连接，并通过 open、message、error 事件处理函数跟踪连接状态。

```
<script>
var message = document.getElementById('message');
var socket = new WebSocket('ws://127.0.0.1:8008');
socket.onopen = function(event) {
    message.innerHTML = '<p>连接成功！</p>';
}
socket.onmessage = function(event) {
```

```
        message.innerHTML =   "<p>响应信息："+ event.data  +"</p>";
    }
    socket.onerror = function() {
        message.innerHTML = '<p>连接失败！</p>';
    }
</script>
```

第 4 步，获取用户输入的信息，并把它发送给服务器。

```
var send = document.getElementById('send');
send.addEventListener('click', function() {                      //设计单击按钮提交信息
    var content = document.getElementById('data').value;
    if(content.length <= 0){                                     //验证信息
        alert('消息不能为空！');
        return false;
    }
    socket.send(content);                                        //发送信息
});
```

第 5 步，服务器端应用程序开发。新建 PHP 文件，保存为 server.php，与 client.html 同置于 PHP 站点根目录下。

第 6 步，为了方便操作，定义 WebSocket 类，结构代码如下。

```
<?php
class WebSocket {                                        //定义 WebSocket 类
    private $socket;                                     //Socket 的连接池，即 client 连接进来的 Socket 标志
    private $accept;                                     //不同状态的 Socket 管理
    private $isHand = array();                           //判断是否握手
    //在构造函数中创建 Socket 连接
    public function __construct($host, $port, $max) { }
    //对创建的 Socket 循环进行监听，处理数据
    public function start() { }
    //首次与客户端握手
    public function dohandshake($sock, $data, $key) {  }
    //关闭一个客户端连接
    public function close($sock) {   }
    //解码过程
    public function decode($buffer) {   }
    //编码过程
    public function encode($buffer) {   }
}
?>
```

第 7 步，在构造函数中创建 Socket 连接。

```
public function __construct($host, $port, $max) {
    //创建服务器端的 Socket 套接流，net 协议为 IPv4，protocol 协议为 TCP
    $this->socket = socket_create(AF_INET, SOCK_STREAM, SOL_TCP);
    socket_set_option($this->socket, SOL_SOCKET, SO_REUSEADDR, TRUE);
    //绑定接收的套接流主机和端口，与客户端相对应
    socket_bind($this->socket, $host, $port);
    //监听套接流
    socket_listen($this->socket, $max);
}
```

第 8 步，监听并接收数据。

```
public function start() {
    while(true) {                                        //死循环，让服务器无限获取客户端传过来的信息
        $cycle = $this->accept;
```

```
            $cycle[] = $this->socket;
            socket_select($cycle, $write, $except, null);          //这个函数是同时接收多个连接
            foreach($cycle as $sock) {
                if($sock === $this->socket) {                      //如果有新的 client 连接进来
                    $client = socket_accept($this->socket);        //接收客户端传过来的信息
                    $this->accept[] = $client;                     //将新连接进来的 Socket 存进连接池
                    $key = array_keys($this->accept);              //返回包含数组中所有键名的新数组
                    $key = end($key);                              //输出数组中最后一个元素的值
                    $this->isHand[$key] = false;                   //标志该 Socket 资源没有完成握手
                } else {
                    //读取该 Socket 的信息
                    //注意：第 2 个参数是引用传参，即接收数据
                    //第 3 个参数是接收数据的长度
                    $length = socket_recv($sock, $buffer, 204800, 0);
                    //根据 Socket 在 accept 池里面查找相应的键 ID
                    $key = array_search($sock, $this->accept);
                    //如果接收的信息长度小于 7，则该 client 的 Socket 为断开连接
                    if($length < 7) {
                        $this->close($sock);                       //给该 client 的 Socket 进行断开操作
                        continue;
                    }
                    if(!$this->isHand[$key]) {                     //判断该 Socket 是否已经握手
                        //如果没有握手，则进行握手处理
                        $this->dohandshake($sock, $buffer, $key);
                    } else {//向该 client 发送信息，对接收到的信息进行 uncode 处理
                        //先解码，再编码
                        $data = $this->decode($buffer);
                        $data = $this->encode($data);
                        //判断断开连接（断开连接时数据长度小于 10）
                        //如果不为空，则进行消息推送操作
                        if(strlen($data) > 0) {
                            foreach($this->accept as $client) {
                                //向 socket_accept 套接流写入信息，也就是反馈信息给 socket_bind()所绑定的主机客户端，
socket_write 的作用是向 socket_create 的套接流写入信息，或者向 socket_accept 的套接流写入信息
                                socket_write($client, $data, strlen($data));
                            }
                        }
                    }
                }
            }
        }
    }
```

第 9 步，定义 dohandshake()函数，建立与客户端的第一次握手连接。

```
//首次与客户端握手
public function dohandshake($sock, $data, $key) {
    //截取 Sec-WebSocket-Key 的值并加密，其中$key 后面的一部分 258EAFA5-E914-47DA-95CA-C5AB0DC85B11 字符串
应该是固定的
    if (preg_match("/Sec-WebSocket-Key: (.*)\r\n/", $data, $match)) {
        $response = base64_encode(sha1($match[1] . '258EAFA5-E914-47DA-95CA-C5AB0DC85B11', true));
        $upgrade  = "HTTP/1.1 101 Switching Protocol\r\n" .
            "Upgrade: websocket\r\n" .
            "Connection: Upgrade\r\n" .
            "Sec-WebSocket-Accept: " . $response . "\r\n\r\n";
        socket_write($sock, $upgrade, strlen($upgrade));
```

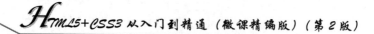

```
        $this->isHand[$key] = true;
    }
}
```

关于解码和编码函数，这里不再详细说明，读者可以参考本节示例源代码。

第 10 步，实例化 WebSocket 类型，并调用 start()方法开通 WebSocket 服务。

```
//127.0.0.1 是在本地主机测试，如果有多台计算机，可以写 IP 地址
$webSocket = new WebSocket('127.0.0.1', 8008, 10000);
$webSocket->start();
```

第 11 步，在浏览器中先运行 server.php，启动 WebSocket 服务器，此时页面没有任何信息，浏览器一直等待客户端页面的连接请求，如图 10.5 所示。

第 12 步，在浏览器中先运行 client.html，可以看到客户端与服务器端握手成功，如图 10.6 所示。

第 13 步，在 client.html 页面中向服务器发送一条信息，则服务器会通过 WebSocket 通道返回一条响应信息，如图 10.7 所示。

图 10.5　启动 WebSocket 服务　　　图 10.6　握手成功　　　图 10.7　相互通信

提示：直接在浏览器中运行 WebSocket 服务器，PHP 的配置参数（php.ini）有个时间限制，如下所示，也可以通过 "new WebSocket('127.0.0.1', 8008, 10000);" 中第 3 个参数控制轮询时长，超出这个时限，就会显示如图 10.8 所示提示错误。

图 10.8　超出时限提示错误

```
default_socket_timeout = 60
```

【拓展】

用户也可以通过命令行运行 WebSocket 服务，实现长连接。具体操作步骤如下。

第 1 步，在"运行"对话框中，启动命令行工具，如图 10.9 所示。

第 2 步，在命令行中输入 "php　E:\www\server.php"，然后按 Enter 键运行 WebSocket 服务器应用程序即可，如图 10.10 所示。

图 10.9　打开命令行　　　　　图 10.10　运行 WebSocket 服务

第 3 步，只要不关闭命令行窗口，用户可以随时在客户端使用 WebSocket 与服务器端进行通信，

或者服务器主动向用户推送信息。

10.3.7　案例：发送 JSON 信息

10.3.6 节示例介绍了如何使用 WebSocket API 发送文本数据，本节示例将演示如何使用 JSON 对象来发送一切 JavaScript 中的对象。使用 JSON 对象的两个方法：JSON.parse()和 JSON.stringify()，其中 JSON.stringify()方法可以把 JavaScript 对象转换成文本数据，JSON.parse()方法可以将文本数据转换成 JavaScript 对象。

【操作步骤】

第 1 步，复制 10.3.6 节 client.html 文件，在按钮单击事件处理函数中生成一个 JSON 对象，向服务器传递两个数据：一个是随机数，另一个是用户自己输入的字符串。

```
send.addEventListener('click', function() {
    var content = data.value;
    var message = {
        "randoms" :   Math.random(),           //生成随机数
        "content" : content                     //用户输入的任意字符串
    }
    var json = JSON.stringify(message);         //把 JSON 对象转换为字符串
    socket.send(json);                          //发送字符串信息
});
```

第 2 步，在 onmessage 事件处理函数中接收字符串信息，把它转换为 JSON 对象，然后稍加处理并显示在页面中。

```
socket.onmessage = function(event) {
    var dl = document.createElement('dl');
    var jsonData = JSON.parse(event.data);         //接收推送信息，并转换为 JSON 对象
    dl.innerHTML =   "<dt>"+jsonData.randoms +"<dt><dd><span></span>"+jsonData.content+"</dd>";
    message.appendChild(dl);
    message.scrollTop = message.scrollHeight;
}
```

第 3 步，复制 10.3.6 节 server.php 文件，保持源代码不变。然后，按 10.3.6 节操作步骤，在浏览器中进行测试，则效果如图 10.11 所示。

图 10.11　解析 JSON 对象并显示键值

10.4　服务器推送事件通信

10.4.1　Server-Sent Events 基础

服务器推送事件（Server-Sent Events，简称 SSE）是 HTML5 新增的一种通信方式，可以用来从

服务器端实时推送数据到浏览器端。相对于 COMET（长轮询）和 WebSocket 技术来说，服务器推送事件的使用更简单，服务器端的改动也较小。对于某些类型的应用来说，服务器推送事件是最佳的选择。当前，Edge 79+、Firefox 6+、Chrome 6+、Safari 5+、Opera 11.5+浏览器支持服务器推送事件。

> 提示：除了 HTML5 服务器推送事件外，还有下面 3 种服务器端数据推送技术。
> ☑ WebSocket：基于 TCP 协议，使用套接字连接，可以进行双向的数据传输。
> ☑ 简易轮询：基于 HTTP 协议，浏览器定时向服务器发出请求，来查询是否有数据更新。
> ☑ COMET（长轮询）：改进了简易轮询，在每次请求时，会保持该连接在一段时间内处于打开状态，在打开状态时，服务器端产生的数据更新可以及时发送给浏览器。当上一个长连接关闭之后，浏览器会立即打开一个新的长连接来继续请求。

简易轮询由于缺陷明显，并不推荐使用；COMET 技术不是 HTML5 标准技术，也不推荐使用。WebSocket 和 SSE 都是 HTML5 标准技术，在主流浏览器上都提供了原生的支持，它们各有特点，适合不同的场合，简单比较如下。

☑ SSE 使用 HTTP 协议，现有的服务器软件都支持；WebSocket 是一个独立协议。
☑ SSE 属于轻量级，使用简单；WebSocket 协议相对复杂。
☑ SSE 默认支持断线重连；WebSocket 需要自己实现。
☑ SSE 一般只用于传送文本，二进制数据需要编码后传送；WebSocket 默认支持传送二进制数据。
☑ SSE 支持自定义发送的消息类型。

10.4.2　使用 Server-Sent Events

1. 客户端实现

SSE 的客户端 API 部署在 EventSource 对象上。使用 SSE 时，浏览器首先生成一个 EventSource 实例，向服务器发起连接。语法格式如下。

```
var source = new EventSource(url);
```

参数 url 表示请求的网址，可以跨域。如果跨域时，可以指定第二个参数，打开 withCredentials 属性，表示是否携带 cookie。语法格式如下。

```
var source = new EventSource(url, { withCredentials: true });
```

使用 EventSource 实例的 readyState 属性可以跟踪当前连接状态，取值说明如下。

☑ 0：等于 EventSource.CONNECTING，表示连接还未建立，或者断线正在重连。
☑ 1：等于 EventSource.OPEN，表示连接已经建立，可以接收数据。
☑ 2：等于 EventSource.CLOSED，表示连接已断，且不会重连。

一旦建立连接，就会触发 open 事件，可以在 onopen 属性定义回调函数。

```
source.onopen = function (event){
    //...
};
```

客户端接收到服务器发来的数据，就会触发 message 事件，可以在 onmessage 属性的回调函数中接收数据，并进行处理。事件对象的 data 属性就是服务器端传回的数据（文本格式）。

```
source.onmessage = function (event) {
    var data = event.data;
    //处理数据
};
```

如果发生通信错误（如连接中断），就会触发 error 事件，可以在 onerror 属性定义回调函数处理异常。

```
source.onerror = function (event) {
    //处理异常
};
```

如果要关闭 SSE 连接，可以使用 close()方法。

```
source.close();
```

2. 服务器端实现

服务器向浏览器发送的 SSE 数据，必须是 UTF-8 编码的文本，具有如下 HTTP 头信息。

```
Content-Type: text/event-stream
Cache-Control: no-cache
Connection: keep-alive
```

上面 3 行之中，第 1 行的 Content-Type 必须指定 MIME 类型为 event-stream。

每一次发送的信息，由若干个 message 组成，每个 message 之间用\n\n 分隔。每个 message 内部由若干行组成，每一行都遵循如下格式。field 取值包括 data、id、event、retry。

```
field: value\n
```

以冒号开头的行表示注释，通常服务器每隔一段时间就会向浏览器发送一个注释，保持连接。

```
: 注释文本
```

☑ data 字段：

数据内容用 data 字段表示。如果数据很长，可以分成多行，最后一行用\n\n 结尾，前面行都用\n 结尾。例如，下面发送一段 JSON 数据。

```
data: {\n
data: "a": "bar",\n
data: "b", 123\n
data: }\n\n
```

☑ id 字段：

表示一条数据的编号。浏览器使用 lastEventId 可以读取该值。如果连接断线，浏览器会发送一个 HTTP 头，里面包含一个特殊的 Last-Event-ID 头信息，将这个值发送给服务器端，便于重建连接。因此，这个头信息可以被视为一种同步机制。

```
id: msg1\n
data: message\n\n
```

☑ event 字段：

event 字段表示自定义的事件类型，默认是 message 事件。浏览器可以用 addEventListener()方法监听该事件。例如，下面代码创建两条信息。第一条的名字是 foo，触发浏览器的 foo 事件；第二条未取名，表示默认类型，触发浏览器的 message 事件。

```
event: foo\n
data: a foo event\n\n
data: an unnamed event\n\n
```

☑ retry 字段：

服务器可以使用 retry 字段指定浏览器重新发起连接的时间间隔。

```
retry: 10000\n
```

两种原因会导致浏览器出错而重新发起连接：一种是时间间隔到期，二是由于网络错误。

Note

【示例】使用 SSE 技术把服务器端的当前时间推送给客户端。

☑ 客户端代码（test.html）：

```html
<button id="close" disabled>断开连接</button>
<div id="result"></div>
<script type="text/javascript">
var result = document.getElementById('result');
if (typeof (EventSource) !== 'undefined') {
    var source = new EventSource('test.php');              //创建事件源
    source.onmessage = function(event){                   //监听事件源发送过来的数据
        result.innerHTML +=event.data +'<br>';
    }
    source.onopen = function(){                            //建立连接事件处理函数
        if (source.readyState == 0) {
            result.innerHTML +='未建立连接<br>';
        }
        if (source.readyState == 1) {
            result.innerHTML +='连接成功<br>';
        }
    }
    source.onclose = function(){                           //关闭连接事件处理函数
        result.innerHTML += "连接关闭，readyState 属性值为： " + source.readyState + '<br>';
    }
    var close = document.getElementById('close');
    close.removeAttribute("disabled");
    close.onclick = function(){                            //主动断开连接按钮事件处理函数
        source.close();
        result.innerHTML += "主动断开连接，readyState 属性值为： " + source.readyState + '<br>';
        close.setAttribute("disabled", true);
    }
}else{
    result.innerHTML += "您的浏览器不支持 server sent Event";
}
</script>
```

☑ 服务器端代码（test.php）：

```php
<?php
header('Content-Type:text/event-stream');              //指定发送事件流的 MIME 为 text/event-stream
header('Cache-Control:no-cache');                      //不缓存服务器端发送的数据
echo "event:test\n\n";                                 //指定服务器发送的事件名
//定义服务器向客户端发送的数据
echo "data:服务器当前时间为： ".date('Y-m-d H:i:s')."\n\n";
flush();                                               //向客户端发送数据流
?>
```

在本地虚拟服务器中运行 test.html 文件，显示效果如图 10.12 所示。

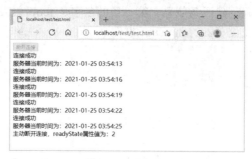

图 10.12　使用 SSE 向客户端推送数据

10.5 广播通道通信

Broadcast Channel 广播通道通信用于同源不同页面之间进行通信，即同一站点的同一个浏览器上下文之间进行简单的通信，包括窗口、标签、框架或 iframe。当前，Edge 79+、Firefox 38+、Chrome 54+、Opera 41+浏览器支持广播通道 API。

与 window.postMessage 的区别：Broadcast Channel 只能用于同源页面之间进行通信，而window.postMessage 可以用于任何同源或跨域页面之间进行通信。

【实现方法】

第 1 步，构建通道。

```
var bc = new BroadcastChannel(test_channel);
```

参数 test_channel 指定通道的名称，连接到相同名称的广播通道，可以监听到这个通道分发的所有消息。使用 bc.name 可以访问这个通道的名称。

第 2 步，使用通道对象的 postMessage()方法发送消息。

```
bc.postMessage(data);
```

发送消息 data 到指定通道之中后，所有接入这个通道的页面都能收到该消息。消息为字符串型，如果是对象，则应该使用 JSON.stringify(data)方法转换为字符串标识。

第 3 步，在 message 事件上进行监听，然后在事件的回调函数中接收消息。

```
bc.onmessage = function (ev) { console.log(ev); }
```

ev 表示 event 对象，继承自 Event，结构如下。

```
{
    bubbles : false,
    cancelBubble : false
    cancelable : false
    currentTarget : BroadcastChannel {name: "test_channel", onmessageerror: null, onmessage: f}
    data : ""
    srcElement : BroadcastChannel {name: "test_channel", onmessageerror: null, onmessage: f}
    target : BroadcastChannel {name: "test_channel", onmessageerror: null, onmessage: f}
    type:"message"
}
```

在事件的回调函数中可以通过 ev.data 接收消息。

第 4 步，完成通信之后，可以使用通道对象的 close()方法关闭通道。

```
bc.close();
```

【示例】在页面中设计一个文本框，当单击"发送消息"按钮后，使用 BroadcastChannel()方法创建一个名为'test_channel'的消息通道，然后使用通道对象的 postMessage()方法把文本框的值发送到消息通道中，这样在浏览器的其他窗口中可以监听 onmessage 事件，并接收这个消息，效果如图 10.13所示。

```
<input type = "text" id = "text" placeholder="请输入消息，输入 close 将关闭通道" />
<button id="btn">发送消息</button>
<div id = "wrapper"></div>
<script>
```

```
window.onload = function(){
    var wrapper = document.getElementById("wrapper");
    var bc = new BroadcastChannel('test_channel');
    var win = location.pathname;
    bc.onmessage = function (ev) {
        wrapper.innerHTML += "<p>接收：" + ev.data + "</p>";
    }
    var btn = document.getElementById("btn");
    var input = document.getElementById("text");
    btn.onclick = function(){
        var v = input.value.trim();
        if(!v){
            alert("请输入内容");
            return;
        }
        if(v == "close"){
            bc.close();
            wrapper.innerHTML += "<p>关闭 Broadcast Channel</p>";
            return;
        }
        bc.postMessage( "<i>" +   win + "</i> 说 <b>" + v + "</b>" );
        wrapper.innerHTML += "<p><i>" +   win + "</i> 发送：<b>" + v + "</b></p>";
        input.value = "";
    }
}
</script>
```

图 10.13　使用消息通道向其他窗口推送消息

10.6　案例实战

本节示例模拟微信推送功能，为特定会员主动推送优惠广告信息。
【操作步骤】
第 1 步，设计客户端页面，新建 client1.html 文档，然后设计如下代码。

```
<body style="padding:0; margin:0;">
<div id="message" style="position:fixed; bottom:0; width:100%; display:none; background:hsla(93,96%,62%,0.6)"> </div>
<h1>client1.html</h1>
<script>
var ws = new WebSocket('ws://127.0.0.1:8008');
ws.onopen = function(){
    var uid = '2';
```

```
        ws.send(uid);
    };
    ws.onmessage = function(e){
        var message = document.getElementById('message');
        message.style.display = "block";
        var jsonData = JSON.parse(event.data);                        //接收推送信息，并转换为 JSON 对象
        message.innerHTML =  "<p>"+jsonData.content+"</p>";
    };
</script>
</body>
```

在页面中设计一个通知栏，用来接收服务器的推送信息。同时使用 HTML5 的 WebSocket API 构建一个 Socket 通道，实现与服务器即时通信联系。在页面初始化时，首先向服务器发送用户的 ID 信息，以便服务器根据不同的 ID 分类推送信息，也就是仅为 uid 为 2 的部分会员推送信息。

第 2 步，复制 client1.html 文档，新建 client2.html、client3.html，保留代码不动，仅修改每个用户的 uid 参数值，client2.html 的 uid 为 2，client3.html 的 uid 为 1。

第 3 步，新建 WebSocket 服务器应用程序，保存文档为 server.php。输入下面代码。

```php
<?php
use Workerman\Worker;                                                 //导入 Workerman 框架
require_once 'Workerman/Autoloader.php';
//初始化一个 worker 容器，监听 8008 端口
$worker = new Worker('websocket://127.0.0.1:8008');
$worker->count = 1;                                                   //这里进程数必须设置为 1
//worker 进程启动后建立一个内部通信端口
$worker->onWorkerStart = function($worker){
    //开启一个内部端口，方便内部系统推送数据，Text 协议格式：文本+换行符
    $inner_text_worker = new Worker('Text://127.0.0.1:5678');
    $inner_text_worker->onMessage = function($connection, $buffer){
        global $worker;
        //$data 数组格式，里面有 uid，表示向那个 uid 的页面推送数据
        $data = json_decode($buffer, true);
        $uid = $data['uid'];
        $ret = sendMessageByUid($uid, $buffer);                       //通过 workerman，向 uid 的页面推送数据
        $connection->send($ret ? 'ok' : 'fail');                      //返回推送结果
    };
    $inner_text_worker->listen();
};
//新增加一个属性，用来保存 uid 到 connection 的映射
$worker->uidConnections = array();
//当有客户端发来消息时执行的回调函数
$worker->onMessage = function($connection, $data)use($worker) {
    //判断当前客户端是否已经验证，即是否设置了 uid
    if(!isset($connection->uid)) {
        //没验证的话把第一个包当作 uid（这里为了方便演示，没做真正的验证）
        $connection->uid = $data;
        /*保存 uid 到 connection 的映射，这样可以方便地通过 uid 查找 connection，实现针对特定 uid 推送数据*/
        $worker->uidConnections[$connection->uid] = $connection;
        return;
    }
};
$worker->onClose = function($connection)use($worker) {                //当有客户端连接断开时
```

```
        global $worker;
        if(isset($connection->uid)) {
            unset($worker->uidConnections[$connection->uid]);        //连接断开时删除映射
        }
    };
    function broadcast($message) {                                    //向所有验证的用户推送数据
        global $worker;
        foreach($worker->uidConnections as $connection) {
            $connection->send($message);
        }
    }
    function sendMessageByUid($uid, $message){                        //针对 uid 推送数据
        global $worker;
        if(isset($worker->uidConnections[$uid])) {
            $connection = $worker->uidConnections[$uid];
            $connection->send($message);
            return true;
        }
        return false;
    }
    Worker::runAll();                                                 //运行所有的 worker
?>
```

第 4 步，新建 push.php 文档，用来定义推送信息脚本，具体代码如下。

```
<?php
//建立 Socket 连接到内部推送端口
$client = stream_socket_client('tcp://127.0.0.1:5678', $errno, $errmsg, 1);
//推送的数据，包含 uid 字段，表示是给这个 uid 推送
$data = array('uid'=>'2', 'content'=>'通知：双十一清仓大促');
//发送数据，注意 5678 端口是 Text 协议的端口，Text 协议需要在数据末尾加上换行符
fwrite($client, json_encode($data)."\n");
echo fread($client, 8192);                                           //读取推送结果
?>
```

第 5 步，在命令行中输入下面命令启动服务，如图 10.14 所示。

```
php E:\www\test\server.php
```

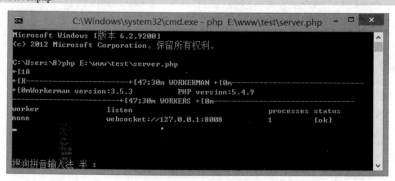

图 10.14　启动服务

第 6 步，同时在浏览器中运行 client1.html、client2.html 和 client3.html。

第 7 步，在浏览器中运行 push.php，向客户端 uid 为 2 的会员推送信息，则可以看到 client1.html、client2.html 显示通知信息，而 client3.html 没有收到通知，如图 10.15 所示。

| （a）推送成功 | （b）client1 收到信息 | （c）client2 收到信息 | （d）client3 没有收到信息 |

图 10.15　向特定会员推送信息

10.7　在线支持

扫码免费学习
更多实用技能

一、专项练习
☑　跨文档消息传输

二、更多案例实战
☑　websocket 聊天室
📝 新知识、新案例不断更新中……

第 11 章

HTML5 存储

在 HTML4 中，客户端处理网页数据主要通过 cookie 来实现，但 cookie 存在很多缺陷，如不安全、容量有限等。HTML5 新增 Web Storage API，用来替代 cookie 解决方案，对于简单的 key/value（键/值对）信息，使用 Web Storage 存储会非常方便。同时，现代浏览器还支持不同类型的本地数据库，如 indexedDB，使用客户端数据库可以减轻服务器端的压力，提升 Web 应用的访问速度。

视频讲解

11.1   Web Storage

HTML5 的 Web Storage API 提供了两种客户端数据存储方式：localStorage 和 sessionStorage。使用它们来代替 cookie 存储客户端临时数据。主流浏览器都支持 Web Storage，如 IE 8+、Firefox 3+、Opera 10.5+、Chrome 3.0+和 Safari 4.0+。

11.1.1   使用 Web Storage

localStorage 和 sessionStorage 语法和用法都相同，重要区别是：localStorage 用于持久化的本地存储，除非主动删除，否则数据永远不会过期。sessionStorage 用于存储本地会话（session）数据，这些数据只有在同一个会话周期内才能访问，当会话结束后数据也随之销毁，如关闭网页、切换选项卡视图等。因此 sessionStorage 是一种短期本地存储方式。

☑   存储：使用 setItem()方法可以存储值，用法如下。

```
setItem(key, value)
```

参数 key 表示键名，value 表示值，都以字符串形式进行传递。例如：

```
sessionStorage.setItem("key", "value");
localStorage.setItem("site", "mysite.cn");
```

☑   访问：使用 getItem()方法可以读取指定键名的值，用法如下。

```
getItem(key)
```

参数 key 表示键名，字符串类型。该方法将获取指定 key 本地存储的值。例如：

```
var value = sessionStorage.getItem("key");
var site = localStorage.getItem("site");
```

☑   删除：使用 removeItem()方法可以删除指定键名本地存储的值。用法如下。

```
removeItem(key)
```

参数 key 表示键名，字符串类型。该方法将删除指定 key 本地存储的值。例如：

```
sessionStorage.removeItem("key");
localStorage.removeItem("site");
```

☑   清空：使用 clear()方法可以清空所有本地存储的键/值对。用法如下。

```
clear()
```

例如，调用 clear()方法可以直接清理本地存储的数据。

```
sessionStorage.clear();
localStorage.clear();
```

☀ 提示：Web Storage 也支持使用点语法，或者使用字符串数组[]的方式来处理本地数据。例如：

```
var storage = window.localStorage;            //获取本地 localStorage 对象
//存储值
storage.key = "hello";
storage["key"] = "world";
//访问值
console.log(storage.key);
console.log(storage["key"]);
```

☑　遍历：Web Storage 定义 key()方法和 length 属性，使用它们可以对存储数据进行遍历操作。

【示例 1】先获取本地 localStorage，然后使用 for 语句访问本地存储的所有数据，并输出到调试台显示。

```
var storage = window.localStorage;
for (var i=0, len = storage.length; i < len; i++){
        var key = storage.key(i);
        var value = storage.getItem(key);
        console.log(key + "=" + value);
}
```

☑　监测事件：Web Storage 定义 storage 事件，当键值改变或者调用 clear()方法时，将触发 storage 事件。

【示例 2】使用 storage 事件监测本地存储，当发生值变动时，即时进行提示。

```
if(window.addEventListener){
 window.addEventListener("storage",handle_storage,false);
 }else if(window.attachEvent){
 window.attachEvent("onstorage",handle_storage);
 }
function handle_storage(e) {
        var logged = "key:" + e.key + ", newValue:" + e.newValue + ", oldValue:" + e.oldValue + ", url:" + e.url + ", storageArea:" +
e.storageArea;
        console.log(logged);
}
```

storage 事件对象属性说明如表 11.1 所示。

表 11.1　storage 事件对象属性

属　　性	类　　型	说　　明
key	String	键的名称
oldValue	Any	以前的值（被覆盖的值），如果是新添加的项目，则为 null
newValue	Any	新的值，如果是新添加的项目，则为 null
url/uri	String	引发更改的方法所在页面地址

11.1.2　案例：用户登录

本例演示如何使用 localStorage 对象保存用户登录信息，运行结果如图 11.1 所示。

图 11.1　保存用户登录信息

当用户在文本框中输入用户名与密码，单击"登录"按钮后，浏览器将调用 localStorage 对象保存登录用户名。如果选中"是否保存密码"复选框，会同时保存密码，否则，将清空可能保存的密码。当重新打开该页面时，经过保存的用户名和密码数据将分别显示在文本框中，避免用户重复登录。示例代码如下。

```html
<script type="text/javascript">
function $(id) { return document.getElementById(id);}
function pageload(){                          //页面加载时调用的函数
    var strName=localStorage.getItem("keyName");
    var strPass=localStorage.getItem("keyPass");
    if(strName){ $("txtName").value=strName; }
    if(strPass){ $("txtPass").value=strPass; }
}
function btn_click(){                         //单击"登录"按钮后调用的函数
    var strName=$("txtName").value;
    var strPass=$("txtPass").value;
    localStorage.setItem("keyName",strName);
    if($("chkSave").checked){ localStorage.setItem("keyPass",strPass);
    }else{localStorage.removeItem("keyPass");}
    $("spnStatus").className="status";
    $("spnStatus").innerHTML="登录成功!";
}
</script>
<body onLoad="pageload();">
<form id="frmLogin" action="#">
    <fieldset>
        <legend>用户登录</legend>
        <ul>
            <li>用户名：<input id="txtName" class="inputtxt" type="text"></li>
            <li>密 码：<input id="txtPass" class="inputtxt" type="password"></li>
            <li><input id="chkSave" type="checkbox">是否保存密码</li>
            <li><input name="btn" class="inputbtn" value="登录" type="button" onClick="btn_click();"> <input name="rst"
class="inputbtn" type="reset" value="取消"> </li>
            <li class="li_title"><span id="spnStatus"></span></li>
        </ul>
    </fieldset>
</form>
</body>
```

11.2　indexedDB

11.2.1　indexedDB 概述

indexedDB 是 HTML5 新增的用于 Web 数据持久化标准之一。indexedDB 有如下特点。

☑　非关系型数据库，不支持结构化查询语言 SQL。

☑　数据以键/值对的形式存储。

☑　事务模式数据库，任何操作都发生在事务中。

☑　遵循同源策略。

基于以上特点，indexedDB 非常适合于需要在客户端存储大量数据的网站，更是适合基于 PWA 的 Web App。对比其他浏览器存储技术，如 cookie、localStorage 等，indexedDB 具有以下优点。

☑　存储空间特别大，远超 cookie 和 localStorage。

☑　可以通过索引实现高性能搜索。

☑　所有操作完全异步执行。

indexedDB 是非关系型数据库，数据组织与 SQL 数据库不同，没有表和字段的概念，它的最小组织单位是 key-value，一对 key-value 就相当于 SQL 数据库里面的一条记录，是数据的最终体现形式。indexedDB 的 objectStore（对象存储）与 SQL 数据库中的表类似，但是它们的存储形式不同，objectStore 比 table 简单得多。

indexedDB 内置了事务系统，所有读、写操作都必须在事务中完成。同时，indexedDB 不是一个运行时服务，而是基于文件的即时存取数据库，但是可以使用其他数据库的模型思维来了解它。在 indexedDB 中，用户可以创建多个数据库，每个数据库都有自己独立的空间。

当前，Edge 79+、Chrome 58+、Firefox 51+、Opera 45+、Safari 10.1+版本的浏览器完全支持 indexedDB API 2.0。IE 10+仅支持 indexedDB API 1.0 版本。

11.2.2　建立连接

在 indexedDB 中存储数据，需要执行两步操作。

第 1 步，连接到某个数据库。

第 2 步，选择某个 objectStore（对象仓库）进行数据操作。

本节主要介绍如何连接到 indexedDB 数据库。

HTML5 为 window 对象新增了 indexedDB 属性，使用它可以访问 indexedDB 对象，调用 indexedDB 对象的 open() 方法可以建立一个数据库连接。如果指定的数据库不存在，则创建一个新的数据库，新建一个请求连接。具体语法格式如下。

```
var request = window.indexedDB.open(DBName, version);
```

第 1 个参数指定数据库的名称；第 2 个参数指定数据库的版本号，必须为整数。

☑　如果指定名称的数据库不存在，则新建数据库，默认版本号为 1。

☑　如果指定名称的数据库已存在，则省略版本号，打开当前版本号的数据库。

☑　如果指定名称的数据库已存在，且指定的版本号大于数据库的实际版本号，则进行数据库升级。

open()方法返回一个 IDBOpenDBRequest 对象，它表示一个数据库连接的请求对象。该对象提供

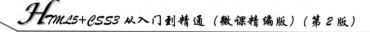
下面 3 个事件，在其中进行数据库打开后的进一步处理。例如，在 onsuccess 事件处理函数中，可以获取用来进行操作的数据库对象，利用该容器，就可以进行数据库的下一步操作。

```
request.onsuccess = function(event){              //当成功连接数据库时触发
    db = request.result;                          //返回数据库对象实例（IDBDatabase）
}
request.onerror = function(event){                //当连接数据库失败时触发
    //打印报错信息
}
request.onupgradeneeded = function(event){        //当创建数据库/升级数据库时触发
    var _db = event.target.result;                //缓存 IDBDatabase 接口
    //创建/删除对象存储
}
```

无论是连接数据库，还是更新数据库，所有数据查询、插入、删除、更新等操作，都要在 onsuccess 事件处理函数中执行，通过 IDBOpenDBRequest 返回的 IDBDatabase 实例实现。而所有针对数据库结构的更新只能在 onupgradeneeded 事件处理函数中实现，这些都是异步操作。

提示：IDBDatabase 对象包含如下属性和方法，简单说明如下。
- ☑ name：获取当前连接到的数据库的名称，与 open()方法的 name 参数值是一致的。
- ☑ version：数据库的版本号，与 open()方法的 version 参数值是一致的。
- ☑ objectStoreNames：获取当前数据库的所有 objectStore 的 name 列表，为一个数组。
- ☑ createObjectStore()：创建一个 objectStore 对象仓库。
- ☑ deleteObjectStore()：删除一个 objectStore 对象仓库。
- ☑ close()：关闭当前打开的数据库连接。关闭之后，任何操作都会报错。
- ☑ transaction()：开启一个事务。

【示例】连接 indexedDB 数据库。

```
<script>
function connectDatabase(){
    var dbName = 'indexedDBTest';                 //数据库名
    var dbVersion =20210101;                      //版本号
    var db;                                        //连接数据库对象的变量
    var dbConnect = indexedDB.open(dbName, dbVersion);  //连接数据库
    dbConnect.onsuccess = function(e){            //连接成功
        //e.target.result 为一个 IDBDatabase 对象，代表连接的数据库对象
        db = e.target.result;
        console.log('数据库连接成功');
    };
    dbConnect.onerror = function(){
        console.log('数据库连接失败');
    };
}
</script>
<input type="button" value="连接数据库" onclick="connectDatabase();"/>
```

在连接成功的事件处理函数中，事件对象的 target.result 属性值为一个 IDBDatabase 对象，代表连接的数据库对象。

提示：在 indexedDB API 中，可以通过 indexedDB 数据库对象的 close()方法关闭数据库连接。当数据库连接被关闭后，不能继续执行任何对该数据库进行的操作，否则浏览器均抛出异常。

11.2.3　数据库版本

indexedDB.open()方法的第 2 个参数为 version，它表示当前连接数据库的版本号。version 必须是正整数，且只能升，不能降，只有当需要修改数据库时，才需要升级 version。

例如，当前连接数据库的 version 为 1，如果需要添加新的 objectStore，或者修改已添加的 objectStore 的结构时，就需要升级 version 为 2，或者大于 1 的整数值。

在同一时间内，一个数据库只能存在一个 version，不能同时存在多个 version。当升级 version 之后，如果还用旧的 version 连接数据库，将抛出异常。

在项目开发中，一般只会在发布代码时更新 version，而不会在程序运行过程中更新 version，因为一旦用户刷新页面，version 就会变成代码中设置的 version，这会造成错误。升级 version，是为了修改数据库的结构，触发 onupgradeneeded 事件。

version 的使用场景有两种。

☑　当需要修改 objectStore 时。

☑　当需要添加新的 objectStore 时。

从代码的层面分析，并非这两个事件发生了才触发 version 的改变。相反，如果要修改或添加 objectStore，必须传递新的 version 参数值给 open()方法，触发 onupgradeneeded 事件，在 onupgradeneeded 的回调函数中才能实现目的。

11.2.4　对象仓库

对象仓库（objectStore）是 indexedDB 中非常核心的概念，它是数据的存储仓库，一个 objectStore 类似于 SQL 数据库中的表，存放着相关的所有数据记录。不同于数据表的结构，对象仓库中的数据是以键/值对（key/value）的形式存储。key 表示对象仓库的主键，具体数据以对象的方式存储在 value 中。

通过 key 可以获取 indexedDB 中存储的对应值。要获取 value，必须通过 key。key 和 value 具有绑定关系，key 相当于 value 的别名或标记。

1．key

与 localStorage 不同，indexedDB 的 key 有两种形态。

☑　inline key：是指 key 被包含在 value 中。例如，存储的 value 是对象时，可以将 key 包含在 value 中。下面一条记录的 value 是一个对象，key 来自对象的 id 属性值，这个 key 就是 inline key。

key	value
1001	{id:1001, name: 'zhangsan', age:10}

☑　outline key：是不被包含在 value 中。例如，存储的是字符串，或者 ArrayBuffer，就不可能在 value 中包含 key，这种情况下通过开启 autoIncrement 来实现。下面一条记录的 value 是一个字符串，key 是由系统自动生成，这个 key 就是 outline key。

key	value
1001	ABE304defgsatdfgdfWFDe……

2．value

根据 W3C 规范，indexedDB 可以存储的数据类型包括 String、Date、Object、Arra、File、Blob、ImageData、ArrayBuffer 等。总之，凡是能进行序列化的值，都可以被 indexedDB 存储，Object 必须是以键值对组成的字面对象。

不能被序列化的，如自引用的 Object、某些类的实例、Function，就不能被 indexedDB 存储，即不能存储函数等非结构化的数据。

3. 创建 objectStore

使用数据库对象的 createObjectStore()方法可以创建一个 objectStore。具体语法格式如下。

```
IDBDatabase.createObjectStore(name, options)
```

参数 name 表示要创建的对象仓库的名称，options 表示配置对象，包含如下选项。

☑ keyPath：主键，可以指定 object 的一个属性名称，如 id。如果使用 id 作为 keyPath，在查询时，get()方法的参数就应该是 id 值。

☑ autoIncrement：keyPath 是否自增，如果为 true，那么在添加一个 object 时，可以不用传 id，id 会自动加 1。但是这样的话，就不知道这个 object 的 id 值是多少，所以不建议使用。默认为 false。

提示：keyPath 表示属性路径。当 value 是一个对象，从 value 中读取某个节点的值。例如，value 为 { books: [{ name: 'My Uncle Tom', price: 13.4 }],}，要获得第一本书的价格，那么它的 keyPath 就是 "'books[0].price'"。keyPath 的作用是读取某个节点的键。对于 outline key 的情况，在创建 objectStore 时不能传 keyPath，并且开启 autoIncrement，indexedDB 会默认以 id 作为 keyPath，但不会用到这个 id。

一般情况下，在创建 objectStore 和 index 时，keyPath 就已经确定，所以在实际编程时，很少使用 keyPath，而是直接使用 key 进行操作。

【示例 1】创建 objectStore 和修改 objectStore 都只能在请求对象的 onupgradeneeded 中操作。

```
const request = window.indexedDB.open('mydb', 1) ;          //建立连接
request.onupgradeneeded = (e) => {                          //更新事件
    const db = e.target.result;                             //获取数据库对象
    db.createObjectStore('mystore', { keyPath: 'id' });     //创建对象仓库
}
```

注意：在一个数据库对象中，只允许存在一个同名的 objectStore。因此，如果第二次创建同名的 objectStore，就会抛出异常。同时，一旦一个 objectStore 被创建，其 name 和 keyPath 不能修改。

【示例 2】针对示例 1，需要添加一个条件语句，判断是否已经存在同名的 objectStore。

```
const request = window.indexedDB.open('mydb', 1) ;          //建立连接
request.onupgradeneeded = (e) => {                          //更新事件
    const db = e.target.result;                             //获取数据库对象
    if (!db.objectStoreNames.contains('mystore'))          //检测数据库中是否存在指定对象仓库
        db.createObjectStore('mystore', { keyPath: 'id' }); //创建对象仓库
}
```

onupgradeneeded 不会在每次刷新页面时执行，而是在刷新页面时，indexedDB 发现 version 被升级的时候执行。因此，所有修改数据库结构的操作，都要放在这个函数内。

objectStore 创建之后不可以修改，如果创建时存在失误，如配置错误，必须先删除该 objectStore 之后，然后重新创建。

4. objectStore 类型

objectStore 有两种类型，它们的用法也不同。

☑ 对象型仓库：如果 objectStore 用来存储对象，那么每次就只能存入一个对象，而且还要指定属性路径 keyPath。对象与 keyPath 必须对应，否则抛出异常。对象不包括数组，仅是字面

对象。例如：

```
db.createObjectStore('mystore', { keyPath: 'id' });
```

☑　非对象型仓库：如果 objectStore 用来存储非对象，如 ArrayBuffer。在创建 objectStore 时，需要配置 autoIncrement 为 true，不要设置 keyPath。当存入数据时，key 会被自动添加，索引值会自动自增。在查询或更新值的时候，都要使用索引作为 key。由于 key 存于内存，无法确定，建议在操作时同步保存到 localStorage 中，方便查找。例如：

```
db.createObjectStore('mystore', { autoIncrement: true });
```

如果 objectStore 用来混合存值，那么必须按照非对象型仓库来使用。此时存入的对象，没有对应的 keyPath。当插入的对象没有 id 属性时，对象会自动加上 id 属性，并且赋予一个数字作为 key。例如：

```
db.createObjectStore('mystore', { keyPath: 'id', autoIncrement: true });
```

提示：autoIncrement 是一个配置选项。当创建 objectStore 时，如果设置 autoIncrement 为 true，那么对象仓库的 key 将具备自动生成的能力。

☑　如果存入的值不存在对应的 keyPath 时，会自动创建 keyPath，并用一个自动生成的数字作为 key，这个动作被称为"污染"。

☑　如果是非对象型仓库，存入值不会产生污染效果。

☑　自动生成的数字从 1 开始自增，每次加 1。

☑　当手动传入 key 时，如果是一个数字，自增的值会被覆盖，下次插入时，会从新的值开始计算。

☑　当手动传入 key 时，如果不是一个数字，那么不影响 key 的自增，下次插入仍然以之前的值作为基数。

☑　autoIncrement 最大取值范围为 2^{53}（2 的 53 次方），超出时，继续自增会报错，但可以通过设置字符串 key 继续添加记录。

☑　当插入一条记录时，add() 或 put() 方法会返回该记录的 key。

注意：如果 objectStore 用于存储对象，建议不要开启 autoIncrement 功能。只有在储存非对象值时，一定要开启 autoIncrement 功能。不建议使用混合型仓库。

11.2.5　索引

索引（index）是独立于对象仓库之外，但又与对象仓库相绑定，用于建立更多查询线索的工具。实际上，一个索引就是一个特殊的对象仓库，它的存储结构和对象仓库基本一致。例如，索引有自己的 name、keyPath、key 和 value。不同之处：索引的 key 具有一定的逻辑约束，使用 unique 规定该 key 是唯一的。

1．比较 index 和 objectStore

索引依附于对象仓库。在创建索引时，首先指定一个对象仓库，在该对象仓库的基础上创建一个索引。一个对象仓库可以有多个索引。

索引的 key 和 value 来源于对象仓库。key 为某条记录的 keyPath（index.keyPath），value 为该条记录的 key（objectStore.key）。索引中的一条记录自动与对象仓库中对应记录绑定，当对象仓库中的记录发生变化时，索引中的记录也会自动更新。

索引实际上是对对象仓库查询条件的补充。如果没有索引，用户只能够通过对象仓库的 key 来查值，但是有了索引，可以查询的能力扩展到了任意属性路径。

2. 创建索引

使用对象仓库的 createIndex()方法可以创建索引，具体语法格式如下。

```
objectStore.createIndex(indexName, keyPath, objectParameters);
```

参数具体说明如下。

- ☑ indexName：索引的名称。
- ☑ keyPath：该索引对应 object 中的哪个属性路径，建议 indexName 和 keyPath 相等，便于记忆。
- ☑ objectParameters：配置对象。常用选项有 unique，该选项设置这个索引是否是唯一的。

📢 **注意**：创建索引实际上是对 objectStore 进行修改，因此只能在 IDBOpenDBRequest 的 onupgradeneeded 事件中实现。

【示例 1】在 onupgradeneeded 事件处理函数中，先获取请求连接对象，然后在该对象的 onupgradeneeded 事件处理函数中更新监测。然后，获取数据库对象，使用数据库对象的 createObjectStore()方法创建一个对象仓库，name 为 mystore，keyPath 为 id，最后，使用对象仓库的 createIndex()方法创建一个索引，indexName 为 price，keyPath 为 book.price，可以允许重复。

```
var request = window.indexedDB.open('mydb', 1);                        //请求对象
request.onupgradeneeded =    function ( e ){                            //更新监测
    var db = e.target.result;                                          //获取数据库对象
    var objectStore = db.createObjectStore('mystore', { keyPath: 'id' }); //创建对象仓库
    objectStore.createIndex('price', 'book.price', { unique: false });  //创建索引
}
```

3. 修改索引

对象仓库本身的信息是不能修改的，如 name 和 keyPath，但是它所拥有的索引可以被修改，修改其实就是"删除+添加"操作，先使用对象仓库的 deleteIndex()方法删除索引，然后再添加新的同名索引。

【示例 2】通过对已有的对象仓库的索引进行操作，如果存在某个索引，就先删除再添加，否则就直接添加。

```
request.onupgradeneeded =    function ( e ){                            //更新监测
    var objectStore = e.target.transaction.objectStore('mystore');      //获取对象仓库
    var indexNames = objectStore.indexNames;                           //获取对象仓库的索引名称列表
    if (indexNames.contains('name')) {                                 //如果包含指定的索引
        objectStore.deleteIndex('name');                               //删除索引
    }
    objectStore.createIndex('name', 'name', { unique: false });        //创建索引
}
```

【拓展】

当调用对象仓库的 index()方法时，可以返回一个索引对象，代码如下。

```
var objStore = tx.objectStore('students')                             //获取对象仓库
var objIndex = objStore.index('name')                                 //获取索引对象
```

4. 运行机制

下面结合具体代码，演示说明索引的运行机制。例如，创建索引。

```
objectStore.createIndex('indexName', 'index.keyPath', { unique: false })
```

根据索引进行查询。

```
const request = objectStore.index('indexName').get('indexKey')
```

☑　在保存数据时，包括创建和更新，索引区会同步更新 key。

第 1 步，遍历该 objectStore 的所有索引。

第 2 步，读取索引的 keyPath，这里标记为 indexKeyPath。

第 3 步，如果更新某值，遍历索引区记录，找到引用该值的索引记录。

第 4 步，解析获取存入值的 indexKeyPath，获取目标值，这个值就是索引将要使用的 key，标记为 indexKey。

第 5 步，根据条件判断索引的 indexKey，检查是否满足 unique 要求，不满足的情况下，抛出错误提示。

第 6 步，更新索引记录的 key 为 indexKey。

☑　查询过程。".index('indexName')" 就是从名字为 indexName 的索引区进行索引查询，".get('indexKey')" 动作包含下面几步操作。

第 1 步，连接到名字为 indexName 的索引区。

第 2 步，在索引区中查询索引 key 为 indexKey 的索引记录。

第 3 步，从该记录中读取记录的 value。

第 4 步，将该 value 作为 objectStore 的 key，在 objectStore 中进行查询。

第 5 步，找到第一个结果时，直接返回。

第 6 步，将返回结果作为索引查询的最终结果。

可以看到，索引查询的性能不如直接通过 objectStore 的 key 查询。

💡 提示：索引对象提供如下属性和方法，通过它们可以操作索引对象。

☑　name：获取索引对象的 name 属性值。

☑　keyPath：获取索引对象的 keyPath 属性值，也就是 object 的某个属性的名字，与在 createIndex() 方法中传入的 keyPath 是一致的。

☑　unique：返回是否是唯一的，与在 createIndex() 方法中传入的值是一致的。

☑　isAutoLocale：返回一个 boolean 值，表示这个索引是否是自增的，与前面设置的 autoIncrement 有关。

☑　locale：获取索引的区间值。如果索引对应的字段是自增的，如 id 是自增的，现在对象仓库中有 10 个对象，那么 locale 应该是 10。

☑　objectStore：指向产生索引对象的对象仓库。

☑　count()：计算当前索引中有多少个对象。

☑　get()：根据指定的参数值从索引对象中获取一个对象。

☑　key：指向索引对象的 keyPath 的值。

☑　openCursor()：打开一个游标。

相对于对象仓库而言，索引对象的方法比较少，它不能更新、删除等。

11.2.6　事务

在 indexedDB 中，数据操作都必须在事务（transaction）中执行，确保所有操作，特别是写入操作是按照一定的顺序进行，不会出现同时写入等问题，保持数据的一致性。indexedDB 提供 3 类事务模式，简单说明如下。

☑　readonly：只读，默认值。提供对某个对象存储的只读访问，在查询对象存储时使用。

☑ readwrite：读写。提供对某个对象存储的读取和写入访问权。

☑ versionchange：数据库版本更新。提供读取和写入访问权来修改对象存储定义，或者创建一个新的对象存储。

用户可以在任何时刻内打开多个并发的 readonly 事务，但只能打开一个 readwrite 事务。因此，只有在数据更新时才考虑使用 readwrite 事务。versionchange 事务不能够打开任何其他并发事务，只有在操作一个数据库时使用，可以在 onupgradeneeded 事件处理函数中使用 versionchange 事务创建、修改或删除一个对象仓库，或者将一个索引添加到对象仓库。

1. 使用事务

使用数据库对象的 transaction()方法可以开启事务。例如，在 readwrite 模式下为 employees 对象仓库创建一个事务。

```
var transaction = db.transaction("employees", "readwrite");
```

transaction()方法包含两个参数。

☑ 第 1 个参数为对象仓库名组成的一个字符串数组，用于定义事务的作用范围，即限定该事务中可以操作的对象仓库。

💡 提示：如果不想限定事务只针对哪些对象仓库进行，可以使用数据库的 objectStoreNames 属性值作为 transaction()方法的第 1 个参数值，代码如下。

```
var transaction = db.transaction(db.objectStoreNames, "readwrite");
```

数据仓库的 objectStoreNames 属性值为由该数据库中所有对象仓库名构成的数组，在将其作为 transaction()方法的第 1 个参数值时，可以针对数据库中任何一个对象仓库进行数据的存取操作。

☑ 第 2 个参数为可选参数，定义事务的读写模式，即指定事务为只读事务，还是读写事务。

transaction()方法返回一个 IDBTransaction 对象，代表被开启的事务。

2. 事务的生命周期

事务有生命周期，在自己的生命周期内会把规定的操作全部执行，一旦执行完毕，周期结束，事务就会自动关闭。

当要操作数据时，用户需要发起一个请求（request）。在一个事务中，可以有多个 request，request 一定存在于事务中，它包含一个 transaction 属性，可以获取所属于的那个事务的容器。indexedDB 有 4 种 request：open database、objectStore request、cursor request、index request。

request 是异步的、有状态的，通过 readyStates 属性可以查看 request 处于什么状态。

可以把 transaction 视为一个队列，在这个队列中，request 自动排队，每一个 request 都只包含一个操作，如添加、修改、删除等。这些操作不能马上进行，把多个操作放在 request 中，这些 request 在 transaction 中排队，一个一个处理，这样就会有序执行。同时，transaction 都可以被 abort()（放弃），这样当一系列的操作被放弃之后，后续的操作也不会进行。

transaction()方法应放在一个函数中，因为事务将在函数结束时被自动提交，所以不需要显式调用事务的 commit()方法来提交事务，但是可以在需要的时候显式调用事务的 abort()方法来中止事务。

可以通过监听事务对象的 oncomplete 事件（事务结束时触发）和 onabort 事件（事务中止时触发），并定义事件处理函数来定义事务结束或中止时所要执行的处理。例如：

```
var transaction = db.transaction(db.objectStoreNames, "readwrite");        //创建事务
transaction.oncomplete = function(event){
    //事务结束时所要执行的处理

}
```

```
transaction.onabort = function(event){
    //事务中止时所要执行的处理

}
//事务处理内容
transaction.abort();                                                        //中止事务
```

11.2.7 游标

indexedDB 使用 objectStore 存储数据，是 key-value 索引数据库，可以使用游标（cursor）遍历整个 objectStore。实际上，游标是一个能够记住访问位置的迭代器。

1. 获取全部对象

如果要获取一个 objectStore 中全部的 object，可以使用 getAll()方法（仅 indexedDB 2.0 支持），也可以使用游标的方法实现。例如：

```
let transaction = db.transaction(['myObjectStore'], 'readonly') ;           //新建事务
let objectStore = transaction.objectStore('myObjectStore') ;                //获取对象仓库
let request = objectStore.openCursor();                                     //开启游标
let results = [];
request.onsuccess = e => {                                                  //监听操作
    let cursor = e.target.result;                                           //更新游标
    if (cursor) {                                                           //如果存在记录
        results.push(cursor.value) ;                                        //读取值
        cursor.continue();                                                 //继续访问下一条记录
    } else {
        //所有的 object 都在 results 里面

    }
}
```

使用 openCursor()方法开启一个游标，在 onsuccess 事件中，如果 cursor 没有遍历完所有记录，那么通过执行 cursor.continue()方法让游标滑动到下一个记录，onsuccess 会被再次触发。而如果所有记录都遍历完了，cursor 变量会是 undefined。

注意：变量 results 须声明在 onsuccess 回调函数外部，因为该回调函数会在遍历过程中反复执行。

2. 查询集合

通过 index 可以查询值。如果希望通过 index 获取某个 indexKey 的所有值，可以通过游标来实现。例如：

```
let objectStore = db.transaction([storeName], 'readonly').objectStore(storeName) ;  //获取对象仓库
let objectIndex = objectStore.index('name') ;                              //获取索引
let request = objectIndex.openCursor();                                    //通过索引开启游标
let results = [];
request.onsuccess = e => {                                                  //监听操作
    let cursor = e.target.result;                                          //更新游标
    if (cursor) {                                                          //如果存在记录
        results.push(cursor.value) ;                                       //读取值
        cursor.continue();                                                //继续访问下一条记录
    } else {
        //所有的 object 都在 results 里面

    }
}
```

整个操作与上面代码的获取所有 object 几乎一样，只不过这里先获取 index。简单概括，就是对

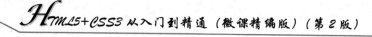

已知的集合对象，如 objectStore 或 index 进行遍历，在 onsuccess 事件中使用 continue()方法进行控制。

11.2.8 保存数据

本节介绍如何在 indexedDB 数据库的对象仓库中保存数据，示例代码如下。

```
<script>
function SaveData(){
    var dbName = 'indexedDBTcst';                         //数据库名
    var dbVersion = 20210306;                             //版本号
    var db;
    /*连接数据库，dbConnect 代表数据库连接的请求对象*/
    var dbConnect = indexedDB.open(dbName, dbVersion);
    dbConnect.onsuccess = function(e){                    //连接成功
        db = e.target.result;                            //引用 IDBDatabase 对象
        var tx = db.transaction(['users'],"readwrite");  //开启事务
        var store = tx.objectStore('users');
        console.log(store);                              //-> {IDBObjectStore}
        var value = {
            userId: 1,
            userName: '张三',
            address: '北京'
        };
        var req = store.put(value);
        req.onsuccess = function(e){ console.log("数据保存成功");};
        req.onerror = function(e){ console.log("数据保存失败"); };
    };
    dbConnect.onerror = function(){console.log('数据库连接失败');};
}
</script>
<input type="button" value="保存数据" onclick="SaveData();"/>
```

第 1 步，为了保存数据，首先需要连接某个 indexedDB 数据库，并且在连接成功后使用该数据库对象的 transaction()方法开启一个读写事务。

第 2 步，使用 transaction()方法返回开启的事务对象，利用事务的 objectStore()方法获取该事务作用范围内的某个对象仓库。

第 3 步，使用该对象仓库的 put()方法向数据库发出保存数据到对象仓库中的请求。

```
var req = store.put(value);
```

在上面代码中，put()方法包含一个参数，参数值为一个需要被保存到对象仓库中的对象。put()方法返回一个 IDBRequest 对象，代表一个向数据库发出的请求。

第 4 步，该请求发出后将被异步执行，可以通过监听请求对象的 onsuccess 事件（请求被执行成功时触发）和请求对象的 onerror 事件（请求被执行失败时触发），并指定事件处理函数来定义请求被执行成功或被执行失败时所要进行的处理。

```
req.onsuccess = function(e){ console.log("数据保存成功");};
req.onerror = function(e){ console.log("数据保存失败");};
```

根据对象仓库的主键是内联主键还是外部主键，主键是否被指定为自增主键，对象仓库的 put()方法的第 1 个参数值的指定方法也各不相同，具体指定方法如下。

```
//主键为自增、内联主键时不需要指定主键值
store.put({ userName: '张三', address: '北京' });
```

```
//主键为内联、非自增主键时需要指定主键值
store.put({userId: 1, userName: '张三', address: '北京' });
//主键为外部主键时，需要另行指定主键值，此处主键值为1
store.put({ userName: '张三', address: '北京' }, 1 );
```

当主键为自增、内联主键时，不需要指定主键值；当主键为外部主键时，可以将主键值指定为 put()方法的第 2 个参数值。

> 提示：对象仓库还有一个 add()方法，该方法的用法类似于 put()方法。区别在于当使用 put()方法保存数据时，如果指定的主键值在对象仓库中已存在，那么该主键值所在数据被更新为使用 put()方法所保存的数据。而使用 add()方法保存数据时，如果指定的主键值在对象仓库中已存在，那么保存失败。因此，当出于某些原因只能向对象仓库中追加数据，而不能更新原有数据时，建议使用 add()方法，而在其他场合使用 put()方法。

11.2.9　访问数据

本节介绍如何从 indexedDB 数据库的对象仓库中获取数据。示例完整代码如下。

```
<script>
function GetData(){
    var dbName = 'indexedDBTest';               //数据库名
    var dbVersion = 20210306;                    //版本号
    var db;
    /*连接数据库，dbConnect 代表数据库连接的请求对象*/
    var dbConnect = indexedDB.open(dbName, dbVersion);
    dbConnect.onsuccess = function(e){           //连接成功
        db = e.target.result;                     //引用 IDBDatabase 对象
        var tx = db.transaction(['Users'],"readonly");
        var store = tx.objectStore('Users');
         var req = store.get(1);
        req.onsuccess = function(){
            if(this.result ==undefined){ console.log("没有符合条件的数据"); }
            else{ console.log("获取数据成功，用户名为"+this.result.userName); }
        }
        req.onerror = function(){console.log("获取数据失败"); }
    };
    dbConnect.onerror = function(){console.log('数据库连接失败'); };
}
</script>
<input type="button" value="获取数据" onclick="GetData();"/>
```

第 1 步，连接某个 indexedDB 数据库，并且在连接成功后使用该数据库对象的 transaction()方法开启一个只读事务，同时使用 transaction()方法返回的被开启的事务对象的 objectStore()方法获取该事务对象的作用范围中的某个对象仓库。

第 2 步，在获取数据仓库成功后，可以使用对象仓库的 get()方法从对象仓库中获取一条数据。

> 提示：get()方法包含一个参数，代表所需获取数据的主键值。get()方法返回一个 IDBRequest 对象，代表向数据库发出的获取数据的请求。

第 3 步，该请求发出后将被立即异步执行，可以通过监听请求对象的 onsuccess 事件（请求执行成功时触发）和请求对象的 onerror 事件（请求执行失败时触发），并指定事件处理函数来定义请求被执行成功或失败时所要进行的处理。

Note

第 4 步，在获取对象的请求执行成功后，如果没有获取到符合条件的数据，此处该数据的主键值为 1，那么该请求对象的 result 属性值为 undefined，如果获取到符合条件的数据，那么请求对象的 result 属性值为获取到的数据记录。

在本示例中，指定没有获取到主键值为 1 的数据会弹出提示信息框，提示用户没有获取到该数据记录，否则在弹出提示信息框中显示该数据的 userName（用户名）属性值。

11.2.10 更新版本

对于创建对象仓库和索引的操作，只能在版本更新事务内部进行，因为 indexedDB API 不允许数据仓库在同一个版本中发生变化，所以当创建或删除数据仓库时，必须使用新的版本号来更新数据库的版本，以避免重复修改数据库结构。

【示例】更新对象仓库。

```
<script>
function VersionUpdate(){
    var dbName = 'indexedDBTest';                          //数据库名
    var dbVersion = 20210603;                              //版本号
    var db;
    /*连接数据库，dbConnect 代表数据库连接的请求对象*/
    var dbConnect = indexedDB.open(dbName, dbVersion);
    dbConnect.onsuccess = function(e){                     //连接成功
        db = e.target.result;                             //数据库对象
        console.log('数据库连接成功');
    };
    dbConnect.onerror = function(){
        console.log('数据库连接失败');
    };
    dbConnect.onupgradeneeded = function(e){               //数据库版本更新
        db = e.target.result;                             //数据库对象
        /*e.target.transaction 为一个 IDBTransaction 事务对象，此处代表版本更新事务*/
        var tx = e.target.transaction;
        var oldVersion = e.oldVersion;                     //更新前的版本号
        var newVersion = e.newVersion;                     //更新后的版本号
        console.log('数据库版本更新成功，旧的版本号为'+oldVersion+'，新的版本号为'+newVersion);
    };
}
</script>
<input type="button" value="更新数据库版本" onclick="VersionUpdate();"/>
```

在上面代码中，监听请求对象的 onupgradeneeded 事件，当连接数据库时发现指定的版本号大于数据库当前版本号时将触发该事件，当该事件被触发时一个数据库的版本更新事务已经被开启，同时，数据库的版本号已经被自动更新完毕，并且指定在该事件触发时所执行的处理，该事件处理函数就是版本更新事务的回调函数。在浏览器中预览页面，单击页面中的"更新数据库版本"按钮，将弹出提示信息，提示用户数据库版本更新成功。

11.2.11 访问键值

通过对象仓库或索引的 get()方法，只能获取一条数据。在需要通过某个检索条件来检索一批数据时，还需要使用游标对象。

【示例】根据数据记录的主键值检索数据，示例完整代码如下。

```
<script>
var dbName = 'indexedDBTest';                                    //数据库名
var dbVersion = 20210306;                                        //版本号
var db;
function window_onload(){
    document.getElementById("btnSaveData").disabled=true;
    document.getElementById("btnSearchData").disabled=true;
}
function ConnectDataBase(){
    /*连接数据库，dbConnect 代表数据库连接的请求对象*/
    var dbConnect = indexedDB.open(dbName, dbVersion);
    dbConnect.onsuccess = function(e){                           //连接成功
        db = e.target.result;                                   //引用 IDBDatabase 对象
        console.log('数据库连接成功');
        document.getElementById("btnSaveData").disabled=false;
    };
    dbConnect.onerror = function(){
        console.log('数据库连接失败');
    };
}
function SaveData(){
    var tx = db.transaction(['Users'],"readwrite");             //开启事务
    tx.oncomplete = function(){
        console.log('保存数据成功')
        document.getElementById("btnSearchData").disabled=false;
    }
    tx.onabort = function(){ console.log('保存数据失败'); }
    var store = tx.objectStore('Users');
    var value = {userId: 1, userName: '甲', address: '北京' };
    store.put(value);
    var value = {userId: 2, userName: '乙', address: '上海' };
    store.put(value);
    value = {userId: 3, userName: '丙', address: '广州'};
    store.put(value);
    value = { userId: 4, userName: '丁', address: '深圳' };
    store.put(value);
}
function SearchData(){
    var tx = db.transaction(['Users'],"readonly");
    var store = tx.objectStore('Users');
    var range = IDBKeyRange.bound(1,4);
    var direction = "next";
    var req = store.openCursor(range, direction);
    req.onsuccess = function(){
        var cursor = this.result;
        if(cursor){
            console.log('检索到一条数据，用户名为'+cursor.value.userName);
            cursor.continue();                                  //继续检索
        }else{ console.log('检索结束'); }
    }
    req.onerror = function(){
        console.log('检索数据失败');
    }
}
</script>
```

Note

```
<body onload="window_onload()">
<input id="btnConnectDataBase" type="button" value="连接数据库" onclick="ConnectDataBase();"/>
<input id="btnSaveData"    type="button" value="保存数据" onclick="SaveData();"/>
<input id="btnSearchData" type="button" value="检索数据" onclick="SearchData();"/>
```

本示例页面中有 3 个按钮，分别为"连接数据库""保存数据""检索数据"。在页面打开时通过 window.onload 事件函数指定"保存数据"和"检索数据"按钮为无效状态。

用户单击"连接数据库"按钮时执行 ConnectDataBase()函数，在该函数中连接数据库，在数据库连接成功后设定"保存数据"按钮为有效状态。用户单击"保存数据"按钮后会在 Users 对象仓库中保存 4 条数据，数据保存成功后设定"检索数据"按钮为有效状态。

用户单击"检索数据"按钮后，执行 SearchData()函数。在该函数中，通过游标来检索主键值为 1~4 的数据，并将检索数据的 userName（用户名）属性值显示在弹出的提示信息窗口中。

在 SearchData()函数中使用当前连接的数据库对象的 transaction()方法开启一个只读事务，并且使用 transaction()方法返回的被开启的事务对象的 objectStore()方法获取 Users 对象仓库。

然后，通过对象仓库的 openCursor()方法创建并打开一个游标，该方法有两个参数，其中第一个参数为一个 IDBKeyRange 对象。第二个参数 direction 用于指定游标的读取方向，参数值为一个在 indexedDB API 中预定义的常量值。

openCursor()方法返回一个 IDBRequest 对象，代表一个向数据库发出的检索数据的请求。

调用该方法后立即异步执行，可以通过监听请求对象的 onsuccess 事件（检索数据的请求执行成功时触发），以及请求对象的 onerror 事件（检索数据的请求执行失败时触发），并指定事件处理函数来指定检索数据成功与失败时所执行的处理。

在检索成功后，如果不存在符合检索条件的数据，那么请求对象的 result 属性值为 null 或 undefined，检索终止。可通过判断该属性值是否为 null 或 undefined 来判断检索是否终止并指定检索终止时的处理。

如果存在符合检索条件的数据，那么请求对象的 result 属性值为一个 IDBCursorWithValue 对象，该对象的 key 属性值中保存了游标中当前指向的数据记录的主键值，该对象的 value 属性值为一个对象，代表该数据记录。可通过访问该对象的各个属性值来获取数据记录的对应属性值。

当存在符合检索条件的数据时，可通过 IDBCursorWithValue 对象的 update()方法更新该条数据。可通过 IDBCursorWithValue 对象的 delete()方法删除该条数据。

当存在符合检索条件的数据时，可通过 IDBCursorWithValue 对象的 continue()方法读取游标中的下一条数据记录。

当游标中的下一条数据记录不存在时，请求对象的 result 属性值变为 null 或 undefined，检索终止。

11.2.12 访问属性

在 indexedDB 中，可以将对象仓库的索引属性值作为检索条件来检索数据。

【示例】通过访问对象仓库中的索引属性检索数据。

```
<script>
var dbName = 'indexedDBTest';                          //数据库名
var dbVersion = 20210306;                              //版本号
var db;
function window_onload(){
    document.getElementById("btnSaveData").disabled=true;
    document.getElementById("btnSearchData").disabled=true;
}
```

```
function ConnectDataBase(){
    /*连接数据库，dbConnect 代表数据库连接的请求对象*/
    var dbConnect = indexedDB.open(dbName, dbVersion);
    dbConnect.onsuccess = function(e){                          //连接成功
        db = e.target.result;                                   //引用 IDBDatabase 对象
        console.log('数据库连接成功');
        document.getElementById("btnSaveData").disabled=false;
    };
    dbConnect.onerror = function(){
        console.log('数据库连接失败');
    };
}
function SaveData(){
    var tx = db.transaction(['newUsers'],"readwrite");          //开启事务
    tx.oncomplete = function(){
        console.log('保存数据成功');
        document.getElementById("btnSearchData").disabled=false;
    }
    tx.onabort = function(){console.log('保存数据失败'); }
    var store = tx.objectStore('newUsers');
    var value = {userId: 1, userName: '甲', address: '北京' };
    store.put(value);
    var value = {userId: 2, userName: '乙', address: '上海'};
    store.put(value);
    value = {userId: 3, userName: '丙', address: '广州' };
    store.put(value);
    value = { userId: 4, userName: '丁', address: '深圳' };
    store.put(value);
}
function SearchData(){
    var tx = db.transaction(['newUsers'],"readonly");           //开启事务
    var store = tx.objectStore('newUsers');
    var idx = store.index('userNameIndex');
    var range = IDBKeyRange.bound('甲','丁');
    var direction = "next";
    var req = idx.openCursor(range, direction);
    req.onsuccess = function(){
        var cursor = this.result;
        if(cursor){
            console.log('检索到一条数据，用户名为'+cursor.value.userName);
            cursor.continue();                                  //继续检索
        }else{
            console.log('检索结束');
        }
    }
    req.onerror = function(){
        console.log('检索数据失败');
    }
}
</script>
<body onload="window_onload()">
<input id="btnConnectDataBase" type="button" value="连接数据库" onclick="ConnectDataBase();"/>
<input id="btnSaveData"    type="button" value="保存数据" onclick="SaveData();"/>
<input id="btnSearchData" type="button" value="检索数据" onclick="SearchData();"/>
```

在示例页面中共有 3 个按钮，分别为"连接数据库""保存数据""检索数据"。在页面打开时通过 window.onload 事件处理函数指定"保存数据"和"检索数据"按钮为无效状态，在单击"连接数据库"按钮时执行 ConnectDataBase()函数，在该函数中连接数据库，连接成功后设定"保存数据"按钮为有效状态。单击"保存数据"按钮后在 Users1 对象仓库中保存 4 条数据，这 4 条数据的 userName 属性值分别为"甲""乙""丙""丁"。保存成功后设定"检索数据"按钮为有效状态。

单击"检索数据"按钮后执行 SearchData()函数。在该函数中，通过游标来检索 userNameIndex 索引所使用的 userName 属性值为"甲""丁"的数据，并将检索到数据的 userName（用户名）属性值显示在弹出的提示信息窗口中。

在 SearchData()函数中，使用当前连接的数据库对象的 transaction()方法开启一个只读事务，并且使用 transaction()方法返回的被开启的事务对象的 objectStore 方法获取 newUsers 对象仓库，同时使用对象仓库的 index()方法获取 userNameIndex 索引。

最后，需要通过索引的 openCursor()方法创建并打开一个游标。

11.2.13　案例：留言本

本节示例将使用 indexedDB 制作 Web 留言本，效果如图 11.2 所示。在示例页面中，显示一个用于输入姓名的文本框、一个输入留言用的文本区域，以及一个保存数据的按钮。在按钮下面显示一个表格，在保存数据后将从数据库中重新取得所有数据，并显示在这个表格中。

图 11.2　留言本效果

示例主要代码如下。

```
<script>
var dbName = 'MyData';                                      //数据库名
var dbVersion = 20210311;                                   //版本号
var db,datatable;
function init(){                                            //初始函数
    var dbConnect = indexedDB.open(dbName, dbVersion);      //连接数据库
    dbConnect.onsuccess = function(e){                      //连接成功
        db = e.target.result;                              //获取数据库
        datatable = document.getElementById("datatable");
    };
```

```
            dbConnect.onerror = function(){ console.log('数据库连接失败'); };
            dbConnect.onupgradeneeded = function(e){
                db = e.target.result;
                if(!db.objectStoreNames.contains('MsgData')) {
                    var tx = e.target.transaction;
                    tx.onabort = function(e){ console.log('对象仓库创建失败'); };
                    var name = 'MsgData';
                    var optionalParameters = {
                        keyPath: 'id',
                        autoIncrement: true
                    };
                    var store = db.createObjectStore(name,   optionalParameters);
                    console.log('对象仓库创建成功');
                }
            };
        }
        function removeAllData(){
            for (var i =datatable.childNodes.length-1; i>=0; i--) {
                datatable.removeChild(datatable.childNodes[i]);
            }
            var tr = document.createElement('tr');
            var th1 = document.createElement('th');
            var th2 = document.createElement('th');
            var th3 = document.createElement('th');
            th1.innerHTML = '姓名';
            th2.innerHTML = '留言';
            th3.innerHTML = '时间';
            tr.appendChild(th1);
            tr.appendChild(th2);
            tr.appendChild(th3);
            datatable.appendChild(tr);
        }
        function showData(dataObject) {
            var tr = document.createElement('tr');
            var td1 = document.createElement('td');
            td1.innerHTML = dataObject.name;
            var td2 = document.createElement('td');
            td2.innerHTML = dataObject.memo;
            var td3 = document.createElement('td');
            var t = new Date();
            t.setTime(dataObject.time);
            td3.innerHTML=t.toLocaleDateString()+" "+t.toLocaleTimeString();
            tr.appendChild(td1);
            tr.appendChild(td2);
            tr.appendChild(td3);
            datatable.appendChild(tr);
        }
        function showAllData() {
            removeAllData();
            var tx = db.transaction(['MsgData'],"readonly");        //开启事务
            var store = tx.objectStore('MsgData');
            var range = IDBKeyRange.lowerBound(1);
            var direction = "next";
            var req = store.openCursor(range, direction);
            req.onsuccess = function(){
```

```
                var cursor = this.result;
                if(cursor){
                    showData(cursor.value);
                    cursor.continue();                    //继续检索
                }
            }
    }
    function addData(name, message, time) {
        var tx = db.transaction(['MsgData'],"rcadwrite");    //开启事务
        tx.oncomplete = function(){console.log('保存数据成功');}
        tx.onabort = function(){console.log('保存数据失败'); }
        var store = tx.objectStore('MsgData');
        var value = {
            name: name,
            memo: message,
            time: time
        };
        store.put(value);
    }
    function saveData(){
        var name = document.getElementById('name').value;
        var memo = document.getElementById('memo').value;
        var time = new Date().getTime();
        addData(name,memo,time);
        showAllData();
    }
</script>
<body onload="init();">
<h1>Web 留言本</h1>
<p>姓名: <input type="text" id="name"></p>
<p>留言: <textarea    id="memo" rows="6"></textarea></p>
<p><input type="button" value="保存" onclick="saveData();"></p>
<table id="datatable" border="1"></table>
<p id="msg"></p>
```

当在页面中单击"保存"按钮时，调用 saveData()函数将数据保存在对象仓库中。

在打开页面时，将调用 init()函数将对象仓库中全部已保存的留言信息显示在表格中。

在 init()函数中，首先连接数据库，同时使用数据库对象的 objectStoreNames 属性获取由数据库中所有对象仓库名称构成的集合，并且利用该集合对象的 contains()方法判断 MsgData 对象仓库是否已创建。

如果 MsgData 对象仓库尚未创建，那么将在版本更新事务中创建 MsgData 对象仓库，如果 MsgData 对象仓库已创建，那么将通过版本更新事务的 onabort 事件处理函数在提示信息窗口中显示"对象仓库创建失败"，因为在 indexedDB API 中，不允许重复创建在数据库中已经存在的对象仓库。

在 showAllData()函数中，先调用 removeAllData()函数将页面的表格中当前显示的内容全部清除，然后打开一个只读事务，并将事务作用范围设置为 MsgData 对象仓库，同时通过事务的 objectStore()方法获取 MsgData 对象仓库，然后通过游标读取该对象仓库中的全部数据记录，并调用 showData()函数将读取到的所有数据记录显示在数据表中。

11.3　案例实战

本例使用 indexedDB API 设计一个电子刊物发布的应用，效果如图 11.3 所示。在示例页面中，显

示 3 个表单框，第 1 个表单框用于登录电子刊物信息，并保存在 indexedDB 数据库中。第 2 个表单框用于管理数据库中的记录，可以根据需要清空全部记录，或者删除指定的记录。第 3 个表单框用于显示数据库中所有的电子刊物记录。下面重点介绍 Javascript 脚本部分逻辑设计，详细代码请参考本节示例源代码。

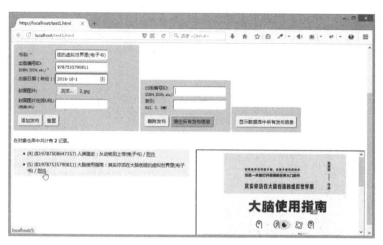

图 11.3 电子刊物发布应用效果

【操作步骤】

第 1 步，设计 HTML 结构。整个页面包含两部分：第一部分是 3 张表单，分别用于实现信息录入、信息删除和信息显示；第二部分是 4 个包含框，其中顶部包含框用于操作提示，底部 3 个包含框用于显示记录信息。

☑ 第 1 个表单框：用于信息录入。

```html
<form id="register-form">
    <table><tbody><tr>
            <td><label for="pub-title" class="required">书名: </label></td>
            <td><input type="text" id="pub-title" name="pub-title" /></td>
        </tr><tr>
            <td><label for="pub-biblioid" class="required"> 出版编号 ID:<br/>
                <span class="note">（ISBN，ISSN，etc.）</span> </label></td>
            <td><input type="text" id="pub-biblioid" name="pub-biblioid"/></td>
        </tr> <tr>
            <td><label for="pub-year">出版日期（年份）: </label></td>
            <td><input type="number" id="pub-year" name="pub-year" /></td>
        </tr>
    </tbody><tbody><tr>
            <td><label for="pub-file">封面图片: </label></td>
            <td><input type="file" id="pub-file"/></td>
        </tr><tr>
            <td><label for="pub-file-url">封面图片在线 URL:<br/>
                <span class="note">（同源 URL）</span> </label></td>
            <td><input type="text" id="pub-file-url" name="pub-file-url"/></td>
        </tr>
    </tbody>
    </table>
    <div class="button-pane">
        <input type="button" id="add-button" value="添加发布" />
        <input type="reset" id="register-form-reset"/>
```

```
    </div>
</form>
```

☑ 第 2 个表单框：用于信息删除。

```
<form id="delete-form">
    <table><tbody> <tr>
                <td><label for="pub-biblioid-to-delete">出版编号 ID:<br/>
                    <span class="note">（ISBN，ISSN，etc.）</span> </label></td>
                <td><input type="text" id="pub-biblioid-to-delete" name="pub-biblioid-to-delete" /></td>
            </tr><tr>
                <td><label for="key-to-delete">索引:<br/>
                    <span class="note">（如 1、2、3 等）</span> </label></td>
                <td><input type="text" id="key-to-delete"   name="key-to-delete" /></td>
            </tr>
        </tbody>
    </table>
    <div class="button-pane">
        <input type="button" id="delete-button" value="删除发布" />
        <input type="button" id="clear-store-button" value="清空所有发布信息" class="destructive" />
    </div>
</form>
```

☑ 第 3 个表单框：用于信息显示。

```
<form id="search-form">
    <div class="button-pane">
        <input type="button" id="search-list-button"   value="显示数据库中所有发布信息" />
    </div>
</form>
```

☑ 顶部包含框：用于操作提示。

```
<h1>电子出版物仓储</h1>
<div class="note">
    <p>浏览器支持: </p>
    <div id="compat"> </div>
</div>
<div id="msg"> </div>
```

☑ 底部包含 3 个包含框：用于显示记录信息。

```
<div>
    <div id="pub-msg"></div>
    <div id="pub-viewer"></div>
    <ul id="pub-list"></ul>
</div>
```

第 2 步，设计 JavaScript 脚本部分。把所有 JavaScript 代码都放在一个函数表达式中，并进行调用，这样做的目的是定义一个独立的作用域，把其中所有的变量与外界代码隔绝起来。首先，初始化所有变量，并重置 UI 标签。

```
(function () {
    var COMPAT_ENVS = [
        ['Firefox', ">= 16.0"],
        ['Google Chrome',
            ">= 24.0 (可能需谷歌浏览器), 没有 BLOB 存储支持"]
    ];
    var compat = $('#compat');
    compat.empty();
```

```
        compat.append('<ul id="compat-list"></ul>');
        COMPAT_ENVS.forEach(function(val, idx, array) {
            $('#compat-list').append('<li>' + val[0] + ': ' + val[1] + '</li>');
        });
        const DB_NAME = 'mdn-demo-indexeddb-epublications';
        const DB_VERSION = 1;                        //使用 long 型值（不要使用 float 值）
        const DB_STORE_NAME = 'publications';
        var db;
        var current_view_pub_key;                    //用来跟踪哪些视图显示，避免无用的加载
    })();                                             //执行函数表达式（IIFE）
```

第 3 步，创建本地数据库，设计数据表，定义字段类型。

```
function openDb() {
    console.log("openDb ...");
    var req = indexedDB.open(DB_NAME, DB_VERSION);
    req.onsuccess = function (evt) {
        //更好地使用 this 比 req 得到的结果好，以避免垃圾回收问题
        //db = req.result;
        db = this.result;
        console.log("openDb DONE");
    };
    req.onerror = function (evt) {
        console.error("openDb:", evt.target.errorCode);
    };
    req.onupgradeneeded = function (evt) {
        console.log("openDb.onupgradeneeded");
        var store = evt.currentTarget.result.createObjectStore(
            DB_STORE_NAME, { keyPath: 'id', autoIncrement: true });
        store.createIndex('biblioid', 'biblioid', { unique: true });
        store.createIndex('title', 'title', { unique: false });
        store.createIndex('year', 'year', { unique: false });
    };
}
```

第 4 步，定义数据库操作函数。getObjectStore()函数用于读取匹配的记录，clearObjectStore() 函数用于清除数据库中记录表，getBlob()函数能够根据键值找到本地数据库中存储的附件文件，displayPubList()函数能够从本地数据库中查询所有记录，并显示在页面中。

```
//* @参数  {string} store_name
//* @参数  {string} mode 可以是 readonly 或 readwrite
function getObjectStore(store_name, mode) {
    var tx = db.transaction(store_name, mode);
    return tx.objectStore(store_name);
}
function clearObjectStore(store_name) {
    var store = getObjectStore(DB_STORE_NAME, 'readwrite');
    var req = store.clear();
    req.onsuccess = function(evt) {
        displayActionSuccess("Store cleared");
        displayPubList(store);
    };
    req.onerror = function (evt) {
        console.error("clearObjectStore:", evt.target.errorCode);
        displayActionFailure(this.error);
    };
}
```

```
function getBlob(key, store, success_callback) {
    var req = store.get(key);
    req.onsuccess = function(evt) {
        var value = evt.target.result;
        if (value) success_callback(value.blob);
    };
}
//* @参数 {IDBObjectStore=} store
function displayPubList(store) {
    console.log("displayPubList");
    if (typeof store == 'undefined')
        store = getObjectStore(DB_STORE_NAME, 'readonly');
    var pub_msg = $('#pub-msg');
    pub_msg.empty();
    var pub_list = $('#pub-list');
    pub_list.empty();
    newViewerFrame();                                   //重置 iframe，不显示以前的内容
    var req;
    req = store.count();
    req.onsuccess = function(evt) {
        pub_msg.append('<p>在对象仓库中共计有 <strong>' + evt.target.result + '</strong> 记录。</p>');
    };
    req.onerror = function(evt) {
        console.error("add error", this.error);
        displayActionFailure(this.error);
    };
    var i = 0;
    req = store.openCursor();
    req.onsuccess = function(evt) {
        var cursor = evt.target.result;
        if (cursor) {                                   //如果游标指向某个位置，则访问该数据
            console.log("displayPubList cursor:", cursor);
            req = store.get(cursor.key);
            req.onsuccess = function (evt) {
                var value = evt.target.result;
                var list_item = $('<li>' +
                        '[' + cursor.key + '] ' +
                        '(ID:' + value.biblioid + ') ' +
                        value.title +
                        '</li>');
        if (value.year != null)
            list_item.append(' - ' + value.year);
            if (value.hasOwnProperty('blob') &&
                typeof value.blob != 'undefined') {
                var link = $('<a href="" + cursor.key + "">附件</a>');
                link.on('click', function() { return false; });
                link.on('mouseenter', function(evt) {
                    setInViewer(evt.target.getAttribute('href')); });
                list_item.append(' / ');
                list_item.append(link);
            } else { list_item.append(" / 没有附件"); }
            pub_list.append(list_item);
            };
            cursor.continue();                          //移动到存储中的下一个对象
```

```
                    i++;                                         //此计数器仅用于创建不同的 id
            } else { console.log("没有更多的条目"); }
        };
    }
```

第 5 步，定义视图操作函数。newViewerFrame()函数用于在<div id="pub-viewer">包含框中嵌入一个浮动框架，以便显示附件文件信息；setInViewer()函数根据键值，把对应附件文件中的图片以 HTML字符串形式在浮动框架中显示。

```
function newViewerFrame() {
    var viewer = $('#pub-viewer');
    viewer.empty();
    var iframe = $('<iframe />');
    viewer.append(iframe);
    return iframe;
}
function setInViewer(key) {
    console.log("setInViewer:", arguments);
    key = Number(key);
    if (key == current_view_pub_key)
        return;
    current_view_pub_key = key;
    var store = getObjectStore(DB_STORE_NAME, 'readonly');
    getBlob(key, store, function(blob) {
        console.log("setInViewer blob:", blob);
        var iframe = newViewerFrame();
        if (blob.type == 'text/html') {
            var reader = new FileReader();
            reader.onload = (function(evt) {
                var html = evt.target.result;
                iframe.load(function() {
                        $(this).contents().find('html').html(html);
                });
            });
            reader.readAsText(blob);
        } else if (blob.type.indexOf('image/') == 0) {
            iframe.load(function() {
                var img_id = 'image-' + key;
                var img = $('<img id="' + img_id + '"/>');
                $(this).contents().find('body').html(img);
                var obj_url = window.URL.createObjectURL(blob);
                $(this).contents().find('#' + img_id).attr('src', obj_url);
                window.URL.revokeObjectURL(obj_url);
            });
        } else if (blob.type == 'application/pdf') {
            $('*').css('cursor', 'wait');
            var obj_url = window.URL.createObjectURL(blob);
            iframe.load(function() {
                $('*').css('cursor', 'auto');
            });
            iframe.attr('src', obj_url);
            window.URL.revokeObjectURL(obj_url);
        } else {
            iframe.load(function() {
```

```
                    $(this).contents().find('body').html("没有查看可用");
                });
        }
    });
}
```

第 6 步，向数据库中添加记录。其中，addPublicationFromUrl()函数根据在线 URL，把电子出版物的相关字段信息添加到本地数据库中；addPublication()函数根据用户选择的附件文件，把附件文件以 Blob 对象的形式保存到本地数据库中。

```
//* @参数  {string} biblioid
//* @参数  {string} title
//* @参数  {number} year
//* @参数  {string} url  图像下载的 URL，存储在本地 indexedDB 数据库
    function addPublicationFromUrl(biblioid, title, year, url) {
            console.log("addPublicationFromUrl:", arguments);
            var xhr = new XMLHttpRequest();
            xhr.open('GET', url, true);
            xhr.responseType = 'blob';
            xhr.onload = function (evt) {
                    if (xhr.status == 200) {
                            console.log("Blob 恢复");
                            var blob = xhr.response;
                            console.log("Blob:", blob);
                            addPublication(biblioid, title, year, blob);
                } else {
                console.error("addPublicationFromUrl error:",
                xhr.responseText, xhr.status);
            }
        };
        xhr.send();
}
 //* @参数  {string} biblioid
 //* @参数  {string} title
 //* @参数  {number} year
 //* @参数  {Blob=} blob
function addPublication(biblioid, title, year, blob) {
        console.log("添加发布的参数:", arguments);
        var obj = { biblioid: biblioid, title: title, year: year };
        if (typeof blob != 'undefined')
            obj.blob = blob;
        var store = getObjectStore(DB_STORE_NAME, 'readwrite');
        var req;
        try {
            req = store.add(obj);
        } catch (e) {
            if (e.name == 'DataCloneError')
                displayActionFailure("这个引擎不知道如何克隆一个 Blob, " +   "使用 Firefox");
            throw e;
        }
        req.onsuccess = function (evt) {
            console.log("添加成功");
            displayActionSuccess();
            displayPubList(store);
        };
```

```
    req.onerror = function() {
        console.error("addPublication error", this.error);
        displayActionFailure(this.error);
    };
}
```

第 7 步，删除数据库中记录。其中，deletePublicationFromBib()函数能够根据 id 信息删除指定的记录，deletePublication()函数能够根据键值删除指定记录。

```
//* @参数　{string} biblioid
function deletePublicationFromBib(biblioid) {
    console.log("deletePublication:", arguments);
    var store = getObjectStore(DB_STORE_NAME, 'readwrite');
    var req = store.index('biblioid');
    req.get(biblioid).onsuccess = function(evt) {
        if (typeof evt.target.result == 'undefined') {
            displayActionFailure("没有匹配的记录");
            return;
        }
        deletePublication(evt.target.result.id, store);
    };
    req.onerror = function (evt) {
        console.error("deletePublicationFromBib:", evt.target.errorCode);
    };
}
 //* @参数　{number} key
 //* @参数　{IDBObjectStore=} store
function deletePublication(key, store) {
    console.log("deletePublication:", arguments);
    if (typeof store == 'undefined')
        store = getObjectStore(DB_STORE_NAME, 'readwrite');
    var req = store.get(key);
    req.onsuccess = function(evt) {
        var record = evt.target.result;
        console.log("记录:", record);
        if (typeof record == 'undefined') {
            displayActionFailure("没有匹配的记录");
            return;
        }
        req = store.delete(key);
        req.onsuccess = function(evt) {
            console.log("evt:", evt);
            console.log("evt.target:", evt.target);
            console.log("evt.target.result:", evt.target.result);
            console.log("删除成功");
            displayActionSuccess("删除成功");
            displayPubList(store);
        };
        req.onerror = function (evt) {
            console.error("删除发布:", evt.target.errorCode);
        };
    };
    req.onerror = function (evt) {
        console.error("删除发布:", evt.target.errorCode);
    };
}
```

第8步，定义各种提示信息函数。

```javascript
function displayActionSuccess(msg) {
    msg = typeof msg != 'undefined' ? "Success: " + msg : "成功";
    $('#msg').html('<span class="action-success">' + msg + '</span>');
}
function displayActionFailure(msg) {
    msg = typeof msg != 'undefined' ? "Failure: " + msg : "失败";
    $('#msg').html('<span class="action-failure">' + msg + '</span>');
}
function resetActionStatus() {
    console.log("更新状态中 ...");
    $('#msg').empty();
    console.log("已完成更新");
}
```

第9步，定义事件监听函数，主要是根据用户单击的按钮分别调用对应的操作函数。

```javascript
function addEventListeners() {
    console.log("addEventListeners");
    $('#register-form-reset').click(function(evt) {
        resetActionStatus();
    });
    $('#add-button').click(function(evt) {
        console.log("添加中 ...");
        var title = $('#pub-title').val();
        var biblioid = $('#pub-biblioid').val();
        if (!title || !biblioid) {
            displayActionFailure("所需字段丢失");
            return;
        }
        var year = $('#pub-year').val();
        if (year != '') {
            //如果引擎支持 EcmaScript 6，最好使用 Number.isInteger
            if (isNaN(year))    {
                displayActionFailure("Invalid year");
                return;
            }
            year = Number(year);
        } else { year = null; }
        var file_input = $('#pub-file');
        var selected_file = file_input.get(0).files[0];
        console.log("选定的文件:", selected_file);
        var file_url = $('#pub-file-url').val();
        if (selected_file) {
            addPublication(biblioid, title, year, selected_file);
        } else if (file_url) {
            addPublicationFromUrl(biblioid, title, year, file_url);
        } else { addPublication(biblioid, title, year); }
    });
    $('#delete-button').click(function(evt) {
        console.log("删除中 ...");
        var biblioid = $('#pub-biblioid-to-delete').val();
        var key = $('#key-to-delete').val();
        if (biblioid != '') {
            deletePublicationFromBib(biblioid);
```

```
        } else if (key != ") {
            //如果引擎支持 EcmaScript 6，最好使用 Number.isInteger
            if (key == " || isNaN(key))     {
                displayActionFailure("非法的 key");
                return;
            }
            key = Number(key);
            deletePublication(key);
        }
    });
    $('#clear-store-button').click(function(evt) {
        clearObjectStore();
    });
    var search_button = $('#search-list-button');
    search_button.click(function(evt) {
        displayPubList();
    });
}
```

第 10 步，页面初始化操作。当页面加载完成之后，调用 openDb() 函数创建数据库，调用 addEventListeners()
函数开始监听各个按钮的操作。

```
openDb();
addEventListeners();
```

11.4 在 线 支 持

<table>
<tr><td rowspan="2">扫码免费学习
更多实用技能
</td><td colspan="2">一、专项练习</td><td>二、更多案例实战</td></tr>
<tr><td colspan="2">☑ 检查 HTML5 存储支持
☑ 存储本地数据
☑ 存储 JSON 对象
☑ 存储表单数据
☑ 跨文档传输数据
 …实际有更多题目 </td><td>☑ 创建本地数据库
☑ Web SQL 建表、插入及查询操作
☑ 注册和登录
☑ 计数器
☑ 用户登录界面
📝 新知识、新案例不断更新中……</td></tr>
</table>

第 12 章

HTML5 异步请求

视频讲解

XMLHttpRequest 是一个异步请求 API，提供了客户端向服务器发出 HTTP 请求数据的功能，请求过程允许不同步，不需要刷新页面。Fetch 是 HTML5 新增的异步请求 API，功能与 XMLHttpRequest 相似，但用法更简洁、功能更强大。本章将以 Windows 系统+Apache 服务器+PHP 语言组合为基础介绍 XMLHttpRequest 和 Fetch 的基本使用。

12.1 XMLHttpRequest 2 基础

12.1.1 XMLHttpRequest 2 概述

最早微软在 IE 5 中引入 XMLHttpRequest 插件，2008 年 2 月 W3C 开始标准化 XMLHttpRequest，2014 年 11 月 W3C 正式发布 XMLHttpRequest Level 2 标准规范，新增了很多实用功能，极大推动了异步交互在 Web 中的应用。

XMLHttpRequest 1.0 版本存在如下缺陷。

- ☑ 只支持文本数据的传送，无法用来读取和上传二进制文件。
- ☑ 传送和接收数据时，没有进度信息，只能提示有没有完成。
- ☑ 受到同域限制，只能向同一域名的服务器请求数据。

XMLHttpRequest 2 新增功能简单说明如下。

- ☑ 可以设置 HTTP 请求的时限。
- ☑ 可以使用 FormData 对象管理表单数据。
- ☑ 可以上传文件。
- ☑ 可以请求不同域名下的数据（跨域请求）。
- ☑ 可以获取服务器端的二进制数据。
- ☑ 可以获得数据传输的进度信息。

12.1.2 请求时限

XMLHttpRequest 2 为 XMLHttpRequest 对象新增 timeout 属性，使用该属性可以设置 HTTP 请求时限。

```
xhr.timeout = 3000;
```

上面语句将异步请求的最长等待时间设为 3000ms。超过时限，就自动停止 HTTP 请求。

与之配套的还有一个 timeout 事件，用来指定回调函数。

```
xhr.ontimeout = function(event){
    alert('请求超时!');
}
```

12.1.3　FormData 数据对象

XMLHttpRequest 2 新增 FormData 对象，使用它可以处理表单数据。使用 FormData 对象的步骤如下。

第 1 步，新建 FormData 对象。

```
var formData = new FormData();
```

第 2 步，为 FormData 对象添加表单项。

```
formData.append('username', '张三');
formData.append('id', 123456);
```

第 3 步，直接传送 FormData 对象。这与提交网页表单的效果完全一样。

```
xhr.send(formData);
```

第 4 步，FormData 对象也可以用来获取网页表单的值。

```
var form = document.getElementById('myform');
var formData = new FormData(form);
formData.append('secret', '123456');          //添加一个表单项
xhr.open('POST', form.action);
xhr.send(formData);
```

⚠ 提示：FotmData()构造函数的语法格式如下。

```
var form = document.getElementById("forml");
var formData = new FormData(form);
```

FormData()构造函数包含一个参数，表示页面中的一个表单（form）元素。创建 formData 对象之后，把该对象传递给 XMLHttpRequest 对象的 send()方法即可。语法格式如下。

```
xhr.send(formData);
```

使用 formData 对象的 append()方法可以追加数据，这些数据将在向服务器端发送数据时随着用户在表单控件中输入的数据一起发送到服务器端。append()方法的用法如下。

```
formData.append('add_data', '测试');          //在发送之前添加附加数据
```

该方法包含两个参数：第 1 个参数表示追加数据的键名，第 2 个参数表示追加数据的键值。

当 formData 对象中包含附加数据时，服务器端将该数据的键名视为一个表单控件的 name 属性值，将该数据的键值视为该表单控件中的数据。

【示例】在页面中设计一个表单，表单包含一个用于输入用户名的文本框和一个用于输入密码的文本框，以及一个"发送"按钮。输入用户名和密码，单击"发送"按钮，JavaScript 脚本在表单数据中追加附加数据，然后将表单数据发送到服务器端，服务器端接收到表单数据后进行响应，效果如图 12.1 所示。

图 12.1　发送表单数据演示效果

☑　前台页面（test1.html）：

```
<script>
function sendForm() {
    var form=document.getElementById("form1");
    var formData = new FormData(form);
    formData.append('grade', '3');              //在发送之前添加附加数据
    var xhr = new XMLHttpRequest();
    xhr.open('POST','test.php',true);
```

```
        xhr.onload = function(e) {
            if (this.status == 200) {
                document.getElementById("result").innerHTML=this.response;
            }
        };
        xhr.send(formData);
    }
</script>
<form id="form1">
用户名：<input type="text" name="name"><br/>
密　码：<input type="password" name="pass"><br/>
<input type="button" value="发送" onclick="sendForm();">
</form>
<output id="result" ></output>
```

☑　后台页面（test.php）：

```
<?php
$name =$_POST['name'] ;
$pass =$_POST['pass'] ;
$grade =$_POST['grade'] ;
echo '服务器端接收数据：<br/>';
echo '用户名：'.$name.'<br/>';
echo '密　码：'.$pass.'<br/>';
echo '等　级：'.$grade;
flush();
?>
```

12.1.4　上传文件

新版 XMLHttpRequest 对象不仅可以发送文本信息，还可以上传文件。XMLHttpRequest 的 send() 方法可以发送字符串、Document 对象、表单数据、Blob 对象、文件以及 ArrayBuffer 对象。

【示例1】设计一个"选择文件"的表单元素（input[type="file"]），将它装入 FormData 对象。

```
var formData = new FormData();
for (var i = 0; i < files.length;i++) {
    formData.append('files[]', files[i]);
}
```

然后，发送 FormData 对象给服务器。

```
xhr.send(formData);
```

使用 FormData 可以向服务器端发送文件，具体用法：将表单的 enctype 属性值设置为 multipart/form-data，然后将需要上传的文件作为附加数据添加到 formData 对象中即可。

【示例2】在页面中设计一个文件控件和"发送"按钮，使用文件控件在客户端选取一些文件，并单击"发送"按钮，JavaScript 将选取的文件上传到服务器端,服务器端在上传文件成功后将这些文件的文件名作为响应数据返回，客户端接收到响应数据后，将其显示在页面中，效果如图 12.2 所示。

图 12.2　发送文件演示效果

☑　前台页面（test1.html）：

```
<script>
function uploadFile() {
```

```
    var formData = new FormData();
    var files=document.getElementById("file1").files;
    for (var i = 0;i<files.length;i++) {
        var file=files[i];
        formData.append('myfile[]', file);
    }
    var xhr = new XMLHttpRequest();
    xhr.open('POST','test.php', true);
    xhr.onload = function(e) {
        if (this.status == 200) {
            document.getElementById("result").innerHTML=this.response;
        }
    };
    xhr.send(formData);
}
</script>
<form id="form1" enctype="multipart/form-data">
选择文件<input type="file" id="file1" name="file" multiple><br/>
<input type="button" value="发送" onclick="uploadFile();">
</form>
<output id="result" ></output>
```

☑ 后台页面（test.php）：

```
<?php
for ($i=0;$i<count($_FILES['myfile']['name']);$i++) {
    move_uploaded_file($_FILES['myfile']['tmp_name'][$i],'./upload/'.iconv("utf-8","gbk",
$_FILES['myfile']['name'][$i]));
    echo '已上传文件：'.$_FILES['myfile']['name'][$i].'<br/>';
}
flush();
?>
```

12.1.5 跨域访问

新版本的 XMLHttpRequest 对象可以向不同域名的服务器发出 HTTP 请求。使用跨域资源共享的前提是浏览器必须支持这个功能，且服务器端必须同意这种跨域。如果能够满足上面两个条件，则代码的写法与不跨域的请求完全一样。

```
xhr.open('GET', 'http://other.server/and/path/to/script');
```

实现方法：在被请求域中提供一个用于响应请求的服务器端脚本文件，并且在服务器端返回响应的响应头信息中添加 Access-Control-Allow-Origin 参数，并且将参数值指定为允许向该页面请求数据的域名+端口号即可。

【示例】实现跨域数据请求。在客户端页面中设计一个操作按钮，当单击该按钮时，向另一个域中的 server.php 脚本文件请求数据，该脚本文件返回一段简单的字符串，本页面接收到该文字后将其显示在页面上，效果如图 12.3 所示。示例完整代码如下。

图 12.3 跨域请求数据

☑ 前台页面（test1.html）：

```
<script>
function ajaxRequest(){
    var xhr = new XMLHttpRequest();
```

```
        xhr.open('GET', 'http://localhost/server.php', true);
        xhr.onreadystatechange = function() {
            if(xhr.readyState === 4) {
                document.getElementById("result").innerHTML = xhr.responseText;
            }
        };
        xhr.send(null);
    }
</script>
<style type="text/css">
output { color:red;}
</style>
<input type="button" value="跨域请求" onclick="ajaxRequest()"></input><br/>
响应数据：  <output id="result"/>
```

☑ 跨域后台页面（server.php）：

```
<?php
header('Access-Control-Allow-Origin:http://localhost/');
header('Content-Type:text/plain;charset=UTF-8');
echo '我是来自异域服务器的数据。';
flush();
?>
```

12.1.6　响应不同类型数据

新版本的 XMLHttpRequest 对象新增 responseType 和 response 属性。

☑ responseType：用于指定服务器端返回数据的数据类型，可用值为 text、arraybuffer、blob、json 或 document。如果将属性值指定为空字符串值或不使用该属性，则该属性值默认为 text。

☑ response：如果向服务器端提交请求成功，则返回响应的数据。

❖ responseType 为 text 时，则 response 返回值为一串字符串。

❖ responseType 为 arraybuffer 时，则 response 返回值为一个 ArrayBuffer 对象。

❖ responseType 为 blob 时，则 response 返回值为一个 Blob 对象。

❖ responseType 为 json 时，则 response 返回值为一个 Json 对象。

❖ responseType 为 document 时，则 response 返回值为一个 Document 对象。

【示例】为 XMLHttpRequest 对象设置 responseType = 'text'，可以向服务器发送字符串数据。在页面中设计显示一个文本框和一个按钮，在文本框中输入字符串之后，单击页面上的"发送数据"按钮，将使用 XMLHttpRequest 对象的 send()方法将输入字符串发送到服务器端，在接收到服务器端响应数据后，将该响应数据显示在页面上，效果如图 12.4 所示。

图 12.4　发送字符串演示效果

☑ 前台页面（test1.html）：

```
<script>
function sendText() {
    var txt=document.getElementById("text1").value;
    var xhr = new XMLHttpRequest();
    xhr.open('POST', 'test.php', true);
    xhr.responseType = 'text';
    xhr.onload = function(e) {
        if (this.status == 200) {
```

```
                document.getElementById("result").innerHTML=this.response;
        }
    };
    xhr.send(txt);
}
</script>
<form>
<input type="text" id="text1"><br/>
<input type="button" value="发送数据" onclick="sendText()">
</form>
<output id="result" ></output>
```

☑ 后台页面（test.php）：

```
<?php
$str =file_get_contents('php://input');
echo '服务器端接收数据：'.$str;
flush();
?>
```

12.1.7 接收二进制数据

旧版本的 XMLHttpRequest 对象只能从服务器接收文本数据，新版本则可以接收二进制数据。

使用新增的 responseType 属性，可以从服务器接收二进制数据。如果服务器返回文本数据，这个属性的值是 text，这是默认值。

☑ 可以把 responseType 设为 blob，表示服务器传回的是二进制对象。

```
var xhr = new XMLHttpRequest();
xhr.open('GET', '/path/to/image.png');
xhr.responseType = 'blob';
```

接收数据时，用浏览器自带的 Blob 对象即可。

```
var blob = new Blob([xhr.response], {type: 'image/png'});
```

◀》注意：读取是 xhr.response，而不是 xhr.responseText。

☑ 可以将 responseType 设为 arraybuffer，把二进制数据装在一个数组里。

```
var xhr = new XMLHttpRequest();
xhr.open('GET', '/path/to/image.png');
xhr.responseType = "arraybuffer";
```

接收数据时，需要遍历这个数组。

```
var arrayBuffer = xhr.response;
if (arrayBuffer) {
    var byteArray = new Uint8Array(arrayBuffer);
    for (var i = 0; i < byteArray.byteLength; i++) {
        //执行代码
    }
}
```

当 XMLHttpRequest 对象的 responseType 属性设置为 arraybuffer 时，服务器端响应数据将是一个 ArrayBuffer 对象。

当前，Firefox 8+、Opera 11.64+、Chrome 10+、Safari 5+和 IE 10+版本浏览器支持将 XMLHttpRequest 对象的 responseType 属性值指定为 arraybuffer。

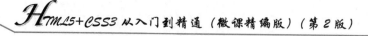

【示例】设计在页面中显示一个"下载图片"按钮和一个"显示图片"按钮，单击"下载图片"按钮时，从服务器端下载一幅图片的二进制数据，在得到服务器端响应后创建一个 Blob 对象，并将该图片的二进制数据追加到 Blob 对象中，使用 FileReader 对象的 readAsDataURL()方法将 Blob 对象中保存的原始二进制数据读取为 DataURL 格式的 URL 字符串，然后将其保存在 indexedDB 数据库中。单击"显示图片"按钮时，从 indexedDB 数据库中读取该图片的 DataURL 格式的 URL 字符串，创建一个 img 元素，然后将该 URL 字符串设置为 img 元素的 src 属性值，在页面上显示该图片。

```
<script>
window.indexedDB = window.indexedDB || window.webkitIndexedDB ||
window.mozIndexedDB || window.msIndexedDB;
window.IDBTransaction = window.IDBTransaction ||
window.webkitIDBTransaction || window.msIDBTransaction;
window.IDBKeyRange = window.IDBKeyRange|| window.webkitIDBKeyRange ||
window.msIDBKeyRange;
window.IDBCursor = window.IDBCursor || window.webkitIDBCursor ||
window.msIDBCursor;
window.URL = window.URL || window.webkitURL;
var dbName = 'imgDB';                                    //数据库名
var dbVersion = 20170418;                                //版本号
var idb;
function init(){
    var dbConnect = indexedDB.open(dbName, dbVersion);   //连接数据库
    dbConnect.onsuccess = function(e){                   //连接成功
        idb = e.target.result;                           //获取数据库
    };
    dbConnect.onerror = function(){alert('数据库连接失败'); };
    dbConnect.onupgradeneeded = function(e){
        idb = e.target.result;
        var tx = e.target.transaction;
        tx.onabort = function(e){
            alert('对象仓库创建失败');
        };
        var name = 'img';
        var optionalParameters = {
            keyPath: 'id',
            autoIncrement: true
        };
        var store = idb.createObjectStore(name,   optionalParameters);
        alert('对象仓库创建成功');
    };
}
function downloadPic(){
    var xhr = new XMLHttpRequest();
    xhr.open('GET', 'images/1.png', true);
    xhr.responseType = 'arraybuffer';
    xhr.onload = function(e) {
        if (this.status == 200) {
            var bb = new Blob([this.response]);
            var reader = new FileReader();
            reader.readAsDataURL(bb);
            reader.onload = function(f) {
                var result=document.getElementById("result");
                //在 indexedDB 数据库中保存二进制数据
                var tx = idb.transaction(['img'],"readwrite");
```

```
                    tx.oncomplete = function(){alert('保存数据成功');}
                    tx.onabort = function(){alert('保存数据失败'); }
                    var store = tx.objectStore('img');
                    var value = { img:this.result };
                    store.put(value);
                }
            }
        };
        xhr.send();
    }
    function showPic(){
        var tx = idb.transaction(['img'],"readonly");
        var store = tx.objectStore('img');
        var req = store.get(1);
        req.onsuccess = function(){
            if(this.result == undefined){
                alert("没有符合条件的数据");
            } else{
                var img = document.createElement('img');
                img.src = this.result.img;
                document.body.appendChild(img);
            }
        }
        req.onerror = function(){
            alert("获取数据失败");
        }
    }
</script>
<body onload="init()">
<input type="button" value="下载图片" onclick="downloadPic()"><br/>
<input type="button" value="显示图片" onclick="showPic()"><br/>
<output id="result" ></output>
</body>
```

　　在浏览器中预览，单击页面中的"下载图片"按钮，脚本从服务器端下载图片并将该图片二进制数据的 DataURL 格式的 URL 字符串保存在 indexedDB 数据库中，保存成功后在弹出提示信息框中显示"保存数据成功"文字，如图 12.5 所示。

　　单击"显示图片"按钮，脚本从 indexedDB 数据库中读取图片的 DataURL 格式的 URL 字符串，并将其指定为 img 元素的 src 属性值，在页面中显示该图片，如图 12.6 所示。

图 12.5　下载文件

图 12.6　显示照片

第1步，当用户单击"下载图片"按钮时，调用 downloadPic()函数，在该函数中，XMLHttpRequest 对象从服务器端下载一幅图片的二进制数据，在下载时将该对象的 responseType 属性值指定为 arraybuffer。

```
var xhr = new XMLHttpRequest();
xhr.open('GET', 'images/1.png', true);
xhr.responseType = 'arraybuffer';
```

第2步，在得到服务器端响应后，使用该图片的二进制数据创建一个 Blob 对象。然后创建一个 FileReader 对象，并且使用 FileReader 对象的 readAsDataURL()方法将 Blob 对象中保存的原始二进制数据读取为 DataURL 格式的 URL 字符串，然后将其保存在 indexedDB 数据库中。

第3步，单击"显示图片"按钮时，从 indexedDB 数据库中读取该图片的 DataURL 格式的 URL 字符串，然后创建一个用于显示图片的 img 元素，然后将该 URL 字符串设置为 img 元素的 src 属性值，在该页面上显示下载的图片。

12.1.8 监测数据传输进度

新版本的 XMLHttpRequest 对象新增一个 progress 事件，用来返回进度信息。它分成上传和下载两种情况。下载的 progress 事件属于 XMLHttpRequest 对象，上传的 progress 事件属于 XMLHttpRequest. upload 对象。

第1步，先定义 progress 事件的回调函数。

```
xhr.onprogress = updateProgress;
xhr.upload.onprogress = updateProgress;
```

第2步，在回调函数里面，使用 progress 事件的一些属性。

```
function updateProgress(event) {
    if (event.lengthComputable) {
        var percentComplete = event.loaded / event.total;
    }
}
```

上面的代码中，event.total 是需要传输的总字节，event.loaded 是已经传输的字节。如果 event. lengthComputable 不为真，则 event.total 等于 0。

与 progress 事件相关的，还有其他 5 个事件，可以分别指定回调函数。

☑ load：传输成功完成。
☑ abort：传输被用户取消。
☑ error：传输中出现错误。
☑ loadstart：传输开始。
☑ loadEnd：传输结束，但是不知道成功还是失败。

【示例】设计一个文件上传页面，在上传过程中使用扩展 XMLHttpRequest，动态显示文件上传的百分比进度，效果如图 12.7 所示。

本示例需要 PHP 服务器虚拟环境，同时在站点根目录下新建 upload 文件夹，然后在站点根目录新建前台文件 test1.html，以及后台文件 test2.php。

图 12.7 上传文件

☑ test1.html：

```
<script>
function fileSelected() {
    var file = document.getElementById('fileToUpload').files[0];
    if (file) {
        var fileSize = 0;
        if (file.size > 1024 * 1024)
            fileSize = (Math.round(file.size * 100 / (1024 * 1024)) / 100).toString() + 'MB';
        else
            fileSize = (Math.round(file.size * 100 / 1024) / 100).toString() + 'KB';
        document.getElementById('fileName').innerHTML = '文件名：' + file.name;
        document.getElementById('fileSize').innerHTML = '大　小：' + fileSize;
        document.getElementById('fileType').innerHTML = '类　型：' + file.type;
    }
}
function uploadFile() {
    var fd = new FormData();
    fd.append("fileToUpload", document.getElementById('fileToUpload').files[0]);
    var xhr = new XMLHttpRequest();
    xhr.upload.addEventListener("progress", uploadProgress, false);
    xhr.addEventListener("load", uploadComplete, false);
    xhr.addEventListener("error", uploadFailed, false);
    xhr.addEventListener("abort", uploadCanceled, false);
    xhr.open("POST", "test2.php");
    xhr.send(fd);
}
function uploadProgress(evt) {
    if (evt.lengthComputable) {
        var percentComplete = Math.round(evt.loaded * 100 / evt.total);
        document.getElementById('progressNumber').innerHTML = percentComplete.toString() + '%';
    }else {
        document.getElementById('progressNumber').innerHTML = 'unable to compute';
    }
}
function uploadComplete(evt) {
    var info = document.getElementById('info');
    info.innerHTML = evt.target.responseText;          /*当服务器发送响应时，会触发此事件*/
}
function uploadFailed(evt) {
    alert("试图上载文件时出现一个错误");
}
function uploadCanceled(evt) {
    alert("上传已被用户取消或浏览器放弃连接");
}
</script>
<form id="form1" enctype="multipart/form-data" method="post" action="upload.php">
    <div class="row">
        <label for="fileToUpload">选择上传文件</label>
        <input type="file" name="fileToUpload" id="fileToUpload" onChange="fileSelected();">
    </div>
    <div id="fileName"></div>
    <div id="fileSize"></div>
    <div id="fileType"></div>
    <div class="row">
```

```
            <input type="button" onClick="uploadFile()" value="上传">
        </div>
        <div id="progressNumber"></div>
        <div id="info"></div>
    </form>
```

☑ test2.php：

```php
header("content=text/html; charset=utf-8");
$uf = $_FILES['fileToUpload'];
if(!$uf){
    echo "没有 filetoupload 引用";
    exit();
}
$upload_file_temp = $uf['tmp_name'];
$upload_file_name = $uf['name'];
$upload_file_size = $uf['size'];
if(!$upload_file_temp){
    echo "上传失败";
    exit();
}
$file_size_max = 1024*1024*100;                        //100M 限制文件上传最大容量（bytes）
if ($upload_file_size > $file_size_max) {              //检查文件大小
    echo "对不起，你的文件容量超出允许范围：".$file_size_max;
    exit();
}
$store_dir = "./upload/";                              //上传文件的储存位置
$accept_overwrite = 0;                                 //是否允许覆盖相同文件
$file_path = $store_dir . $upload_file_name;
if (file_exists($file_path) && !$accept_overwrite) {   //检查读写文件
    echo "存在相同文件名的文件";
    exit();
}
if (!move_uploaded_file($upload_file_temp,$file_path)) { //复制文件到指定目录
    echo "复制文件失败".$upload_file_temp." to ". $file_path;
    exit;
}
echo "<p>你上传了文件:";
echo $upload_file_name;                                //客户端机器文件的原名称
echo "<br>";
echo "文件的 MIME 类型为:";
echo $uf['type'];                                      //文件的 MIME 类型，如"image/gif"
echo "<br>";
echo "上传文件大小:";
echo $uf['size'];                                      //已上传文件的大小，单位为字节
echo "<br>";
echo "文件上传后被临时储存为:";
echo $uf['tmp_name'];                                  //文件被上传后在服务器端储存的临时文件名
echo "<br>";
$error = $uf['error'];
switch($error){
case 0:
    echo "上传成功";  break;
case 1:
    echo "上传的文件超过了 php.ini 中 upload_max_filesize 选项限制的值。";  break;
case 2:
```

```
        echo "上传文件的大小超过了 HTML 表单中 MAX_FILE_SIZE 选项指定的值。"; break;
case 3:
        echo "文件只有部分被上传"; break;
case 4:
        echo "没有文件被上传"; break;
}
```

12.2　Fetch 基础

12.2.1　Fetch 概述

HTML5 新增 Fetch API，提供了另一种获取资源的方法，该接口也支持跨域请求。与 XMLHttpRequest 功能类似，但 Fetch 用法更简洁，内置对 Promise 的支持（详细说明可参考 8.2 节讲解）。

XMLHttpRequest 存在的主要问题如下。

- ☑ 所有功能全部集中在 XMLHttpRequest 对象上，代码混乱且不容易维护。
- ☑ 采用传统的事件驱动模式，无法适配流行的 Promise 开发模式。

Fetch 对 Ajax 传统 API 进行改进，主要特点如下。

- ☑ 精细的功能分割：头部信息、请求信息、响应信息等均分布到不同的对象，更有利于处理各种复杂的异步请求场景。
- ☑ 可以与 Promise API 完美融合，更方便编写异步请求的代码。
- ☑ 与 Service Worker（离线应用）、Cache API（缓存处理）、indexedDB（本地索引数据库）配合使用，可以优化离线体验、保持可扩展性，能够开发更多的应用场景。

浏览器支持情况：Chrome 42+、Edge 14+、Firefox 52+、Opera 29+、Safari 10.1+，详细信息请参考 https://www.caniuse.com/fetch。简单概括就是，除 IE 浏览器外，其他主流浏览器都支持 Fetch API。

12.2.2　使用 Fetch

Fetch API 提供 fetch() 函数作为接口方便用户使用，基本用法如下。

```
fetch(url, config)
```

该函数包含有两个参数：url 为必选参数，字符串型，表示请求的地址；config 为可选参数，表示配置对象，设置请求的各种选项，简单说明如下。

- ☑ method：字符串型，设置请求方法，默认值 GET。
- ☑ headers：对象型，设置请求头信息。
- ☑ body：设置请求体的内容，必须匹配请求头中的 Content-Type 选项。
- ☑ mode：字符串型，设置请求模式。取值说明如下。
    - ❖ cors：默认值，配置为该值，会在请求头中加入 origin 和 referer 选项。
    - ❖ no-cors：配置为该值，将不会在请求头中加入 origin 和 referer 选项，跨域的时候可能会出现问题。
    - ❖ same-origin：配置为该值，则指示请求必须在同一个域中发生，如果请求其他域则会报错。
- ☑ credentials：定义如何携带凭据。取值说明如下。
    - ❖ omit：默认值，不携带 cookie。
    - ❖ same-origin：请求同源地址时携带 cookie。

❖ include：请求任何地址都要携带 cookie。

☑ cache：配置缓存模式，取值说明如下。

❖ default：表示 fetch 请求之前将检查一下 HTTP 的缓存。

❖ no-store：表示 fetch 请求将完全忽略 HTTP 缓存的存在，这意味着请求之前将不再检查 HTTP 的缓存，响应以后也不再更新 HTTP 缓存。

❖ no-cache：如果存在缓存，那么 fetch 将发送一个条件查询请求和一个正常的请求，获取响应以后，会更新 HTTP 缓存。

❖ reload：表示 fetch 请求之前将忽略 HTTP 缓存的存在，但是在请求获得响应以后，将主动更新 HTTP 缓存。

❖ force-cache：表示 fetch 请求不顾一切地依赖缓存，即使缓存过期了，依然从缓存中读取，除非没有任何缓存才会发送一个正常的请求。

❖ only-if-cached：表示 fetch 请求不顾一切地依赖缓存，即使缓存过期了，依然从缓存中读取，如果没有任何缓存将抛出一个错误。

fetch()函数最后返回一个 Promise 对象。当收到服务器的返回结果以后，Promise 进入 resolved 状态，状态数据为 Response 对象。当网络发生错误，或者其他原因导致无法完成交互的异常时，Promise 进入 rejected 状态，状态数据为错误信息。

【示例 1】请求当前目录下 test.html 网页源代码。

```
fetch('test.html')
.then(response => response.text())
.then(data => console.log(data));
```

上面示例省略了配置参数，使用 fetch()函数发出请求，返回 Promise 对象，调用该对象的 then()方法，通过链式语法，处理 HTTP 响应的回调函数，其中"=>"语法左侧为回调函数的参数，右侧为回调函数的返回值或者执行代码。response.text()方法首先获取 Response 对象返回的字符串信息，然后通过链式语法传递给嵌套的回调函数的参数 data，最后在控制台输出显示。

【示例 2】请求当前目录下 JSON 类型数据。

```
fetch('test.json')
.then(response => response.json())
.then(data => console.log(data));
```

对于 JSON 类型数据，需要使用 Response 对象的 json()方法进行解析。

【示例 3】请求当前目录下图片。

```
fetch('test.jpg')
.then(response => response.blob())
.then(data => {
    var img = new Image();
    img.src = URL.createObjectURL(data); //这个 data 是 Blob 对象
    document.body.appendChild(img);
});
```

对于二进制类型数据，可以使用 Response 对象的 blob()方法进行解析。首先把二进制图片流转换为 Blob 对象。然后在嵌套回调函数中创建一个空的图像对象，使用 URL.createObjectURL(data)方法把响应的 Blob 数据流传递给图像的 src 数据源。最后添加到文档树的末尾，显示在页面中。

【示例 4】在发送请求时，通过 fetch()函数的第二个参数设置请求的方式为 POST，传输数据类型为表单数据，提交的数据为"a=1&b=2"。

```
fetch('test.json', {
    method: 'POST',
```

```
    headers: {
        'Content-Type': 'application/x-www-form-urlencoded; charset=UTF-8'
    },
    body: 'a=1&b=2',
}).then(resp => resp.json()).then(resp => {
    console.log(resp)
});
```

【示例 5】fetch 默认不携带 cookie，如果要传递 cookie，需要配置 "credentials: 'include'" 参数。

```
fetch('test.json', {credentials: 'include'})
.then(response => response.json())
.then(data => console.log(data));
```

12.2.3　Fetch 接口类型

Fetch API 提供了多个接口类型和函数。

☑ fetch()：发送请求，获取资源。

☑ Headers：相当于 response/request 的头信息，可以查询或设置头信息。它包含 7 个属性。

❖ has(key)：判断请求头中是否存在指定的 key。

❖ get(key)：获取请求头中指定的 key 所对应的值。

❖ set(key, value)：修改请求头中对应的键值对。如果不存在，则新建一个键值对。

❖ append(key, value)：在请求头中添加键值对。如果是重复的属性，则不会覆盖之前的属性，而是合并属性。

❖ keys()：获取请求头中所有的 key 组成的集合（iterator 对象）。

❖ values()：获取请求头中所有的 key 对应的值的集合（iterator 对象）。

❖ entries()：获取请求头中所有键值对组成的集合（iterator 对象）。

☑ Request：相当于一个资源请求。

☑ Response：相当于请求的响应对象。它包含 6 个属性。

❖ ok：布尔值，如果响应消息为 200～299 返回 true，否则返回 false。

❖ status：数字，返回响应的状态码。

❖ text()：从响应中获取文本流，将其读完，然后返回一个被解析为 string 对象的 Promise。

❖ blob()：从响应中获取二进制字节流，将其读完后返回一个被解析为 Blob 对象的 Promise。

❖ json()：从响应中获取文本流，将其读完后返回一个被解析为 JSON 对象的 Promise。

❖ redirect()：用于重定向到另一个 URL，会创建一个新的 Promise 以解决来自重定向的 URL 响应。

☑ Body：提供了与 response/request 中 body 有关的方法。

除了使用 fetch()函数外，也可以使用 Request()构造函数发送请求。语法格式如下。

```
new Request(url, config)
```

实际上，fetch()函数的内部也会创建一个 Request 对象。

【示例 1】使用 Request 向当前目录下 test.json 发出请求，然后使用 headers 对象的 get()方法获取键 a 的值。

```
const url = 'test.json';
const config = {
    headers: {
        'Content-Type': 'application/json',
```

```
        'a': 1
    }
}
const resp = new Request(url, config);
console.log(resp.headers.get('a'));
```

【示例 2】自定义 header。首先使用 Headers()函数构造头部消息，然后使用 FormData()函数构造表单提交的数据，最后通过配置对象进行设置。

```
var headers = new Headers({
    "Content-Type": "text/plain",
    "X-Custom-Header": "test",
});
var formData = new FormData();
formData.append('name', 'zhangsan');
formData.append('age', 20);
var config = {
    credentials: 'include',              //支持 cookie
    headers: headers,                    //自定义头部
    method: 'POST',                      //post 方式请求
    body: formData                       //post 请求携带的内容
};
fetch('test.json', config)
    .then(response => response.json())
    .then(data => console.log(data));
```

提示：headers 也可以按如下方法进行初始化。

```
var headers = new Headers();
headers.append("Content-Type", "text/plain");
headers.append("X-Custom-Header", "test");
```

12.3 案 例 实 战

12.3.1 接收 Blob 对象

当 XMLHttpRequest 对象的 responseType 属性设置为 blob 时，服务器端响应数据将是一个 Blob 对象。当前，Firefox 8+、Chrome 19+、Opera 18+和 IE 10+版本的浏览器支持将 XMLHttpRequest 对象的 responseType 属性值指定为 blob。

【示例】以 12.1.7 节示例为基础，直接修改其中 downloadPic()函数中的代码，设置 "xhr.responseType = 'blob'"，函数代码如下。

```
function downloadPic(){
    var xhr = new XMLHttpRequest();
    xhr.open('GET', 'images/1.png', true);
    xhr.responseType = 'blob';
    xhr.onload = function(e) {
        if (this.status == 200) {
            var bb = new Blob([this.response]);
            var reader = new FileReader();
            reader.readAsDataURL(bb);
            reader.onload = function(f) {
```

```
                var result=document.getElementById("result");
                //在 indexedDB 数据库中保存二进制数据
                var tx = idb.transaction(['img'],"readwrite");
                tx.oncomplete = function(){alert('保存数据成功');}
                tx.onabort = function(){alert('保存数据失败'); }
                var store = tx.objectStore('img');
                var value = {
                        img:this.result
                };
                store.put(value);
            }
        }
    };
    xhr.send();
}
```

　　修改完毕后，在浏览器中预览，在页面中单击"下载图片"和"显示图片"按钮，示例演示效果
与 12.1.7 节示例的功能效果完全一致。

12.3.2　发送 Blob 对象

　　所有 File 对象都是一个 Blob 对象，所以同样可以通过发送 Blob 对象的方法来发送文件。

　　【示例】在页面中显示一个"复制文件"按钮和一个进度条（progress 元素），单击"复制文件"
按钮后，JavaScript 使用当前页面中所有代码创建一个 Blob
对象，然后通过将该 Blob 对象指定为 XML HttpRequest 对
象的 send()方法的参数值的方法向服务器端发送该 Blob 对
象，服务器端接收到该 Blob 对象后将其保存为一个文件，
文件名为"副本"+当前页面文件的文件名（包括扩展名）。
在向服务器端发送 Blob 对象的同时，在页面中的进度条将
同步显示发送进度，效果如图 12.8 所示。

　　☑　前台页面（test1.html）：

图 12.8　发送 Blob 对象演示效果

```
<script>
window.URL = window.URL || window.webkitURL;
function uploadDocument(){                                  //复制当前页面
    var bb= new Blob([document.documentElement.outerHTML]);
    var xhr = new XMLHttpRequest();
    xhr.open('POST', 'test.php?fileName='+getFileName(), true);
    var progressBar = document.getElementById('progress');
    xhr.upload.onprogress = function(e) {
        if (e.lengthComputable) {
            progressBar.value = (e.loaded / e.total) * 100;
            document.getElementById("result").innerHTML = '已完成进度：'+progressBar.value+'%';
        }
    }
    xhr.send(bb);
}
function   getFileName(){                                   //获取当前页面文件的文件名
    var url=window.location.href;
    var pos=url.lastIndexOf("\\");
    if (pos==-1)                                            //pos==-1 表示为本地文件
        pos=url.lastIndexOf("/");                           //本地文件路径分割符为"/"
```

```
            var fileName=url.substring(pos+1);                        //从 url 中获得文件名
        return fileName;
    }
</script>
<input type="button" value="复制文件" onclick="uploadDocument()"><br/>
<progress min="0" max="100" value="0" id="progress"></progress>
<output id="result"/>
```

☑　后台页面（test.php）：

```
<?php
$str =file_get_contents('php://input');
$fileName='副本_'.$_REQUEST['fileName'];
$fp = fopen(iconv("UTF-8","GBK",$fileName),'w');
fwrite($fp,$str);                                    //插入第一条记录
fclose($fp);                                         //关闭文件
?>
```

12.4　在线支持

扫码免费学习
更多实用技能

一、基础知识

☑　创建 XMLHttpRequest 对象

☑　建立连接

☑　串行格式化数据

☑　异步响应状态

☑　中止请求

...实际有更多知识点

二、专项练习

☑　Ajax+ASP

❖　封装异步请求操作

❖　动态显示提示信息

...实际有更多题目

☑　Ajax+PHP

❖　使用 GET 通信

❖　使用 POST 通信

...实际有更多题目

三、补充知识

☑　HTTP 头部信息

☑　JSON 结构

☑　JSON 数据优化

...实际有更多知识点

四、参考

☑　XMLHttpRequest 对象
的属性和方法列表

新知识、新案例不断更新中……

第 13 章

HTML5 线程

JavaScript 是单线程模型的语言，所有任务只能在一个线程上完成，一次只能做一件事。前面的任务没有做完，后面的任务只能等着。随着多核 CPU 的流行，单线程开发带来很多不便，无法充分发挥计算机的运算潜能。HTML5 新增 Web Workers API，期望解决 JavaScript 的这种缺陷，通过创建后台线程，实现多线程并发计算的能力。

视 频 讲 解

13.1　Web Workers 基础

13.1.1　Web Workers 概述

Web Workers API 是 HTML5 新增的编程接口，能够为 JavaScript 创造多线程环境，允许主线程创建 Worker 线程，并将一些任务分配给它运行。在主线程运行的同时，Worker 线程在后台运行，二者并发执行，互不干扰。当 Worker 线程完成计算任务，再把结果返给主线程，这样就可以把一些高频运算或高延迟的任务放在后台执行，主线程就会很流畅，不会被阻塞或拖慢，如用户交互或页面渲染等。

如果配合 Web Sockets 或 Server-Sent Events 技术，Worker 还可以用于后台监听，实时监听服务器的消息，并能够即时将最新信息显示在页面中。有关 Web Sockets 或 Server-Sent Events 技术介绍请参考第 10 章内容。

Worker 线程一旦被创建成功，就会始终运行，不会被主线程的活动打断，如用户单击按钮、提交表单等，这有利于主线程更加快速响应。当然，Worker 比较耗费资源，不应该过度使用，而且一旦使用完毕，就应该关闭 Worker。

一般情况下，在 Worker 线程中可以运行任意的代码，但是要注意 Worker 也存在一些限制，具体说明如下。

- ☑ 同源限制：分配给 Worker 线程运行的脚本文件，必须与主线程的脚本文件同源。
- ☑ DOM 限制：Worker 线程所在的全局对象，与主线程不一样，无法读取主线程所在网页的 DOM 对象，也无法使用 document、window、parent 对象。但是，Worker 线程可以访问 navigator 对象和 location 对象。
- ☑ 通信联系：Worker 线程和主线程不在同一个上下文环境，不能直接通信，必须通过消息进行通信。
- ☑ 脚本限制：Worker 线程不能执行 alert() 和 confirm() 方法，但可以使用 XMLHttpRequest 对象发送异步请求。
- ☑ 文件限制：Worker 线程无法读取本地文件，即不能打开本机的文件系统（file://），它所加载的脚本必须来自网络。

Worker 可执行的操作如下。

- ☑ self：使用 self 关键字访问本线程范围内的作用域。

☑ postMessage(meseage)：使用该方法可以向创建线程的源窗口发送消息。

☑ onmessage：监听该事件，可以接收源窗口发送的消息。

☑ importScripts(url)：使用该方法可以在 Worker 中加载 JavaScript 脚本文件，也可以导入多个脚本文件，导入的文件与使用该线程文件必须同源。例如：

```
importScripts("worker.js","worker1.js","worker2.js");
```

☑ 加载一个 JavaScript 文件，执行运算而不挂起主进程，并通过 postMessage、onmessage 进行通信。

☑ Web Workers：在线程中可以嵌套一个或多个子线程。

☑ close()：可以使用该方法结束本线程。

☑ eval()、isNaN()、escape()等：可以调用 JavaScript 所有核心函数。

☑ setTimeout()、clearTimeout()、setInterval()和 clearInterval()：在线程中可以使用定时器。

☑ 可以访问 navigator 的部分属性。与 window.navigator 对象类似，包含 appName、platform、userAgent、appVersion 属性等。

☑ 可以使用 JavaScript 核心对象，如 Object、Array、Date 等。

☑ object：可以创建和使用本地对象。

☑ sessionStorage、localStorage：可以在线程中使用 Web Storage。

☑ XMLHttpRequest：在线程中可以处理 Ajax 请求。

☑ Fetch：允许异步请求资源。

☑ WebSocket：可以使用 Web Sockets API 向服务器发送和接收信息。

☑ CustomEvent：用于创建自定义事件。

☑ Promise：允许异步处理消息。

☑ IndexedDB：可以在客户端存储大量结构化数据，包括文件、二进制大型对象（blobs）。

Worker 不可执行的操作如下。

☑ 不能跨域加载 JavaScript。

☑ Worker 内代码不能访问 DOM。如果改变 DOM，只能通过发送消息给主线程，让主线程进行处理。

☑ 加载数据时，没有直接使用 JSONP 或 Ajax 等技术高效。

目前，IE 10+、Edge 12+、Firefox 3.5+、Chrome 4+、Safari 4+、Opera 11.5+浏览器支持 Web Workers API。

💡 提示：进程（process）是指计算机中已运行的程序，是程序的一个运行实例。线程（thread）是进程中一个单一顺序的控制流，一个进程中可以并发开启多个线程，每个线程并发执行不同的任务。如果一个进程只有一个线程，称之为单线程，否则称之为多线程。

　　浏览器的内核是渲染进程，在渲染进程中包含多个线程：GUI 渲染线程（负责解析 HTML、CSS）、JavaScript 引擎线程（负责解析 JavaScript 脚本）、事件触发线程、定时触发器线程、HTTP 异步请求线程。

13.1.2　使用 Worker

1. 主线程

第 1 步，在主线程中，可以使用 new 命令调用 Worker()构造函数新建一个 Worker 线程。

浏览器原生提供 Worker()构造函数，用来供主线程生成 Worker 线程。语法格式如下。

```
var worker = new Worker(jsUrl, options);
```

Worker()构造函数可以接收两个参数。

第 1 个参数是脚本的网址，必须遵守同源政策，该参数是必需的，且只能加载 JavaScript 脚本，否则会报错。该文件就是 Worker 线程所要执行的任务。由于 Worker 不能读取本地文件，所以这个脚本文件必须来自网络。如果下载失败，Worker 也就会失败。

第 2 个参数是配置对象，该对象可选。它的一个作用是指定 Worker 的名称，用来区分多个 Worker 线程。

Worker()构造函数返回一个 Worker 线程对象，用来供主线程操作 Worker。Worker 线程对象的属性和方法如下。

- ☑ Worker.onerror：指定 error 事件的监听函数。
- ☑ Worker.onmessage：指定 message 事件的监听函数，接收数据在 Event.data 属性中。
- ☑ Worker.onmessageerror：指定 messageerror 事件的监听函数。发送的数据无法序列化成字符串时会触发这个事件。
- ☑ Worker.postMessage()：向 Worker 线程发送消息。
- ☑ Worker.terminate()：立即终止 Worker 线程。

第 2 步，主线程调用 worker.postMessage()方法向 Worker 发消息。

```
worker.postMessage('Hello World');
worker.postMessage({method: 'echo', args: ['Work']});
```

worker.postMessage()方法的参数，就是主线程传递给 Worker 的数据。它可以是各种数据类型，包括二进制数据。

第 3 步，主线程通过 worker.onmessage 绑定的监听函数接收 Worker 线程发回来的消息。

```
worker.onmessage = function (event) {
    console.log('Received message ' + event.data);
    doSomething();
}
function doSomething() {
    //执行任务
    worker.postMessage('Work done!');
}
```

在上面代码中，事件对象的 data 属性可以获取 Worker 发来的数据。

第 4 步，Worker 完成任务以后主线程就可以关掉它，代码如下。

```
worker.terminate();
```

2．Worker 线程

在 Worker 线程内，需要绑定一个监听函数监听 message 事件。

```
self.addEventListener('message', function (e) {
    self.postMessage('You said: ' + e.data);
}, false);
```

在上面代码中，self 表示 Worker 线程自身，即 Worker 线程的全局对象。等同于"this.postMessage('You said: ' + e.data);"或者"postMessage('You said: ' + e.data);"。

也可以使用 self.onmessage 绑定。监听函数的参数是一个事件对象，它的 data 属性包含主线程发来的数据。self.postMessage()方法用来向主线程发送消息。

💡 **提示**：Worker 有自己的全局对象，不是主线程的 window，而是一个专门为 Worker 定制的全局对象。因此定义在 window 上的对象和方法不是全部都可以使用。Worker 线程有一些自己的全局属性和方法，简单说明如下。

- ☑ self.name：Worker 的名字。该属性只读，由构造函数指定。
- ☑ self.onmessage：指定 message 事件的监听函数。
- ☑ self.onmessageerror：指定 messageerror 事件的监听函数。发送的数据无法序列化成字符串时会触发这个事件。
- ☑ self.close()：关闭 Worker 线程。
- ☑ self.postMessage()：向产生这个 Worker 线程的源发送消息。
- ☑ self.importScripts()：加载 JavaScript 脚本文件。

根据主线程发来的数据，Worker 线程可以在 message 事件中执行不同的操作。例如：

```
self.addEventListener('message', function (e) {
    var data = e.data;
    switch (data.cmd) {
        case 'start':
            self.postMessage('WORKER STARTED: ' + data.msg);
            break;
        case 'stop':
            self.postMessage('WORKER STOPPED: ' + data.msg);
            self.close();                                //在 Worker 内部关闭自身
            break;
        default:
            self.postMessage('Unknown command: ' + data.msg);
    };
}, false);
```

3. Worker 加载脚本

使用 importScripts()方法可以在 Worker 内部加载其他脚本。

```
importScripts('script1.js');
importScripts('script1.js', 'script2.js');                //同时加载多个脚本
```

4. 错误处理

主线程可以监听 Worker 是否发生错误。如果发生错误，Worker 会触发主线程的 error 事件。

```
worker.onerror(function (event) {
    console.log(['ERROR: Line ', e.lineno, ' in ', e.filename, ': ', e.message].join(''));
});
```

Worker 内部也可以监听 error 事件。

5. 关闭 Worker

使用完毕时，为了节省系统资源，必须关闭 Worker。

```
worker.terminate();                                //主线程
self.close();                                      //Worker 线程
```

6. 数据通信

主线程与 Worker 线程之间的通信内容，可以是文本，也可以是对象。注意，对象是传值，而不是传址。Worker 对通信内容的修改，不会影响到主线程，实际上在传输过程中，首先将通信内容串

行化，然后把串行化后的字符串发给 Worker，Worker 再把它还原为对象。

主线程与 Worker 线程之间也可以交换二进制数据，如 File、Blob、ArrayBuffer 等类型，数据也可以在线程之间发送。例如：

```javascript
//主线程
var uInt8Array = new Uint8Array(new ArrayBuffer(10));
for (var i = 0; i < uInt8Array.length; ++i) {
    uInt8Array[i] = i * 2;                            //[0, 2, 4, 6, 8...]
}
worker.postMessage(uInt8Array);
//Worker 线程
self.onmessage = function (e) {
    var uInt8Array = e.data;
    postMessage('Inside worker.js: uInt8Array.toString() = ' + uInt8Array.toString());
    postMessage('Inside worker.js: uInt8Array.byteLength = ' + uInt8Array.byteLength);
};
```

【示例】设计主页面，在该页面中创建一个 Worker，然后导入汇总计算的外部 Javascript 文件。通过 postMessage 方法将用户输入的数字传递给 Worker，并通过 onmessage 事件回调函数接收运算的结果。

```javascript
<script type="text/javascript">
var worker = new Worker("SumCalculate.js");          //创建执行运算的线程
worker.onmessage = function(event) {                 //接收从线程中传出的计算结果
    alert("合计值为" + event.data + "。");
};
function calculate() {
    var num = parseInt(document.getElementById("num").value, 10);
    worker.postMessage(num);                         //将数值传给线程
}
</script>
输入数值:<input type="text" id="num">
<button onclick="calculate()">计算</button>
```

把对给定值的求和运算放到线程中单独执行，再把线程代码单独存储在 SumCalculate.js 脚本文件中。

```javascript
onmessage = function(event) {
    var num = event.data;
    var result = 0;
    for (var i = 0; i <= num; i++)
        result += i;
    postMessage(result);                             //向线程创建源送回消息
}
```

注意：由于 Web Worker 有同源限制，所以在进行本地调试时，需要先启动本地服务器，直接使用 file://协议打开页面时，将抛出异常。

13.1.3 使用共享线程

Web Workers API 定义了两类工作线程：专用线程（Dedicated Worker）和共享线程（Shared Worker），其中 Dedicated Worker 只能为一个页面所使用，可以参考 13.1.2 节示例，而 Shared Worker 可以被多个页面所共享。共享线程是一种特殊类型的 Worker，可以被多个浏览上下文访问，如多个 window、iframe 和 worker，它们拥有不同的作用域，但是必须同源。

使用步骤如下。

第 1 步，在主线程中，使用 SharedWorker()构造函数可以创建 SharedWorker 对象。语法格式如下。

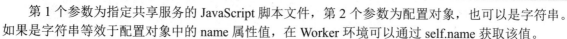
```
var work = new SharedWorker('worker.js', 'work') ;
```

第 1 个参数为指定共享服务的 JavaScript 脚本文件，第 2 个参数为配置对象，也可以是字符串。如果是字符串等效于配置对象中的 name 属性值，在 Worker 环境可以通过 self.name 获取该值。

第 2 步，SharedWorker 对象有一个只读属性 port，返回一个 MessagePort 对象，该对象可以用来进行通信和对共享 Worker 进行控制。

🔔 提示：MessagePort 接口是 MessageChannel 的两个端口之一，它允许从一个端口发送消息，并监听到达另一个端口。具体介绍请参考 10.2 节内容。

第 3 步，调用 MessagePort 对象的 start()方法可以手动启动端口。

第 4 步，启动端口后，在脚本中可以使用 port.postMessage()方法向 Worker 发送消息。

第 5 步，使用 port.onmessage 处理从 Worker 返回的消息。

第 6 步，在 Worker 中，可以使用 SharedWorkerGlobalScope.onconnect 连接到的相同端口。在 connect 事件处理函数中，通过事件对象的 ports 属性可以获取到与该 Worker 相关联的端口集合，然后在指定端口的 onmessage 事件处理函数中处理来自主线程的消息，也可以通过该端口的 postMessage()方法向主线程发送消息。

【示例】利用共享线程 Shared Worker 设计一个点赞计数器。这样在不同页面中点赞，在共享线程中分享点赞的总次数。

☑ 主线程的主要代码（test.html）：

```
<button id="good">点赞</button>
<p>共<span id="likedCount">0</span>个👍</p>
<script>
var likes = 0;                                           //点赞次数
var good = document.querySelector("#good");
var likedCountEl = document.querySelector("#likedCount");
var worker = new SharedWorker("shared_worker.js");       //创建共享线程
worker.port.start();                                     //启动共享线程
good.addEventListener("click", function () {             //点赞
    worker.port.postMessage("like");                     //向共享线程发送消息
});
worker.port.onmessage = function (val) {                 //接收共享线程中点赞总次数
    likedCountEl.innerHTML = val.data;                   //在页面中显示次数
};
</script>
```

☑ 共享线程（shared_worker.js）：

```
var num = 1;
onconnect = function (e) {
    var port = e.ports[0];                               //获取共享线程的端口
    port.onmessage = function () {                       //监听该端口
        port.postMessage(num ++);                        //向主线程发送点赞次数
    };
};
```

使用同一个浏览器在不同窗口或页面访问 test.html 进行点赞，会显示不同页面总的点赞数，效果如图 13.1 所示。

13.1.4　使用 Inline Worker

在 13.1.2 节和 12.1.3 节示例中，我们主要展示了使用外部的 JavaScript 脚本来创建 Worker 的任务。其实也可以通过 Blob URL 或 Data URL 的形式在主线程中创建 Worker 任务，这类 Worker 俗称为 Inline Worker。

🔔 **提示**：Blob URL 和 Object URL 是一种伪协议，允许 Blob 和 File 对象用作图像，下载二进制数据链接等的 URL 源。在脚本中使用 URL.createObjectURL()方法创建 Blob URL，该方法接收一个 Blob 对象，并为其创建一个唯一的 URL，语法格式：blob:<origin>/<uuid>。

浏览器内部为每个通过 URL.createObjectURL()方法生成的 URL 存储了一个从 URL 到 Blob 的映射。因此，此类 URL 较短，但可以访问 Blob。生成的 URL 仅在当前文档打开的状态下才有效。具体演示可以参考下面示例。

Data URLs 由 4 部分组成：前缀（data:）、指示数据类型的 MIME 类型、如果非文本则为可选的 base64 标记、数据本身，语法格式如下。

```
data:[<mediatype>][;base64],<data>
```

其中，mediatype 是个 MIME 类型的字符串，如 image/jpeg 表示 JPEG 图像文件。如果被省略，则默认值为 "text/plain;charset=US-ASCII"。如果数据是文本类型，可以直接将文本嵌入；如果是二进制数据，可以先进行 base64 编码，然后再嵌入。

【示例】让浏览器后台轮询服务器，以便第一时间获取最新消息。这个工作可以放在 Worker 线程里面实现。设计 Worker 线程每秒钟轮询一次数据，然后与缓存进行比较，如果不同，说明服务器端有了新的消息，就通知主线程并显示新的信息。为了方便测试，本例轮询服务器的当前时间，效果如图 13.2 所示。

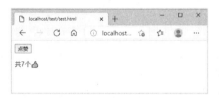

图 13.1　使用共享线程设计点赞计数器　　图 13.2　通过轮询线程获取服务器端实时消息

☑　主线程（test.html）：

```
<div id = "wrapper"></div>
<script>
function createWorker(f) {                              //创建线程
    var blob = new Blob(['(' + f.toString() +')()']);   //把 f 转换为字符串，然后生成 Blob 对象
    var url = window.URL.createObjectURL(blob);         //创建 URL
    var worker = new Worker(url);                       //把 URL 传递给 Worker()构造函数，生成新线程
    return worker;                                      //返回新线程
}
var pollingWorker = createWorker(function (e) {
    var cache;                                          //缓存数据
    function compare(a, b) {                            //数据比较函数
        return a == b;
    };
    setInterval(function () {                           //定义定时器，间隔为 1 秒
        //使用 fetch 向 test.php 发出异步请求
```

```
fetch('http://localhost/test/test.php').then( res => res.text()).then(function (data) {
    if (!compare(data, cache)) {                           //比较响应的数据是否与缓存数据相同
        cache = data;                                       //如果不同，则更新新数据
        self.postMessage(data);                             //把数据发给主线程
    }
})
}, 1000)
});
var wrapper = document.getElementById("wrapper")
pollingWorker.onmessage = function (event ) {               //监听轮询线程
    wrapper.innerHTML = "服务器端当前时间: <br>" +  event.data;   //获取消息并显示
}
pollingWorker.postMessage('init');                          //向轮询线程发送消息，开始轮询
</script>
```

☑ 后台服务器（test.php）：

```php
<?php
header('Cache-Control:no-cache');                          //不缓存服务器端发送的数据
echo date('Y-m-d H:i:s');                                  //定义服务器向客户端发送的数据
?>
```

13.2 案 例 实 战

13.2.1 过滤运算

本例设计在页面上随机生成一个整数数组，然后将该整数数组传入线程，让后台帮助挑选出该数组中可以被 3 整除的数字，最后显示在页面表格中。

【操作步骤】

第 1 步，设计前台页面代码，该页面的 HTML 代码包含一个空白表格，在前台脚本中随机生成整数数组，然后送到后台线程，在后台线程挑选出能够被 3 整除的数字，再传回前台脚本，在前台脚本中根据挑选结果动态创建表格中的行、列，并将挑选出来的数字显示在表格中。

```javascript
<script type="text/javascript">
var intArray=new Array(200);                               //随机数组
var intStr="";
for(var i=0;i<200;i++){                                     //生成 200 个随机数
    intArray[i]=parseInt(Math.random()*200);
    if(i!=0)
        intStr+=";";                                       //用分号作随机数组的分隔符
    intStr+=intArray[i];
}
var worker = new Worker("script.js");                      //创建一个线程
worker.postMessage(intStr);                                //向后台线程提交随机数组
worker.onmessage = function(event) {                       //从线程中取得计算结果
    if(event.data!="") {
        var j,k,tr,td;
        var intArray=event.data.split(";");
        var table=document.getElementById("table");
        for(var i=0;i<intArray.length;i++){
            j=parseInt(i/10,0);
```

```
                k=i%10;
                if(k==0) {                                              //如果该行不存在，则添加行
                    tr=document.createElement("tr");
                    tr.id="tr"+j;
                    table.appendChild(tr);
                }else {                                                 //如果该行存在，则获取该行
                    tr=document.getElementById("tr"+j);
                }
                td=document.createElement("td");
                tr.appendChild(td);
                td.innerHTML=intArray[j*10+k];
            }
        }
    };
</script>
<table id="table"></table>
```

第 2 步，将后台线程中需要处理的任务代码存放在脚本文件 script.js 中，详细代码如下。

```
onmessage = function(event) {
    var data = event.data;
    var returnStr;
    var intArray=data.split(";");
    returnStr="";
    for(var i=0;i<intArray.length;i++){
        if(parseInt(intArray[i])%3==0) {
            if(returnStr!="")
                returnStr+=";";
            returnStr+=intArray[i];
        }
    }
    postMessage(returnStr);                                             //返回 3 的倍数拼接成的字符串
}
```

第 3 步，在浏览器中预览，运行结果如图 13.3 所示。

图 13.3　在后台过滤值

13.2.2　并发运算

利用线程可以嵌套的特性，在 Web 应用中实现多个任务并发处理，这样能够提高 Web 应用程序的执行效率和反应速度。同时通过线程嵌套把一个较大的后台任务切分成几个子线程，在每个子线程中各自完成相对独立的一部分工作。

本示例将在 13.2.1 节示例基础上，把主页脚本中随机生成数组的工作放到后台线程中，然后使用另一个子线程在随机数组中挑选可以被 3 整除的数字。数组的传递以及挑选结果的传递均采用 JSON

对象来进行转换，以验证能否在线程之间进行 JavaScript 对象的传递工作。

【操作步骤】

第 1 步，在主页面中定义一个线程。设计不向该线程发送数据，在 onmessage 事件回调函数中进行后期数据处理，并把返回的数据显示在页面中。

```html
<script type="text/javascript">
var worker = new Worker("script.js");
worker.postMessage("");
worker.onmessage = function(event) {};
</script>
<table id="table"></table>
```

第 2 步，在后台主线程文件 script.js 中，随机生成 200 个整数构成的数组，然后把这个数组提交到子线程，在子线程中把可以被 3 整除的数字挑选出来，然后送回主线程。主线程再把挑选结果送回页面进行显示。

```javascript
onmessage=function(event){
    var intArray=new Array(200);
    for(var i=0;i<200;i++)
        intArray[i]=parseInt(Math.random()*200);
    var worker;
    worker=new Worker("worker2.js");              //创建子线程
    worker.postMessage(JSON.stringify(intArray)); //把随机数组提交给子线程进行挑选工作
    worker.onmessage = function(event) {
        postMessage(event.data);                  //把挑选结果返回主页面
    }
}
```

在上面代码中，向子线程中提交消息时使用的是 worker.postMessage()方法，而向主页面提交消息时使用的是 postMessage()方法。在线程中，向子线程提交消息时使用子线程对象的 postMessage()方法，而向本线程的创建源发送消息时直接使用 postMessage()方法即可。

第 3 步，设计子线程的任务处理代码。下面是子线程代码，子线程在接收到的随机数组中挑选能被 3 整除的数字，然后拼接成字符串并返回。

```javascript
onmessage = function(event) {
    var intArray= JSON.parse(event.data);         //还原整数数组
    var returnStr;
    returnStr="";
    for(var i=0;i<intArray.length;i++){
        if(parseInt(intArray[i])%3==0){
            if(returnStr!="")
                returnStr+=";";
            returnStr+=intArray[i];
        }
    }
    postMessage(returnStr);                        //返回拼接字符串
    close();                                       //关闭子线程
}
```

在子线程中向发送源发送回消息后，如果该子线程不再使用的话，应该使用 close 语句关闭子线程。

第 4 步，在主页面主线程回调函数中处理后台线程返回的数据，并显示在页面中。

```javascript
worker.onmessage = function(event) {              //从线程中取得计算结果
    if(event.data!=""){
        var j,k,tr,td;
```

```
                var intArray=event.data.split(";");
                var table=document.getElementById("table");
                for(var i=0;i<intArray.length;i++){
                    j=parseInt(i/10,0);
                    k=i%10;
                    if(k==0){
                        tr=document.createElement("tr");
                        tr.id="tr"+j;
                        table.appendChild(tr);
                    }else {
                        tr=document.getElementById("tr"+j);
                    }
                    td=document.createElement("td");
                    tr.appendChild(td);
                    td.innerHTML=intArray[j*10+k];
                }
            }
        };
```

第 5 步，此时在浏览器中预览，则会看到类似 13.2.1 节示例运行的效果。

13.3　在线支持

扫码免费学习
更多实用技能

一、专项练习

☑　定义一个单线程

☑　定义两个线程

☑　定义多嵌套线程

二、更多案例实战

☑　求质数（原始）

☑　求质数（多线程）

☑　计数

☑　使用多线程绘图

☑　模拟退火算法

📝 新知识、新案例不断更新中……

第 14 章

HTML5 缓存

缓存是一种包含请求和响应的存储格式，当浏览器发出请求时，服务器端会响应指定的 HTML 结构、结构化数据或其他媒体资源等。缓存允许浏览器在本地存储这些请求和响应。作为一种 Service Worker 规范，缓存允许用户能完全管理内容缓存，以便在脱机时使用。

14.1　online/offline status API 基础

为了构建一个支持离线的 Web 应用，浏览器必须知道何时真正处于在线状态，何时处于离线状态，HTML5 引入了 online/offline status API。当前，IE 9+、Edge 12+、Firefox 3.5+、Chrome 14+、Safari 5+、Opera 15+主流浏览器支持该 API。

当处于在线状态时，可以与服务器同步；当处于离线状态时，可以将发送给服务器的请求放入缓存中以便稍后处理。这时就需要使用 online/offline status API 对连网状态进行监测，主要涉及两个知识点，简单说明如下。

☑　navigator.onLine：网络是否处于在线状态，可以通过检测 navigator.onLine 属性来进行判断。该属性返回一个布尔值，false 表示离线（如果所有网络请求都失败），true 表示在线（在其他情况下）。

> 📢 **注意**：navigator.onLine 是一个标明浏览器是否处于在线状态的布尔属性。当然，onLine 值为 true 时，并不能保证 Web 应用程序在用户的机器上就一定能够访问服务器。用户应小心对待误报的情况，如计算机运行虚拟网络等。而当 onLine 值为 false 时，不管浏览器是否真正联网，应用程序都不会尝试进行网络连接。

☑　online 和 offline 事件：HTML5 引入新的事件，方便应用程序监测网络是否正常连接。应用程序处于在线状态和离线状态会有不同的行为模式。当浏览器在在线与离线状态中切换时，这两个事件会在页面的 body 上触发，且无法被取消。同时会从 document.body 冒泡到 document 上，最后到达 window。

> 🔔 **提示**：如果浏览器没有实现该 API，或者出现该 API 监测不准确、漏报、误报等现象时，可以考虑使用其他方式来检测是否在线，如使用 XMLHttpRequest 响应状态，或者使用 JavaScript 插件。

【示例】查看页面状态是在线还是离线状态。在 Firefox 浏览器的菜单栏中，选择"文件 | 脱机工作"命令，在在线和离线状态之间进行切换，页面会动态提示，如图 14.1 所示。

```
<h1>online/offline status API</h1>
<div id="log"></div>
<div id="status"></div>
<script>
window.addEventListener('load', function() {
```

```
        var status = document.getElementById("status");
        var log = document.getElementById("log");
        function updateOnlineStatus(event) {
            var condition = navigator.onLine ? "online" : "offline";
            var obj = { "online" : "在线......", "offline" : "离线......" };
            status.className = condition;
            log.insertAdjacentHTML("beforeend", "事件: " + event.type + ";  状态: " + obj[condition] + "<br>");
            status.innerHTML = condition.toUpperCase();
        }
        window.addEventListener('online', updateOnlineStatus);
        window.addEventListener('offline', updateOnlineStatus);
    });
</script>
```

图 14.1 网络连接监测

14.2 Cache API 基础

14.2.1 Cache API 概述

Cache API 是 HTML5 新增的一个接口，其主要功能是为缓存的 Request/Response（请求和响应）对象提供存储机制。Cache API 作为 Service Worker 生命周期的一部分，一般与 Service Worker 配合使用，因为请求级别的缓存与具有页面拦截功能的 Service Worker 是最佳搭档。Cache 接口和 workers 一样，暴露在 window 作用域下，可以直接使用。

当前，Edge 18+、Firefox 39+、Chrome 43+、Safari 11+、Opera 30+主流浏览器支持该 API。

在不同浏览器中打开开发工具选项面板（快捷键统一为 F12），可以看到缓存存储的内容，不同浏览器下查看缓存方式如下。

- ☑ IE/Edge：按 F12 键，打开开发人员工具，然后在工具面板中选择"应用程序 | 缓存 | 缓存存储"命令即可。
- ☑ Chrome：按 F12 键，打开开发者工具，然后在工具面板中选择"Application | Cache | Cache Storage"命令即可。
- ☑ Firefox：按 F12 键，打开 Web 开发者工具，然后在工具面板中选择"Storage | Cache Storage"命令即可。

◀》 注意：不同浏览器或相同浏览器的不同版本可能存在差异。

每一个主域都有一个 Cache Storage，如 http://localhost/，每一个 Cache Storage 又有多个缓存对象，

每个缓存对象均有一个请求-响应列表。当用户访问一个网页，浏览器会发出访问请求，服务器会响应 HTML 文档。缓存会将请求和响应进行本地存储，并在适当时机直接访问缓存获取响应，如图 14.2 所示。

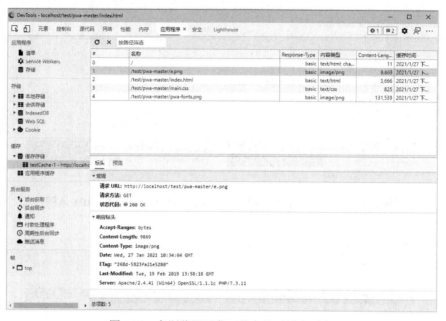

图 14.2　在浏览器开发工具中显示缓存列表

用户需要在 Service Worker 脚本中处理缓存更新的方式。除非明确地更新缓存，否则缓存将不会被更新；除非删除，否则缓存数据不会过期。因此应定期地清理缓存条目，因为每个浏览器都会硬性限制一个域下缓存数据的大小。浏览器要么自动删除特定域的全部缓存，要么全部保留。

提示：尽管缓存 API 是使用 Service Worker 创建的，但是它也可以在 Document 中使用。

在使用缓存之前，可以先检查它是否存在于当前浏览器中。代码如下。

```
if ('caches' in window) {
    caches.open("demo-cache").then((myCache) => {
        //其他操作
    });
}
```

可以使用相同的缓存 API 拦截获取请求并返回缓存的响应（如果存在）。

```
self.addEventListener('fetch', (e) => {
    e.respondWith(
        caches.match(e.request).then((cachedResponse) => {    //检查缓存是否存在
            if (cachedResponse) return cachedResponse;    //如果发现缓存，则直接返回响应
            return fetch(e.request);    //如果没有找到，则发起请求
        });
    );
});
```

14.2.2　使用 Cache

Cache 与其他形式的存储一样，它能够执行创建、读取、更新和删除操作。例如，创建一个名为

demo-cache 的缓存，存储一个页面 test.html 和一个图像 test.png。

1. 创建缓存对象

如果要将请求和响应存储到缓存中，首先需要创建一个缓存对象。一个 Cache Storage 里可能会有多个缓存对象，因此要指定将请求-响应存储到哪个缓存对象中。

浏览器在全局作用域中预定义 caches 全局变量，它指向 CacheStorage 接口，通过该接口实现对缓存的所有操作。创建或访问缓存对象使用 open()方法，语法格式如下。

```
caches.open(cacheName).then(function(cache) {
    //在此可以操作缓存对象 cache
});
```

参数 cacheName 表示要打开的缓存对象的名称，该方法返回一个 Promise 对象。

2. 添加缓存

如果要将请求-响应添加到缓存对象中，需要使用 add()方法。该方法接收一个请求作为参数，请求可以是完整的请求对象，也可以只是一个 URL。

```
caches.open("demo-cache").then(function(cache) {
    cache.add("test.html");                        //仅 URL
    cache.add(new Request('test.html', {           //完整的 Request 对象
        method: "GET",
        headers: new Headers({
            'Content-Type': 'text/html'
        }),
        /*其他 Request 配置*/
    }));
});
```

浏览器发出请求，从服务器获取响应内容，并将响应内容存储到本地缓存中。

> 📋 **提示**：如果要添加多个请求，可以使用 addAll()方法，该方法接收一组请求。

```
caches.open("demo-cache").then(function(cache) {
    cache.addAll([
        "test.html",
        "test.png"
    ]);
});
```

3. 获取缓存

如果要从 Cache Storage 中查找请求-响应，可以使用 caches.match()方法。

```
caches.match("test.html").then(function(cachedResponse){
    if (cachedResponse) {
        //找到相关响应后操作
    } else {
        //未找到相关响应后操作
    }
});
```

如果知道请求存在于特定的缓存对象中，可以直接在指定缓存对象中查找，这样更便捷。

```
caches.open("demo-cache").then((cache) => {
    cache.match("test.html").then((cachedResponse) => {
        if (cachedResponse) {
            //找到相关响应后操作
```

```
        } else {
            //未找到相关响应后操作
        }
    });
});
```

🔔 **提示**：使用 matchAll()方法可以执行批量查找，该方法将返回一个响应数组。这对于搜索与 URL 片段匹配的所有请求非常有用，如 "/images/" 路径包含的所有请求。

```
caches.open("demo-cache").then((cache) => {
    cache.matchAll("/images/").then((cachedResponses) => {
        if (cachedResponses) {
            //找到相关响应后操作
        } else {
            //未找到相关响应后操作
        }
    });
});
```

4. 更新缓存

更新缓存有以下两种方式。

☑ 调用 cache.add()方法，将执行请求的页面提取并替换相同 URL 的缓存中的响应。例如：

```
caches.open("demo-cache").then((cache) => {
    cache.add("test.html");                          //浏览器会重新请求并缓存响应
});
```

☑ 使用 cache.put()方法，将请求-响应直接存储到缓存对象中。例如：

```
const request = new Request("/subscribe");
fetch(request).then((fetchResponse) => {
    caches.open('demo-cache').then((cache) => {
        cache.put(request, fetchResponse);
    });
});
```

5. 删除缓存

使用 cache.delete()方法可以从缓存对象中删除特定选项，参数为请求的 URL。例如：

```
caches.open("demo-cache").then((cache) => {
    cache.delete("test.html");
});
```

如果要完全删除缓存，可以在 caches 对象上使用相同的方法。例如：

```
caches.delete("demo-cache");
```

【示例】使用相同的缓存 API 拦截获取请求，如果缓存中存在请求，则直接返回缓存的响应，否则再发送请求，从远处服务器获取响应。

```
self.addEventListener('fetch', (e) => {
    e.respondWith(
        caches.match(e.request).then((cachedResponse) => {     //检查缓存是否存在
            if (cachedResponse) return cachedResponse;          //如果命中缓存，则直接返回响应
            return fetch(e.request);                            //如果没有找到，则发起请求
        });
    );
});
```

14.3 Service Worker 基础

14.3.1 Service Worker 概述

Service Worker 类似代理服务器,作为中间角色位于服务器与浏览器之间,如果网站注册了 Service Worker,那么它可以拦截当前网站所有请求并进行判断。如果需要向服务器发起请求,则转给服务器;如果可以使用缓存,则直接返回缓存,不再转给服务器,这样可以提高浏览体验。

> 提示:提升 Web 应用的加载速度的方法:HTTP Cache、异步加载、304 缓存、文件压缩、CDN、CSS Sprite、开启 GZIP 等。上述方法都是让资源更快速地下载到浏览器端。

Service Worker 作为 PWA(Progressive Web App,渐进式 Web 应用)的核心技术之一,多年来 Google 一直大力推广。2016 年年初,Google 提出 PWA 概念,希望提供更强大的 Web 体验,引导开发者回归开放互联网。这里主要增加多个原生应用(Native App):离线应用、后台加载、添加到主屏和消息推送等功能。

虽然 PWA 技术已经被 W3C 列为标准,但是由于各主流浏览器支持的分歧,特别是苹果的 Safari 担心 PWA 绕过了 Apple Store 审核,将威胁到苹果的平台经济。因此,Safari 不完全支持 mainfest 和 Service Worker 两项关键技术。

由于目前各版本手机浏览器对 Service Worker 的支持不统一,同一个接口也存在差异,一般只能用 Service Worker 做 PC 端浏览器的缓存。

Service Worker(简称 sw)是基于 Web Worker 而来的,并在其基础上增加了离线缓存的能力。在 Service Worker 之前,HTML5 推出离线缓存的 API(AppCache),但是 AppCache 存在很多缺点被放弃开发。

Service Worker 是由事件驱动,具有生命周期,可以拦截处理页面的所有网络请求(fetch),可以访问 Cache 和 indexedDB,支持推送,并且可以让开发者自己控制、管理缓存的内容以及版本,为离线或弱网环境下的 Web 应用提供了可能,让 Web 应用更加贴近原生 App。

例如,可以把 Web 应用所有静态、动态资源根据不同策略缓存起来,在下次访问时不再去请求服务器,这样就减少了网络延迟,并且在离线环境下也变得可用。做到这一切只需要增加一个 Service Worker 文件,不会对原代码产生任何侵入。

Service Worker 具有如下特征。

- ☑ 不能够操作 DOM。
- ☑ 只能使用 HTTPS,以及 localhost。
- ☑ 可以拦截全站请求,从而控制 Web 应用,创建有效的离线体验。将一些不常更新的内容缓存在浏览器,提高访问体验。
- ☑ 基于 Web Worker,在此基础上增加了离线缓存的能力。
- ☑ 与主线程独立不会被阻塞。
- ☑ 完全异步,无法使用 XHR 和 localStorage。
- ☑ 可以访问 Cache 和 indexedDB。
- ☑ 一旦安装(install)就永远存在,除非被 uninstall 或者在 dev 模式手动删除。
- ☑ 具有独立的上下文。
- ☑ 支持推送。

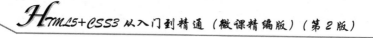

☑ 后台同步。

☑ 允许开发者管理缓存的内容以及版本。

☑ 由事件驱动，具有生命周期。

14.3.2 使用 Service Worker

Service Worker 是事件驱动的 Worker，生命周期与页面无关。关联页面未关闭时，它也可以退出；没有关联页面时，它也可以启动。

 提示：Service Worker 与 Dedicated Worker、Shared Worker 重要的区别就在于生命周期不同。对于 Service Worker 来说，生命周期与文档无关，这也是它能够提供可靠 Web 服务的基础。

1. 注册 Service Worker

```
if ('serviceWorker' in navigator) {                              //检测浏览器是否支持
    window.addEventListener('load', function () {                //页面初始化
        navigator.serviceWorker.register('/sw.js');             //注册
    });
}
```

在页面加载完毕之后，才可以使用 register()方法注册 Service Worker。因为 Service Worker 内预缓存资源是需要下载的，Service Worker 线程一旦在首次打开时就下载资源，这将会占用主线程的带宽，加剧对 CPU 和内存的占用。

同时在 Service Worker 启动之前，需要先向浏览器 UI 线程申请分派一个线程，再回到 IO 线程继续执行 Service Worker 线程的启动流程，随后还要多次在 UI 线程和 IO 线程之间切换，所以在启动过程中会存在一定的性能开销，在手机端尤其严重。

注意：当注册 Service Worker 时，还要注意一个特性：Service Worker 作用域不同，监听的 fetch 请求也是不一样的。如果 Service Worker 文件的路径为 "/sw/sw.js"，那么就只能监听/sw/*下面的请求，如果想要监听所有请求，只能将 sw.js 放在根目录下，或者是在注册时设置 scope 选项。

【示例】设计一个简单的注册代码，同时考虑出错降级的简易方法。

```
window.addEventListener('load', function () {
    const sw = window.navigator.serviceWorker;
    const killSW = window.killSW || false;
    if (!sw) {
        return;
    }
    if (!!killSW) {
        sw.getRegistration('/serviceWorker').then(registration => {
            registration.unregister();                          //手动注销
            //清除缓存
            window.caches && caches.keys && caches.keys().then(function (keys) {
                keys.forEach(function (key) {
                    caches.delete(key);
                });
            });
        })
    } else {
        //表示该 sw 监听的是根域名下的请求
        sw.register('/serviceWorker.js', { scope: '/' }).then(registration => {
            //注册成功后会进入回调
```

```
            console.log('Registered events at scope: ', registration.scope);
        }).catch(err => {
            console.error(err);
        })
    }
});
```

2．安装 Service Worker

注册成功后，在 sw.js 文件中监听 install 事件。在该事件中可以缓存所有静态文件。

```
self.addEventListener('install', function (event) {
    event.waitUntil(
        caches.open('cache-v1').then(function (cache) {     //打开缓存
            return cache.addAll([                           //增加缓存
                '/',
                "index.html",
                "main.css"
            ]);
        })
    );
})
```

在上面代码中，先执行 event.waitUntil()函数，该函数是 Service Worker 标准函数，参数为 Promise 对象，并且监听函数内所有的 Promise 对象，只要有一个 Promise 对象的结果是 reject，那么这次安装就会失败。例如，调用 cache.addAll()方法时，只要有一个资源下载失败，即视为整个安装失败，那么后面的操作都不会执行，只能等待重新注册。

另外，event.waitUntil()函数还有一个重要的特性，即延长事件生命周期的时间，由于浏览器会随时暂停 Service Worker，所以为了防止执行中断，就需要使用 event.waitUntil()函数进行捕获，当所有加载都成功时才执行下一步操作。

3．激活 Service Worker

Service Worker 安装成功后，需要等待才能进入 activate 阶段，因为不是 install 成功后就会立即抛出 activate 事件，如果当前页面已经存在 Service Worker 进程，那么就需要等待页面下一次被打开时，新的 Service Worker 才会被激活，或者使用 self.skipWaiting()方法跳过等待。

```
const cacheStorageKey = 'testCache1';
self.addEventListener('activate', event => {
    event.waitUntil(
        caches.keys().then(cacheNames => {
            return cacheNames.filter(cacheName => cacheStorageKey !== cacheName);
        }).then(cachesToDelete => {
            return Promise.all(cachesToDelete.map(cacheToDelete => {
                return caches.delete(cacheToDelete);
            }));
        }).then(() => {
            self.clients.claim();                           //立即接管所有页面
        })
    );
});
```

在 activate 事件中，通常检查并删除旧缓存，如果事件里有 event.waitUntil()函数，则会等待这个 Promise 完成才会成功。这时可以调用 clients.claim()方法接管所有页面，注意，这会导致新版的 Service Worker 接管旧版本页面。

4. 拦截请求

当激活完毕后，就可以在 fetch 事件中对站点作用范围内的所有请求进行拦截处理了，可以在这个阶段灵活地使用 indexedDB、Caches 等 API 制定缓存规则。

```
//发起请求时根据 URI 去匹配缓存，无法命中缓存则发起请求，并且缓存请求
self.addEventListener('fetch', function (event) {
    event.respondWith(
        caches.match(event.request).then(function (resp) {
            return resp || fetch(event.request).then(function (response) {
                return caches.open('v1').then(function (cache) {
                    cache.put(event.request, response.clone());
                    return response;
                });
            });
        })
    );
});
```

event.respondWith()函数接收一个 Promise 参数，把其结果返回到受控制的 client 中，内容可以是任何自定义的响应生成代码。

提示： 默认发起的 fetch 不携带 cookie，需要设置"{ credential: 'include' }"。如果是跨域的资源，需要设置"{ mode: 'cors' }"，否则在 response 中拿不到对应的数据。

对于缓存请求时，Request & Response 中的 body 只能被读取一次，因为请求和响应流只能被读取一次，其中包含 bodyUsed 属性，当使用过后，这个属性值就会变为 true，不能被再次读取，解决方法是把 Request & Response 复制下来，代码为"request.clone() || response.clone()"。

5. 设置缓存策略

☑ networkFirst：首先尝试通过网络来处理请求，如果请求成功就将响应存储在缓存中，否则返回缓存中的资源来回应请求。它适用于总是希望返回的数据是最新的情况，如果无法获取最新数据，则返回一个可用的旧数据。

☑ cacheFirst：如果缓存中存在与网络请求相匹配的资源，则返回相应资源，否则尝试从网络获取资源。同时，如果网络请求成功则更新缓存。此选项适用于那些不常发生变化的资源，或者有其他更新机制的资源。

☑ fastest：从缓存和网络并行请求资源，并以首先返回的数据作为响应，这意味着缓存的数据被优先响应。一方面，这个策略总会产生网络请求，即使资源已经被缓存了。另一方面，当网络请求完成时，现有缓存将被更新，从而使得下次读取的缓存将是最新的。

☑ cacheOnly：从缓存中解析请求，如果没有对应缓存则请求失败。此选项适用于需要保证不会发出网络请求的情况，如在移动设备上节省电量。

☑ networkOnly：尝试从网络获取网址来处理请求。如果获取资源失败，则请求失败，这基本上与不使用 Service Worker 的效果相同。

例如，根据不同的请求类型或者文件类型，使用不同的策略。

```
self.addEventListener('fetch', function (event) {
    var request = event.request;
    if (request.method !== 'GET') {                           //非 GET 请求
        event.respondWith(   //...   );
        return;
    }
```

```
if (request.headers.get('Accept').indexOf('text/html') !== -1) {          //HTML 页面请求
    event.respondWith(   //...   );
    return;
}
if (request.headers.get('Accept').indexOf('application/json') !== -1) {    //get 接口请求
    event.respondWith(   //...   );
    return;
}
event.respondWith(//GET 请求且非页面请求时，且非 get 接口请求，一般为静态资源
    //...
);
}
```

6. 更新 Service Worker

当第一次访问 Service Worker 控制的网站或页面时，Service Worker 会立刻被下载。之后至少每 24 小时它会被下载一次，也可能被更频繁地下载，以避免不良脚本长时间生效，这是浏览器的行为。

浏览器会将每一次下载的 Service Worker 与现有的 Service Worker 进行逐字节的对比，一旦发现不同就会进行安装。但是，此时已经处于激活状态的旧的 Service Worker 还在运行，新的 Service Worker 完成安装后会进入 waiting 状态。直到所有已打开的页面都关闭，旧的 Service Worker 自动停止，新的 Service Worker 才会在接下来重新打开的页面里生效。

在 Service Worker 中，更新可以分为两种，即基本静态资源的更新和 sw.js 文件自身的更新。但是不管是哪种更新，都必须要对 Service Worker 文件进行改动，也就是说要重新安装一个新的 Service Worker。

假设站点现有的 Service Worker 缓存使用 v1 命名，即在 install 时，使用 caches.open('v1')进行预缓存，这时候旧的资源会全部存在 caches 里的 v1 里。

```
self.addEventListener('install', function (e) {
    e.waitUntil(
        caches.open('v1').then(function (cache) {
            return cache.addAll([
                "index.html";
            ])
        })
    )
})
```

更新站点时，可以简单地把 caches 里的 v1 改名为 v2，这时候由于修改了 Service Worker 文件，浏览器会自发更新 sw.js 文件，并触发 install 事件去下载最新的文件，更新缓存可以发生在任何地方，这时新的站点会存在于 v2 缓存下，待到新的 Service Worker 被激活之后，就会启用 v2 缓存。

7. 快速更新 Service Worker

由于浏览器内部实现原理，当页面切换或者刷新时，浏览器是等到新的页面完成渲染之后再销毁旧的页面。新旧两个页面中间有共同存在的交叉时间，旧的 Service Worker 依然接管页面，新的 Service Worker 依然在等待。所以，即使用户更新了站点，但看到的还是旧版本的页面。在 Service Worker 内部使用 self.skipWaiting()方法可以解决这个问题。

```
self.addEventListener('install', function (e) {
    e.waitUntil(
        caches.open(cacheStorageKey).then(function (cache) {
            return cache.addAll(cacheList) ;
        }).then(function () {
```

```
            return self.skipWaiting();        //注册成功跳过等待，酌情处理
        })
    )
})
```

使用下面方法能够保证页面从头到尾都是由一个 sw 来处理。

```
navigator.serviceWorker.addEventListener('controllerchange', () => {
    window.location.reload();
})
```

可以在注册 sw 的地方监听 controllerchange 事件来获知控制当前页面的 sw 是否发生了改变，然后刷新站点，这样可以从头到尾都被新的 sw 控制，避免 sw 新旧交替的问题了。但是 sw 的变更就发生在加载页面后的几秒内，用户刚打开站点就遇上了莫名地刷新。

新的 sw 安装完成时会触发 onupdatefound 的方法，通过监听这个方法来弹出一个提示栏让用户去单击按钮。

```
navigator.serviceWorker.register('/service-worker.js').then(function (reg) {
    //Registration.waiting 会返回已安装的 sw 的状态，初始值为 null
    //解决当用户没有单击按钮时却主动刷新了页面的问题
    //但是 onupdatefound 事件不会再次发生
    //具体可以参考 https://github.com/lavas-project/lavas/issues/212
    if (reg.waiting) {
        //通知提示栏显示
        return;
    }
    //每当 Registration.Installing 属性获取新的 sw 时都会调用该方法
    reg.onupdatefound = function () {
        const installingWorker = reg.installing;
        installingWorker.onstatechange = function () {
            switch (installingWorker.state) {
                case 'installed':
                    //检查是否已经被 sw 控制
                    if (navigator.serviceWorker.controller) {
                        //通知提示栏显示
                    }
                    break;
            }
        };
    };
}).catch(function (e) {
    console.error('Error during Service Worker registration:', e);
});
```

然后，处理通知栏单击事件之后的事情：向等待中的 sw 发送消息。

```
try {
    navigator.serviceWorker.getRegistration().then(reg => {
        reg.waiting.postMessage('skipWaiting');
    });
} catch (e) {
    window.location.reload();
}
```

当 sw 接收到消息以后，执行跳过等待操作。

```
//service-worker.js
//sw 不再在 install 阶段执行 skipWaiting
```

```
self.addEventListener('message', event => {
    if (event.data === 'skipWaiting') {
        self.skipWaiting();
    }
})
```

接着通过 navigator.serviceWorker 监听 controllerchange 事件来执行刷新操作。但是这种方式只能通过单击更新按钮而无法通过用户刷新浏览器来更新。

14.4 案例实战

本例使用 CacheStorage.open(cacheName)函数打开任何具有以 "font/" 开头的 Content-Type 头的 Cache 对象。然后，使用 Cache.match(request, options)函数查看缓存中是否已经有一个匹配的字体（font）。如果有匹配的字体，则返回它；如果没有匹配的字体，将通过网络获取字体，并使用 Cache.put(request, response)函数缓存获取的资源。

本例从 fetch()函数操作抛出的异常，而 HTTP 错误响应（如 404）不会触发异常，它将返回一个具有相应错误代码集的正常响应对象。

本例展示了如何实现 Service Worker 与缓存版本控制。虽然本例只有一个缓存，但同样的方法可用于多个缓存。将缓存映射到版本化缓存名称，同时还会删除名称不在 CURRENT_CACHES 中的所有缓存。效果如图 14.3 所示。

（a）注册 Service Worker 成功　　（b）激活 Service Worker　　（c）查看后台 Service Worker 运行状态

图 14.3　网络缓存处理

示例完整代码如下。

☑　test.html：

```html
<link rel='stylesheet' type='text/css' href='font.css'>
<h1>Service Worker 缓存</h1>
<div class="output">
    <div id="status"></div>
</div>
<script>
```

```
if ('serviceWorker' in navigator) { //检测浏览器是否支持
    navigator.serviceWorker.register('./service_worker.js', { scope: './' }).then(function () {
        //注册成功。检查 Service Worker 是否在控制页面
        if (navigator.serviceWorker.controller) {
            //如果设置了 controller，则此页正由 Service Worker 主动控制
            document.querySelector('#status').textContent =
                'Special Elite 字体已经被控制的 Service Worker 缓存了。';
        } else {
            //如果未设置 controller，则提示用户重新加载页面，以便 Service Worker 可以控制。在此之前，不会使用 Service
Worker 的 fetch 处理程序
            document.querySelector('#status').textContent = '请重新加载此页以允许 Service Worker 处理网络操作。';
        }
    }).catch(function (error) {
        //注册时出了点问题。service_worker.js 文件可能不可用，或包含语法错误
        document.querySelector('#status').textContent = error;
    });
} else {
    //当前浏览器不支持 Service Worker
    var aElement = document.createElement('a');
    aElement.href = '#';
    aElement.textContent = '当前浏览器不支持 Service Worker。';
    document.querySelector('#status').appendChild(aElement);
}
</script>
```

☑ service_worker.js：

```
var CACHE_VERSION = 1;
var CURRENT_CACHES = {
    font: 'font-cache-v' + CACHE_VERSION
};
self.addEventListener('activate', function (event) {
    //删除当前缓存中未命名的所有缓存，本例只有一个缓存
    var expectedCacheNamesSet = new Set(Object.values(CURRENT_CACHES));
    event.waitUntil(
        caches.keys().then(function (cacheNames) {
            return Promise.all(
                cacheNames.map(function (cacheName) {
                    if (!expectedCacheNamesSet.has(cacheName)) {
                        //如果缓存名称不在"预期"缓存集中，将其删除
                        console.log('正在删除过期缓存：', cacheName);
                        return caches.delete(cacheName);
                    }
                })
            );
        })
    );
});
self.addEventListener('fetch', function (event) {
    console.log('正在处理 fetch 请求：', event.request.url);
    event.respondWith(
        caches.open(CURRENT_CACHES.font).then(function (cache) {
            return cache.match(event.request).then(function (response) {
                if (response) {
                    //如果缓存中有请求，则把它返回。在本例中，仅缓存字体资源
                    console.log('在缓存中找到响应:', response);
```

```
            return response;
        }
        //否则，如果缓存中没有请求，则需要 fetch()资源
        console.log('在缓存中找不到%s 的响应。即将从网络请求', event.request.url);
        return fetch(event.request.clone()).then(function (response) {
            console.log('来自网络的 %s 响应为: %O', event.request.url, response);
            if (response.status < 400 &&
                response.headers.has('content-type') &&
                response.headers.get('content-type').match(/^font\//i)) {
                //避免缓存错误的响应（如 4xx 或 5xx 的 HTTP 状态码）
                //只想缓存与字体对应的响应，如具有以"font/"开头的内容类型响应头
                console.log('缓存响应', event.request.url);
                cache.put(event.request, response.clone());
            } else {
                console.log('不缓存响应', event.request.url);
            }
            //返回原始响应对象，该对象将用于完成资源请求
            return response;
        });
    }).catch(function (error) {
        //处理 match()或 fetch()操作产生的异常
        //注意，HTTP 错误响应（如 404）不会触发异常
        //返回具有适当错误代码集的正常响应对象
        console.error('获取处理程序出错:', error);
        throw error;
    });
    })
);
});
```

☑ font.css：

```
@font-face {
    font-family: 'Special Elite';
    font-style: normal;
    font-weight: 400;
    src: url(Elite.woff2) format('woff2');
    unicode-range: U+0000-00FF, U+0131, U+0152-0153, U+02BB-02BC, U+02C6, U+02DA, U+02DC, U+2000-206F, U+2074,
U+20AC, U+2122, U+2191, U+2193, U+2212, U+2215, U+FEFF, U+FFFD;
}
```

14.5 在线支持

扫码免费学习
更多实用技能

一、专项练习

　　☑　监听应用缓存事件

二、更多案例实战

　　☑　设计简单的离线 Web 应用

　　📝 新知识、新案例不断更新中……

第 15 章

HTML5 Web 组件

Web 组件（Web Components）是 W3C 在 HTML5 中添加的一套标准，它允许在 Web 文档或应用程序中创建可重用的组件，目的是将基于组件的软件工程引入 Web 开发。Web Components 包含 4 项主要标准：网页模板、自定义元素、Shadow DOM 和 HTML 导入，它们也可以单独使用。本章将围绕这 4 项技术标准进行详细介绍。

15.1　HTML5 模板

15.1.1　认识 template

2013 年，W3C 推出 HTML 内容模板标准，它是一种用于保存客户端内容的机制，该内容在加载页面时不会呈现，但是在运行时可以使用 JavaScript 实例化。将模板（template）视为一个可存储在文档中以便后续使用的内容片段，在加载页面时解析器会处理 template 内容，确保内容有效，但是元素内容不会被渲染。

在 template 之前，如果在 HTML 中嵌入内容模板，常使用类似下面非标准的方法。

```
<script type="text/template">
    ...
</script>
```

其中，type="text/template"是自定义类型，表示该标签包含的内容为模板。内容模板就是被存储，以供随后在文档中使用的一个内容片段。<script>包含的 HTML 标签将被解析为字符串，不被渲染解析。

也可以使用<textarea>或<xmp>标签嵌套非转义的 HTML 源代码。

```
<textarea style="display: none;">
    ...
</textarea>
<xmp style="display: none;">
    ...
</xmp>
```

<textarea>定义文本域，嵌套的 HTML 片段会被解析为文本域的值。但是文本域本身是可见的，一般还需要设置"display: none;"，隐藏显示文本域。<xmp>定义示例已经被废除，并且被<pre>标签取代，但是当前所有的浏览器都还支持。

template 是 HTML5 新增的一个元素，用来定义内容模板，类似于文档片段（DocumentFragment），它具有如下特性。

☑ <template>标签包含的内容具有隐藏性，不会直接显示在页面中。

☑ 通过使用 JavaScript 将其包含的内容显示出来。

☑ <template>标签位置不受限制，可以放置在 HTML 文档中任意位置，类似<script>、<style>

标签，例如可以放置在\<head\>、\<body\>、\<iframe\>或者\<frameset\>中。

☑ template 的 childNodes 属性无效。在 HTML 结构中，\<template\>标签可以包含很多子标签，但是不允许访问它的子元素，template.childNodes 返回为空。使用 template.innerHTML 可以获取\<template\>标签包含的完整的 HTML 片段字符串。

⚠ 提示：template 有个一个只读属性：content。使用 template.content 可以返回一个文档片段（DocumentFragment），再使用查询 API 就可以获取其包含的子元素。例如：

```
var image = template.content.querySelector("img");
```

一般可以检测 content 属性是否存在来判断浏览器是否支持 template 元素，具体代码如下。

```
if ('content' in document.createElement('template')) {
    //使用 template
}
```

当前，Edge 15+、Chrome 35+、Opera 22+、Firefox 22+和 Safari 9+版本浏览器均支持 HTML templates LS 标准。

15.1.2　使用 template 元素

如果要反复应用一段 HTML 代码，可以考虑使用\<template\>标签。如果文档中没有\<template\>标签，可以使用 JavaScript 动态创建 HTML 代码。

【示例 1】使用 template 元素定义一段内容模板，模板中包含一个标题和一个图片。

```
<template>
    <h1>HTML5+CSS3</h1>
    <img src="images/h5.jpg" >
</template>
```

在浏览器中打开开发者工具，查看解析的结构，可以看到\<template\>标签包含的内容被解析为文档片段，如图 15.1 所示。

【示例 2】使用 JavaScript 从模板中获取内容，并将其添加到页面中。首先，获取 template 元素对象；然后，使用 content 属性获取 template 元素包含的文档片段；最后，把它添加到文档结构中，效果如图 15.2 所示。

图 15.1　template 元素内容解析结果

```
<script>
var temp = document.getElementsByTagName("template")[0];
var con = temp.content;
document.body.appendChild(con);
</script>
```

【示例 3】设计一个模板结构，然后在脚本中为模板填充数据，并显示在页面中，效果如图 15.3 所示。

```
<template>
    <p>前端框架: </p>
</template>
<script>
var myArr = ["jQuery", "Angular", "React", "Vue", "Bootstrap"];
var temp, p, a, i;
```

```
temp = document.getElementsByTagName("template")[0];        //获取 template 元素
p = temp.content.querySelector("p");                        //从 template 中获取 p 元素
for (i = 0; i < myArr.length; i++) {                        //遍历数组
    a = document.importNode(p, true);                       //以 template 为基础，建立一个新节点
    a.innerHTML += "<b>" + myArr[i] + "</b>";               //从数组中叠加数据
    document.body.appendChild(a);                           //追加至新节点
}
</script>
```

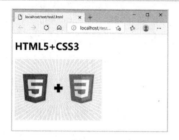

图 15.2　把模板内容显示出来

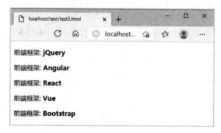

图 15.3　为模板填充数据

提示：document.importNode()方法能够把一个节点从另一个文档复制到该文档以便应用。该方法包含两个参数，第 1 个参数要复制的节点，第 2 个参数为布尔值，设置复制该节点的所有子孙节点。在 Web 应用中，常使用 "var clone = document.importNode(template.content, true);" 克隆模板结构，然后使用 "append(clone);" 方法加载模板内容到页面中。

15.1.3　应用模板

下面结合几个示例演示模板在网页中的应用。

【示例 1】设计一个描述列表的模板结构，并在后期动态加载数据，最后显示在页面中<div id="news_show">容器中，效果如图 15.4 所示。

第 1 步，设计一个简单的模板，定义描述列表结构，代码如下。

图 15.4　使用模板设计栏目效果

```
<template id="temp">
    <dl>
        <dt><a href=""></a></dt>
        <dd></dd>
    </dl>
</template>
```

第 2 步，在页面中嵌入显示容器。

```
<div id="news_show"></div>
```

第 3 步，为模板填充数据，并显示在容器中。

```
<script>
//使用 content 判断浏览器是否支持 template 标签
if ('content' in document.createElement('template')) {
    var temp = document.getElementById('temp'),          //抓取 template 元素
    dd = temp.content.querySelector("dd"),               //截取模板中列表结构
    a = temp.content.querySelector("a");
    //在模板中填充数据
    dd.textContent = "由《人民日报》主办";
```

```
        a.textContent = "人民网";
        a.href = "http://www.people.com.cn/";
        //把模板导入页面中显示
        var news_show = document.getElementById("news_show");
        var clone = document.importNode(temp.content, true);
        news_show.appendChild(clone);
        //重新更新模板数据
        dd.textContent = "由新华社主办";
        a.textContent = "新华网";
        a.href = "http://www.xinhuanet.com/";
        //把模板导入页面中连续显示
        var clone2 = document.importNode(temp.content, true);
        news_show.appendChild(clone2);
    }
</script>
```

【示例 2】模板可以嵌套使用，但是外层模板被激活后，并不会激活内层模板，需要手动逐一激活。本例设计两个模板嵌套在一起，外层模板为一个占位图，内层模板为一行标题，然后使用 JavaScript 脚本逐一激活，并显示在页面指定位置<div id="box">，效果如图 15.5 所示。

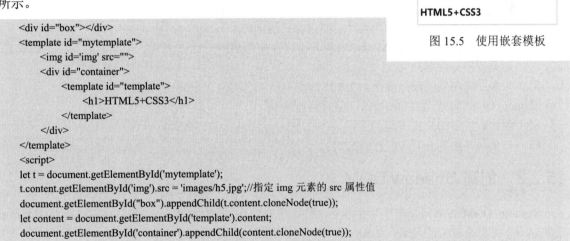

图 15.5　使用嵌套模板

```
<div id="box"></div>
<template id="mytemplate">
    <img id='img' src="">
    <div id="container">
        <template id="template">
            <h1>HTML5+CSS3</h1>
        </template>
    </div>
</template>
<script>
let t = document.getElementById('mytemplate');
t.content.getElementById('img').src = 'images/h5.jpg';//指定 img 元素的 src 属性值
document.getElementById("box").appendChild(t.content.cloneNode(true));
let content = document.getElementById('template').content;
document.getElementById('container').appendChild(content.cloneNode(true));
</script>
```

15.2　Shadow DOM 组件

15.2.1　认识 Shadow DOM

Web 组件的一个重要特性就是封装性，可以将 HTML 结构、CSS 样式和 JavaScript 行为隐藏起来，并与页面上的其他代码相隔离，保证不同的部分不会混在一起相互影响，这样可以使代码更加干净、整洁。

HTML、CSS 和 JavaScript 代码都位于一个全局范围内，页面内的样式和脚本容易相互污染，当代码量变大时，维护难度会大大增加。另外，网站嵌入的第三方模块引入的样式和脚本也会影响到其他部分。在页面上任何元素都可以通过 document.querySelector()方法访问，无论它在文档中的嵌套程

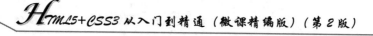

Note

度如何，或者放置在何处。同样，应用于文档的 CSS 可以选择任何元素，无论它在何处。

在传统开发中，如果我们需要封装一个组件，不希望它受到全局样式或者其他脚本的影响，就需要采用各种各样的措施。例如，Twitter 的"关注"按钮是一个<iframe>标签，通过加载一个独立的小文档来实现封装，确保小部件的预期样式不受当前文档中任何 CSS 的干扰。

HTML5 新增的 Shadow DOM 接口就是要解决 Web 组件封装的问题。最新 Shadow DOM V1 版本规范和 V0 版本有显著的不同，该版本已经被各大主流浏览器厂商支持。

当前，Edge 79+、Chrome 53+、Firefox 63+、Opera 40+、Safari 10+浏览器完全支持 Shadow DOM V1 标准。

Shadow DOM 也称影子 DOM，它能够为 Web 组件中的 DOM 和 CSS 提供封装，Shadow DOM 与主文档的 DOM 保持分离，也就是说 Shadow DOM 不存在于主 DOM 树上，Shadow DOM 封装的 DOM 元素是独立的，外部的配置不会影响到内部，内部的配置也不会影响外部。但是我们还是能够通过 JavaScript 或者 CSS 来控制 Shadow DOM 里面封装好的元素。

Shadow DOM 的作用如下。

☑ 隔离 DOM：组件的 DOM 是独立的。例如，document.querySelector()方法不会返回组件 Shadow DOM 中的节点。

☑ 作用域 CSS：Shadow DOM 内部定义的 CSS 在其作用域内，样式规则不会泄漏，页面样式也不会渗入。

☑ 组合：为组件设计一个声明性、基于标记的 API。

☑ 简化 CSS：作用域 DOM 意味着用户可以使用简单的 CSS 选择器，更通用的 id、class 名称，而无须担心命名冲突。

☑ 效率：将应用看成是多个 DOM 块，而不是一个大的、全局性页面。

Shadow DOM 与普通 DOM 相同，但有两点区别。

☑ 创建、使用的方式不同。

☑ 与页面其他部分有关的行为方式。

15.2.2 创建 Shadow DOM

Shadow DOM 必须附加在一个元素上，可以是 HTML 文档中的一个元素，也可以是在脚本中创建的元素；可以是原生的元素，如<div>、<p>；也可以是自定义元素，如<my-element>。

使用 Element.attachShadow()方法可以附加影子 DOM，具体语法格式如下。

```
var shadowroot = element.attachShadow(shadowRootInit);
```

参数 shadowRootInit 为配置对象，包括下面两个配置项。

☑ mode：设置 Shadow DOM 树封装模式，取值如下。

❖ open：允许 JavaScript 从外部访问根节点，如"element.shadowRoot;"将返回 ShadowRoot 对象。

❖ closed：不允许 JavaScript 从外部访问关闭的 shadowroot 根节点，如"element.shadowRoot;"将返回 null。

☑ delegatesFocus：布尔值，焦点委托。当 Shadow DOM 中不可聚焦的部分被单击时，让第一个可聚焦的部分成为焦点，并且 shadow host（影子主机）将提供所有可用的:focus 样式。

该方法返回一个 ShadowRoot 对象（影子根对象）或者 null。

📢 注意：出于安全考虑，一些元素不能挂载 Shadow DOM，如<a>元素。其主要原因如下。

☑ 浏览器已为该元素托管其自身的内部 Shadow DOM，如 textarea、input、video 等。

☑ 让元素托管 Shadow DOM 毫无意义，如 img。

下面是可以挂载 shadow root 的元素：\<body\>、\<h1\>、\<h2\>、\<h3\>、\<h4\>、\<h5\>、\<h6\>、\<p\>、\<div\>、\<span\>、\<blockquote\>、\<article\>、\<aside\>、\<header\>、\<footer\>、\<main\>、\<nav\>、\<section\>，以及任何带有有效的名称且可独立存在的自定义元素。

【示例 1】下面示例创建一个简单的 Shadow DOM，并绑定到\<header\>标签中。

```
<header></header>
<script>
var shadow = document.querySelector('header').attachShadow({mode: 'open'});
shadow.innerHTML = '<h1>Hello Shadow DOM</h1>';
</script>
```

在浏览器中效果如图 15.6 所示。可以通过"＃shadow-root"在 DOM 中看到新建的 shadow root。创建的内容将形成新的 shadow Tree，shadow Tree 就是一个影子 DOM 树，相对于 Shadow DOM 而言，它不是常规的 DOM。

图 15.6　在文档中为 header 元素附加影子 DOM

【示例 2】创建一个普通的 DOM。

```
<header></header>
<script>
const header = document.querySelector('header')
const h1 = document.createElement('h1');
h1.textContent = 'Hello world!';
header.appendChild(h1);
</script>
```

📣 注意：Shadow DOM 一旦被创建就无法删除，它只能用新的替换。要查看浏览器如何为 input、textarea 等元素实现 Shadow DOM，对 Chrome 用户来说，可以按 F12 键，打开开发者工具面板，然后在工具面板中单击 ✿图标，再选择 Settings | Preferences | Elements 选项页，最后选中 Show user agent shadow DOM 复选框。

15.2.3 使用 slot 元素

HTML5 新增 slot 元素，作为 Web 组件技术套件的一部分，用来定义占位符。该占位符可以在后期使用自己的标记填充，这样就可以实现内容和展示的分离。

<slot>标签有一个 name 属性，用来设置插槽的名字，拥有 name 属性的<slot>标签也称为具名插槽。在组件内为标签设置 slot 属性，可以把标签绑定到指定 name 的 slot 位置。

【示例 1】使用<template>标签为组件设计一个模板，模板包含一个标题和一个段落文本。然后，通过 slot 元素在模板中设置两个占位符，在组件中使用 slot 属性绑定要替换占位符的标签。最后，在脚本中使用 attachShadow()方法设置<div id="myComponent">标签为组件的宿主元素。在浏览器中预览，则可以看到组件内容将根据模板样式进行显示，效果如图 15.7 所示。

图 15.7　设计内容和展示分离

```html
<!--组件-->
<div id="myComponent">
    <!--组件显示的内容-->
    <span slot="slot2">定义占位符，实现内容和展示的分离。</span>
    <span slot="slot1">slot 元素</span>
</div>
<!--组件的模板-->
<template id="myComponentTemplate">
<style>
h1{text-align: center;}
p{font-family:"华文行楷"; font-size: 1.5em;}
</style>
<h1><slot name="slot1"></slot></h1>
<p><slot name="slot2"></slot></p>
</template>
<script>
let host = document.getElementById('myComponent').attachShadow({mode: 'open'});
let template = document.getElementById('myComponentTemplate');      //获取模板
host.appendChild(template.content);                                 //把模板内容添加到组件中
template.remove();                                                  //移除模板
</script>
```

提示：在设计中，需要先辨析 3 个概念，下面结合示例 1 进行简单比较。

☑ Light DOM：是由组件的用户编写的 DOM。如<span slot="slot1">slot 元素</span>。

☑ Shadow DOM：是由组件的开发者编写的 DOM。如<h1><slot name="slot1"></slot></h1>。

☑ DOM：由浏览器最终渲染的结构。如<h1><slot name="slot1"><span slot="slot1">slot 元素</span></slot></h1>。

Shadow DOM 使用 slot 元素将不同的 Light DOM 树和 Shadow DOM 组合在一起。slot 元素是组件内部的占位符，组件的用户可以使用自己的标签将其替换。通过定义一个或多个 slot 元素，可以将外部标签引入组件的 Shadow DOM 中进行渲染。

在使用组件时，如果 slot 元素内引入了组件用户定义的外部元素，则这些元素可以跨越 Shadow DOM 的封装边界。这些元素也被称为分布式节点。

slot 元素实际上并不移动 DOM，它们在 Shadow DOM 内部的对应位置进行渲染。组件开发者可在 Shadow DOM 中定义零个或多个 slot 元素。slot 元素可以为空，或者提供反馈内容。如果组件用户不提供其中的内容，浏览器将对组件开发者为 slot 元素中定义的备用内容进行渲染。

【示例 2】设计模板中 slot 元素包含备用标题和备用描述。在 Light DOM（用户 DOM）中删除组件显示的内容，即<div id="myComponent">不包含显示内容，预览效果如图 15.8 所示。

```
<!--组件的模板-->
<template id="myComponentTemplate">
<style>
h1{text-align: center;}
p{font-family:"华文行楷"; font-size: 1.5em;}
</style>
<h1><slot name="slot1">备用标题</slot></h1>
<p><slot name="slot2">备用描述</slot></p>
</template>
```

将内容与展示分离的好处：可以很轻松地实现对组件内容的控制。用户只需要修改影子 DOM 根节点中的内容即可，而不用修改其他代码。如果要修改组件结构、样式或者其他内容，也只需要修改 template 元素内的样式代码或 HTML 代码即可。

【示例 3】以示例 1 为基础，为<span slot="slot1" id="h1">添加一个 ID 属性，然后在 JavaScript 脚本中定义一个修改函数，同时在页面中插入一个按钮，以便单击按钮调用修改函数修改 Light DOM 中的内容，修改后效果如图 15.9 所示。

```
<input type="button" onclick="changeContent();" value="修改内容" />
<script>
function changeContent(){
    document.getElementById("h1").innerHTML="&lt;slot&gt;标签";
}
</script>
```

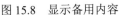

图 15.8 显示备用内容

图 15.9 动态修改显示的内容

可以说内容和展示分离是对当前 Web 技术的一个重大改善，因为我们只需要关注组件内部的实现代码，而不需要关注外部如何使用这个组件。可以在脚本中动态地向 slot 元素注入任何内容，也可以使用多个 slot 元素，并且分别定义每个 slot 元素中所显示内容的样式。

15.2.4 设置 Shadow DOM 样式

用户可以为 Shadow DOM 定义样式，由于 Shadow DOM 封闭性，外部页面中的 CSS 选择器不能应用于 Shadow DOM 内部，内部定义的样式也不会渗出，它们的作用域仅限于宿主元素。

【示例 1】在 DOM 中定义 h1 字体大小为 1.2em，在 Shadow DOM 中定义 h1 字体大小为 2em，在浏览器中预览，可以看到相互之间不会影响，效果如图 15.10 所示。

```
<header></header>
<h1>Hello DOM</h1>
<script>
var shadow = document.querySelector('header').attachShadow({mode: 'open'});
shadow.innerHTML = '<h1>Hello Shadow DOM</h1>';
//添加 CSS
shadow.innerHTML += '<style>h1 { font-size: 2em; }</style>'
</script>
<style>h1 { font-size: 1.2em; }</style>
```

1. :host 选择器

在 Shadow DOM 内可以使用:host 伪类选择器定制宿主元素的样式。

【示例 2】针对示例 1，在 Shadow DOM 内为 header 元素定义边框，效果如图 15.11 所示。

```
shadow.innerHTML += '<style>:host { border:solid 1px red;}</style>';
```

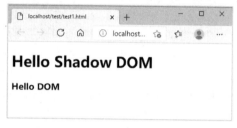

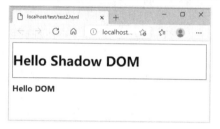

图 15.10　为影子 DOM 定义样式　　　　　图 15.11　为宿主元素定义样式

◀» 注意： 外部 DOM 的样式优先级要高于:host，即外部样式优先。此外，:host 仅在影子根范围内起作用，因此无法在 Shadow DOM 之外使用。

▲ 提示： 可以把:host 视为根节点，然后通过组合选择器设置 Shadow DOM 内部元素的样式。

【示例 3】使用:host > h1 选择器选择 shadow DOM 内 h1 元素，然后设置标题颜色为红色。

```
shadow.innerHTML += '<style>:host > h1 {   color: red; }</style>';
```

2. :host(<selector>)选择器函数

使用:host(<selector>)选择器函数可以设计基于宿主元素的互动、状态、范围样式。其中，<selector>可以设置宿主元素的状态（如 disabled）、互动（如:hover）和限定范围（如类、ID）等选择器。

【示例 4】使用:host(:hover)选择器设计宿主元素 header 在鼠标经过时的样式由默认的黑色、半透明效果到黑色、不透明效果。同时，使用:host([disabled])选择器，设计宿主元素 header 被设置为不可用（即设置 disabled 属性）时，显示浅色背景效果。使用:host(.blue)设计当 header 元素包含 blue 类样式时，显示蓝色字体效果，如图 15.12 所示。

```
<header class="blue"></header>
<h1>Hello DOM</h1>
<script>
var shadow = document.querySelector('header').attachShadow({mode: 'open'});
shadow.innerHTML = '<h1 class="red">Hello Shadow DOM</h1>';
shadow.innerHTML += '\
<style>\
:host { opacity: 0.4;}\
:host(:hover) { opacity: 1;}\
:host([disabled]) { background: grey; opacity: 0.4;}\
:host(.blue) { color: blue; }\
```

```
        </style>';
    </script>
```

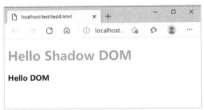 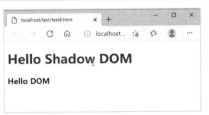

图 15.12　为宿主元素定义交互样式

3．:host-context(<selector>)选择器函数

使用:host-context(<selector>)选择器函数可以定义基于情景的样式。如果宿主元素的任意父级与<selector>匹配，它将匹配宿主元素。主要用途为根据组件的环境匹配恰当的主题样式。

注意：该伪类的 CSS 样式在 Shadow DOM 之外的元素上是没有效果的。

【**示例 5**】在页面中设计两个应用环境<div class="red">和<div class="blue">，一个是红色风格，一个是蓝色风格。然后，把同一个内容组件分别挂载进去。使用:host-context(.red)选择器匹配<div class="red">中的宿主根元素为红色风格的组件设计样式；使用:host-context(.blue)选择器匹配<div class="blue">中的宿主根元素为蓝色风格的组件设计样式。

```
<div class="red">
    <header></header>
</div>
<div class="blue">
    <header></header>
</div>
<script>
var header = document.querySelectorAll('header').forEach( e => {
    var shadow = e.attachShadow({mode: 'open'});
    shadow.innerHTML = '<h1>组件标题</h1>';
    shadow.innerHTML += '<style>\
    :host-context(.red) { color: red; }\
    :host-context(.blue) { color: blue; }\
    </style>';
})
</script>
```

在浏览器中预览，可以看到两个组件的标题分别呈现红色和蓝色，效果如图 15.13 所示。

4．::slotted(<selector>)选择器函数

::slotted(<selector>)选择器函数能够选择与 selector 相匹配的分布式节点，即 Light DOM 中属性值为 slot 的元素。

注意：如果没有包含 slot 属性的元素，则不执行匹配。

图 15.13　为不同环境的组件设计样式

【**示例 6**】以 15.2.4 节示例 1 为例，在模板样式表中定义::slotted(span:nth-child(1))和::slotted(span:nth-child(2))选择器，分别匹配 Light DOM 中分布式节点<span slot="slot1">和<span slot="slot2">，然后为其设计样式，效果如图 15.14 所示。

```
<div id="myComponent">
```

```
        <span slot="slot2">定义占位符，实现内容和展示的分离。</span>
        <span slot="slot1">slot 元素</span>
</div>
<template id="myComponentTemplate">
<style>
::slotted(span:nth-child(2)){ color: red; border: solid 1px;}
::slotted(span:nth-child(1)) { color: blue; text-decoration: underline;}
</style>
<h1><slot name="slot1"></slot></h1>
<p><slot name="slot2"></slot></p>
</template>
<script>
let host = document.getElementById('myComponent').attachShadow({mode: 'open'});
let template = document.getElementById('myComponentTemplate');      //获取模板
host.appendChild(template.content);                                  //把模板内容添加到组件中
template.remove();                                                   //移除模板
</script>
```

图 15.14　使用::slotted(<selector>)选择器为分步式节点设计样式

5. 从外部为组件定义样式

从外部为宿主元素定义样式，通过继承关系，其内部元素也会受影响。

注意：受影响样式主要是一些可继承的属性。

【**示例 7**】以示例 6 为基础，删除模板中的样式表，然后设计<div id="myComponent">元素字体颜色为蓝色，显示下画线，这样在组件内部可以看到<h1>和<p>都继承了颜色和下画线样式，边框样式没有继承。

```
<style>
div { color: blue; text-decoration: underline; border: solid 1px}
</style>
<div id="myComponent">
    <span slot="slot2">定义占位符，实现内容和展示的分离。</span>
    <span slot="slot1">slot 元素</span>
</div>
```

注意：外部样式总是优先于在 Shadow DOM 中定义的样式。

6. 使用 CSS 自定义属性

使用 CSS 自定义属性可以创建样式变量，利用样式变量可以调整内部样式，这与<slot>类似，相当于样式占位符，以便用户进行替换。

提示：CSS 自定义属性的语法格式如下。

☑ --name: 声明变量名。

☑ var(--name): 使用变量名。在小括号中，可以设置多个变量列表，以逗号分隔。

声明和使用变量都必须位于{}代码块里，即样式声明中。例如，在下面样式中定义变量 bg-color，其值为 lightblue，然后就可以在下面声明中使用。

```
body{
    --bg-color: lightblue;
    background-color: var(--bg-color);
}
```

在:root 代码块里面声明的变量是全局变量，所有样式都可以使用，其他代码块中声明的变量是局部变量，局部变量只能够在当前匹配对象中使用，局部变量会覆盖全局变量。

【**示例 8**】使用样式变量设计两个自定义属性，分别定义背景色和前景色，然后应用到宿主元素上，效果如图 15.15 所示。

图 15.15 使用自定义属性设计样式

```
<style>
#host {
    margin-bottom: 32px;
    --bc: black;
    --fc: white;
}
</style>
<div id="host" theme="darkTheme"></div>
<script>
let root= document.getElementById('host').attachShadow({mode:'open'});
root.innerHTML = '<style>:host{background: var(--bc);color: var(--fc);} \
                :host{border-radius:10px;padding:10px;}</style>';
root.innerHTML += '<div>组件标题</div>';
</script>
```

15.2.5　使用 slotchange 事件

当 Shadow DOM 中的分布式节点发生变化时，如从 Light DOM 中添加或移除子元素时，将触发 slot 元素的 slotchange 事件。

【**示例**】通过脚本为 Light DOM 添加 div 元素，然后通过监测 slot 的 slotchange 事件，在控制台提示 Light DOM 结构变动消息，效果如图 15.16 所示。

```
<div id="test"></div>
<input type="button" onclick="test()" value="为 Light DOM 添加子元素"/>
<script>
let root = document.getElementById('test').attachShadow({mode: 'open'});
root.innerHTML="<h1><slot name='testDiv' id='testDiv'></slot></h1>";
```

```
let slot=root.getElementById('testDiv');
slot.addEventListener('slotchange', function(e){
    console.log('Light DOM 被改变!');
});
var i = 0;
function test(){
    let div=document.createElement("div");
    div.slot="testDiv";
    div.innerHTML="div" + ++i;
    document.getElementById("test").appendChild(div);
}
</script>
```

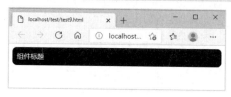

图 15.16 使用 slotchange 事件监测 Light DOM 结构变化

15.3 自定义元素

15.3.1 认识自定义元素

HTML4 和 HTML5 都支持自定义标签。在浏览一些网站源代码时，会发现一些自定义的标签，自定义标签没有预设的语义、样式和行为，但是浏览器能够正常解析。例如：

```
<hi>Hello World</hi>
```

在上面代码中，<hi>就是非标准的元素，浏览器不能识别它，但是不会过滤掉该元素，而是正常显示"Hello World"。我们可以为自定义元素定义样式。例如：

```
hi { display: block; font-size: 36px; text-align: center; font-weight: bold; }
```

我们还可以使用 JavaScript 脚本操作这个元素。浏览器对待自定义元素就像对待标准元素一样，这种处理方式已经被列入 HTML5 标准，即浏览器必须将自定义元素保留在 DOM 之中。

所有自定义元素同时继承 HTMLUnknownElement 和 HTMLElement 接口。

【示例 1】使用 document.createElement()方法创建一个自定义元素。

```
var hi = document.createElement('hi');              //使用脚本创建自定义元素
console.log( hi instanceof HTMLUnknownElement )     //true
console.log( hi instanceof HTMLElement )            //true
```

使用自定义元素可以编写出语义性非常好的 HTML 代码。

【示例 2】使用自定义元素设计一个社交分享的组件结构。

```
<share-buttons>
    <social-button type="weibo"><a href="">微博</a></social-button>
    <social-button type="weixin"><a href="">微信</a></social-button>
</share-buttons>
```

如果将<share-buttons>标签的样式与脚本封装在一个 HTML 文件 share-buttons.html 之中，这个组件就可以重用了。使用的时候需要先导入 share-buttons.html。

```
<link rel="import" href="share-buttons.html">
```

然后，就可以在页面中使用<share-buttons>标签。

```
<share-buttons/>
```

HTML 导入的更多用法可以参考 15.4 节内容。

HTML5 把自定义元素收入标准之后，W3C 就为自定义元素制定了一个单独的 Custom Elements 标准。它与其他 3 个标准：HTML Imports、HTML Template、Shadow DOM，统称为 Web Components 规范。

当前，Edge 79+、Firefox 63+、Chrome 67+、Opera 64+浏览器均支持 Custom Elements V1 版本标准，Chrome 54-66、Safari 10.1+浏览器仅支持部分功能，IE 浏览器不支持。

Custom Elements 标准对自定义元素的名字进行限制：必须包含一个 "-"。这样方便 HTML 解析器分辨哪些是标准元素，哪些是自定义元素。

注意： 一旦名字之中包含了 "-"，自定义元素就不是 HTMLUnknownElement 的实例了。

15.3.2 新建自定义元素

用户可以在 HTML 中声明自定义标签，例如：

```
<x-foo></x-foo>
```

也可以使用 document.createElement()方法创建一个由标签名称 tagName 指定的 HTML 元素。如果浏览器无法识别 tagName，则会生成一个未知 HTML 元素 HTMLUnknownElement。语法格式如下。

```
var element = document.createElement(tagName[, options]);
```

参数 tagName 表示元素的名称，options 为可选参数，定义选项配置对象。

【示例】 使用 document.createElement()方法创建一个自定义元素，然后添加到 DOM 文档树中并显示出来。

```
var xFoo = document.createElement('x-foo');
xFoo.addEventListener('click', function(e) {
    alert('Thanks!');
});
xFoo.innerHTML = "自定义标签，单击我试一试";
document.body.append(xFoo);
```

提示： 与标准的 HTML 元素一样，可以使用 CSS 选择器匹配自定义元素，为它设置各种样式。

15.3.3 派生元素类型

15.3.2 节介绍了直接在 HTML 文档中定义新元素。浏览器对于不能识别的标签一律按一个普通的行内元素处理，没有相关语义、样式和行为。虽然可以使用 JavaScript 代码给它添加一些功能，但是它并没有生命周期相关的函数供用户做一些初始化和销毁工作。

通过 HTML5 提供的 Custom Elements API，可以使用 class 定义一个自定义元素类型来指定基类，并且告知 HTML 解析器如何正确地构造一个元素，以及在该元素的属性变化时执行相应的处理。

【示例】 新建<date-string ln="zh">标签，显示日期字符串，当 ln 属性值为 zh 时显示中文格式，属性值为 en 时显示英文格式。

【实现方法】

第 1 步，定义元素类 DateString，派生自 HTMLElement。

```
class DateString extends HTMLElement {
    constructor() { //构造函数
```

```
        super();
        return;
    }
}
```

自定义元素的构造函数限制如下。

☑ 构造函数中不能调用 document.write()和 document.open()方法。

☑ 不能访问元素的属性和子元素，因为在元素未升级的情况下，即元素还未插入文档中，不存在属性和子元素。

☑ 初始化工作要尽量推迟到 connectedCallback 事件中，尤其是涉及获取资源或渲染的工作。但是可能会多次调用 connectedCallback 事件，每次插入文档中时都会调用，一次性的初始化工作需要自己设置防护措施。

第 2 步，调用 customElements.define()方法注册自定义元素，设置属性并插入文档中。

15.3.4 注册自定义元素

扩展自定义元素类型之后，还需要在浏览器中进行注册，以告知浏览器进行渲染。

早期使用 document.registerElement()方法进行注册，现在已被废弃，建议使用 window 对象的 customElements.define()方法进行注册。语法格式如下。

```
customElements.define(name, constructor, options);
```

该方法返回为空。参数说明如下。

☑ name：自定义元素名称。

☑ constructor：自定义元素构造器。

☑ options：可选的配置对象，控制元素如何定义。当前仅有一个支持选项 extends，指定继承的已创建的元素，被用于创建自定义元素。

【示例 1】结合 15.3.3 节示例定义的元素类 DateString，下面调用 customElements.define()方法在浏览器中进行注册，元素命名为 date-string。然后调用 document.createElement()方法新建该类型元素。最后使用 appendChild()方法添加到 DOM 文档树中显示出来。

```
customElements.define("date-string", DateString);
const dateStr = document.createElement('date-string');
dateStr.setAttribute('ln', 'zh');
document.body.appendChild(dateStr);
```

◀》 注意：自定义元素的命名限制如下。

☑ 必须以小写字母开头。

☑ 必须有至少一个中画线。

☑ 允许小写字母、中画线、下画线、点号、数字。

☑ 允许部分 Unicode 字符，所以<h-?></h-?>也是可以的。

☑ 不允许使用下面这些名称：annotation-xml、color-profile、font-face、font-face-src、font-face-uri、font-face-format、font-face-name、missing-glyph。

如果名称出现不允许的字符，customElements.define()方法会抛出异常。

【示例 2】直接调用构造函数创建元素。

```
const dateStr = new DateString();
dateStr.setAttribute('ln', 'zh');
document.body.appendChild(dateStr);
```

15.3.5 生命周期响应函数

可以为自定义元素添加如下响应函数，定义在元素生命周期内不同时间点运行代码。

- ☑ constructor：构造函数，当创建或升级元素的一个实例时响应。用于初始化状态、设置事件侦听器。
- ☑ connectedCallback：当元素每次添加到 DOM 文档树时都会调用。可用于获取资源或渲染。
- ☑ disconnectedCallback：当元素每次从 DOM 文档中移除时都会调用。用于运行清理代码。
- ☑ attributeChangedCallback(attrName, oldVal, newVal)：当添加、移除、更新或替换属性时响应。仅对 observedAttributes 中返回的属性有效。
- ☑ adoptedCallback：当自定义元素被移入新的 document 时调用。

提示：响应回调是同步的。如果对自定义元素调用 el.setAttribute()方法，浏览器将立即调用 attributeChangedCallback()函数；如果从 DOM 中移除元素，如调用 el.remove()方法后，浏览器将立即调用 disconnectedCallback()函数。

【示例】在 DateString 类型中添加多个响应函数监测元素的属性变化，同时监测当元素被添加到 DOM 文档树中时在标签中显示动态时间，当元素被清除 DOM 文档树时则清除定时器，停止动态更新时间。

```
class DateString extends HTMLElement {
    constructor() {                                         //构造函数
        super();
        return;
    }
    //返回需要监听的属性，当属性值改变的时候
    //会调用 attributeChangedCallback()
    static get observedAttributes() {
        return ['ln'] ;
    }
    attributeChangedCallback(name, oldValue, newValue) {    //属性变动检测函数
        this.updateRendering(newValue) ;                    //调用渲染函数，显示时间
    }
    connectedCallback() {                                   //元素插入文档中时调用
        const ln = this.getAttribute('ln') ;               //获取属性 ln 值
        this.updateRendering(ln) ;                          //渲染标签，显示时间
    }
    disconnectedCallback() {                                //元素从文档中移除时调用
        window.clearInterval(this.interval)                 //清除定时器
    }
    updateRendering(ln = 'zh') {                            //渲染函数
        //在渲染时检查元素的 ownerDocument.defaultView，如果不存在则什么都不干
        if (!this.ownerDocument.defaultView) {
            return;
        }
        if (this.interval) {                                //清除定时器
            window.clearInterval(this.interval) ;
        }
        this.interval = setInterval(() => {                 //定义定时器，时间间隔为每秒
            if (ln === 'zh') {                              //如果值为 zh，则在标签中显示本地时间
                this.innerHTML = new Date().toLocaleString();
            } else {                                        //否则，在标签中显示标准时间
```

```
            this.innerHTML = new Date().toString();
        }
    }, 1000)
    }
}
```

参考 15.3.4 节示例代码，注册自定义元素，然后添加到文档中，效果如图 15.17 所示。

图 15.17　自定义元素显示动态时间

15.3.6　元素升级

15.3.2 节介绍了使用 JavaScript 脚本创建元素，并添加到 DOM 文档树中，也可以直接在 HTML 中编写自定义元素。

【示例】针对 15.3.2 节示例，使用 HTML 标签定义自己的元素，然后再注册。

```
<date-string ln="zh"></date-string>
<script>
class DateString extends HTMLElement {
    ...
}
customElements.define("date-string", DateString)
</script>
```

首先浏览器正常解析文档，遇到<date-string>标签时把它当作一个普通的行内元素对待，实际上是 HTMLElement 类型。如果标签的名称中没有中画线，那么则是 HTMLUnknownElement 类型实例。

当<script>标签中的脚本执行后，则注册了名为 date-string 的自定义元素，浏览器再对文档中的 data-string 元素做升级处理，调用相应的生命周期函数。

注意：只有插入文档中的元素才会升级。例如：

```
<date-string ln="zh" id="dateStr"></date-string>
<script>
const dateStr = document.getElementById('dateStr');
const other = document.createElement('date-string');
console.log(dateStr instanceof HTMLElement);          //true
console.log(other instanceof HTMLElement);            //true
class DateString extends HTMLElement {
    ...
}
customElements.define("date-string", DateString);
console.log(dateStr instanceof DateString);           //true
console.log(other instanceof DateString);             //false
//插入文档中后，other 元素升级为自定义元素类型 DateString
document.body.appendChild(other);
```

```
console.log(other instanceof DateString);                          //true
</script>
```

15.3.7　派生内置元素类型

除了可以从 HTMLElement 派生自定义元素，也可以从 HTMLButtonElement、HTMLDivElement 等内置元素类型派生自定义元素。这样可以继承内置元素的功能。如 HTMLButtonElement 有 active 状态，通过按 Tab 键可以使 button 元素获得焦点，然后按 Enter 键相当于单击 button 元素。

【示例】从 HTMLButtonElement 派生一个自定义的按钮，并在单击的时候改变背景颜色。

```
<button is="colored-button">自定义按钮元素，连续单击试一试</button>
<script>
class ColoredButton extends HTMLButtonElement {
    constructor () {                                            //构造函数
        super();                                               //继承 HTMLButtonElement 实例
        this.addEventListener('click', () => {                 //绑定点击事件
            let ox = Math.floor(Math.random()*255).toString(16);   //生成十六进制单色值
            this.style.color = '#${ox.repeat(3)}';             //设置按钮的字体颜色
        })
    }
}
customElements.define('colored-button', ColoredButton, { extends: 'button' });
</script>
```

这个自定义按钮在行为上与内置的 button 一样，可以获取焦点、提交表单，也有禁用属性等。

提示：派生内置元素与自定义元素略有不同，调用 customElements.define()方法时需要传入第 3 个参数表明是从哪个元素派生的，这里使用的名称是 button，即标签名，因为浏览器是靠识别标签名来提供语义和默认行为。基于这一点，使用的时候也是用原标签名 button，然后使用 is 属性指定自定义元素的名称。

通过 document.createElement()方法创建元素时也有不同。

```
const coloredButton = document.createElement('button', {
    is: 'colored-button'
})
```

也可以直接调用构造函数创建。

```
const coloredButton = new ColoredButton;
console.log(coloredButton.localName);                          //=> 'button'
console.log(coloredButton.getAttribute(is));                   //=> 'colored-button'
```

15.3.8　自定义元素的属性

自定义元素可以使用任意符合规范的属性名。如果派生内置元素类型，自定义属性则使用 data-* 方法即可。在 15.3.5 节的示例中展示了自定义属性的使用。

```
class DateString extends HTMLElement {
    ...
    static get observedAttributes() {
        return ['ln'];
    }
}
```

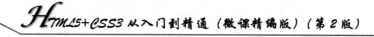

这种设置属性的方法很烦琐，不过可以做一个属性映射，这样就可以使用"dateStr.ln = 'zh'"方式进行赋值。

```
class DateString extends HTMLElement {
    ...
    get ln () {
        return this.getAttribute('ln')
    }
    set ln (value) {
        this.setAttribute('ln', value)
    }
}
```

15.3.9 设置自定义元素的内容

方法一，可以在 connectedCallback 响应函数中设置。例如：

```
<app-test></app-test>
<script>
customElements.define('app-test', class extends HTMLElement {
    connectedCallback() {
        this.innerHTML = "自定义元素</b>";
    }
});
</script>
```

方法二，使用 Shadow DOM 方式进行设置。例如：

```
<button onclick="hi();">单击问候一下</button>
<script>
function hi() {
    class CustomEl extends HTMLElement {
        constructor() {
            super();
            this.attachShadow({ mode:'open' });
            this.shadowRoot.innerHTML = '<h1 style="color:green;">Hi, HTML5</h1>';
        }
    }
    window.customElements.define( 'hi-html5', CustomEl);
}
</script>
<hi-html5></hi-html5>
```

方法三，使用模板进行设置。例如：

```
<x-foo>
    <p>Light DOM 文本</p>
</x-foo>
<template id="x-foo">
    <slot></slot>
</template>
<script>
customElements.define('x-foo', class extends HTMLElement {
    constructor() {
        super();
        let shadowRoot = this.attachShadow({mode: 'open'});    //为元素附加一个影子根
        let t = document.getElementById('x-foo');
```

```
                let instance = t.content.cloneNode(true);
                shadowRoot.appendChild(instance);
        }
});
</script>
```

15.4　HTML 导入

在网页中可以加载不同类型的资源。例如，使用\<script\>可以导入 JavaScript 文件，使用\<link\>可以导入 CSS 文件，使用\<img\>可以加载图片，使用\<video\>可以加载视频，使用\<audio\>可以加载音频。大部分资源都有简单、方便的加载方式，但是对于 HTML 文件，仅有如下可选方案。

- ☑ \<iframe\>：优点是有一个不同于当前页的独立上下文，避免相互影响；缺点是操作笨重，交互和数据传输烦琐。
- ☑ AJAX：设置 responseType="document"，可以加载 HTML 文档，但在脚本中使用不是很方便。
- ☑ CrazyHacks：使用字符串的方式嵌入页面，可以像注释一样隐藏，如\<script type="text/html"\>。

HTML 导入（HTML Imports）是 Web Components 中的一个标准，是实现在 HTML 文档中包含其他 HTML 文档的一种方法，也可以包含 CSS、JavaScript 或者 HTML 文件中能包含的任何内容。

当前，各主流浏览器都放弃对 HTML Imports 标准的支持，建议使用 ECMAScript Modules 取代，但是 ES 模块仅能够在 JavaScript 脚本中使用。因此，本书仅简单介绍一下 HTML Imports 的用法，不再深度讲解，也不再建议学习。

> 提示：如果尝试使用，可以使用 Google 的 polyfill 插件 webcomponents.js 进行支持（https://github.com/webcomponents/webcomponentsjs）。

HTML Imports 的基本用法：使用\<link rel="import"\>在页面中导入外部网页文件。

```
<link rel="import" href="外部网页文件.html">
```

如果要跨域导入内容，导入地址必须允许 CORS。

```
<link rel="import" href="http://example.com/elements.html">
```

浏览器的网络协议栈会对访问相同 URL 的请求自动去重。这意味着从同一个 URL 导入的内容只会申请一次。无论这个地址被导入多少次，最终只执行一次。

浏览器支持检测方法：验证 link 元素是否包含 import 属性。

```
function supportsImports() {
    return 'import' in document.createElement('link');
}
if (supportsImports()) {
    //支持导入
} else {
    //使用其他库加载文件
}
```

可以使用 HTML Imports 将 HTML、CSS、JavaScript，甚至其他 HTML 导入打包成一个文件。例如，Bootstrap 由多个单独的文件组成（jQuery 库、bootstrap.css、bootstrap.js、字体文件），只需加载一个 HTML Import 链接，整个 Bootstrap 都将包裹在一个 bootstrap.html 文件之中。

```
<link rel="stylesheet" href="bootstrap.css">
<link rel="stylesheet" href="fonts.css">
```

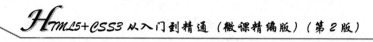

```
<script src="jquery.js"></script>
<script src="bootstrap.js"></script>
<script src="bootstrap-tooltip.js"></script>
<script src="bootstrap-dropdown.js"></script>
```

15.5 在线支持

扫码免费学习 更多实用技能 	一、专项练习 ☑ 使用内容模板创建表格 ☑ 使用 Shadow DOM	二、更多案例实战 ☑ 使用 template.js ☑ HTML5 自定义新标签属性 新知识、新案例不断更新中……

第 16 章

HTML5 历史记录

HTML5 新增 History API，其主要功能是在不刷新页面的前提下，通过 JavaScript 方式更新页面内容，而之前通过 window.location 方式更新页面内容，会导致整个页面被重新加载。在很多情况下，这种刷新是没有必要的，它会导致页面内容重复加载，耗费大量时间和资源。

视频讲解

16.1　History API 基础

16.1.1　认识 History API

History API 新增如下历史记录的控制功能。

☑　允许用户在浏览器历史记录中添加项目。

☑　在不刷新页面的前提下，允许显式改变浏览器地址栏中的 URL 地址。

☑　新添了一个当激活的历史记录发生改变时触发的事件，如前进或后退浏览页面。

通过这些新增功能和事件，可以实现在不刷新页面的前提下，动态改变浏览器地址栏中的 URL 地址，动态修改页面所显示的资源。

History API 执行过程如下。

第 1 步，通过 Ajax 向服务器端请求页面需要更新的信息。

第 2 步，使用 JavaScript 加载并显示更新的页面信息。

第 3 步，通过 History API 在不刷新页面的前提下，更新浏览器地址栏中的 URL 地址。

在整个处理过程中，页面信息得到更新，浏览器的地址栏也发生了变化，但是页面并没有被刷新。实际上，History API 的诞生，主要任务就是解决 Ajax 技术与浏览器历史记录之间存在的冲突。

💡 提示：一般 History API 与 Ajax 结合使用才有价值，应用中主要掌握 3 个技术要点：第一，使用 Ajax 实现网页内容更新；第二，使用 History API 实现浏览器历史记录更新；第三，使用 History API 实时跟踪浏览器导航响应，实现当浏览器的历史记录发生变化时，页面内容也应随之更新。

当前，IE 10+、Firefox 4+、Chrome 8+、Safari 5+、Opera 11+等都支持 History API。

【补充】

对于不支持 History API 接口的浏览器，可以使用 history.js 进行兼容，它使用旧的 URL hash 的方式来实现同样的功能。下载地址为 https://github.com/browserstate/history.js/。

16.1.2　使用 History API

window 通过 History 对象提供对浏览器历史记录的访问能力，允许用户在历史记录中自由地前进和后退，而在 HTML5 中，还可以操纵历史记录中的数据。

☑ 在历史记录中后退：实现方法如下。

```
window.history.back();
```

这行代码等效于在浏览器的工具栏上单击"返回"按钮。

☑ 在历史记录中前进：实现方法如下。

```
window.history.forward();
```

这行代码等效于在浏览器中单击"前进"按钮。

☑ 移动到指定的历史记录点：可以使用 go()方法从当前会话的历史记录中加载页面。当前页面位置索引值为 0，上一页就是-1，下一页为 1，依此类推。

```
window.history.go(-1);            //相当于调用 back()
window.history.go(1);             //相当于调用 forward()
```

☑ length 属性：使用 length 属性可以了解历史记录栈中一共有多少页。

```
var numberOfEntries = window.history.length;
```

☑ 添加和修改历史记录条目：HTML5 新增 history.pushState()和 history.replaceState()方法，允许用户逐条添加和修改历史记录条目。使用 history.pushState()方法可以改变 referrer 的值，而在调用该方法后创建的 XMLHttpRequest 对象会在 HTTP 请求头部信息中使用这个值。referrer 的值则是创建 XMLHttpRequest 对象时所处的窗口的 URL。

【示例】假设 http://mysite.com/foo.html 页面将执行下面 JavaScript 代码。

```
var stateObj = { foo: "bar" };
history.pushState(stateObj, "page 2", "bar.html");
```

这时浏览器的地址栏将显示 http://mysite.com/bar.html，但不会加载 bar.html 页面，也不会检查 bar.html 是否存在。

如果现在用户导航到 http://mysite.com/页面，然后单击"后退"按钮，此时地址栏将会显示 http://mysite.com/bar.html，并且页面会触发 popstate 事件，该事件状态对象会包含 stateObj 的一个副本。

如果再次单击"后退"按钮，URL 将返回 http://mysite.com/foo.html，文档将触发另一个 popstate 事件，这次的状态对象为 null，回退同样不会改变文档内容。

☑ pushState()方法：pushState()方法包含 3 个参数，简单说明如下。

❖ 第 1 个参数：状态对象。状态对象是一个 JavaScript 对象直接量，与调用 pushState()方法创建的新历史记录条目相关联。无论何时用户导航到新创建的状态，popstate 事件都会被触发，并且事件对象的 state 属性都包含历史记录条目的状态对象的副本。

❖ 第 2 个参数：标题。可以传入一个简短的标题，标明将要进入的状态。FireFox 浏览器当前忽略该参数，考虑到未来可能会对该方法进行修改，传一个空字符串会比较安全。

❖ 第 3 个参数：可选参数，新的历史记录条目的地址。浏览器不会在调用 pushState()方法后加载该地址，不指定的话则为文档当前 URL。

💡 提示：调用 pushState()方法，类似于设置"window.location='#foo'"，它们都会在当前文档内创建和激活新的历史记录条目。但 pushState()方法有自己的优势。

☑ 新的 URL 可以是任意的同源 URL，与此相反，使用 window.location 方法时，只有仅修改 hash 才能保证停留在相同的 document 中。

☑ 根据个人需要决定是否修改 URL。相反，设置"window.location='#foo'"，只有在当前 hash 值不是 foo 时才创建一条新历史记录。

☑ 可以在新的历史记录条目中添加抽象数据。如果使用基于 hash 的方法，只能把相关数据转码成一个很短的字符串。

📢 **注意**：pushState()方法永远不会触发 hashchange 事件。

☑ replaceState()方法：history.replaceState()方法与 history.pushState()方法用法相同，都包含 3 个相同的参数。不同之处如下：pushState()方法是在 history 栈中添加一个新的条目，replaceState()方法是替换当前的记录值。例如，history 栈中有两个栈块，一个标记为 1，另一个标记为 2，现在有第三个栈块，标记为 3。当执行 pushState()方法时，栈块 3 将被添加栈中，栈就有 3 个栈块了。而当执行 replaceState()方法时，将使用栈块 3 替换当前激活的栈块 2，history 的记录条数不变。

💡 **提示**：为了响应用户的某些操作，需要更新当前历史记录条目的状态对象或 URL 时，使用 replaceState()方法会特别合适。

☑ popstate 事件：每当激活的历史记录发生变化时，都会触发 popstate 事件。如果被激活的历史记录条目是由 pushState()方法创建，或者是被 replaceState()方法替换的，popstate 事件的状态属性将包含历史记录的状态对象的一个副本。

📢 **注意**：当浏览会话历史记录时，不管是单击浏览器工具栏中的"前进"或者"后退"按钮，还是使用 JavaScript 的 history.go()和 history.back()方法，popstate 事件都会被触发。

☑ 读取历史状态：在页面加载时，可能会包含一个非空的状态对象。这种情况是会发生的，例如，如果页面中使用 pushState()或 replaceState()方法设置了一个状态对象，然后重启浏览器。当页面重新加载时，页面会触发 onload 事件，但不会触发 popstate 事件。但是，如果读取 history.state 属性，会得到一个与 popstate 事件触发时一样的状态对象。可以直接读取当前历史记录条目的状态，而不需要等待 popstate 事件。

```
var currentState = history.state;
```

16.2 案 例 实 战

16.2.1 设计无刷新站点导航

本例设计一个无刷新页面导航，在首页（index.html）包含一个导航列表，当用户单击不同的列表项目时，首页（index.html）的内容容器（<div id="content">）会自动更新内容，正确显示对应目标页面的 HTML 内容，同时，浏览器地址栏正确显示目标页面的 URL，但是首页并没有被刷新，而不是仅显示目标页面。效果如图 16.1 所示。

（a）显示 index.html 页面　　　　　　　　（b）显示 news.html 页面

图 16.1　应用 History API

在浏览器工具栏中单击"后退"按钮，浏览器能够正确显示上一次单击的链接地址，虽然页面并没有被刷新，同时地址栏中正确显示上一次浏览页面的 URL，效果如图 16.2 所示。如果没有 History API 支持，使用 Ajax 实现异步请求时，工具栏中的"后退"按钮是无效的。

如果在工具栏中单击"刷新"按钮，则页面将根据地址栏的 URL 信息重新刷新页面，将显示独立的目标页面，效果如图 16.3 所示。

如果单击工具栏中的"后退"和"前进"按钮，会

图 16.2　正确后退和前进历史记录

发现导航功能失效，页面总是显示目标页面，效果如图 16.4 所示。这说明使用 History API 控制导航与浏览器导航功能存在差异，一个是 JavaScript 脚本控制，一个是系统自动控制。

图 16.3　重新刷新页面显示效果

图 16.4　刷新页面之后工具栏导航失效

注意：测试本例，用户需要搭建一个 Web 服务器，以 http://host/的形式去访问才能生效。如果在本地测试，以 file://的方式在浏览器打开，就会抛出异常。因为使用 pushState()方法修改的 URL 与当前页面的 URL 必须是同源的，而以 file://形式在本地直接打开的页面不是同源的。

【操作步骤】

第 1 步，设计首页（index.html）。新建文档，保存为 index.html，构建 HTML 导航结构。

```
<h1>History API 示例</h1>
<ul id="menu">
    <li><a href="news.html">News</a></li>
    <li><a href="about.html">About</a></li>
    <li><a href="contact.html">Contact</a></li>
</ul>
<div id="content">
    <h2>当前内容页：index.html</h2>
</div>
```

第 2 步，由于本例使用 jQuery 框架，因此在文档头部位置导入 jQuery 库文件。

```
<script src="jquery/jquery-1.11.0.js" type="text/javascript"></script>
```

第 3 步，定义异步请求函数。该函数根据参数 url 值，异步加载目标地址的页面内容，并把它置入首页内容容器（<div id="content">）中，同时根据第 2 个参数 addEntry 的值执行额外操作。如果第 2 个参数值为 true，使用 history.pushState()方法把目标地址推入历史记录堆栈中。

```
function getContent(url, addEntry) {
    $.get(url)                              //异步请求
    .done(function( data ) {
        $('#content').html(data);          //动态加载目标页面
```

```
                if(addEntry == true) {
                        history.pushState(null, null, url);          //把目标地址推入浏览器历史记录堆栈中
                }
        });
}
```

第 4 步，在页面初始化事件处理函数中，为每个导航链接绑定 click 事件，在 click 事件处理函数中调用 getContent()函数，同时阻止页面的刷新操作。

```
$(function(){
        $('#menu a').on('click', function(e){
                e.preventDefault();                           //阻止页面刷新操作
                var href = $(this).attr('href');
                getContent(href, true);                       //执行页面内容更新操作
                $('#menu a').removeClass('active');
                $(this).addClass('active');
        });
});
```

第 5 步，注册 popstate 事件，跟踪浏览器历史记录的变化，如果发生变化，则调用 getContent() 函数更新页面内容，但是不再把目标地址添加到历史记录堆栈中。

```
window.addEventListener("popstate", function(e) {
        getContent(location.pathname, false);
});
```

第 6 步，设计其他页面。

☑　about.html：

```
<h2>当前内容页：about.html</h2>
```

☑　contact.html：

```
<h2>当前内容页：contact.html</h2>
```

☑　news.html：

```
<h2>当前内容页：news.html</h2>
```

16.2.2　设计能回退的画板

本例使用 canvas 元素在页面中显示一块画布，允许用户在其上随意涂写。然后，利用 History API 的状态对象，实时记录用户的每一次操作，把每一次操作信息传递给浏览器的历史记录保存起来，效果如图 16.5 所示。

（a）绘制文字

（b）恢复前面的绘制

图 16.5　设计历史恢复效果

【操作步骤】

第 1 步，设计文档结构。本例利用 canvas 元素把页面设计为一块画板，image 元素用于在页面中

加载一个黑色小圆点，当用户在 canvas 元素中按下并连续拖动鼠标左键时，根据鼠标拖动轨迹连续绘制该黑色小圆点，这样处理之后会在浏览器中显示用户绘画时所产生的每一笔。

```html
<canvas id="canvas"></canvas>
<image id="image" src="brush.png" style="display:none;"/>
```

第 2 步，设计 CSS 样式，定义 canvas 元素满屏显示。

```css
#canvas {
    position: absolute; top: 0; left: 0;
    width: 100%; height: 100%;
    margin: 0; display: block;
}
```

第 3 步，添加 JavaScript 脚本。首先，定义引用 image 元素的 image 全局变量、引用 canvas 元素的全局变量、引用 canvas 元素的上下文对象的 context 全局变量，以及用于控制是否继续进行绘制操作的布尔型全局变量 isDrawing，当 isDrawing 的值为 true 时表示用户已按下鼠标左键，可以继续绘制，当该值为 false 时表示用户已释放鼠标左键，停止绘制。

```javascript
var image = document.getElementById("image");
var canvas = document.getElementById("canvas");
var context = canvas.getContext("2d");
var isDrawing =false;
```

第 4 步，屏蔽用户在 canvas 元素中通过按鼠标左键、以手指或手写笔触发的 pointerdown 事件，它属于一种 touch 事件。

```javascript
canvas.addEventListener("pointerdown", function(e){
    e.preventManipulation(
)}, false);
```

第 5 步，监听用户在 canvas 元素中按下鼠标左键时触发的 mousedown 事件，并将事件处理函数指定为 startDrawing()函数；监听用户在 canvas 元素中移动鼠标时触发的 mousemove 事件，并将事件处理函数指定为 draw()函数；监听用户在 canvas 元素中释放鼠标左键时触发的 mouseup 事件，并将事件处理函数指定为 stopDrawing()函数；监听用户单击浏览器的"后退"按钮或"前进"按钮时触发的 popstate 事件，并将事件处理函数指定为 loadState()函数。

```javascript
canvas.addEventListener("mousedown",startDrawing, false);
canvas.addEventListener("mousemove", draw,false);
canvas.addEventListener("mouseup", stopDrawing, false);
window.addEventListener("popstate",function(e){
    loadState(e.state);
});
```

第 6 步，在 startDrawing()函数中，定义当用户在 canvas 元素中按下鼠标左键时将全局布尔型变量 isDrawing 的值设为 true，表示用户开始书写文字或绘制图画。

```javascript
function startDrawing() {
    isDrawing = true;
}
```

第 7 步，在 draw()函数中，定义当用户在 canvas 元素中移动鼠标左键时，先判断全局布尔型变量 isDrawing 的值是否为 true，如果为 true，表示用户已经按下鼠标左键，则在鼠标左键所在位置使用 image 元素绘制黑色小圆点。

```javascript
function draw(event) {
    if(isDrawing) {
        var sx = canvas.width / canvas.offsetWidth;
        var sy = canvas.height / canvas.offsetHeight;
        var x = sx * event.clientX - image.naturalWidth / 2;
```

```
        var y = sy * event.clientY - image.naturalHeight / 2;
        context.drawImage(image, x, y);
    }
}
```

第 8 步，在 stopDrawing() 函数中，先定义当用户在 canvas 元素中释放鼠标左键时，将全局布尔型变量 isDrawing 的值设为 false，表示用户已经停止书写文字或绘制图画，然后当用户在 canvas 元素中不按下鼠标左键，而直接移动鼠标时，不执行绘制操作。

```
function stopDrawing() {
    isDrawing = false;
}
```

第 9 步，使用 History API 的 pushState() 方法将当前所绘图像保存在浏览器的历史记录中。

```
function stopDrawing() {
    isDrawing = false;
    var state = context.getImageData(0, 0, canvas.width, canvas.height);
    history.pushState(state,null);
}
```

在本例中，将 pushState() 方法的第 1 个参数值设置为一个 CanvasPixelArray 对象，在该对象中保存了由 canvas 元素中的所有像素所构成的数组。

第 10 步，在 loadState() 函数中定义当用户单击浏览器的"后退"按钮或"前进"按钮时，首先清除 canvas 元素中的图像，然后读取触发 popstate 事件的事件对象的 state 属性值，该属性值即为执行 pushState() 方法时所使用的第 1 个参数值，其中保存了在向浏览器历史记录中添加记录时同步保存的对象，在本例中为一个保存了由 canvas 元素中的所有像素构成的数组的 CanvasPixelArray 对象。最后调用 canvas 元素的上下文对象的 putImageData() 方法在 canvas 元素中输出保存在 CanvasPixelArray 对象中的所有像素，将每一个历史记录中所保存的图像绘制在 canvas 元素中。

```
function loadState(state) {
    context.clearRect(0, 0, canvas.width,canvas.height);
    if(state){
        context.putImageData(state, 0, 0);
    }
}
```

第 11 步，当用户在 canvas 元素中绘制多笔之后，重新在浏览器的地址栏中输入页面地址，然后重新绘制第一笔之后再单击浏览器的"后退"按钮时，canvas 元素中并不显示空白图像，而是直接显示输入页面地址之前的绘制图像，这样看起来浏览器中的历史记录并不连贯，因为 canvas 元素中缺少了一幅空白图像。为此，设计在页面打开时就将 canvas 元素中的空白图像保存在历史记录中。

```
var state = context.getImageData(0, 0, canvas.width, canvas.height);
history.pushState(state,null);
```

16.3 在线支持

扫码免费学习
更多实用技能

一、专项练习

☑ 使用 history.js 插件

二、更多案例实战

☑ 设计无刷新图片预览
☑ 设计单页应用网站
📝 新知识、新案例不断更新中……

第 17 章

HTML5 访问多媒体设备

手机摄像头是比较常用的设备，它可以用于微信的视频聊天，也可以用于美图秀秀等让照片更好看。当我们实名注册一个 App 时，通常需要设置头像。头像一般来源于两个地方，一个是相册，另一个是调用手机摄像头自拍，在生活类应用中也经常会遇到这类 App。本章就来学习如何利用 HTML5 调用手机摄像头及其他多媒体设备。

17.1 WebRTC 基础

17.1.1 认识 WebRTC

众所周知，浏览器本身不支持相互之间直接建立信道进行通信，通信都是通过服务器进行中转的。例如，现在有两个客户端：甲和乙，它们想要通信，首先需要甲和服务器、乙和服务器之间建立信道。甲给乙发送消息时，甲先将消息发送到服务器上，服务器对甲的消息进行中转，发送到乙处，反过来也是一样。这样甲与乙之间的一次消息就要通过两段信道，通信的效率同时受制于这两段信道的带宽。同时这样的信道并不适合数据流的传输，如何建立浏览器之间的点对点传输，一直困扰着开发者，随后 WebRTC 应运而生。

WebRTC 表示网页实时通信（Web Real-Time Communication），是一个支持网页浏览器进行实时语音对话或视频对话的技术。它是一个开源项目，旨在使浏览器能为实时通信（RTC）提供简单的 JavaScript 接口。简单说就是让浏览器提供 JavaScript 的即时通信接口。这个接口所创立的信道并不像 WebSocket 一样，打通一个浏览器与 WebSocket 服务器之间的通信，而是通过一系列的信令，建立一个浏览器与另一个浏览器之间（peer-to-peer）的信道，这个信道可以发送任何数据，而不需要经过服务器。并且 WebRTC 通过实现 MediaStream，通过浏览器调用设备的摄像头、麦克风，使得浏览器之间可以传递音频和视频。

当前，Chrome 26+、Firefox 24+、Opera 18+版本的浏览器中均支持 WebRTC 的实现。在 Chrome 和 Opera 浏览器中将 RTCPeerConnection 命名为 webkitRTCPeerConnection，在 Firefox 浏览器中将 RTCPeerConnection 命名为 mozRTCPeerConnection，不过，随着 WebRTC 标准稳定后，各个浏览器前缀将会被移除。

WebRTC 实现了 3 个 API，简单说明如下。

- ☑ MediaStream：能够通过设备的摄像头和麦克风获得视频、音频的同步流。
- ☑ RTCPeerConnection：用于构建点对点之间稳定、高效的流传输的组件。
- ☑ RTCDataChannel：在浏览器间（点对点）建立一个高吞吐量、低延时的信道，用于传输任意数据。

17.1.2 访问本地设备

MediaStream API 为 WebRTC 提供了从设备的摄像头、麦克风获取视频、音频流数据的功能。用户可以通过调用 navigator.getUserMedia()方法访问本地设备，该方法包含 3 个参数。

☑ 约束对象（constraints object）。

☑ 调用成功的回调函数，如果调用成功，传递给它一个流对象。

☑ 调用失败的回调函数，如果调用失败，传递给它一个错误对象。

提示： 由于浏览器实现的不同，经常会在标准版本的方法前面加上前缀，兼容版本代码如下。

```javacript
var getUserMedia = (navigator.getUserMedia || navigator.webkitGetUserMedia || navigator.mozGetUserMedia || navigator.msGetUserMedia);
```

【示例】 调用 getUserMedia 方法访问本地摄像头。

```
<video id="myVideo" width="400" height="300" autoplay></video>
<script>
navigator.getUserMedia = navigator.getUserMedia || navigator.webkitGetUserMedia || window.navigator.mozGetUserMedia;
window.URL = window.URL || window.webkitURL;
var video = document.getElementById('myVideo');
navigator.getUserMedia({video:true, audio:false},
function(stream) {
    video.src = window.URL.createObjectURL(stream);
},
function(err) {
    console.log(err);
});
</script>
```

在 Chrome 浏览器中打开页面，浏览器将首先询问用户是否允许脚本访问本地摄像头，如图 17.1 所示。当用户单击"允许"按钮后，浏览器中会显示从用户本地摄像头中捕捉到的影像，效果如图 17.2 所示。

图 17.1 询问权限

图 17.2 捕捉摄像头视频流

注意： HTML 文件要放在服务器上，否则会得到一个 NavigatorUserMediaError 的错误，显示 PermissionDeniedError。也可以在命令行中使用 cd 命令进入 HTML 文件所在目录下，然后执行 python -m SimpleHTTPServer 命令（需要安装 python），最后在浏览器中输入 http://localhost:8000/{文件名称}.html 即可。

在 getUserMedia 方法中，第 1 个参数值为一个约束对象，该对象包含一个 video 属性和一个 audio 属性，属性值均为布尔类型。当 video 属性值为 true 时，表示捕捉视频信息；当 video 属性值为 false 时，表示不捕捉视频信息；当 audio 属性值为 true 时，表示捕捉音频信息；当 audio 属性值为 false 时，表示不捕捉音频信息。浏览器弹出的要求用户给予权限的请求时，也会根据约束对象的不同而有所改变。注意，在一个浏览器标签中设置的 getUserMedia 约束将影响之后打开的所有标签中的约束。

第 2 个参数值为访问本地设备成功时所执行的回调函数，该回调函数具有一个参数，参数值为一个 MediaStream 对象，当浏览器执行 getUserMedia 方法时将自动创建该对象。该对象代表同步媒体数据流。例如，一个来自摄像头、麦克风输入设备的同步媒体数据流往往是来自视频轨道和音频轨道的同步数据。

每一个 MediaStream 对象都拥有一个字符串类型的 ID 属性，如 e1c55526-a70b-4d46-b5c1-dd19f9dc6beb，以标识每一个同步媒体数据流。该对象的 getAudioTracks()方法或 getVideoTracks()方法将返回一个 MediaStreamTrack 对象的数组。

MediaStreamTrack 对象表示一个视频轨道或一个音频轨道，每一个 MediaStreamTrack 对象包含两个属性。

- ☑ kind：字符串类型，标识轨道种类，如"video"或"audio"。
- ☑ label：字符串类型，标识音频通道或视频通道，如"HP Truevision HD (04f2:b2f8)"。

getUserMedia 方法中第 3 个参数值为访问本地设备失败时所执行的回调函数，该回调函数具有一个参数，参数值为一个 error 对象，代表浏览器抛出的错误对象。

上面示例结合了 HTML5 的 video 元素。window 对象的 URL.createObjectURL 方法允许将一个 MediaStream 对象转换为一个 Blob URL 值，以便将其设置为一个 video 元素的属性，这样可以通过 video.src 把视频流显示在网页中。

🔊 **注意**：同时为 video 元素设置 autoplay 属性，如果不使用该属性，则 video 元素将停留在所获取的第一帧画面位置。

【拓展】

约束对象可以被设置在 getUserMedia()和 RTCPeerConnection 的 addStream 方法中，这个约束对象是 WebRTC 用来指定接收什么样的流的，其中可以定义如下属性。

- ☑ video：是否接收视频流。
- ☑ audio：是否接收音频流。
- ☑ MinWidth：视频流的最小宽度。
- ☑ MaxWidth：视频流的最大宽度。
- ☑ MinHeight：视频流的最小高度。
- ☑ MaxHiehgt：视频流的最大高度。
- ☑ MinAspectRatio：视频流的最小宽高比。
- ☑ MaxAspectRatio：视频流的最大宽高比。
- ☑ MinFramerate：视频流的最小帧速率。
- ☑ MaxFramerate：视频流的最大帧速率。

17.2 案 例 实 战

17.2.1 拍照和摄像

本例将借助 HTML5 的 WebRTC 技术，使用 video 标签实现网页视频功能，同时利用 canvas 标签实现照片拍摄功能。本例不能直接使用浏览器在本地打开文件，需要将文件部署在 Web 服务器上，如 Apache、IIS 等。示例主要代码如下。

```html
<header>
    <h2>用 HTML5 拍照和摄像</h2>
</header>
<section>
    <!--关闭音频、显示视频工具条-->
    <video width="360" height="240" muted controls></video>
    <canvas width="240" height="160"></canvas><!--快照画布-->
</section>
<section> <a id="save" href="javascript:;" download="照片">保    存</a>
    <button id="photo">快    照</button>
</section>
<script>
(function () {
    var video = document.querySelector('video'),              //视频元素
        canvas = document.querySelector('canvas'),            //画布元素
        photo = document.getElementById('photo'),             //拍照按钮
        save = document.getElementById('save');               //保存按钮
    //获取浏览器摄像头视频流
    navigator.getUserMedia = navigator.getUserMedia || navigator.webkitGetUserMedia || navigator.mozGetUserMedia;
    if (navigator.getUserMedia) {
        navigator.getUserMedia({ video: true }, function (stream) {     //摄像头连接成功回调
            if ('mozSrcObject' in video) {                             //是否为火狐浏览器
                video.mozSrcObject = stream;
            } else if (window.webkitURL) {                             //是否为 Webkit 核心浏览器
                                                                       //获取流的对象 URL
                video.src = window.webkitURL.createObjectURL(stream);
            } else {                                                   //其他标准浏览器
                video.src = stream;
            }
            video.play();                                              //播放视频
        }, function (error) {                                          //摄像头连接失败回调
            console.log(error);
        });
    };
    photo.addEventListener('click', function (e) {                     //拍照按钮单击事件监听
        e.preventDefault();                                           //阻止按钮默认事件
        canvas.getContext('2d').drawImage(video, 0, 0, 240, 160);     //在画布中绘制视频照片
                                                                       //设置下载 a 元素的 href 值为图片 base64 值
        save.setAttribute('href', canvas.toDataURL('image/png'));
    }, false);
})();
</script>
```

在 Chrome 浏览器中打开页面，根据浏览器界面提示，设置允许用户使用摄像头。浏览器将启动摄像头，左侧 video 标签内出现摄像头捕捉的画面，单击"快照"按钮，截取左侧视频显示在右侧画布中，单击"保存"按钮，画布图片将被保存为"照片.png"以供下载。效果如图 17.3 所示。

图 17.3　拍照和摄像

17.2.2　录音并压缩

本例使用 getUserMedia 获取用户设备的媒体访问权，然后获取麦克风的音频信息，并把它传递给 audio 标签进行播放，再以 Blob 数据发送给服务器端，保存为 mp3 格式的音频文件，效果如图 17.4 所示。

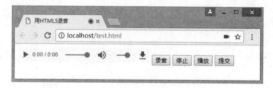

图 17.4　录音并保存到服务器端

第 1 步，使用 getUserMedia 获取用户多媒体的访问权。

```
if (navigator.getUserMedia) {
    navigator.getUserMedia(
        { audio: true } //只启用音频
        , function (stream) {
            var rec = new Recorder(stream, config);
            callback(rec);
        }
        , function (error) {
            switch (error.code || error.name) {
                case 'PERMISSION_DENIED':
                case 'PermissionDeniedError':
                    Recorder.throwError('用户拒绝提供信息。');
                    break;
                case 'NOT_SUPPORTED_ERROR':
                case 'NotSupportedError':
                    Recorder.throwError('浏览器不支持硬件设备。');
                    break;
                case 'MANDATORY_UNSATISFIED_ERROR':
```

```
            case 'MandatoryUnsatisfiedError':
                Recorder.throwError('无法发现指定的硬件设备。');
                break;
            default:
                Recorder.throwError('无法打开麦克风。异常信息:' + (error.code || error.name));
                break;
        }
    });
} else {
    Recorder.throwErr('当前浏览器不支持录音功能。'); return;
}
```

第 2 步，利用 Ajax 技术，使用 HTML5 的 FormData 对象把 Blob 数据传递给服务器端。

```
var fd = new FormData();
fd.append("audioData", blob);
var xhr = new XMLHttpRequest();
xhr.open("POST", url);
xhr.send(fd);
```

第 3 步，使用 HTML5 的 AudioContext 对象获取音频数据流。如果直接录音保存，基本上 2s 的音频数据就有 400KB，20s 的的音频数据就达到了的 4MB。这样的数据根本无法使用，必须想办法压缩数据。具体方法和代码如下。

☑ 把双声道变为单声道。

☑ 缩减采样位数，默认是 16 位，现在改成 8 位，可以减少一半。

```
var Recorder = function (stream, config) {
    config = config || {};
    config.sampleBits = config.sampleBits || 8;                 //采样数位 8，16
    config.sampleRate = config.sampleRate || (44100 / 6);       //采样率（1/6 44100）
    var context = new (window.webkitAudioContext || window.AudioContext)();
    var audioInput = context.createMediaStreamSource(stream);
    var createScript = context.createScriptProcessor || context.createJavaScriptNode;
    var recorder = createScript.apply(context, [4096, 1, 1]);
    var audioData = {
        size: 0                                                 //录音文件长度
        , buffer: []                                            //录音缓存
        , inputSampleRate: context.sampleRate                   //输入采样率
        , inputSampleBits: 16                                   //输入采样数位 8，16
        , outputSampleRate: config.sampleRate                   //输出采样率
        , oututSampleBits: config.sampleBits                    //输出采样数位 8，16
        , input: function (data) {
            this.buffer.push(new Float32Array(data));
            this.size += data.length;
        }
        , compress: function () {                               //合并压缩
            //合并
            var data = new Float32Array(this.size);
            var offset = 0;
            for (var i = 0; i < this.buffer.length; i++) {
                data.set(this.buffer[i], offset);
                offset += this.buffer[i].length;
            }
            //压缩
            var compression = parseInt(this.inputSampleRate / this.outputSampleRate);
            var length = data.length / compression;
```

```
        var result = new Float32Array(length);
        var index = 0, j = 0;
        while (index < length) {
            result[index] = data[j];
            j += compression;
            index++;
        }
        return result;
    }
, encodeWAV: function () {
    var sampleRate = Math.min(this.inputSampleRate, this.outputSampleRate);
    var sampleBits = Math.min(this.inputSampleBits, this.oututSampleBits);
    var bytes = this.compress();
    var dataLength = bytes.length * (sampleBits / 8);
    var buffer = new ArrayBuffer(44 + dataLength);
    var data = new DataView(buffer);
    var channelCount = 1;                          //单声道
    var offset = 0;
    var writeString = function (str) {
        for (var i = 0; i < str.length; i++) {
            data.setUint8(offset + i, str.charCodeAt(i));
        }
    }
    //资源交换文件标识符
    writeString('RIFF'); offset += 4;
    //下个地址开始到文件尾总字节数，即文件大小-8
    data.setUint32(offset, 36 + dataLength, true); offset += 4;
    //WAV 文件标志
    writeString('WAVE'); offset += 4;
    //波形格式标志
    writeString('fmt '); offset += 4;
    //过滤字节，一般为 0x10 = 16
    data.setUint32(offset, 16, true); offset += 4;
    //格式类别（PCM 形式采样数据）
    data.setUint16(offset, 1, true); offset += 2;
    //通道数
    data.setUint16(offset, channelCount, true); offset += 2;
    //采样率，每秒样本数，表示每个通道的播放速度
    data.setUint32(offset, sampleRate, true); offset += 4;
    //波形数据传输率（每秒平均字节数）单声道×每秒数据位数×每样本数据位/8
    data.setUint32(offset, channelCount * sampleRate * (sampleBits / 8), true); offset += 4;
    //快速调整数据采样一次占用字节数 单声道×每样本的数据位数/8
    data.setUint16(offset, channelCount * (sampleBits / 8), true); offset += 2;
    //每样本数据位数
    data.setUint16(offset, sampleBits, true); offset += 2;
    //数据标识符
    writeString('data'); offset += 4;
    //采样数据总数，即数据总大小-44
    data.setUint32(offset, dataLength, true); offset += 4;
    //写入采样数据
    if (sampleBits === 8) {
        for (var i = 0; i < bytes.length; i++, offset++) {
            var s = Math.max(-1, Math.min(1, bytes[i]));
            var val = s < 0 ? s * 0x8000 : s * 0x7FFF;
            val = parseInt(255 / (65535 / (val + 32768)));
```

```
                        data.setInt8(offset, val, true);
                    }
            } else {
                for (var i = 0; i < bytes.length; i++, offset += 2) {
                    var s = Math.max(-1, Math.min(1, bytes[i]));
                    data.setInt16(offset, s < 0 ? s * 0x8000 : s * 0x7FFF, true);
                }
            }
            return new Blob([data], { type: 'audio/wav' });
        }
    };
};
```

17.3　在线支持

扫码免费学习
更多实用技能

一、专项练习

☑　使用 WebRTC 进行多人通信

☑　实现 RTCDataChannel 通信

二、更多案例实战

☑　实现浏览器与浏览器之间的文件发送
　　功能

☑　实现浏览器与浏览器之间的文件发送
　　功能（用于 Firefox 浏监器）

📝 新知识、新案例不断更新中……

第 18 章

HTML5 访问传感器

现代手机都内置了方向传感器和运动传感器。通过传感器，可以感知手机的方向和位置的变化，基于此，可以开发出很多有趣的功能，如指南针、通过倾斜手机来控制方向的赛车游戏、甚至更热门的增强现实游戏等。HTML5 提供了访问传感器信息的 API，分别是 DeviceOrientationEvent 和 DeviceMotionEvent 等，本章将介绍这些 API 的使用以及案例实战。

18.1 传感器 API 基础

本节将简单介绍 HTML5 针对移动设备提供支持的传感器 API 的基础知识。

18.1.1 认识传感器 API

随着 HTML5 API 的不断完善，使用 HTML5 可以调用不同类型的设备传感器，如 devicetemperature（温度）、devicepressure（压力）、devicehumidity（湿度）、devicelight（光）、devicenoise（声音）、deviceproximity（距离）等。

当前，HTML5 提供了几个新的 DOM 事件，用来获得移动设备的物理方向、运动等相关信息，包括陀螺仪、罗盘和加速计。

- ☑ deviceorientation：该事件提供设备的物理方向信息，表示为一系列本地坐标系的旋角。
- ☑ devicemotion：该事件提供设备的加速信息，表示为定义在设备上的坐标系中的笛卡儿坐标，同时还提供了设备在坐标系中的自转速率。
- ☑ compassneedscalibration：该事件会在用户代理检测到指南针需要校准时触发。

2016 年 8 月 18 日，W3C 的地理位置工作组（Geolocation Working Group）发布设备方向事件规范（DeviceOrientation Event Specification）的候选推荐标准（Candidate Recommendation），并向公众征集参考实现。该规范定义了一些新的 DOM 事件，这些事件提供了有关宿主设备的物理方向与运动的信息。

该 API 从属于 W3C Working Draft，也就是说相关规范并非最终确定、在未来其具体内容可能还会出现一定程度的变动。注意，已知该 API 在多种浏览器以及操作系统之上可能出现不一致性。例如，在基于 Blink 渲染引擎的 Chrome 与 Opera 浏览器上，该 API 会与 Windows 8 系统产生 deviceorientation 事件的兼容性冲突。又如，该 API 中的 interval 属性在 Opera Mobile 版本中并非恒定的常数。

18.1.2 方向事件和移动事件

在 HTML5 中，DeviceOrientation 特性所提供的 DeviceMotion 事件封装了设备的运动传感器实现，通过该实现可以获取设备的运动状态、加速度等数据；另外，deviceOrientation 事件提供了设备角度、朝向等信息。

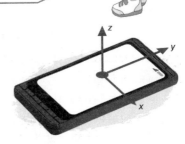

图 18.1　移动设备的 3 个方向轴

首先，我们了解一下设备的方向变化和位置变化相关的概念，图 18.1 标识了移动设备的 3 个方向轴。

如图 18.1 所示，x 轴表示左右横贯手机的轴，当手机绕 x 轴旋转时，移动的方向称为 beta；y 轴表示上下纵贯手机的轴，当手机绕 y 轴旋转时，移动的方向称为 gamma；z 轴表示垂直于手机平面的轴，当手机绕 z 轴旋转时，移动的方向称为 alpha。效果如图 18.2 所示。

图 18.2　移动设备 3 种旋转方式

了解了基本的旋转方向后，接下来介绍一下相关的事件方法。

1．方向事件 deviceorientation

deviceorientation 事件是在设备方向发生变化时触发，使用方法如下。

```
window.addEventListener("deviceorientation", handleOrientation);
```

在 HTML5 中，使用以上事件监听设备方向变化。回调函数 handleOrientation 在注册后，会被定时调用，并会收到一个 DeviceOrientationEvent 类型参数，通过该参数获取设备的方向信息。

```
function handleOrientation(event) {
    var absolute    = event.absolute;
    var alpha       = event.alpha;
    var beta        = event.beta;
    var gamma       = event.gamma;
    ...
}
```

以上在定义的监听方法中通过 event 参数获取设备的对应 alpha、beta 和 gamma 角度。参数定义如下。

- ☑　DeviceOrientationEvent.absolute
- ☑　DeviceOrientationEvent.alpha
- ☑　DeviceOrientationEvent.beta
- ☑　DeviceOrientationEvent.gamma

其中相关值如下所示。

- ☑　absolute：如果方向数据跟地球坐标系和设备坐标系有差异，则为 true；如果方向数据由设备本身的坐标系提供，则为 false。
- ☑　alpha：设备 alpha 方向上的旋转角度，取值范围为 0°～360°。
- ☑　beta：设备 beta 方向上的旋转角度，取值范围为 −180°～180°。
- ☑　gamma：设备 gamma 方向上的旋转角度，取值范围为 −90°～90°。

2. 移动事件 devicemotion

devicemotion 事件是在设备发生位移时触发，使用方法如下。

```
window.addEventListener("devicemotion", handleMotion);
```

回调函数 handleMotion 在注册之后会被定时调用，并会收到一个 DeviceMotionEvent 类型参数，通过该参数可以访问设备的方向和位置信息，参数说明如下。

- ☑ acceleration：设备在 x、y、z 轴方向上的移动距离。已经抵消重力加速。
- ☑ accelerationIncludingGravity：设备在 x、y、z 轴方向上的移动距离。包含重力加速。
- ☑ rotationRate：设备在 alpha、beta 和 gamma 3 个方向上的旋转角度。
- ☑ interval：从设备上获得数据的间隔，单位必须是毫秒。其必须是一个常量，以简化 Web 应用对数据的过滤。

对于不能提供所有属性的实现，其必须将位置的属性的值设为 null。如果一个实现不能提供移动信息，触发该事件时，则所有属性都应被设为 null。

18.1.3　浏览器支持

用户可以访问 https://caniuse.com/#feat=deviceorientation 了解浏览器的支持状态，也可以通过下面代码检测浏览器或者用户代理是否支持 deviceorientation 和 devicemotion 事件。

```
if (window.DeviceOrientationEvent) {
    //开发相关功能
} else {
    //你的浏览器不支持 DeviceOrientation API
}
```

测试 compassneedscalibration 事件可以使用下面代码。

```
if (!('oncompassneedscalibration' in window)) {
    //开发相关功能
} else {
    //你的浏览器不支持
}
```

18.1.4　应用场景

HTML5 的 DeviceOrientation API 可以获取手机运动状态下的运动加速度，也可以获取手机绕 x、y、z 轴旋转的角度等，因此可以开发出很多应用场景。例如，下面是手机中比较常用的应用项目类型。

- ☑ 使用摇一摇才能触发的事件，如摇一摇得红包、摇一摇抽奖等。
- ☑ 设计全景图片的项目，旋转手机可以看 3D 的全景图片等。
- ☑ 使用重力感应，如 Web 小游戏等。
- ☑ 获取手机左右方向移动等。

18.2　案例实战

18.2.1　记录摇手机的次数

通过 devicemotion 对设备运动状态的判断，可以在网页中实现"摇一摇"的交互效果。摇一摇的动作就是"一定时间内设备移动了一定的距离"，因此通过监听上一步获取到的 x、y、z 值在一定时间范围内的变化率，就可以判断设备是否晃动。为了防止正常移动的误判，需要给该变化率设置一个合适的临界值。效果如图 18.3 所示。

图 18.3　记录摇手机的次数

设计页面结构。

```
<div id="yaoyiyaono" style="display:none;">如果您看到了我，说明：</br>
    1．你可能使用 PC 机的浏览器。</br>
    2．Android 自带的浏览器不支持，可以尝试使用 UCWeb、Chrome 等第三方浏览器。</br>
    3．你的手机或许不支持传感器。</br>
</div>
<div id="yaoyiyaoyes" style="display:none;">你来摇，我来数？</div>
<h1 id="yaoyiyaoresult" style="display:none;"></h1>
```

设计 JavaScript 脚本。

```
//首先在页面上要监听运动传感事件
function init() {
    if (window.DeviceMotionEvent) {
        //移动浏览器支持运动传感事件
        window.addEventListener('devicemotion', deviceMotionHandler, false);
        $("#yaoyiyaoyes").show();
    } else {
        //移动浏览器不支持运动传感事件
        $("#yaoyiyaono").show();
    }
}
//如何计算用户是否是在摇动手机呢？可以从以下几点进行考虑。
//1．其实用户在摇动手机的时候始终都是以一个方向为主进行摇动的
//2．用户在摇动手机的时候在 x、y、z 3 个方向都会有相应的速度变化
//3．不能把用户正常的手机运动当作摇一摇（如走路的时候也会有加速度的变化）
//从以上 3 点考虑，针对 3 个方向上的加速度进行计算，间隔测量它们，考察它们在固定时间段里的变化率，
//而且需要确定一个阈值来触发摇一摇之后的操作
//首先，定义一个摇动的阈值
var SHAKE_THRESHOLD = 3000;
//定义一个变量保存上次更新的时间
var last_update = 0;
//紧接着定义 x、y、z 记录 3 个轴的数据以及上一次出发的时间
var x, y, z, last_x, last_y, last_z;
//增加计数器
var count = 0;
function deviceMotionHandler(eventData) {
    //获取含重力的加速度
    var acceleration = eventData.accelerationIncludingGravity;
    //获取当前时间
    var curTime = new Date().getTime();
    var diffTime = curTime - last_update;
    //固定时间段
    if (diffTime > 100) {
```

```
            last_update = curTime;
            x = acceleration.x;
            y = acceleration.y;
            z = acceleration.z;
            var speed = Math.abs(x + y + z - last_x - last_y - last_z) / diffTime * 10000;
            if (speed > SHAKE_THRESHOLD) {
                //TODO:在此处可以实现摇一摇之后所要进行的数据逻辑操作
                count++;
                $("#yaoyiyaoyes").hide();
                $("#yaoyiyaoresult").show();
                $("#yaoyiyaoresult").html("你摇了" + count + "个！");
            }
            last_x = x;
            last_y = y;
            last_z = z;
        }
    }
```

18.2.2　重力测试小游戏

本例使用 HTML5 游戏引擎 Phaser 和 HTML5 设备方向（device orientation）检测特性开发一款重力小游戏，效果如图 18.4 所示。

当用户向不同方向倾斜手机，圆球就会向那个方向滚动，倾斜角度越大，滚动速度就越快，反之越慢，水平摆放后，小球就会停止滚动。

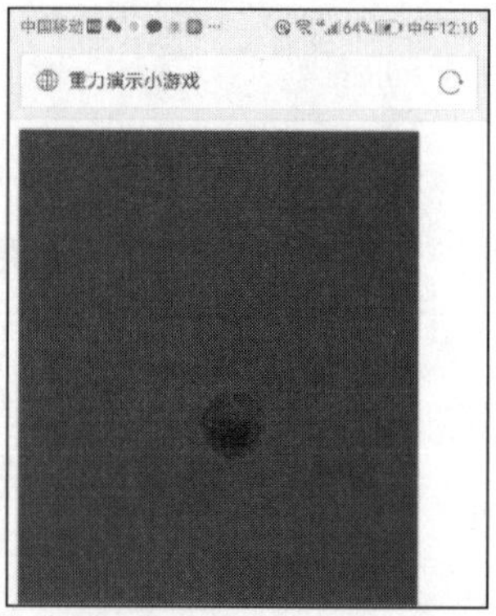

【操作步骤】

第 1 步，在页面中导入 Phaser 类库。

```
<script type="text/javascript" src="phaser.min.js"></script>
```

第 2 步，定义游戏的容器元素。

图 18.4　重力测试小游戏

```
<div id="gamezone"></div>
```

第 3 步，使用 Phaser 的游戏类生成游戏。

```
var game = new Phaser.Game(300,400,Phaser.CANVAS,'gamezone',{preload:preload, create:create, update:update });
```

第 4 步，配置游戏场景。

```
function preload(){                                          /*定义预加载方法*/
    game.stage.backgroundColor="#f0f";                       //背景颜色
    game.load.image('imagemoveing', 'ball.png');             //加载小球图像
}
/*定义游戏创建方法*/
var dogsprite,betadirection=0,gammadirection=0;
function create(){
    //这里添加图片并且显示到屏幕上
    dogsprite = game.add.sprite(game.world.centerX, game.world.centerY , 'imagemoveing');
    dogsprite.anchor.set(0.5);
    //启动并添加物理效果
    game.physics.startSystem(Phaser.Physics.ARCADE);  //这里选择使用的物理系统，Phaser.Physics.ARCADE
    //是默认值
    game.physics.arcade.enable(dogsprite);                   //保证 dogsprite 拥有物理特性
    dogsprite.body.velocity.set(30);
}
```

第 5 步，执行设备方向检测，这里只检测 x、y 轴。向某个方向偏移设备，则可以获取偏移量。

```
function deviceOrientationListener(event) {
    betadirection = Math.round(event.beta);
    gammadirection = Math.round(event.gamma);
}
if (window.DeviceOrientationEvent) {
    window.addEventListener("deviceorientation", deviceOrientationListener);
} else {
    alert("您使用的浏览器不支持 Device Orientation 特性");
}
```

第 6 步，在 Phaser 的 update 方法中，根据偏移量来计算移动速度和方向。

```
function update(){
    var speed = 10*(Math.abs(betadirection)+Math.abs(gammadirection));
    if(betadirection<0&&gammadirection<0){
        game.physics.arcade.moveToXY(dogsprite, 0, 0, speed);
    }else if(betadirection<0&&gammadirection>0){
        game.physics.arcade.moveToXY(dogsprite, 300, 0, speed);
    }else if(betadirection>0&&gammadirection>0){
        game.physics.arcade.moveToXY(dogsprite, 300, 400, speed);
    }else if(betadirection>0&&gammadirection<0){
        game.physics.arcade.moveToXY(dogsprite, 0, 400, speed);
    }else{
        dogsprite.body.velocity.set(0);
    }
}
```

以上使用最简单的逻辑，移动设备后，就向 4 个象限移动，并且设备的偏移量越大，速度越快。速度逻辑如下。

```
var speed = 10*(Math.abs(betadirection)+Math.abs(gammadirection));
```

使用 Phaser 的 moveToXY 方法执行移动。

```
game.physics.arcade.moveToXY(dogsprite, 300, 400, speed);
```

18.3　在线支持

扫码免费学习
更多实用技能

一、专项练习

☑　HTML5 传感器

二、更多案例实战

☑　使用 HTML5 设计指南针

 新知识、新案例不断更新中……

第 19 章

HTML5 访问位置

HTML5 Geolocation API 是 HTML5 新增的地理位置应用程序接口，它提供了一个可以准确感知浏览器用户当前位置的方法。如果浏览器支持且设备具有定位功能，就能够直接使用这组 API 来获取当前位置信息。Geolocation API 可以应用于移动设备中的地理定位，允许用户在 Web 应用程序中共享位置信息，使其能够享受位置感知服务。

19.1　Geolocation API 基础

在 HTML5 Geolocation API 之前，基于 IP 地址的地理定位方法是获得位置信息的唯一方式，但其返回的位置信息通常并不靠谱。基于 IP 地址的地理定位的实现方式：首先自动查找用户的 IP 地址，然后检索其注册的物理地址。

19.1.1　Geolocation API 应用场景

应用场景 1：设计一个 Web 应用程序，向用户提供附近商店打折优惠信息。使用 HTML5 Geolocation API 可以请求用户共享他们的位置，如果他们同意，应用程序就可以向其提供相关信息，告诉用户去附近哪家商店可以挑选到打折的商品。

应用场景 2：构建计算行走（跑步）路程的应用程序。想象一下，在开始跑步时通过手机浏览器启动应用程序的记录功能。在用户移动过程中，应用程序会记录已跑过的距离，还可以把跑步过程对应的坐标显示在地图上，甚至可以显示出海拔信息。如果用户正在和其他选手一起参加跑步比赛，应用程序甚至可以显示其对手的位置。

应用场景 3：基于 GPS 导航的社交网络应用，可以用它看到好友们当前所处的位置，知道了好友的方位，就可以挑选合适的咖啡馆。此外，还有很多特殊的应用。

19.1.2　位置信息来源

HTML5 Geolocation API 不指定设备使用哪种底层技术来定位应用程序的用户。相反，它只是用于检索信息的 API，而且通过该 API 检索到的数据只具有某种程度的准确性。它并不能保证设备返回的实际位置是精确的。设备可以使用的数据有 IP 地址、三维坐标、用户自定义数据。其中，三维坐标包括：GPS 全球定位系统，从 RFID、Wi-Fi 和蓝牙到 Wi-Fi 的 MAC 地址，GSM 或 CDMA 手机的 ID。为了保证更高的准确度，许多设备使用一个或多个数据源的组合。

19.1.3　位置信息表示方式

位置信息主要由一对纬度和经度坐标组成，例如：

Latitude: 39.17222, Longitude: -120.13778

在这里，纬度（距离赤道以北或以南的数值表示）是 39.17222，经度（距离英国格林威治以东或以西的数值表示）是 120.13778，经纬度坐标可以用以下两种方式表示。

☑ 十进制格式，如 39.17222。

☑ DMS 角度格式，如 39°20'。

HTML5 Geolocation API 返回坐标的格式为十进制格式。

除了纬度和经度坐标，HTML5 Geolocation 还提供位置坐标的准确度，并提供其他一些元数据，具体情况取决于浏览器所在的硬件设备，这些元数据包括海拔、海拔准确度、行驶方向和速度等。如果这些元数据不存在则返回 null。

19.1.4 获取位置信息

HTML5 Geolocation API 的使用方法相当简单。请求一个位置信息，如果用户同意，浏览器就会返回位置信息，该位置信息是通过支持 HTML5 地理定位功能的底层设备。例如，提供给浏览器的笔记本电脑或手机。位置信息由纬度、经度坐标和一些其他元数据组成。有了这些位置信息就可以构建引人注目的位置感知类应用程序。

在 HTML5 中，为 window.navigator 对象新增了一个 geolocation 属性，可以使用 Geolocation API 访问该属性，window.navigator 对象的 geolocation 属性包含 3 个方法，利用这些方法可以实现位置信息的读取。

使用 getCurrentPosition 方法可以取得用户当前的地理位置信息，该方法的用法如下。

```
void getCurrentPosition(onSuccess, onError, options) ;
```

第 1 个参数为获取当前地理位置信息成功时所执行的回调函数，第 2 个参数为获取当前地理位置信息失败时所执行的回调函数，第 3 个参数为一些可选属性的列表。其中，第 2、3 个参数为可选属性。

getCurrentPosition 方法中的第 1 个参数为获取当前地理位置信息成功时所执行的回调函数。该参数的使用方法如下。

```
navigator.geolocation.getCurrentPosition(function(position){
    //获取成功时的处理
})
```

在获取地理位置信息成功时执行的回调函数中，用到了一个参数 position，它代表一个 position 对象，我们将在后面小节中对这个对象进行具体介绍。

getCurrentPosition 方法中的第 2 个参数为获取当前地理位置信息失败时所执行的回调函数。如果获取地理位置信息失败，可以通过该回调函数把错误信息提示给用户。当在浏览器中打开使用了 Geolocation API 来获得用户当前位置信息的页面时，浏览器会询问用户是否共享位置信息。如果在该画面中拒绝共享的话，也会引起错误的发生。

该回调函数使用一个 error 对象作为参数，该对象具有以下两个属性。

☑ code 属性：code 属性包含 3 个值，简单说明如下。

❖ 当属性值为 1 时，表示用户拒绝了位置服务。

❖ 当属性值为 2 时，表示获取不到位置信息。

❖ 当属性值为 3 时，表示获取信息超时错误。

☑ message 属性：为一个字符串，在该字符串中包含了错误信息，这个错误信息在开发和调试时将很有用。因为有些浏览器中不支持 message 属性，如 Firefox。

在 getCurrentPosition 方法中使用第 2 个参数捕获错误信息的具体使用方法如下。

```
navigator.geolocation.getCurrentPosition(
    function(position){
```

```
            var cords = position.coords;
            showMap(coords.latitude, coords.longitude,coords.accuracy);
        },
        function (error){        //捕获错误信息
            var errorTypes = {
                1:位置服务被拒绝
                2:获取不到位置信息
                3:获取信息超时
            }
            alert( errorTypes[error.code]+ ":,不能确定当前地理位置");
        }
);
```

getCurrentPosition 方法中的第 3 个参数可以省略,它是一些可选属性的列表,这些可选属性说明如下。

(1)enableHighAccuracy:是否要求高精度的地理位置信息,这个参数在很多设备上设置了都没用,因为使用在设备上时需要结合设备电量、具体地理情况来综合考虑。因此,多数情况下把该属性设为默认,由设备自身来调整。

(2)timeout:对地理位置信息的获取操作做一个超时限制(单位为毫秒)。如果在该时间内未获取到地理位置信息,则返回错误。

(3)maximumAge:对地理位置信息进行缓存的有效时间的单位为毫秒。例如,maximumAge:120000(1min=60000ms),如果在 10:00 时获取过一次地理位置信息,那么,在 10:01 时,再次调用 navigator.geolocation.getCurrentPosition 重新获取地理位置信息,则返回的依然为 10:00 的数据(因为设置的缓存有效时间为 2min)。超过这个时间后缓存的地理位置信息被废弃,尝试重新获取地理位置信息。如果该值被指定为 0,则无条件重新获取新的地理位置信息。

对于这些可选属性的具体设置方法如下。

```
navigator.geolocation.getCurrentPoeition(
        function(position){
            //获取地理位置信息成功时所做处理
        },
        function(error){
            //获取地理位置信息失败时所做处理
        },
        //以下为可选属性
        {
            //设缓存有效时间为 2min
            maximumAge: 60*1000*2,
            //5s 内未获取到地理位置信息则返回错误
            timeout: 5000
        }
    }
```

19.1.5 浏览器兼容性

各浏览器对 HTML5 Geolocation 的支持程度不同,并且还在不断更新。在 HTML5 的所有功能中,HTML5 Geolocation 是第一批被全部接收和实现的功能之一,这对于开发人员来说是个好消息。相关规范已达到一个非常成熟的阶段,不大可能做大的改变。各浏览器对 HTML5 Geolocation 的支持情况如表 19.1 所示。

表 19.1　浏览器支持概述

浏 览 器	说 明	浏 览 器	说 明
IE	通过 Gears 插件支持	Chrome	2.0 及以上的版本支持
Firefox	3.5 及以上的版本支持	Safari	4.0 及以上的版本支持
Opera	10 及以上的版本支持		

　　由于浏览器对它的支持程度不同，在使用之前最好先检查浏览器是否支持 HTML5 Geolocation API，确保浏览器支持其所要完成的所有工作。这样当浏览器不支持时，就可以提供一些替代文本，以提示用户升级浏览器或安装插件来增强现有浏览器功能。

```
function loadDemo() {
    if(navigator.geolocation) {
        document.getElementById("support").innerHTML = "支持 HTML5 Geolocation";
    } else {
        document.getElementById("support").innerHTML = "当前浏览器不支持 HTML5 Geolocation";
    }
}
```

　　在上面代码中，loadDemo()函数测试了浏览器的支持情况，这个函数是在页面加载时被调用的。如果存在地理定位对象，navigator.geolocation 调用将返回该对象，否则将触发错误。页面上预先定义的 support 元素会根据检测结果显示支持情况的提示信息。

19.1.6　监测位置信息

　　使用 watchCurrentPosition 方法可以持续获取用户的当前地理位置信息，它会定期地自动获取。watchCurrentPosition 方法的基本语法如下。

```
int watchCurrentPosition(onSuccess, onError, options) ;
```

　　该方法参数的说明和使用与 getCurrentPosition()方法相同。调用该方法后会返回一个数字，这个数字的用法与 JavaScript 脚本中 setInterval()方法的返回值用法类似，可以被 clearWatch()方法使用，以停止对当前地理位置信息的监视。

19.1.7　停止获取位置信息

　　使用 clearWatch()方法可以停止对当前用户的地理位置信息的监视。具体用法如下。

```
void clearWatch(watchId);
```

　　参数 watchId 为调用 watchCurrentPosition 方法监视地理位置信息时的返回参数。

19.1.8　保护隐私

　　HTML5 Geolocation 规范提供了一套保护用户隐私的机制。除非得到用户明确许可，否则不可获取位置信息。

　　【操作步骤】
　　第 1 步，用户从浏览器中打开位置感知应用程序。
　　第 2 步，应用程序 Web 页面加载，然后通过 Geolocation 函数调用请求位置坐标。浏览器拦截这一请求，然后请求用户授权。
　　第 3 步，如果用户允许，浏览器从其宿主设备中检索坐标信息，如 IP 地址、Wi-Fi 或 GPS 坐标，这是浏览器的内部功能。

第4步，浏览器将坐标发送给受信任的外部定位服务，它返回一个详细位置信息，并将该位置信息发回给 HTML5 Geolocation 应用程序。

> 提示：应用程序不能直接访问设备，它只能请求浏览器来代表它访问设备。

访问使用 HTML5 Geolocation API 的页面时，会触发隐私保护机制。如果仅仅是添加 HTML5 Geolocation 代码，而不被任何方法调用，则不会触发隐私保护机制。只要所添加的 HTML5 Geolocation 代码被执行，浏览器就会提示用户应用程序要共享位置。执行 HTML5 Geolocation 的方式很多。例如，调用 navigator.geolocation.getCurrentPosition 方法等。

除了询问用户是否允许共享其位置之外，Firefox 等一些浏览器还可以让用户选择记住该网站的位置服务权限，以便下次访问时不再弹出提示框，类似在浏览器中记住某些网站的密码。

19.1.9　处理位置信息

因为位置数据属于敏感信息，所以接收到之后必须小心地处理、存储和重传。如果用户没有授权存储这些数据，那么应用程序应该在相应任务完成后立即删除它。如果要重传位置数据，建议先对其进行加密。在收集地理定位数据时，应用程序应该着重提示用户以下内容。

- ☑ 会收集位置数据。
- ☑ 为什么收集位置数据。
- ☑ 位置数据将保存多久。
- ☑ 怎样保证数据的安全。
- ☑ 如果用户同意共享，位置数据怎样共享。
- ☑ 用户怎样检查和更新他们的位置数据。

19.1.10　使用 position

如果获取地理位置信息成功，则可以在获取成功后的回调函数中通过访问 position 对象的属性来得到这些地理位置信息。position 对象具有如下属性。

- ☑ latitude：当前地理位置的纬度。
- ☑ longitude：当前地理位置的经度。
- ☑ altitude：当前地理位置的海拔高度（不能获取时为 null）。
- ☑ accuracy：获取到的纬度或经度的精度（以米为单位）。
- ☑ altitudeAccurancy：获取到的海拔高度的精度（以米为单位）。
- ☑ heading：设备的前进方向。用面朝正北方向的顺时针旋转角度来表示（不能获取时为 null）。
- ☑ speed：设备的前进速度（以米/秒为单位，不能获取时为 null）。
- ☑ timestamp：获取地理位置信息时的时间。

【示例】使用 getCurrentPosition 方法获取当前位置的地理信息，并且在页面中显示 position 对象中的所有属性。

```
<script type="text/javascript" src=http://maps.google.com/maps/api/js?sensor=false></script>
<script type="text/javascript">
function showObject(obj,k){    //递归显示 object
    if(!obj){return;}
    for(var i in obj){
        if(typeof(obj[i])!="object" || obj[i]==null){
            for(var j=0;j<k;j++){
                document.write("    ");
            }
```

```
            document.write(i + " : " + obj[i] + "<br/>");
        } else {
            document.write(i + " : " + "<br/>");
            showObject(obj[i],k+1);
        }
    }
}
function get_location(){
    if(navigator.geolocation)            navigator.geolocation.getCurrentPosition(show_map,handle_error,{enableHighAccuracy:
true,maximumAge:1000}));
    else    alert("你的浏览器不支持使用 HTML5 来获取地理位置信息。");
}
function handle_error(err){ //错误处理
    switch(err.code){
        case 1 :
            alert("位置服务被拒绝。");
            break;
        case 2:
            alert("暂时获取不到位置信息。");
            break;
        case 3:
            alert("获取信息超时。");
            break;
        default:
            alert("未知错误。");
            break;
    }
}
function show_map(position){    //显示地理信息
    var latitude = position.coords.latitude;
    var longitude = position.coords.longitude;
    showObject(position,0);
}
get_location();
</script>
<div id="map" style="width:400px; height:400px"></div>
```

这段代码运行结果在不同设备的浏览器上也不同，具体运行结果取决于运行浏览器的设备。

19.2 案 例 实 战

由于国家网络限制，内地访问谷歌地图不是很顺畅，建议选用高德地图或百度地图作为开发 API，也可以直接使用本书提供的用户 key（http://lbs.amap.com/）进行上机练习。

19.2.1 定位手机位置

本例演示通过 Wi-Fi、GPS 等方式获取当前地理位置的坐标。当用户打开浏览器时，页面上会显示通过手机网络信号地理定位的当前坐标，同时用高德地图显示标记当前的地理位置，运行效果如图 19.1 所示。

图 19.1　定位手机位置

💡 提示：在第一次运行该页面时，会弹出提示是否授权使用您的地理位置信息，该程序需要授权才可正常使用定位功能。

示例核心代码如下。

```html
<script src="http://webapi.amap.com/maps?v=1.4.6&key=93f6f55b917f04781301bad658886335"></script>
<p id="header" ></p>
<div id="container"   style="width:400px; height:300px"></div>
<script>
if (navigator.geolocation) {
    //通过 HTML5 getCurrnetPosition API 获取定位信息
    navigator.geolocation.getCurrentPosition(function(position) {
        var header = document.getElementById("header");
        header.innerHTML = "<p>经度： "  + position.coords.longitude + "<br>纬度： " + position.coords.latitude + "</p>";
        var map = new AMap.Map('container', {                    //在地图中央位置显示当前位置
                center: [position.coords.longitude, position.coords.latitude],
                zoom: 10                                         //地图放大 10 倍显示
            });
        map.plugin(["AMap.ToolBar"], function() {                //定义在地图中显示工具条
                map.addControl(new AMap.ToolBar());
            });
        <!--上面是定位，下面是打上标记-->
        var marker;
        var icon = new AMap.Icon({                                //定义标记符号
            image: 'http://vdata.amap.com/icons/b18/1/2.png',
            size: new AMap.Size(24, 24)
        });
        marker = new AMap.Marker({                                //使用标记符号标记当前的地理位置
            offset: new AMap.Pixel(-12, -12),
            zIndex: 101,
            map: map
        });
    });
} else {
    alert("您的浏览器不支持 HTML5 Geolocation API  定位");
}
</script>
```

19.2.2 获取经纬度及其详细地址

下面示例演示如何使用高德地图获取单击位置的经纬度，并根据经纬度，获取该位置点的详细地址信息，效果如图 19.2 所示。

图 19.2 获取经纬度及其详细地址

示例核心代码如下。

```
<script type="text/javascript" src="http://webapi.amap.com/maps?v=1.4.6&key=93f6f55b917f04781301bad658886335"></script>
<div id="container" style="width: 100%;height: 500px"></div>
<script>
var map = new AMap.Map("container", {
    resizeEnable: true,
    zoom:12,
    center: [116.397428, 39.90923]
});
//为地图注册 click 事件获取鼠标单击出的经纬度坐标
var clickEventListener = map.on('click', function(e) {
    var lng = e.lnglat.getLng();
    var lat = e.lnglat.getLat();
    console.log("经度："+lng+"纬度"+lat);
    var lnglatXY = [lng, lat];                         //地图上所标点的坐标
    AMap.service('AMap.Geocoder',function() {          //回调函数
        geocoder = new AMap.Geocoder({ });
        geocoder.getAddress(lnglatXY, function (status, result) {
            if (status === 'complete' && result.info === 'OK') {
                //获得了有效的地址信息: result.regeocode.formattedAddress
                console.log(result.regeocode.formattedAddress);
                var address = result.regeocode.formattedAddress;
            } else {
                //获取地址失败
            }
        });
    })
});
</script>
```

19.2.3　输入提示查询位置

本例利用高德地图 API 设计一个定位交互操作，在地图界面提供一个文本框，允许用户输入关键词，然后自动匹配提示相关地点列表选项，当用户选择匹配的关键词之后，会在页面自动标记对应位置，效果如图 19.3 所示。本例使用了高德地图 API 中的 Autocomplete 和 PlaceSearch 类进行定位搜索。

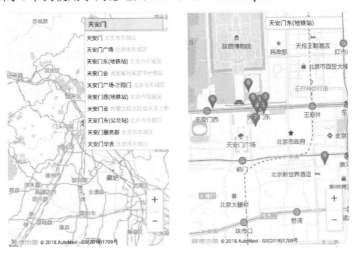

图 19.3　输入提示查询位置

示例核心代码如下。

```
<script type="text/javascript" src="http://webapi.amap.com/maps?v=1.4.6&&key=93f6f55b917f04781301bad
658886335&plugin=AMap.Autocomplete,AMap.PlaceSearch"></script>
<div id="container"></div>
<div id="myPageTop">
    <input id="tipinput" placeholder="请输入关键字"/>
</div>
<script>
var map = new AMap.Map("container", {                    //地图加载
    resizeEnable: true
});
var autoOptions = {                                     //输入提示
    input: "tipinput"
};
var auto = new AMap.Autocomplete(autoOptions);
var placeSearch = new AMap.PlaceSearch({
    map: map
});                                                     //构造地点查询类
AMap.event.addListener(auto, "select", select);         //注册监听，当选中某条记录时会触发
function select(e) {
    placeSearch.setCity(e.poi.adcode);
    placeSearch.search(e.poi.name);                     //关键字查询
}
map.plugin(["AMap.ToolBar"], function() {               //定义工具条
    map.addControl(new AMap.ToolBar());
});
</script>
```

19.2.4　从当前位置查询指定位置路线

本例利用 HTML5 Geolocation API 技术，获取用户当前位置的经纬度，然后调用高德地图 API，根据用户在地图中单击的目标点位置，查询最佳的行走路线，效果如图 19.4 所示。

示例核心代码如下。

```
<script type="text/javascript" src="http://webapi.amap.com/maps?v=1.4.6&key=93f6f55b917f04781301bad658886335&plugin=
AMap.Walking"></script>
<div id="container"></div>
<script>
if (navigator.geolocation) {
    //通过 HTML5 getCurrnetPosition API 获取定位信息
    navigator.geolocation.getCurrentPosition(function(position) {
        var map = new AMap.Map('container', {           //在地图中央位置显示当前位置
            center: [position.coords.longitude, position.coords.latitude],
            zoom: 15                                    //地图放大 15 倍显示
        });
        map.plugin(["AMap.ToolBar"], function() {       //定义在地图中显示工具条
            map.addControl(new AMap.ToolBar());
        });
        <!--上面是定位，下面是打上标记-->
        var marker;
        var icon = new AMap.Icon({                      //定义标记符号
            image: 'http://vdata.amap.com/icons/b18/1/2.png',
            size: new AMap.Size(24, 24)
```

```
        });
        marker = new AMap.Marker({                    //使用标记符号标记当前的地理位置
            offset: new AMap.Pixel(-12, -12),
            zIndex: 101,
            map: map
        });
        map.on('click', function(e) {                 //为地图注册 click 事件获取鼠标单击出的经纬度坐标
            if (walking)                              //清除覆盖物
                walking.clearMap;
            var lng = e.lnglat.getLng();
            var lat = e.lnglat.getLat();
            var walking = new AMap.Walking({          //步行导航
                map: map
            });
            //根据起终点坐标规划步行路线
            walking.search([position.coords.longitude, position.coords.latitude], [lng, lat]);
        });
    });
} else {
    alert("您的浏览器不支持 HTML5 Geolocation API 定位");
}
</script>
```

19.2.5　记录行踪路线

本例设计在地图上记录用户运动的轨迹，如图 19.5 所示。启动页面，载入地图，单击"开始记录"按钮，随着用户的移动，同步在地图上呈现行动轨迹，单击"停止记录"按钮，停止记录轨迹，并清除历史记录轨迹。

图 19.4　从当前位置查询指定位置路线

图 19.5　记录行踪路线

【操作步骤】

第 1 步，本例采用高德地图，练习前需要在高德地图官网上申请 AppKey，或者直接使用本例源码，然后引入高德地图的 JavaScript。

```
<script type="text/javascript" src="http://webapi.amap.com/maps?v=1.4.6&key=93f6f55b917f04781301bad658886335&plugin=AMap.Walking"></script>
```

第 2 步，设计页面结构。

```
<!--控制记录轨迹的按钮-->
<header>
    <button id="btnStart">开始记录</button>
    <button id="btnStop">停止记录</button>
</header>
<!--地图容器-->
<div id="map"></div>
```

第 3 步，调用高德地图 API 绘制地图，并设置地图的中心点和较低的缩放级别，显示整个城市的地图。

```
var map = new AMap.Map('map', {
    center: [121.600000, 31.220000],          //地图中心点
    zoom: 20                                   //默认的放大级别
});
//给地图增加工具条，控制地图的放大和缩小
map.plugin(["AMap.ToolBar"], function () {
    map.addControl(new AMap.ToolBar());
});
```

通过 AMap.Map 构造函数构建地图对象，格式如下。

```
AMap.Map(container,options)
```

参数说明如下。

☑ container：表示地图容器元素的 ID 或者 DOM 对象。

☑ options：地图配置项，具体参考高德地图 API。

第 4 步，通过 HTML5 的地理信息接口获取当前的地理位置。

```
var geoOptions = {
    enableHighAccuracy: true,          //是否启用高精度定位（开启 GPS 定位），默认值为 false
    timeout: 30000,                    //定位接口超时时间，单位为 ms，默认不超时
    maximumAge: 1000                   //位置最大缓存时间，单位为 ms，默认值为 0
}
function getPosition(callback) {
    if (navigator.geolocation) {
        navigator.geolocation.getCurrentPosition(function (position) {
            var coords = position.coords;
            callback(coords);
        }, function (error) {
            switch (error.code) {
                case 0:
                    alert("尝试获取您的位置信息时发生错误：" + error.message);
                    break;
                case 1:
                    alert("用户拒绝了获取位置信息请求。");
                    break;
                case 2:
                    alert("浏览器无法获取您的位置信息。");
                    break;
                case 3:
                    alert("获取您位置信息超时。");
                    break;
            }
        }, geoOptions);
    }
}
```

上面代码定义了 getPosition()函数，函数中调用 navigator.geolocation.getCurrentPosition 接口，获取当前地理位置，该接口的详细说明请参考 19.1.4 节内容。

本例需要记录用户的运动轨迹，因此需要获取高精度位置，所以将 options.enableHighAccuracy 设置为 true。在页面加载完毕后，调用定义的 getPosition()方法，获取当前地理位置。

第 5 步，获取地理信息之后，设置当前位置为地图中心点，并放大地图。单击"开始记录"按钮，程序开始记录用户移动轨迹。

```
function start() {
    timmer = navigator.geolocation.watchPosition(function (position) {
        var coords = position.coords;
        if (coords.accuracy > 20) {                              //过滤掉低精度的位置信息
            return;
        }
        coords = convert(coords.longitude, coords.latitude);     //转换坐标信息
        console.log(coords);
        map.setCenter(new AMap.LngLat(coords.longitude, coords.latitude));
        lineArr.push([coords.longitude, coords.latitude]);
        renderTracer(getPath(lineArr));                          //调用方法，在地图上绘制路径
    }, function (error) {
        console.log(error)
    }, geoOptions);
}
```

采用 navigator.geolocation.watchPosition 接口，监听位置信息的变化，得到更新的经纬度信息，去掉低精度数据，以避免绘制轨迹时，轨迹线存在较大误差。该接口的参数和 getCurrentPosition 接口一致。在获取定位数据时，可以依据实际情况，去掉定位精准度较低的数据。

watchPosition 方法在非 HTTPS 的场景下无法获取定位权限。在 Chrome 浏览器下，可以先通过 getCurrentPosition 方法获取定位权限。限于篇幅，这里就不细致介绍绘制轨迹的方法，完整代码请参考本书源码。

提示：在实际开发中，建议采用 HTTPS 协议以得到更好的体验。

19.3 在线支持

一、专项练习
- ☑ 使用 navigator 对象
- ☑ 获取当前位置
- ☑ 在搜狗地图上定位
- ☑ 使用百度地图

二、更多案例实战
- ☑ 驾车路线
- ☑ 公交路线
- ☑ 本地搜索
- ☑ 定位相关控件
- ☑ 步行导航

新知识、新案例不断更新中……

第 20 章

HTML5 拖放操作

视频讲解

HTML5 新增拖放（Drag and Drop）API，借助该接口 Web 应用能够在浏览器中实现拖放功能。使用鼠标选择可拖曳（draggable）的元素，将其拖到可放置（droppable）的元素内，释放鼠标以放置元素。在此期间，可以自定义可拖曳的元素、可拖曳元素产生的反馈类型，以及可放置的元素等。

20.1 拖放 API 基础

20.1.1 定义拖放功能

在传统网页设计中，需要借助 JavaScript 的 mousedown、mousemove、mouseup 事件，通过大量脚本来实现拖放操作。HTML5 拖放 API 降低了网页对象拖放的编程难度。

拖放 API 包含两部分：拖曳（Drag）和释放（Drop），拖曳指的是鼠标单击源对象后，移动对象不松手，一旦松手即释放操作。

☑ 源对象：指鼠标单击的事物，如一张图片、一个 DIV、一段文本等。

☑ 目标对象：指拖动源对象到指定元素包含的区域，源对象可以进入这个区域，可以在这个区域上方悬停（未松手），可以释放源对象，将其放置目标对象内（已松手），也可以悬停后离开该区域。

浏览器支持情况：IE 9+、Firefox、Opera 12+、Chrome 和 Safari 5 +。另外，在 Safari 5.1.2 中不支持拖放。

在 HTML5 中，实现拖放操作的步骤如下。

第 1 步，设置源对象的 draggable 属性，设置属性值为 true（draggable="true"），这样就可以启动拖放功能。

💡 提示：img 和 a 元素默认开启了拖放功能，但必须设置 href。

第 2 步，根据 HTML5 拖放 API 定义事件类型，编写与拖放有关的事件处理函数。拖放 API 相关事件说明如表 20.1 所示。

表 20.1 拖放相关事件

事　件	产生事件的元素	说　明
dragstart	被拖放的元素	开始拖放操作
drag	被拖放的元素	拖放过程中
dragenter	拖放过程中鼠标经过的元素	被拖放的元素开始进入本元素的范围内
dragover	拖放过程中鼠标经过的元素	被拖放的元素正在本元素范围内移动
dragleave	拖放过程中鼠标经过的元素	被拖放的元素离开本元素的范围
drop	拖放的目标元素	有其他元素被拖放到了本元素中
dragend	拖放的对象元素	拖放操作结束

从表 20.1 可以看到，被拖动的源对象可以触发的事件。

☑ dragstart：源对象开始被拖动。

☑ drag：源对象被拖动过程中，即鼠标可能在移动，也可能未移动。

☑ dragend：源对象被拖动结束。

拖动源对象进入目标对象，在目标对象上可以触发的事件。

☑ dragenter：目标对象被源对象拖动着进入。

☑ dragover：目标对象被源对象拖动着悬停在上方。

☑ dragleave：拖动着源对象离开了目标对象。

☑ drop：拖动着源对象在目标对象上方释放/松手。

【示例】在页面中插入一个<div id="drag">标签，设置 draggable="true"，启动该元素的拖放功能。同时在页面中插入一个<div id="target">标签，设计为目标对象。本例设计当每次拖放<div d="drag">标签到目标对象<div id="target">标签中时，将在该元素中追加一次提示信息，效果如图 20.1 所示。

图 20.1　拖放对象

```
<script>
function init(){
    var source = document.getElementById("drag");
    var dest = document.getElementById("target");
    source.addEventListener("dragstart", function(ev) {     //（1）拖放开始
        //向 dataTransfer 对象追加数据
        var dt = ev.dataTransfer;
        dt.effectAllowed = 'all';
        //（2）拖动元素为 dt.setData("text/plain", this.id);
        dt.setData("text/plain", "拖入源对象");
    }, false);
    dest.addEventListener("dragend", function(ev) {          //（3）dragend：拖放结束
        ev.preventDefault();                                 //不执行默认处理，拒绝被拖放
    }, false);
    dest.addEventListener("drop", function(ev) {             //（4）drop：被拖放
        var dt = ev.dataTransfer;                            //从 DataTransfer 对象中取得数据
        var text = dt.getData("text/plain");
        dest.innerHTML += "<p>" + text + "</p>";
        ev.preventDefault();                                 //（5）不执行默认处理，拒绝被拖放
        ev.stopPropagation();                                //停止事件传播
    }, false);
}
//（6）设置不执行默认动作，拒绝被拖放
document.ondragover = function(e){e.preventDefault();};
document.ondrop = function(e){e.preventDefault();};
</script>
<style>
#drag { width: 100px; height: 100px; background-color: #93FB40; border-radius: 12px; text-align:center; line- height:100px; color:#F423CC; }
#target { width: 200px; height: 200px; border: 1px dashed gray; margin: -100px 12px 12px; float:right; }
#target  h1{ text-align:center; color:#F423CC; margin:6px 0; font-size:16px; }
```

```
</style>
<body onload="init()">
// （7）把 draggable 属性设为 true
<div id="drag" draggable="true">源对象</div>
<div id="target">
    <h1>目标对象</h1>
</div>
```

【代码解析】

第 1 步，开始拖动时触发 dragstart 事件，使用 setData()方法把要拖动的数据存入 DataTransfer 对象。

提示：DataTransfer 对象专门用来存放拖放操作时要传递的数据，可以通过拖放事件对象的 dataTransfer 属性进行访问。DataTransfer 对象包含两个重要方法：setData()和 getData()。其中，setData() 方法用于向 DataTransfer 对象传递值，而 getData()方法能够从 DataTransfer 对象读取值。

setData()方法的第 1 个参数为携带数据的数据类型，第 2 个参数为要携带的数据。第 1 个参数表示 MIME 类型的字符串，现在支持拖动处理的 MIME 的类型包括以下几种。

☑ "text/plain"：文本文字。

☑ "text/html"：HTML 文字。

☑ "text/xml"：XML 文字。

☑ "text/uri-list"：URL 列表，每个 URL 为一行。

如果把代码 "dt.setData("text/plain", "拖入源对象")" 改为 "dt.setData("text/plain", this.id)"，把被拖动元素的 id 作为了参数，浏览器在使用 getData()方法读取数据时会自动读取该元素中的数据，所以携带的数据就是被拖动元素中的数据。

第 2 步，针对拖放的目标对象，应该在 dragend 或 dragover 事件内调用事件对象的 preventDefault() 方法阻止默认行为。

```
dest.addEventListener("dragend", function(ev) {
    ev.preventDefault();
}, false);
```

第 3 步，目标元素接收到被拖放的元素后，执行 getData()方法从 DataTransfer 对象获取数据。getData()方法包含一个参数，参数为 setData()方法中指定的数据类型，如 "text/plain"。

第 4 步，要实现拖放过程，还应在目标元素的 drop 事件中关闭默认处理，否则目标元素不能接收被拖放的元素。

```
dest.addEventListener("drop", function(ev) {
    ev.preventDefault();
    ev.stopPropagation(); //停止事件传播
}, false);
```

第 5 步，要实现拖放过程，还必须设置整个页面为不执行默认处理，否则拖放处理也不能实现。因为页面是先于其他元素接收拖放的，如果页面上拒绝拖放，那么页面上其他元素就都不能接收拖放了。

```
document.ondragover = function(e){e.preventDefault();};
document.ondrop = function(e){e.preventDefault();};
```

20.1.2　认识 DataTransfer 对象

在 20.1.1 节中提及 DataTransfer 对象，本节将介绍 DataTransfer 对象的属性和方法，具体说明如表 20.2 所示。

表 20.2　DataTransfer 对象的属性和方法

属性/方法	类　型	说　　明
dropEffect	属性	表示拖放操作的视觉效果，允许设置值包括 none、copy、link、move。该效果必须在 effectAllowed 属性指定的视觉效果范围内
effectAllowed	属性	指定当元素被拖放时所允许的视觉效果。可以指定的值为 none、copy、copyLink、copyMove、link、linkMove、move、all、uninitialized
types	属性	存入数据的类型，字符串的伪数组
clearData()	方法	清除 DataTransfer 对象中存放的数据。包含一个参数，设置要清除数据的类型；如果省略参数，则清除全部数据
setData()	方法	向 DataTransfer 对象存入数据，用法参考 20.1.1 节介绍
getData()	方法	从 DataTransfer 对象读取数据，用法参考 20.1.1 节介绍
setDragImage()	方法	设置拖放图标，部分浏览器支持用 canvas 等其他元素来设置，具体说明参考下面介绍

正确使用 DataTransfer 对象的属性和方法，可以实现定制拖放图标，或者定义只支持特定拖放，如复制、移动等，甚至可以实现更复杂的拖放操作。

dropEffect 和 effectAllowed 属性结合起来可以设置拖放时的视觉效果。effectAllowed 属性表示当一个元素被拖动时所允许的视觉效果，一般在 dragstart 事件中定义，可以设置的属性值如表 20.3 所示。

表 20.3　effectAllowed 属性值说明

属　性　值	说　　明
copy	允许将被拖动元素复制到拖动的目标元素中
move	允许将被拖动元素移动到拖动的目标元素中
link	通过拖放操作，被拖动元素会链接到拖动的目标元素上
copyLink	被拖动元素被复制或链接到拖动的目标元素中。根据拖动的目标元素来决定执行复制操作还是链接操作
copyMove	被拖动元素被复制或移动到拖动的目标元素中。根据拖动的目标元素来决定执行复制操作还是移动操作
linkMove	被拖动元素被链接或移动到拖动的目标元素中。根据拖动的目标元素来决定执行链接操作还是移动操作
all	允许执行所有拖动操作，包括复制、移动与链接操作
none	不允许执行任何拖动操作
unintialize	不指定 effectAllowed 属性值，将执行浏览器中默认允许的拖动操作。但是该操作不能通过 effectAllowed 属性值来获取

DataTransfer 对象的 dropEffect 属性表示实际拖放时的视觉效果，一般在 dragover 事件中指定，允许设置的值为 none、copy、link、move。dropEffect 属性所表示的实际视觉效果必须与 effectAllowed 属性值所表示的允许操作相匹配，规则如下。

☑　如果 effectAllowed 属性设置为 none，则不允许拖放元素。

☑　如果 dropEffect 属性设置为 none，则不允许被拖放到目标元素中。

☑　如果 effectAllowed 属性设置为 all 或不设置，则 dropEffect 属性允许被设置为任何值。

☑ 如果 effectAllowed 属性设置为具体操作，而 dropEffect 属性也设置了具体视觉效果，则 dropEffect 属性值必须与 effectAllowed 属性值相匹配，否则不允许将被拖放元素拖放到目标元素中。

【示例1】effectAllowed 和 dropEffect 属性的配合使用，完整代码可参考 20.1.1 节示例。

```
source.addEventListener("dragstart", function(ev) {
    var dt = ev.dataTransfer;
    dt.effectAllowed = 'copy';
}, false);
dest.addEventListener("dragover", function(ev) {
    var dt = ev.dataTransfer;
    dt.dropEffect = 'copy';
}, false);
```

DataTransfer 对象的 setDragImage()方法包含 3 个参数：第 1 个参数设置拖放图标的图标元素，第 2 个参数设置拖放图标离鼠标指针的 x 轴方向的位移量，第 3 个参数设置拖放图标离鼠标指针的 y 轴方向的位移量。

【示例2】调用 setDragImage()方法定义拖放图标，效果如图 20.2 所示。

```
<script>
var dragIcon=document.createElement('img');          //创建图标元素
dragIcon.src='images/11.png';                        //设置图标来源
function init(){
    var source = document.getElementById("drag");
    var dest = document.getElementById("target");
    source.addEventListener("dragstart", function(ev) {
        var dt = ev.dataTransfer;
        dt.setDragImage(dragIcon, -10, -10);
        dt.effectAllowed = 'copy';
        dt.setData("text/plain", this.id);
    }, false);
    dest.addEventListener("dragover", function(ev) {
        var dt = ev.dataTransfer;
        dt.dropEffect = 'copy';
    }, false);
    dest.addEventListener("dragend", function(ev) {
        ev.preventDefault();
    }, false);
    dest.addEventListener("drop", function(ev) {
        var dt = ev.dataTransfer;
        var text = dt.getData("text/plain");
        dest.innerHTML += "<p>" + text + "</p>";
        ev.preventDefault();
        ev.stopPropagation();
    }, false);
}
document.ondragover = function(e){e.preventDefault();};
document.ondrop = function(e){e.preventDefault();};
</script>
<style>
#drag { width: 100px; height: 100px; background-color: #93FB40; border-radius: 12px; text-align:center; line- height:100px; color:#F423CC; }
#target { width: 200px; height: 200px; border: 1px dashed gray; margin: 12px;}
</style>
```

Note

```
<body onload="init()">
<img    id="drag" src="images/1.png" width="314" height="314" alt=""/>
<div id="target"></div>
```

图 20.2　定义拖放图标效果

20.2　案　例　实　战

本例设计一个垃圾箱，允许用户通过鼠标拖曳的方式把指定的列表项删除，效果如图 20.3 所示。

图 20.3　设计垃圾箱演示效果

【操作步骤】

第 1 步，新建 HTML5 文档，保存为 test1.html。

第 2 步，构建 HTML 结构，设计一个简单的列表容器，同时模拟一个垃圾箱容器（<div class="dustbin">），<div class="dragremind">为拖曳信息提示框。

```
<div class="dustbin"><br>垃<br>圾<br>箱</div>
<div class="dragbox">
    <div class="draglist" draggable="true">列表 1</div>
    …
</div>
<div class="dragremind"></div>
```

第 3 步，在文档头部插入<style>标签，定义内部样式表，设计列表样式和垃圾箱样式。

```
body { font-size: 84%; }
.dustbin { width: 100px; height: 260px; line-height: 1.4; background-color: gray; font-size: 36px; font-family: "微软雅黑", "Yahei
Mono"; text-align: center; text-shadow: -1px -1px #bbb; float: left; }
.dragbox { width: 500px; padding-left: 20px; float: left; }
.draglist { padding: 10px; margin-bottom: 5px; border: 2px dashed #ccc; background-color: #eee; cursor: move; }
.draglist:hover { border-color: #cad5eb; background-color: #f0f3f9; }
.dragremind { padding-top: 2em; clear: both; }
```

第 4 步，在页面底部（<body>标签下面）插入<script>标签，定义一个 JavaScript 代码块。输入下面代码定义一个选择器函数。

```
var $ = function(selector) {
    if (!selector) { return []; }
    var arrEle = [];
    if (document.querySelectorAll) {
        arrEle = document.querySelectorAll(selector);
    } else {
        var oAll = document.getElementsByTagName("div"), lAll = oAll.length;
        if (lAll) {
            var i = 0;
            for (i; i<lAll; i+=1) {
                if (/^\./.test(selector)) {
                    if (oAll[i].className === selector.replace(".", "")) {
                        arrEle.push(oAll[i]);
                    }
                } else if(/^#/.test(selector)) {
                    if (oAll[i].id === selector.replace("#", "")) {
                        arrEle.push(oAll[i]);
                    }
                }
            }
        }
    }
    return arrEle;
};
```

第 5 步，获取页面中所有列表项目，然后使用 for 语句逐个为它们绑定 selectstart、dragstart、dragend 事件处理函数。

```
var eleDustbin = $(".dustbin")[0], eleDrags = $(".draglist"), lDrags = eleDrags.length, eleRemind = $(".dragremind") [0], eleDrag =
null;
    for (var i=0; i<lDrags; i+=1) {
        eleDrags[i].onselectstart = function() {
            return false;
        };
        eleDrags[i].ondragstart = function(ev) {
            ev.dataTransfer.effectAllowed = "move";
            ev.dataTransfer.setData("text", ev.target.innerHTML);
            ev.dataTransfer.setDragImage(ev.target, 0, 0);
            eleDrag = ev.target;
            return true;
        };
        eleDrags[i].ondragend = function(ev) {
            ev.dataTransfer.clearData("text");
            eleDrag = null;
```

```
        return false;
    };
}
```

第 6 步，为垃圾箱容器\<div class="dustbin"\>绑定 dragover、dragenter、drop 事件，设计拖曳到垃圾箱上时，高亮显示垃圾箱提示文字；同时当拖入垃圾箱时，删除列表框中对应列表项目；当释放鼠标左键时，在底部\<div class="dragremind"\>容器中总显示删除列表项目的提示信息。

```
eleDustbin.ondragover = function(ev) {
    ev.preventDefault();
    return true;
};
eleDustbin.ondragenter = function(ev) {
    this.style.color = "#ffffff";
    return true;
};
eleDustbin.ondrop = function(ev) {
    if (eleDrag) {
        eleRemind.innerHTML += '<strong>"' + eleDrag.innerHTML + '"</strong>被扔进了垃圾箱<br>';
        eleDrag.parentNode.removeChild(eleDrag);
    }
    this.style.color = "#000000";
    return false;
};
```

20.3　在 线 支 持

**扫码免费学习
更多实用技能**

一、专项练习

☑　拖拽实现
☑　拖拽本地文件
☑　拖拽式点菜
☑　提示拖放信息
☑　定义拖放图标
☑　设置拖放图标

二、更多案例实战

☑　拖拽图片到网页包含框中显示
☑　拖拽练习
☑　拖拽删除
☑　拖放读取文本文件

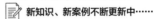　新知识、新案例不断更新中……

第 21 章

HTML5 通知和显示

视频讲解

HTML5 新增了多个跨窗口操作的 API，如桌面通知、页面切换可见、全屏显示等。使用这些扩展接口，能够摆脱 JavaScript 脚本只能在当前页面发挥作用的限制，增强 Web 应用的适应能力。

21.1 通知 API

HTML5 中的通知 API（Notification API）可以允许在某个事件发生时在桌面向用户显示通知信息，生成的消息不依附于某个标签页，仅仅依附于浏览器。

21.1.1 Notification API 基础

在传统网页设计中，消息推送是基于页面存在的。例如，当用户通过京东进行购物时，就无法知道微博有消息推送过来，而只有当用户把当前页面切换到微博网时，才知道有消息推送。

HTML5 通知 API 设计策略：无论用户访问哪个页面，只要有消息，都能推送给用户。因此，HTML5 通知生成的消息不依附于某个页面，仅仅依附于浏览器。

当前，Edge 14+、Chrome 6+、Opera 23+、Firefox 24+和 Safari 5.2+版本浏览器均支持通知 API。生成通知的实现步骤如下。

第 1 步，先检查浏览器是否支持 Notification API。

【示例 1】检查浏览器是否支持通知 API，可以通过 window 对象的 Notification 属性判断。

```
if(window.Notification){
    alert("浏览器支持通知 API");
}else{
    alert ("浏览器不支持通知 API");
}
```

第 2 步，检查浏览器的通知权限，是否允许通知。如果权限不够，则获取浏览器的通知权限。

为了让浏览器可以显示通知，首先要请求让浏览器显示通知的权限。在通知 API 中，使用 Notification 对象的 requestPermission()方法即可，代码如下。

```
window.Notification.requestPermission();
```

当 JavaScript 向用户申请让浏览器显示通知的权限时，浏览器中会显示如图 21.1 所示的提示框。

📢 **注意**：requestPermission()方法只在用户显式触发的事件，如单击按钮、单击鼠标左键或按下键盘上某个键有效。

【示例 2】通过 Notification 对象的 permission 属性来判断用户是否给予让浏览器显示通知的权限，代码如下。

图 21.1 在 Firefox 中申请通知权限

```
if(window.Notification){
    if (window.Notification.permission == "granted") {
        //获得权限
    }
    else if(window.Notification.permission == "default"){
        window.Notification.requestPermission();   //申请权限
    }
}else{
    alert ("浏览器不支持通知 API");
}
```

Notification 对象的 permission 属性包含 3 个值，说明如下。

☑　default：用户处理结果未知，因此浏览器将视为用户拒绝弹出通知栏。

☑　denied：用户拒绝弹出通知栏。

☑　granted：用户允许弹出通知栏。

第 3 步，创建消息通知。在获得让浏览器显示通知的权限之后，就可以通过创建 Notification 对象来显示通知，代码如下。

```
var notification = new Notification(title,options);
```

该构造函数包含两个参数：第 1 个参数设置通知的标题，第 2 个参数为一个对象，用于指定创建通知时可以使用的各种选项，该对象可使用的属性及属性值如下。

☑　dir：设置通知中的文字方向，包括 ltr（从左向右）或 rtl（从右向左），默认值为 ltr。

☑　lang：设置通知所使用的语言，属性值必须为一个有效的 BCP 47 语言标识。

☑　body：设置通知中所显示的内容。

☑　tag：设置通知的 ID，即唯一标识符，以区别于其他通知，开发者通过 tag 标识符获取、修改或删除该通知。

☑　icon：设置通知图标，为图片的 URL 地址。

【示例 3】生成一个通知，定义通知标题、通知图标和通知内容，如图 21.2 所示。

图 21.2　显示通知

```
<script>
if(window.Notification){
    if (window.Notification.permission == "granted") {
        var notification = new Notification('通知标题', {icon:'notice.jpg',body:'通知内容'});
    }
    else if(window.Notification.permission == "default"){
        window.Notification.requestPermission();
    }
}else{
    alert ("浏览器不支持通知 API");
}
</script>
```

第 4 步，监测和管理通知。Notification 对象提供下面 4 种事件类型用于监测通知。

☑　show：当通知被显示时触发。

☑　close：当通知被关闭时触发。

☑　click：当通知被单击时触发。

☑　error：当通知引发错误时触发。

另外，使用 Notification 对象的 close()方法可以关闭通知。

【示例 4】使用 Notification 对象事件监测通知。

```
if(window.Notification){
    if (window.Notification.permission == "granted") {
```

```
        var notification = new Notification('通知标题', {icon:'notice.jpg',body:'通知内容'});
        notification.onshow = function(){
            console.log("显示通知");
        }
        notification.onclose = function(){
            console.log("关闭通知");
        }
        notification.onclick = function(){
            console.log("单击通知");
        }
        notification.onerror = function(Error){
            console.log("通知出错");
        }
    }
    else if(window.Notification.permission == "default"){
        window.Notification.requestPermission();
    }
}else{
    alert ("浏览器不支持通知 API");
}
```

21.1.2　案例：设计桌面通知

下面示例设计当用户单击页面中的控制按钮后，可以开启桌面通知，显示最新微博消息，效果如图 21.3 所示。

示例主要代码如下。

```
<input type="button" value="开启桌面通知" onclick="showNotice();">
<script>
function showNotice(){
    Notification.requestPermission(function(status){
        //status 默认值 default 等同于拒绝，denied 意味着用户不想要通知
        //granted 意味着用户同意启用通知
        if("granted" != status)
            return;
        var notify = new Notification("澎湃新闻",{
            dir:'auto',
            lang:'zh-CN',
            tag:'sds',                              //实例化的 Notification 的 id
            //icon 支持 ico、png、jpg、jpeg 格式
            icon:'images/pb.jpg',                  //通知的缩略图
            body:'【保定通报"饭局后驾车撞死人副局长"调查情况：远超醉驾标准】12 月 19 日晚，河北保定市徐水
区委宣传部向澎湃提供最新调查情况通报......'        //通知的具体内容
        });
        notify.onclick=function(){                 //如果通知消息被单击，通知窗口将被激活
            window.focus();
        }
    });
}
</script>
```

21.1.3　案例：关闭通知

下面示例设计当用户单击页面中的"显示通知"按钮后，可以开启桌面通知，显示最新通知消息，

如果单击"关闭通知"按钮，可以关闭通知，效果如图 21.4 所示。

图 21.3　手动开启桌面通知

图 21.4　使用脚本关闭通知

示例主要代码如下。

```
<script>
var notice;
function createNotification(){
    if (window.Notification.permission == "granted") {
        notice=new Notification('通知标题',
        {icon:' images/pb.jpg ',body:'通知内容'});
        notice.onshow = function() {console.log('通知被显示');};
        notice.onclose = function() {console.log('通知被关闭');};
    }
    else if(window.Notification.permission == "default"){
        window.Notification.requestPermission();
    }
}
function closeNotification(){
    notice.close();
}
</script>
</head>
<body>
<button onclick="createNotification()">显示通知</button>
<button onclick="closeNotification()">关闭通知</button>
```

21.1.4　案例：设计多条通知

下面示例设计当页面显示时，在桌面批量显示 10 条通知，效果如图 21.5 所示。

示例主要代码如下。

```
<script>
if (window.Notification.permission == "granted") {
    for(var i=0;i<10;i++)
        var   notice =new Notification('通知标题',{
            icon:'downArrow.gif',
            tag:'MyID' + i ,
            body:' 第'+ i +'条通知内容'
        });
}
```

图 21.5　显示多条通知

```
else if(window.Notification.permission == "default"){
    window.Notification.requestPermission();
}
</script>
```

21.2　页面可见 API

HTML5 新增页面可见 API（Page Visibility API）。页面可见 API 可以实现：当与页面进行交互时，如果页面最小化，或者隐藏在其他标签页后面，那么页面中有些功能是可以暂停工作，如轮询服务器或者某些动画效果。

21.2.1　Page Visibility API 基础

应用 Page Visibility API 之后，在浏览器窗口中只有当前激活的页面处于工作状态，其他隐藏页面将暂停工作，避免不必要的计算，耗费系统资源，干扰用户浏览。

Firefox 1+、Chrome 14+、IE 10+、Opera 12+、Safari 7+版本浏览器支持 Page Visibility API。

【示例1】在 HTML5 之前，用户可以监听焦点（focus）事件。如果当前窗口获取焦点，那么可以认为用户在与该页面交互；如果失去焦点，那么可以认为用户停止与该页面交互。

```
//当前窗口得到焦点
window.onfocus = function() {
    //开始动画
    //开始 Ajax 轮询等
};
//当前窗口失去焦点
window.onblur = function() {
    //停止动画
    //停止 Ajax 轮询等
};
```

上面设计方法略显简单，如果用户一边打开浏览器看视频，一边在另一个窗口中工作。很显然，焦点集中在工作窗口中，那么浏览器就失去了焦点，而无法正常浏览。Page Visibility API 能够有效帮助用户完成判断，避免不必要的尴尬。

Page Visibility API 是一个简单的 API，它包含两个属性和一个事件。

☑　document.hidden：布尔值，表示页面是否隐藏。

提示：页面隐藏包括页面在后台标签页中，或者浏览器最小化显示，但是页面被其他软件窗口遮盖并不算隐藏，如打开的 Word 遮住了浏览器。

☑　document.visibilityState：表示当前页面的可见性状态，包括 4 个可能状态值，说明如下。
　　❖　hidden：页面在后台标签页中，或者浏览器最小化。
　　❖　visible：页面在前台标签页中。
　　❖　prerender：页面在屏幕外执行预渲染处理，document.hidden 的值为 true。
　　❖　unloaded：页面正在从内存中卸载。
☑　visibilitychange 事件：当文档从可见状态变为不可见状态，或者从不可见状态变为可见状态时，将触发该事件。

【示例2】当该事件触发时，通过监听 visibilitychange 事件获取 document.hidden 的值，根据该值进行页面处理。

```
document.addEventListener('visibilitychange', function(){
    var isHidden = document.hidden;
    if(isHidden) {
        //动画停止
        //服务器轮询停止
    }else {
        //动画开始
        //服务器轮询
    }
});
```

【示例 3】使用 onfocus/onblur 事件可以兼容低版本 IE 浏览器。

```
(function() {
    var hidden = "hidden";
    //标准用法
    if (hidden in document)
        document.addEventListener("visibilitychange", onchange);
    else if ((hidden = "mozHidden") in document)
        document.addEventListener("mozvisibilitychange", onchange);
    else if ((hidden = "webkitHidden") in document)
        document.addEventListener("webkitvisibilitychange", onchange);
    else if ((hidden = "msHidden") in document)
        document.addEventListener("msvisibilitychange", onchange);
    //兼容 IE9-
    else if ("onfocusin" in document)
        document.onfocusin = document.onfocusout = onchange;
    //兼容其他浏览器
    else
        window.onpageshow = window.onpagehide = window.onfocus = window.onblur = onchange;
    function onchange (evt) {
        var v = "visible", h = "hidden",
            evtMap = {
                focus:v, focusin:v, pageshow:v, blur:h, focusout:h, pagehide:h
            };
        evt = evt || window.event;
        if (evt.type in evtMap)
            document.body.className = evtMap[evt.type];
        else
            document.body.className = this[hidden] ? "hidden" : "visible";
    }
    //设置初始状态（仅当浏览器支持页面可见性 API）
    if( document[hidden] !== undefined )
        onchange({type: document[hidden] ? "blur" : "focus"});
})();
```

提示：Page Visibility API 适用场景如下。

☑ Web 应用拥有幻灯片式的连续播放功能，当页面处于不可见状态时，图片停止播放；当页面变为可见状态时，图片继续播放。

☑ 实时显示服务器端信息的应用中，当页面处于不可见状态时，停止定期向服务器端请求数据的处理；当页面变为可见状态时，继续执行定期向服务器端请求数据的处理。

☑ 具有播放视频功能的应用中，当页面处于不可见状态时，暂停播放视频；当页面变为可见状态时，继续播放视频。

21.2.2　案例：设计视频页面

本示例使用 Page Visibility 设计当页面被隐藏或最小化显示时，将暂停被播放的视频，同时在标题栏中显示当前暂停播放的时间；当用户切换到当前页面时，再重新播放，标题栏又动态显示播放的进度，效果如图 21.6 所示。

（a）动态播放中　　　　　　　　　　　　（b）暂停播放中

图 21.6　在视频页面应用 Page Visibility 技术

示例主要代码如下。

```
<video id="videoElement" autoplay controls width="480" height="270">
    <source src="video/chrome.webm" type="video/webm" />
    <source src="video/chrome.ogv" type="video/ogg" />
    <source src="video/chrome.mp4" type="video/mp4; codecs='avc1.42E01E, mp4a.40.2'" />
</video>
<script>
//记录变量，监测视频是否暂停
//视频设置为自动播放
sessionStorage.isPaused = "false";
//设置隐藏属性和可见性变化事件的名称
var hidden, visibilityChange;
if (typeof document.hidden !== "undefined") {
    hidden = "hidden";
    visibilityChange = "visibilitychange";
} else if (typeof document.mozHidden !== "undefined") {
    hidden = "mozHidden";
    visibilityChange = "mozvisibilitychange";
} else if (typeof document.msHidden !== "undefined") {
    hidden = "msHidden";
    visibilityChange = "msvisibilitychange";
} else if (typeof document.webkitHidden !== "undefined") {
    hidden = "webkitHidden";
    visibilityChange = "webkitvisibilitychange";
}
var videoElement = document.getElementById("videoElement");
//如果该页面是隐藏的，则暂停视频
//如果显示页面，则播放视频
function handleVisibilityChange() {
    if (document[hidden]) {
        videoElement.pause();
```

```
        } else if (sessionStorage.isPaused !== "true") {
            videoElement.play();
        }
    }
//如果浏览器不支持 addEventListener 或者页面可见性 API，则进行警告
if (typeof document.addEventListener === "undefined" ||
        typeof hidden === "undefined") {
        alert("本例需要一个浏览器，如谷歌浏览器，支持页面可见性 API。");
} else {
    //处理页面可见性变化
    document.addEventListener(visibilityChange, handleVisibilityChange, false);
    //当视频停顿
    videoElement.addEventListener("pause", function(){
        if (!document[hidden]) {
            //如果现在不是因为页面隐藏而暂停，则设置 isPaused 为 true
            sessionStorage.isPaused = "true";
        }
    }, false);
    //当视频播放，设置 isPaused 状态
    videoElement.addEventListener("play", function(){
        sessionStorage.isPaused = "false";
    }, false);
    //以当前视频时间设置文档的标题
    videoElement.addEventListener("timeupdate", function(){
        document.title = Math.floor(videoElement.currentTime) + " second(s)";
    }, false);
}
</script>
```

21.3 全屏 API

HTML5 新增一个全屏 API（Fullscreen API），可以设计全屏显示模式应用。

21.3.1 Fullscreen API 基础

用户可以通过 DOM 对象的根节点（document.documentElement）或某个元素的 requestFullscreen() 方法请求 Fullscreen API。如果交互完成，随时可以退出全屏状态。

Firefox 10+、Chrome 16+、Safari 5.1+、Opera 12+、IE11+版本浏览器支持 Fullscreen API。

【示例 1】函数 launchFullscreen()可以根据传入的元素，让该元素全屏显示。

```
function launchFullscreen(element){
    if(element.requestFullscreen) {
        element.requestFullscreen();
    } else if(element.mozRequestFullScreen) {
        element.mozRequestFullScreen();
    } else if(element.msRequestFullscreen){
        element.msRequestFullscreen();
    } else if(element.webkitRequestFullscreen) {
        element.webkitRequestFullScreen();
    }
}
```

◀))）注意： 最新版本的浏览器都支持这个 API，但是在使用时需要加上前缀，如 mozRequestFullScreen。使用的时候，可以针对整个网页，也可以针对某个网页元素。

```
launchFullscreen(document.documentElement);
launchFullscreen(document.getElementById("videoElement"));
```

【示例 2】使用 exitFullscreen() 或 CancelFullScreen() 方法取消全屏显示。

```
function exitFullscreen() {
    if (document.exitFullscreen) {
        document.exitFullscreen();
    } else if (document.msExitFullscreen) {
        document.msExitFullscreen();
    } else if (document.mozCancelFullScreen) {
        document.mozCancelFullScreen();
    } else if (document.webkitExitFullscreen) {
        document.webkitExitFullscreen();
    }
}
exitFullscreen();
```

FullScreen API 还定义了两个属性，简单说明如下。

- ☑ document.fullscreenElement：返回正处于全屏状态的网页元素。
- ☑ document.fullscreenEnabled：返回一个布尔值，表示当前是否处于全屏状态。

【示例 3】下面代码判断当前页面是否全屏显示，并获取当前全屏显示的元素。

```
var fullscreenEnabled =
    document.fullscreenEnabled ||
    document.mozFullScreenEnabled ||
    document.webkitFullscreenEnabled ||
    document.msFullscreenEnabled;
var fullscreenElement =
    document.fullscreenElement ||
    document.mozFullScreenElement ||
    document.webkitFullscreenElement;
```

在全屏状态下，大多数浏览器的 CSS 支持:full-screen 伪类，而 IE 11+支持:fullscreen 伪类。使用这个伪类可以对全屏状态设置单独的 CSS 样式。

【示例 4】设计全屏模式下的页面样式。

```
<style type="text/css">
:-webkit-full-screen { /*通用样式*/}
:-moz-full-screen { /*通用样式*/}
:-ms-fullscreen { /*通用样式*/}
:full-screen {
    /*特殊样式*/
    /*通用样式*/
}
:fullscreen {
    /*特殊样式*/
    /*通用样式*/
}
:-webkit-full-screen video {/*更深层次的元素*/
    width: 100%;
    height: 100%;
}
</style>
```

当进入或退出全屏模式时会触发 fullscreenchange 事件。利用该事件可以监测全屏状态的改变，以便及时做出各种页面响应。

【示例 5】在事件处理函数中，通过 DOM 对象的 fullscreen 属性值来判断页面或元素是否处于全屏显示状态。

```
document.addEventListener("fullscreenchange", function () {
    fullscreenState.innerHTML =(document.fullscreen) ? "全屏显示" : "非全屏显示";
    btnFullScreen.value=(document.fullscreen) ? "页面非全屏显示": "页面全屏显示";
}, false);
document.addEventListener("mozfullscreenchange", function () {
    fullscreenState.innerHTML =(document.mozFullScreen) ? "全屏显示" : "非全屏显示";
    btnFullScreen.value=(document.mozFullScreen) ? "页面非全屏显示": "页面全屏显示";
}, false);
document.addEventListener("webkitfullscreenchange", function () {
    fullscreenState.innerHTML =(document.webkitIsFullScreen) ? "全屏显示" : "非全屏显示";
    btnFullScreen.value=(document.webkitIsFullScreen)? "页面非全屏显示": "页面全屏显示";
}, false);
```

在上面代码中，根据不同的浏览器添加浏览器前缀，并将 fullscreen 修改为 FullScreen，如 mozFullScreen，在 Chrome、Opera 或 Safari 浏览器中需将 fullscreen 改为 webkitIsFullScreen。

21.3.2　案例：设计全屏播放

本示例设计当按 Enter 键时，视频会自动全屏播放，再次按 Enter 键或者 Esc 键，则退出全屏播放模式，效果如图 21.7 所示。

（a）非全屏状态

（b）全屏状态

图 21.7　设计视频全屏播放

示例主要代码如下。

```
<style type="text/css">
:-webkit-full-screen #videoElement {/*使视频拉伸以填充在 WebKit 的屏幕*/
    width: 100%;
    height: 100%;
}
</style>
<p>注意：按 Enter 键切换全屏模式</p>
<video id="videoElement" autoplay controls width="480" height="270">
    <source src="video/chrome.webm" type="video/webm" />
    <source src="video/chrome.ogv" type="video/ogg" />
```

```
    <source src="video/chrome.mp4" type="video/mp4; codecs='avc1.42E01E, mp4a.40.2'" />
</video>
<script>
var videoElement = document.getElementById("videoElement");
function toggleFullScreen() {
    if (!document.mozFullScreen && !document.webkitFullScreen) {
        if (videoElement.mozRequestFullScreen) {
            videoElement.mozRequestFullScreen();
        } else {
            videoElement.webkitRequestFullScreen(Element.ALLOW_KEYBOARD_INPUT);
        }
    } else {
        if (document.mozCancelFullScreen) {
            document.mozCancelFullScreen();
        } else {
            document.webkitCancelFullScreen();
        }
    }
}
document.addEventListener("keydown", function(e) {
    if (e.keyCode == 13) {
        toggleFullScreen();
    }
}, false);
</script>
```

21.4 在线支持

扫码免费学习
更多实用技能

一、专项练习

☑ 用 visibilitychange 事件判断
页面可见性

☑ 计算在线时长

☑ 页面状态提示

☑ 离开时间提示

☑ 在线视频控制

☑ 设计登录页面

☑ Cross-browser Page Visibility
API polyfill

☑ 图片全屏显示

☑ 网页全屏显示

二、更多案例实战

☑ 定时器通知

☑ 桌面通知

新知识、新案例不断更新中······

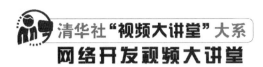

清华社"视频大讲堂"大系

网络开发视频大讲堂

HTML5+CSS3 从入门到精通
（微课精编版）

（第2版）

前端科技　编著

清华大学出版社

北　京

内 容 简 介

本书从初学者角度出发，通过通俗易懂的语言、大量的实例，系统讲解了 HTML5 和 CSS3 的基础理论和实际应用技术，并进行了深入浅出的分析。本书分为上下两册，共 29 章。上册为 HTML5 篇，内容包括 HTML5 基础、HTML5 文档、HTML5 文本、HTML5 多媒体、HTML5 表单、HTML5 绘图、HTML5 SVG 矢量图、HTML5 请求动画和异步处理、HTML5 文件操作、HTML5 通信、HTML5 存储、HTML5 异步请求、HTML5 线程、HTML5 缓存、HTML5 Web 组件、HTML5 历史记录、HTML5 访问多媒体设备、HTML5 访问传感器、HTML5 访问位置、HTML5 拖放操作、HTML5 通知和显示；下册为 CSS3 篇，内容包括 CSS3 基础、CSS3 文本、CSS3 背景、CSS3 用户接口、CSS3 布局、CSS3 动画、CSS3 媒体查询和 CSS3 项目实战，其中 CSS3 项目实战为线上资源。书中所有知识都结合具体实例进行介绍，代码注释详尽，读者可轻松掌握前端技术精髓，提升实际开发能力。

除纸质内容外，本书配备了极为丰富的学习资源，主要内容如下：

☑ 306 集同步视频讲解   ☑ 示例源码库
☑ 面试题库   ☑ 案例库
☑ 工具库   ☑ Web 前端开发规范手册参考
☑ 网页模板库   ☑ 网页配色库
☑ 网页素材库   ☑ 网页欣赏案例库
☑ JavaScript 网页特效大全   ☑ JavaScript 支持手册

本书适合作为 HTML5 和 CSS3 从入门到实战、HTML5 移动开发方面的自学用书，也可作为高等院校网页设计、网页制作、网站建设、Web 前端开发等专业的教学用书或相关机构的培训教材。

图书在版编目（CIP）数据

HTML5+CSS3 从入门到精通：微课精编版 / 前端科技编著. 2 版. —北京：清华大学出版社，2022.5
（清华社"视频大讲堂"大系 网络开发视频大讲堂）
ISBN 978-7-302-59365-2

Ⅰ. ①H… Ⅱ. ①前… Ⅲ. ①超文本标记语言—程序设计 ②网页制作工具 ③HTML 5+CSS3 Ⅳ. ①TP312 ②TP393.092

中国版本图书馆 CIP 数据核字（2021）第 210646 号

责任编辑：贾小红
封面设计：姜 龙
版式设计：文森时代
责任校对：马军令
责任印制：朱雨萌

出版发行：清华大学出版社
    网   址：http://www.tup.com.cn，http://www.wqbook.com
    地   址：北京清华大学学研大厦 A 座   邮   编：100084
    社 总 机：010-83470000   邮   购：010-62786544
    投稿与读者服务：010-62776969，c-service@tup.tsinghua.edu.cn
    质量反馈：010-62772015，zhiliang@tup.tsinghua.edu.cn
印 刷 者：北京富博印刷有限公司
装 订 者：北京市密云县京文制本装订厂
经   销：全国新华书店
开   本：203mm×260mm   印   张：32   字   数：965 千字
版   次：2018 年 8 月第 1 版 2022 年 5 月第 2 版 印   次：2022 年 5 月第 1 次印刷
定   价：128.00 元（全 2 册）

产品编号：091834-01

前 言
Preface

2014 年 10 月 28 日，W3C 的 HTML 工作组正式发布了 HTML5 的推荐标准。HTML5 是构建开放 Web 平台的核心，在新版本中增加了支持 Web 应用开发的许多新特性，以及更符合开发者使用习惯的新元素，并重点关注定义清晰的、一致的准则，以确保 Web 应用和内容在不同用户代理（浏览器）中的互操作性。

2015 年 4 月 9 日，W3C 的 CSS 工作组发布 CSS 基本用户接口模块的标准工作草案。该文档描述了 CSS3 中对 HTML、XML（包括 XHTML）进行样式处理所需的与用户界面相关的 CSS 选择器、属性及属性值。它包含并扩展了在 CSS2 及 Selector 规范中定义的与用户接口有关的特性。

本书内容

本书系统地讲解了 HTML5 和 CSS3 的基础理论和实际运用技术，通过大量实例对 HTML5 和 CSS3 进行深入浅出的分析。全书注重实际操作，使读者在学习技术的同时，掌握 Web 开发和设计的精髓，提高综合应用的能力。

本书分为上下两册，共 29 章，具体结构划分如下。

上册：HTML5 篇，包括第 1～21 章。本册主要介绍 HTML5 相关知识，包括 HTML5 基础、HTML5 文档、HTML5 文本、HTML5 多媒体、HTML5 表单、HTML5 绘图、HTML5 SVG 矢量图、HTML5 请求动画和异步处理、HTML5 文件操作、HTML5 通信、HTML5 存储、HTML5 异步请求、HTML5 线程、HTML5 缓存、HTML5 Web 组件、HTML5 历史记录、HTML5 访问多媒体设备、HTML5 访问传感器、HTML5 访问位置、HTML5 拖放操作、HTML5 通知和显示。

下册：CSS3 篇，包括第 22～29 章。本册主要介绍 CSS3 相关知识，包括 CSS3 基础、CSS3 文本、CSS3 背景、CSS3 用户接口、CSS3 布局、CSS3 动画、CSS3 媒体查询、CSS3 项目实战，其中 CSS3 项目实战为线上资源。

本书特点

📖 系统的基础知识

本书系统地讲解了 HTML5+CSS3 技术在网页设计中各个方面应用的知识，从为什么要用 HTML5 开始讲解，配合大量实例，循序渐进地帮助读者奠定坚实的理论基础，做到知其然知其所以然。

📖 大量的案例实战

通过例子学习是最好的学习方式，本书通过一个知识点、一个例子、一个结果、一段评析、一个综合应用的模式，透彻详尽地讲述了实际开发中所需的各类知识。

📖 技术新颖，讲解细致

全面、细致地展示 HTML 的基础知识，同时讲解在未来 Web 时代中备受欢迎的 HTML5 的新知识，让读者能够真正学习到 HTML5 最实用、最流行的技术。

Note

📖 **精彩栏目，贴心提醒**

本书根据需要在各章使用了很多"注意""提示"等小栏目，让读者可以在学习过程中更轻松地理解相关知识点及概念，并轻松地掌握个别技术的应用技巧。

本书资源

20 万+读者体验，畅销书全新升级；10 年开发教学经验，一线讲师半生心血。

📖 **体验好**

配套同步视频讲解，微信扫一扫，随时随地看视频；配套在线支持，知识拓展，专项练习，更多案例，在线预览网页设计效果，阅读或下载源代码，同样微信扫一扫即可学习。

📖 **资源丰富**

从配套到拓展，资源库一应俱全，具体资源如下：

- ❖ 306 集同步视频讲解
- ❖ 示例源码库
- ❖ 面试题库
- ❖ 案例库
- ❖ 工具库
- ❖ Web 前端开发规范手册参考
- ❖ 网页模板库
- ❖ 网页素材库
- ❖ 网页配色库
- ❖ 网页欣赏案例库
- ❖ JavaScript 网页特效大全
- ❖ JavaScript 支持手册

📖 **案例超多**

本书案例丰富，使读者边做边学更快捷。跟着大量案例去学习，边学边做，从做中学，学习可以更深入、更高效。

📖 **入门容易**

遵循学习规律，入门与实战相结合。编写模式采用基础知识+中小实例+实战案例，内容由浅入深，循序渐进，从入门中学习实战应用，从实战应用中激发学习兴趣。

📖 **在线支持**

本书每一章均配有在线支持，提供与本章知识相关的知识拓展、专项练习、更多案例等优质在线学习资源，并且新知识、新题目、新案例不断更新中。

读前须知

本书主要面向想学习 HTML 和 CSS 的零基础读者，书中用到 JavaScript，如果读者没有 JavaScript 的基本知识，可先下载本书提供的 JavaScript 支持手册。

本书提供了大量示例，需要用到 Edge、IE、Firefox、Chrome 等主流浏览器进行测试和预览。因此，读者的计算机需要安装上述类型的最新版本浏览器，各种浏览器在 CSS3 的表现上可能会稍有差异。

HTML5 中部分 API 可能需要在服务器端测试环境，本书部分章节所用的服务器端测试环境为 Windows 操作系统+Apache 服务器+PHP 开发语言。如果读者的本地系统没有搭建 PHP 虚拟服务器，建议先搭建该虚拟环境。

　　限于篇幅，本书示例没有提供完整的 HTML 代码，读者应先将 HTML 结构补充完整，然后进行测试练习，或者直接参考本书提供的源代码，边学边练。

本书适用对象

- ☑　想学习 Web 前端开发的零基础读者。
- ☑　具有一定基础的 Web 前端开发工程师。
- ☑　具有一定基础的 Web 设计师和 UI 设计师。
- ☑　Web 项目的项目管理人员。
- ☑　开设 Web 开发等相关专业的高等院校的师生和相关培训机构的学员及教师。

关于作者

　　本书由前端科技团队负责编写，并提供在线支持和技术服务，由于作者水平有限，书中疏漏和不足之处在所难免，欢迎读者朋友不吝赐教。广大读者如有好的建议、意见，或在学习本书时遇到疑难问题，可以联系我们，我们会尽快为您解答，联系方式为 css148@163.com。

编　者

2022 年 1 月

JavaScript 支持手册

为满足无 JavaScript 基础的读者的学习需要，本书准备了 3 本电子版的 JavaScript 支持手册，分别是《JavaScript 基础手册》《JavaScript 函数编程手册》《JavaScript 面向对象编程手册》，读者可以先微信扫描封底刮刮卡内二维码，获得权限，再扫描下方二维码免费获取。

扫码免费下载

本书学习资源

为满足读者学习需要，本书配备了丰富的学习资源，包括 306 集同步视频讲解、示例源码库、面试题库、案例库、工具库、Web 前端开发规范手册参考、网页模板库、网页配色库、网页素材库、网页欣赏案例库、JavaScript 网页特效大全，读者可以先微信扫描封底刮刮卡内二维码，获得权限，再扫描下方二维码免费获取。

扫码获取免费
下载地址

清大文森学堂

文森时代（清大文森学堂）是一家 20 年专注为清华大学出版社提供知识内容生产服务的高新科技企业，依托清华大学科教力量和出版社作者团队，联合行业龙头企业，开发网校课程、学术讲座视频和实训教学方案，为院校科研教学及学生就业提供优质服务。

扫码关注文森学堂

目　录

下册·CSS3 篇

第 22 章　CSS3 基础 367

　　　视频讲解：20 分钟

　22.1　CSS3 概述 367

　　22.1.1　CSS 历史 367

　　22.1.2　CSS3 模块 368

　　22.1.3　CSS3 特性 368

　　22.1.4　浏览器兼容性 369

　22.2　CSS3 选择器概述 369

　22.3　使用 CSS3 选择器 371

　　22.3.1　兄弟选择器 371

　　22.3.2　属性选择器 372

　　22.3.3　伪类选择器 373

　　22.3.4　伪对象选择器 374

　22.4　案例实战 375

　22.5　在线支持 379

第 23 章　CSS3 文本 380

　　　视频讲解：65 分钟

　23.1　CSS3 文本模块 380

　　23.1.1　文本模块概述 380

　　23.1.2　文本溢出 381

　　23.1.3　文本换行 381

　　23.1.4　书写模式 382

　　23.1.5　initial 值 383

　　23.1.6　inherit 值 384

　　23.1.7　unset 值 385

　　23.1.8　all 属性 385

　　23.1.9　opacity 属性 385

　　23.1.10　transparent 值 386

　　23.1.11　currentColor 值 387

　　23.1.12　rem 值 387

　　23.1.13　font-size-adjust 属性 .388

　23.2　色彩模式 388

　　23.2.1　rgba()函数 389

　　23.2.2　hsl()函数 389

　　23.2.3　hsla()函数 390

　23.3　文本阴影 390

　23.4　动态生成内容 392

　23.5　网络字体 393

　23.6　案例实战 395

　23.7　在线支持 398

第 24 章　CSS3 背景 399

　　　视频讲解：37 分钟

　24.1　背景图像 399

　　24.1.1　设置定位原点 399

　　24.1.2　设置裁剪区域 400

　　24.1.3　设置背景图像大小 401

　　24.1.4　设置多重背景图像 402

　24.2　渐变背景 403

　　24.2.1　定义线性渐变 404

　　24.2.2　定义重复线性渐变 407

　　24.2.3　定义径向渐变 408

　　24.2.4　定义重复径向渐变 412

　24.3　案例实战 413

　　24.3.1　设计条纹 413

　　24.3.2　设计纹理 415

　　24.3.3　设计折角效果 416

　　24.3.4　设计图标 417

　24.4　在线支持 418

第 25 章　CSS3 用户接口 419

　　　视频讲解：34 分钟

　25.1　界面显示 419

　　25.1.1　显示方式 419

　　25.1.2　调整尺寸 420

25.1.3　缩放比例 421

25.2　轮廓 421

25.3　边框 423
　　25.3.1　定义图像源 423
　　25.3.2　定义平铺方式 424
　　25.3.3　定义宽度 425
　　25.3.4　定义分割方式 425
　　25.3.5　定义扩展 426
　　25.3.6　定义圆角 427

25.4　盒子阴影 429

25.5　案例实战 431

25.6　在线支持 434

第 26 章　CSS3 布局 435
　　🎬 视频讲解：31 分钟

26.1　旧版弹性盒 435
　　26.1.1　启动弹性盒 435
　　26.1.2　设置宽度 435
　　26.1.3　设置顺序 437
　　26.1.4　设置方向 438
　　26.1.5　设置对齐方式 439

26.2　新版弹性盒 440
　　26.2.1　认识 Flexbox 系统 ..440
　　26.2.2　启动弹性盒 441
　　26.2.3　设置主轴方向 442
　　26.2.4　设置行数 443
　　26.2.5　设置对齐方式 444
　　26.2.6　设置弹性项目 445

26.3　多列布局 448
　　26.3.1　设置列宽 448
　　26.3.2　设置列数 448
　　26.3.3　设置间距 449
　　26.3.4　设置列边框 450
　　26.3.5　设置跨列显示 450
　　26.3.6　设置列高度 451

26.4　案例实战 451

26.5　在线支持 454

第 27 章　CSS3 动画 455
　　🎬 视频讲解：45 分钟

27.1　元素变形 455

27.1.1　认识 Transform 455
27.1.2　设置原点 455
27.1.3　2D 旋转 456
27.1.4　2D 缩放 457
27.1.5　2D 平移 457
27.1.6　2D 倾斜 458
27.1.7　2D 矩阵 458
27.1.8　设置变形类型 459
27.1.9　设置透视距离和原点 ..459
27.1.10　3D 平移 462
27.1.11　3D 缩放 463
27.1.12　3D 旋转 463
27.1.13　透视函数 464
27.1.14　变形原点 465
27.1.15　背景可见 465

27.2　过渡动画 465
　　27.2.1　设置过渡属性 466
　　27.2.2　设置过渡时间 466
　　27.2.3　设置延迟过渡时间 ..467
　　27.2.4　设置过渡动画类型 ..467
　　27.2.5　设置过渡触发动作 ..468

27.3　帧动画 472
　　27.3.1　设置关键帧 472
　　27.3.2　设置动画属性 473

27.4　案例实战 475

27.5　在线支持 476

第 28 章　CSS3 媒体查询 477
　　🎬 视频讲解：18 分钟

28.1　媒体查询基础 477
　　28.1.1　媒体类型和媒体查询 ..477
　　28.1.2　使用 @media 478
　　28.1.3　应用 @media 479

28.2　案例实战 482
　　28.2.1　设计响应式菜单 482
　　28.2.2　设计自动隐藏的栏目 ..483
　　28.2.3　设计自适应的页面 ..486

28.3　在线支持 489

第 29 章　CSS3 项目实战 490

第 22 章

CSS3 基础

CSS3 是 CSS 规范的最新版本，在 CSS2 基础上增加了很多新功能，如圆角、多背景、透明度、阴影等功能，以帮助开发人员解决一些实际问题。本章将简单介绍 CSS3 的基本状况，同时介绍 CSS3 新增的选择器。

视频讲解

22.1 CSS3 概述

22.1.1 CSS 历史

早期的 HTML 结构和样式是混在一起的，通过 HTML 标签组织内容，通过标签属性设置显示效果，这就造成了网页代码混乱不堪，代码维护也变得不堪重负。

1994 年年初，哈坤·利提出了 CSS 的最初建议。伯特·波斯（Bert Bos）当时正在设计一款名为 Argo 的浏览器，于是他们一拍即合，决定共同开发 CSS。

1994 年年底，哈坤·利在芝加哥的一次会议上第一次提出了 CSS 的建议，1995 年他与伯特·波斯一起再次提出这个建议。当时 W3C（World Wide Web Consortium，万维网联盟）组织刚刚成立，W3C 对 CSS 的前途很感兴趣，为此组织了一次讨论会，哈坤·利、伯特·波斯是这个项目的主要技术负责人。

1996 年年底，CSS 语言正式设计完成，同年 12 月 CSS 的第一版本被正式出版（http://www.w3.org/TR/CSS1/）。

1997 年年初，W3C 组织专门负责 CSS 的工作组，负责人是克里斯·里雷。于是该工作组开始讨论第一个版本中没有涉及的问题。

1998 年 5 月，CSS2 版本正式出版（http://www.w3.org/TR/CSS2/）。

2002 年，W3C 的 CSS 工作组启动了 CSS2.1 开发。这是 CSS2 的修订版，它纠正 CSS2.0 版本中的一些错误，并且更精确地描述 CSS 的浏览器实现。

2004 年，CSS2.1 正式发布。

2006 年年底，进一步完善 CSS2.1，CSS2.1 也成为了当前最流行、获得浏览器支持最完整的版本，它更准确地反映了 CSS 当前的状态。

CSS3 开发工作在 2000 年之前就开始了，但是距离最终的发布还有相当长的路要走，为了提高开发速度，方便各主流浏览器根据需要渐进式支持，CSS3 按模块化进行全新设计，这些模块可以独立发布和实现，这也为日后 CSS 的扩展奠定了基础。

到目前为止，CSS3 还没有推出正式的完整版，但是已经陆续推出了不同的模块，这些模块已经被大部分浏览器支持或部分实现。

22.1.2　CSS3 模块

CSS1 和 CSS2.1 都是单一的规范，其中，CSS1 主要定义了网页对象的基本样式，如字体、颜色、背景、边框等。CSS2 添加了高级概念：浮动、定位，以及高级选择器，如子选择器、相邻选择器和通用选择器等。

CSS3 被划分成多个模块组，每个模块组都有自己的规范。这样的好处是整个 CSS3 的规范发布不会因为部分存在争论的部分而影响其他模块的推进。对于浏览器来说，可以根据需要决定哪些 CSS 功能被支持。对于 W3C 制定者来说，可以根据需要进行针对性的更新，从而为一个整体的规范更加灵活和及时修订，这样更容易扩展新鲜的技术特性。

2001 年 5 月 23 日，W3C 完成 CSS3 的工作草案，在该草案中制定了 CSS3 发展路线图，路线图详细列出了所有模块，并计划在未来将逐步进行规范。CSS3 模块详细信息可以访问 http://www.w3.org/TR/css3-roadmap/。

22.1.3　CSS3 特性

下面简单介绍 CSS3 新增的主要特性。

- ☑　完善选择器：如果希望设计干净、轻量级的网页结构，希望结构与表现更好的分离，高级选择器是非常有用的。CSS3 增强了选择器的功能，可以减少在标签中添加大量的 class 和 id，并让设计师更方便地维护样式表。

- ☑　完善视觉效果：网页中最常见的效果包括圆角、阴影、渐变背景、半透明等。而这些视觉效果在 CSS2 中都是依赖于 PNG 图片或者 JavaScript 脚本来实现的。CSS3 的很多新特性可以设计这些特殊的视觉效果，减轻开发人员的设计负担。

- ☑　完善盒模型：CSS2 中的盒模型只能实现一些基本的功能，对于一些特殊的功能需要基于 JavaScript 来实现。CSS3 改善了盒模型，增加了很多新特性，如弹性盒，引入全新的布局概念，能轻而易举地实现各种布局，特别是在移动端的布局，它的功能更强大。

- ☑　增强背景功能：CSS3 允许设置多重背景图像，并增加了更多的控制属性，如 background-position、background-originand、background-clip 等，这样就不用为 HTML 文档添加多个无用的标签来优化网页结构。

- ☑　增加阴影效果：阴影效果包括两种：文本阴影（text-shadow）和盒子阴影（box-shadow）。文本阴影在 CSS 中早已存在，但没有被广泛应用。CSS3 增强了这个特性，使文本看起来更醒目。CSS3 的 box-shadow 可以轻易地为任何元素添加盒子阴影。

- ☑　完善 Web 字体：CSS3 重新引入@font-face，允许自定义字体，从此告别用图片代替特殊字体的设计时代。

- ☑　增强颜色和透明功能：CSS3 增加了 HSL、HSLA、RGBA 颜色模式。其中，HSLA 和 RGBA 还增加了透明通道功能，能轻松地改变任何一个元素的透明度。另外，还可以使用 opacity 属性来制作元素的透明度。从此制作透明度不再依赖图片或者 JavaScript 脚本了。

- ☑　新增圆角和边框功能：圆角是 CSS3 中使用最多的一个属性，原因很简单：圆角比直线性更美观，而且不会与设计产生任何冲突。与 CSS2 制作圆角不同之处是，CSS3 无须添加任何标签元素与图片，也不需借用任何 JavaScript 脚本，一个属性就能搞定。CSS3 的 border-image 属性使元素边框的样式变得丰富起来，还可以使用该属性实现类似 background 的效果，对边框进行扭曲、拉伸和平铺等。

☑ 增加变形操作：CSS3 支持变形功能，可以在 2D 或者 3D 空间里操作网页对象的形状和位置，如旋转、扭曲、缩放或者移位等。

☑ 增加动画效果：CSS3 过渡（transition）特性能在网页制作中实现一些简单的动画效果，让某些效果变得更具流线性、平滑性。CSS3 动画（animation）特性能够实现更复杂的样式变化以及一些交互效果，而不需要使用任何 JavaScript 脚本。

☑ 完善媒体特性：CSS3 媒体特性可以设计响应式（Responsive）布局，使布局可以根据用户的显示终端或设备特征选择对应的样式文件，从而在不同的显示分辨率或设备下具有不同的布局效果，特别是在移动端上的实现更是一种理想的选择。

22.1.4　浏览器兼容性

CSS3 特性大部分都已经有了很好的浏览器支持度。各主流浏览器对 CSS3 的支持越来越完善，各个 CSS3 属性和功能模块的支持情况可以访问 https://caniuse.com/网站直接查询了解。

各主流浏览器也定义大量私有属性，方便用户体验 CSS3 的新特性。简单说明如下。

☑ 以 Webkit 引擎为核心的浏览器的（如 Safari、Chrome）的私有属性都是以-webkit-前缀定义。

☑ 以 Gecko 引擎为核心的浏览器（如 Firefox）的私有属性都是以-moz-前缀定义。

☑ 以 Konqueror 引擎为核心的浏览器的私有属性都是以-khtml-前缀定义。

☑ Opera 浏览器的私有属性是以-o-前缀定义。

☑ Internet Explorer 浏览器的私有属性是以-ms-前缀定义，IE 8+支持-ms-前缀。

22.2　CSS3 选择器概述

根据选择器结构的不同，可以把 CSS 选择器分为四大类。

☑ 元素选择器，如表 22.1 所示。

表 22.1　元素选择器列表

选　择　器	说　　　　明
*	通配选择器，选定所有对象
E	类型选择器，匹配所有同类标签的元素
.className	类选择器，匹配 class 属性值包含 className 的元素。注意，E.className 表示限定元素类选择器
#IDName	ID 选择器，匹配 id 属性值等于 IDName 的元素。注意，E#IDName 表示限定元素 ID 选择器

☑ 关系选择器，如表 22.2 所示。

表 22.2　关系选择器列表

选　择　器	说　　　　明
E,F	分组选择器，同时匹配 E 和 F 两个子选择器匹配的对象，子选择器之间用逗号分隔
E F	包含选择器，匹配所有被 E 元素包含的 F 元素
E > F	子选择器，匹配 E 元素的所有子元素 F
E + F	相邻选择器，匹配紧贴在 E 元素之后 F 元素，元素 E 与 F 必须同属一个父级
E ~ F	兄弟选择器，匹配 E 元素后面的所有兄弟元素 F，元素 E 与 F 必须同属一个父级。**CSS3 新增**

☑ 属性选择器，如表 22.3 所示。

表 22.3 属性选择器列表

选　择　器	说　　明
E[att]	匹配具有 att 属性的 E 元素。注意，E 可以省略，如[cheacked]，以下相同
E[att="val"]	匹配具有 att 属性，且属性值等于 val 的 E 元素
E[att~="val"]	匹配具有 att 属性，且属性值为一用空格分隔的字词列表，其中一个等于 val 的 E 元素。注意，包含只有一个值且该值等于 val 的情况
E[att|="val"]	匹配具有 att 属性，其值是以 val 开头并用连接符 "-" 分隔的字符串的 E 元素。注意，如果值仅为 val，也将被选择
E[att^="val"]	匹配具有 att 属性，且属性值为以 val 开头的字符串的 E 元素。**CSS3** 新增
E[att$="val"]	匹配具有 att 属性，且属性值为以 val 结尾的字符串的 E 元素。**CSS3** 新增
E[att*="val"]	匹配具有 att 属性，且属性值为包含 val 的字符串的 E 元素。**CSS3** 新增

☑ 伪选择器。伪选择器包括伪类选择器（见表 22.4）和伪对象选择器（见表 22.5）。根据执行任务不同，伪类选择器又分为 6 种。

- ❖ 动态伪类。
- ❖ 目标伪类。
- ❖ 语言伪类。
- ❖ 状态伪类。
- ❖ 结构伪类。
- ❖ 否定伪类。

表 22.4 伪类选择器列表

选　择　器	说　　明
E:link	设置超链接 a 在未被访问前的样式
E:visited	设置超链接 a 在其链接地址已被访问过时的样式
E:hover	设置元素在其鼠标悬停时的样式
E:active	设置元素在被用户激活（在鼠标单击与释放之间发生的事件）时的样式
E:focus	设置对象在成为输入焦点时的样式
E:lang(fr)	匹配使用特殊语言的 E 元素
E:not(s)	匹配不含有 s 选择符的元素 E。**CSS3** 新增
E:root	匹配 E 元素在文档的根元素。在 HTML 中，根元素永远是 HTML。**CSS3** 新增
E:first-child	匹配父元素的第一个子元素 E。**CSS3** 新增
E:last-child	匹配父元素的最后一个子元素 E。**CSS3** 新增
E:only-child	匹配父元素仅有的一个子元素 E。**CSS3** 新增
E:nth-child(n)	匹配父元素的第 n 个子元素 E，假设该子元素不是 E，则选择符无效。**CSS3** 新增
E:nth-last-child(n)	匹配父元素的倒数第 n 个子元素 E，假设该子元素不是 E，则选择符无效。**CSS3** 新增
E:first-of-type	匹配同类型中的第一个同级兄弟元素 E。**CSS3** 新增
E:last-of-type	匹配同类型中的最后一个同级兄弟元素 E。**CSS3** 新增
E:only-of-type	匹配同类型中的唯一的一个同级兄弟元素 E。**CSS3** 新增
E:nth-of-type(n)	匹配同类型中的第 n 个同级兄弟元素 E。**CSS3** 新增
E:nth-last-of-type(n)	匹配同类型中的倒数第 n 个同级兄弟元素 E。**CSS3** 新增
E:empty	匹配没有任何子元素（包括 text 节点）的元素 E。**CSS3** 新增
E:checked	匹配用户界面选中状态的元素 E，用于 input 的 type 为 radio 与 checkbox 时。**CSS3** 新增
E:enabled	匹配用户界面上处于可用状态的元素 E。**CSS3** 新增

续表

选　择　器	说　　明
E:disabled	匹配用户界面上处于禁用状态的元素 E。**CSS3 新增**
E:target	匹配相关 URL 指向的 E 元素。**CSS3 新增**
@page :first	设置在打印时页面容器第一页使用的样式。注意，仅用于 @page 规则
@page :left	设置页面容器位于装订线左边的所有页面使用的样式。注意，仅用于 @page 规则
@page :right	设置页面容器位于装订线右边的所有页面使用的样式。注意，仅用于 @page 规则

表 22.5　伪对象选择器列表

选　择　器	说　　明
E:first-letter/E::first-letter	设置对象内的第一个字符的样式。注意，仅作用于块对象。**CSS3 完善**
E:first-line/E::first-line	设置对象内的第一行的样式。注意，仅作用于块对象。**CSS3 完善**
E:before/E::before	设置在对象前发生的内容。与 content 一起使用，且必须定义 content 属性。**CSS3 完善**
E:after/E::after	设置在对象后发生的内容。与 content 一起使用，且必须定义 content 属性。**CSS3 完善**
E::placeholder	设置对象文字占位符的样式。**CSS3 新增**
E::selection	设置对象被选择时的样式。**CSS3 新增**

选择器模块详细信息可以访问 http://www.w3.org/TR/css3-selectors/。

提示： CSS 支持并列使用多个属性选择器，以匹配同时满足多个选择器。

注意： CSS3 将伪对象选择符前面的单个冒号（:）修改为双冒号（::），用以区别伪类选择符，但以前的写法仍然有效。

22.3　使用 CSS3 选择器

当把两个或多个简单的选择器组合在一起，就形成了一个复杂的组合选择器，通过组合选择器可以设计高级选择器，精准匹配页面对象。下面针对 CSS3 新增选择进行说明和示例演示。

22.3.1　兄弟选择器

兄弟选择器通过波浪符号（~）标识符进行定义，语法格式如下。

```
E~F { sRules }
```

其基本结构是第一个选择器指定同级前置元素，后面的选择器指定其后同级所有匹配元素。前后选择符的关系是兄弟关系，即在 HTML 结构中两个标签前为兄后为弟，否则样式无法应用。

【示例】兄弟选择器与相邻选择器的样式应用。

```
<style type="text/css">
/*相邻选择（E+F）*/
h3 + p { color: #00f; font-size:24px; }
/*兄弟选择（E~F）*/
h3 ~ p { color: #f00;   }
</style>
<div class="header">
    <h3>关系选择器</h3>
```

```
<p>E,F: 分组选择器，同时匹配 E 和 F 两个子选择器匹配的对象，子选择器之间用逗号分隔。</p>
<p>E F: 包含选择器，匹配所有被 E 元素包含的 F 元素。</p>
<p>E > F: 子选择器，匹配 E 元素的所有子元素 F。</p>
<p>E + F: 相邻选择器，匹配紧贴在 E 元素之后 F 元素，元素 E 与 F 必须同属一个父级。</p>
<p>E ~ F: 兄弟选择器，匹配 E 元素后面的所有兄弟元素 F，元素 E 与 F 必须同属一个父级。CSS3 新增。</p>
</div>
```

兄弟选择器能够选择前置元素后同级的所有匹配元素，而相邻选择器只能选择前置元素后相邻的一个匹配元素。在浏览器中预览，效果如图 22.1 所示。可以看到第一段文本应用了"color: #f00;"和"font-size:24px;"，后面 4 段文本应用了"color: #f00;"，说明"h3 + p { color: #00f; font-size:24px; }"仅作用于第一段文本，而"h3 ~ p { color: #f00; }"作用于所有段落文本。

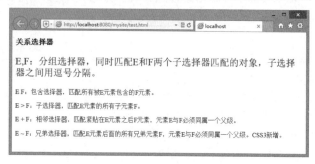

图 22.1　兄弟选择器和相邻选择器比较

22.3.2　属性选择器

属性选择器早在 CSS2 中就被引入，如 E[attr]、E[attr="value"]、E[attr~="value"]和 E[attr|="value"]。CSS3 在此基础上新增加了 3 个属性选择器，如 E[attr^="value"]、E[attr$="value"]和 E[attr*="value"]。其与已定义的 4 个属性选择器，构成了强大的 HTML 属性过滤器。

属性选择器以中括号作为语法标识符，在中括号中可以包含 HTML 属性名或者属性值，并通过"^""$""|"等运算符定义不同形式的属性选择器，语法格式如下。

[属性选择符]

CSS3 属性选择器的具体说明可以参考表 22.3，下面结合具体示例进行演示。

【示例 1】为所有包含 href 属性的超链接定义背景色。

```
<style type="text/css">
a[href] { background-color: #009966;            /*设置背景色*/ }
</style>
<p><a name="anchor">存在属性 href 才行</a></p>
<p><a href="#">存在属性 href 才行</a></p>
```

【示例 2】为表单元素类型为文本框（type=text）的元素设置背景色。

```
<style type="text/css">
input[type=text] { background: #CC6633/*设置背景色*/ }
</style>
<p><input type="text">属性值为 text 才行</p>
<p><input type="textarea">属性值为 text 才行</p>
```

【示例 3】为类选择器设置背景色样式。这里 class 属性包含多个值，每个值之间用空格分隔，其中包括 first。

```
<style type="text/css">
[class~=first] { background: #0099FF/*设置背景色*/ }
</style>
<ul>
    <li class="first">属性值中存在或者含有 first 需要空格分隔</li>
    <li class="second">属性值中存在或者含有 first 需要空格分隔</li>
    <li class="third">属性值中存在或者含有 first 需要空格分隔</li>
    <li class="first second">属性值中存在或者含有 first 需要空格分隔</li>
    <li class="first third">属性值中存在或者含有 first 需要空格分隔</li>
```

```
    <li class="second third">属性值中存在或者含有 first 需要空格分隔</li>
    <li class="first second third">属性值中存在或者含有 first 需要空格分隔</li>
</ul>
```

【示例 4】匹配 class 属性值中包含 first 字符串单元，且多个字符串单元之间用连字符分隔，为匹配的标签设置背景色。

```
<style type="text/css">
[class|="first"] { background-color: #66CC33/*设置背景色*/ }
</style>

<!--结构与示例 3 相同-->
```

【示例 5】为<p>标签中定义提示属性 title，且值以 good 开头设置背景色。

```
<style type="text/css">
p[title^="good"] { background-color: #CC6666/*设置背景色*/ }
</style>
<p title="hello">属性的开头必须是 good</p>
<p title="goodmor">属性的开头必须是 good</p>
<p title="Tgoodmor">属性的开头必须是 good</p>
```

【示例 6】为提示属性 title 的值以 bye 结尾的<p>标签设置背景色。

```
<style type="text/css">
p[title$="bye"] { background-color: #009933/*设置背景色*/ }
</style>
<p title="hello">属性中 bye 需要在末尾</p>
<p title="goodbye">属性中 bye 需要在末尾</p>
<p title="goodbye-2">属性中 bye 需要在末尾</p>
```

【示例 7】分别定义 5 个模糊匹配的属性选择器，然后把匹配的 div 元素显示出来以测试浏览器是否支持该属性选择器，如图 22.2 所示。

```
<style type="text/css">
div { display: none; }                    /*隐藏所有 div 元素*/
[class|="blue"] { display: block; }       /*连字符匹配*/
[class~="blue"] { display: block; }       /*空白符匹配*/
[class^="Red"] { display: block; }        /*前缀匹配*/
[class$="Green"] { display: block; }      /*后缀匹配*/
[class*="gre"] {display: block; }         /*子字符串匹配*/
</style>
<div class="red-blue-green">支持[|=]（连字符匹配）属性选择器</div>
<div class="red blue green">支持[~=]（空白符匹配）属性选择器</div>
<div class="Red-blue-green">支持[^=]（前缀匹配）属性选择器</div>
<div class="red-blue-Green">支持[$=]（后缀匹配） 属性选择器</div>
<div class="red-blue-green">支持[*=]:（子字符串匹配）属性选择器</div>
```

提示：如果省略了属性选择器的指定标签选择器，这时它将匹配任意标签元素。

22.3.3 伪类选择器

伪类选择器是一种特殊的类选择器，它的用处就是可以对不同状态或行为下的元素定义样式，这些状态或行为是无法通过静态的选择器匹配的，具有动态特性。

伪类选择器以冒号（：）作为语法标识符。冒号前可以添加选择符，限定伪类应用的范围，冒号后为伪类名称，冒号前后没有空格。语法格式如下。

```
:伪类名称
```

CSS 伪类选择器有两种用法方式。

☑ 单纯式：

E:pseudo-class { property:value}

其中，E 为元素，pseudo-class 为伪类名称，property 是 CSS 的属性，value 为 CSS 的属性值。例如：

a:link {color:red;}

☑ 混用式：

E.class:pseudo-class{property:value}

其中，.class 表示类选择符。把类选择符与伪类选择符组成一个混合式的选择器，能够设计更复杂的样式，以精准匹配元素。例如：

a.selected:hover {color: blue;}

在 22.4 节案例实战部分将会演示多种不同伪类选择器的应用。

22.3.4 伪对象选择器

伪对象选择器主要针对不确定对象定义样式，如第一行文本、第一个字符、前面内容、后面内容。这些对象具体存在，但又无法具体确定，需要使用特定类型的选择器来匹配它们。

伪对象选择器以冒号（:）作为语法标识符。冒号前可以添加选择符，限定伪对象应用的范围，冒号后为伪对象名称，冒号前后没有空格。语法格式如下。

:伪对象名称

CSS3 新语法格式如下。

::伪对象名称

提示： 伪对象前面包含两个冒号，主要是为了与伪类选择器进行语法区分。

【示例 1】 使用:before 伪对象选择器在段落文本前面添加 3 个字符"柳永："，然后使用:first-letter 伪对象选择器设置段落文本第一个字符放大显示，定义字体大小为 24 像素，效果如图 22.3 所示。

```
<style type="text/css">
p:before { content: '柳永：';}
p:first-letter { font-size:24px;}
</style>
<p>衣带渐宽终不悔，为伊消得人憔悴。</p>
```

图 22.2 模糊匹配属性选择器演示效果

图 22.3 定义第一个字符放大显示

【示例 2】 使用:first-letter 伪对象选择器设置段落文本第一个字符下沉显示，并使用:first-line 伪对象选择器设置段落文本第一行字符放大带有阴影显示，效果如图 22.4 所示。

```
<style type="text/css">
p{ font-size:18px; line-height:1.6em;}
p:first-letter {/*段落文本中第一个字符样式*/
    float:left;
    font-size:60px;
    font-weight:bold;
```

```
        margin:26px 6px;
    }
    p:first-line {/*段落文本中第一行字符样式*/
        color:red;
        font-size:24px;
        text-shadow:2px 2px 2px rgba(147,251,64,1);
    }
    </style>
    <p>我在朦胧中，眼前展开一片海边碧绿的沙地来，上面深蓝的天空中挂着一轮金黄的圆月。我想：希望本是无所谓有，
无所谓无的。这正如地上的路；其实地上本没有路，走的人多了，也便成了路。 </p>
```

图 22.4　定义第一个字符和第一行字符特殊显示

22.4　案 例 实 战

下面示例设计排行榜栏目列表样式，设计效果如图 22.5 所示。在列表框中为每个列表项定义相同的背景图像。

列表结构如下。

```
<div id="wrap">
    <ul id="container">
        <li><a href="#">送君千里 终须一别</a></li>
        <li><a href="#">旅行的意义</a></li>
        <li><a href="#">南师虽去，精神永存</a></li>
        <li><a href="#">榴莲糯米糍</a></li>
        <li><a href="#">阿尔及利亚 天命之年</a></li>
        <li><a href="#">白菜鸡肉粉丝包</a></li>
        <li><a href="#">《展望塔上的杀人》</a></li>
        <li><a href="#">我们，只会在路上相遇</a></li>
    </ul>
</div>
```

设计的列表样式请参考本节示例源代码。下面结合本示例分析结构伪类选择器的用法。

1．:first-child

【示例 1】如果设计第一个列表项前的图标为 1，且字体加粗显示，则使用:first-child 匹配。

```
#wrap li:first-child {
    background-position:2px 10px;
    font-weight:bold;
}
```

2．: last-child

【示例 2】如果单独给最后一个列表项定义样式，就可以使用:last-child 来匹配。

```
#wrap li:last-child {background-position:2px -277px;}
```

显示效果如图 22.6 所示。

3．:nth-child()

:nth-child()可以选择一个或多个特定的子元素。该函数有多种用法。

```
:nth-child(length);          /*参数是具体数字*/
:nth-child(n);               /*参数是 n，n 从 0 开始计算*/
:nth-child(n*length)         /*n 的倍数选择，n 从 0 开始算*/
:nth-child(n+length);        /*选择大于或等于 length 的元素*/
:nth-child(-n+length)        /*选择小于或等于 length 的元素*/
:nth-child(n*length+1);      /*表示隔几选一*/
```

在:nth-child()函数中，参数 length 为一个整数，n 表示一个从 0 开始的自然数。

:nth-child()函数可以定义值，值可以是整数，也可以是表达式，用来选择特定的子元素。

【示例3】下面 6 个样式分别匹配列表中第 2～7 个列表项，并分别定义它们的背景图像 y 轴坐标位置，显示效果如图 22.7 所示。

```
#wrap li:nth-child(2) { background-position: 2px -31px; }
#wrap li:nth-child(3) { background-position: 2px -72px; }
#wrap li:nth-child(4) { background-position: 2px -113px; }
#wrap li:nth-child(5) { background-position: 2px -154px; }
#wrap li:nth-child(6) { background-position: 2px -195px; }
#wrap li:nth-child(7) { background-position: 2px -236px; }
```

图 22.5　设计列表样式　　　　图 22.6　设计最后一个列表项样式　　　图 22.7　设计每个列表项样式

注意：这种函数参数用法是不能引用负值，也就是说 li:nth-child(-3)是不正确的使用方法。

☑　:nth-child(n)：在:nth-child(n)中，n 是一个简单的表达式，从 0 开始取值，到什么时候结束是不确定的，需结合文档结构而定，如果在实际应用中直接这样使用的话，将会选中所有子元素。

【示例4】在示例 4 中，如果在 li 中使用:nth-child(n)，那么将选中所有的 li 元素。

```
#wrap li:nth-child(n) {text-decoration:underline;}
```

则这个样式类似于：

```
#wrap li {text-decoration:underline;}
```

其实，nth-child()是这样计算的。n=0：表示没有选择元素；n=1：表示选择第一个 li；n=2：表示选择第二个 li。

以此类推，这样下来就选中了所有的 li。

☑　:nth-child(2n)：

【示例5】:nth-child(2n)是:nth-child(n)的一种变体，使用它可以选择 n 的 2 倍数，当然其中 2 可以换成需要的数字，分别表示不同的倍数。

```
#wrap li:nth-child(2n) {font-weight:bold;}
```

等价于：

```
#wrap li:nth-child(even) {font-weight:bold;}
```

则预览效果如图 22.8 所示。来看一下其实现过程。当 n=0，则 2n=0，表示没有选中任何元素；当 n=1，则 2n=2，表示选择了第二个 li；当 n=2，则 n=4，表示选择了第四个 li，以此类推。如果是 2n，这样与使用 even 命名 class 定义样式所起到的效果是一样的。

☑ :nth-child(2n-1)：

【示例 6】 :nth-child(2n-1)这个选择器是在:nth-child(2n)的基础上演变而来的，既然:nth-child(2n)表示选择偶数，那么在它的基础上减去 1 就变成选择奇数。

图 22.8 设计偶数行列表项样式

```
#wrap li:nth-child(2n-1) {font-weight:bold;}
```

等价于：

```
#wrap li:nth-child(odd) {font-weight:bold;}
```

来看看其实现过程。当 n=0，则 2n-1=-1，表示也没有选中任何元素；当 n=1，则 2n-1=1，表示选择第一个 li；当 n=2，则 2n-1=3，表示选择第三个 li，以此类推。其实实现这种奇数效果还可以使用:nth-child(2n+1)和:nth-child(odd)。

☑ :nth-child(n+5)：

【示例 7】 :nth-child(n+5)这个选择器是从第五个子元素开始选择。

```
li:nth-child(n+5) {font-weight:bold;}
```

其实现过程如下：当 n=0，则 n+5=5，表示选中第五个 li；当 n=1，则 n+5=6，表示选择第六个 li，以此类推。可以使用这种方法选择需要开始选择的元素位置，也就是说换了数字，起始位置就变了。

☑ :nth-child(-n+5)：

【示例 8】 :nth-child(-n+5)选择器刚好和:nth-child(n+5)选择器相反，这个是选择第五个前面的子元素。

```
li:nth-child(-n+5) {font-weight:bold;}
```

其实现过程如下：当 n=0，则-n+5=5，表示选择了第五个 li；当 n=1，则-n+5=4，表示选择了第四个 li；当 n=2，则-n+5=3 ，表示选择了第三个 li；当 n=3，则-n+5=2，表示选择了第二个 li；当 n=4，则-n+5=1，表示选择了第一个 li；当 n=5，则-n+5=0，表示没有选择任何元素。

☑ :nth-child(5n+1)： :nth-child(5n+1)选择器是实现隔几选一的效果。

【示例 9】 如果是隔三选一，则定义的样式如下。

```
li:nth-child(3n+1) {font-weight:bold;}
```

其实现过程如下：当 n=0，则 3n+1=1，表示选择了第一个 li；当 n=1，则 3n+1=4，表示选择了第四个 li；当 n=2，则 3n+1=7，表示选择了第七个 li。设计效果如图 22.9 所示。

4．:nth-last-child()

【示例 10】 :nth-last-child()选择器与:nth-child()相似，但作用与:nth-child()不一样，:nth-last-child()只是从最后一个元素开始计算选择特定元素。

```
li:nth-last-child(4) {font-weight:bold;}
```

图 22.9 设计隔三选一行列表项样式

上面代码表示选择倒数第四个列表项。其中，:nth-last- child(1)和:last-child()所起作用是一样的，都表示选择最后一个元素。另外，:nth-last-child()与:nth-child()用法相同，可以使用表达式来选择特定元素，下面来看几个特殊的表达式所起的作用。:nth-last-child(2n)表示从元素后面计算，选择的是偶数个数，从而反过来说就是选择元素的奇数个数，与前面的:nth-child(2n+1)、:nth- child(2n-1)、:nth-child(odd)所起的作用是一样的。如：

```
li:nth-last-child(2n) { font-weight:bold;}
li:nth-last-child(even) {font-weight:bold;}
```

等价于：

```
li:nth-child(2n+1) {font-weight:bold;}
li:nth-child(2n-1) {font-weight:bold;}
li:nth-child(odd) {font-weight:bold;}
```

:nth-last-child(2n-1)选择器刚好与上面的相反，从后面计算选择的是奇数位，而从前面计算选择的就是偶数位了，如：

```
li:nth-last-child(2n+1) {font-weight:bold;}
li:nth-last-child(2n-1) {font-weight:bold;}
li:nth-last-child(odd) {font-weight:bold;}
```

等价于：

```
li:nth-child(2n) {font-weight:bold;}
li:nth-child(even) {font-weight:bold;}
```

总之，:nth-last-child()和 nth-child()使用方法是一样的，只不过它们的区别是:nth-child()是从元素的第一个开始计算，而:nth-last-child()是从元素的最后一个开始计算，它们的计算方法都是一样的。

5．:nth-of-type()

:nth-of-type()类似:nth-child()，不同的是它只计算选择器中指定的那个元素。这个选择器对于主要用来定位元素中包含了好多不同类型的子元素很有用处。

【示例11】在 div#wrap 中包含有很多 p、li、img 等元素，但现在只需要选择 p 元素，并让它每隔一个 p 元素就有不同的样式，那就可以简单地写成如下所示代码。

```
div#wrap p:nth-of-type(even) { font-weight:bold;}
```

其实，这种用法与:nth-child()是一样的，也可以使用:nth-child()的表达式来实现，唯一不同的是:nth-of-type()指定了元素的类型。

6．:nth-last-of-type()

:nth-last-of-type()与:nth-last-child()用法相同，但它指定了子元素的类型，除此之外，语法形式和用法基本相同。

7．:first-of-type 和:last-of-type

:first-of-type 和:last-of-type 这两个选择器类似于:first-child 和:last-child，不同之处就是它们指定了元素的类型。

8．:only-child 和:only-of-type

:only-child 表示的是一个元素是它的父元素的唯一一个子元素。

【示例12】在文档中设计如下 HTML 结构。

```
<div class="post">
    <p>第一段文本内容</p>
```

```
        <p>第二段文本内容</p>
</div>
<div class="post">
        <p>第三段文本内容</p>
</div>
```

如果需要在 div.post 中只有一个 p 元素情况下，改变这个 p 元素的样式，那么就可以使用:only-child 选择器来实现。

```
.post p {font-weight:bold;}
.post p:only-child {background: red;}
```

此时只有 div.post 在只包含一个子元素 p 时，它的背景色将会显示为红色。

:only-of-type 表示一个元素包含有很多个子元素，而其中只有一个子元素是唯一的，那么使用这种选择方法就可以选择这个唯一的子元素。例如：

```
<div class="post">
        <div>子块一</div>
        <p>文本段</p>
        <div>子块二</div>
</div>
```

如果只想选择上面结构块中的 p 元素，就可以这样写。

```
.post p:only-of-type{background-color:red;}
```

9. :empty

:empty 是用来选择没有任何内容的元素，这里没有内容指的是一点儿内容都没有，包括空格。

【示例 13】在文档中设计 3 个段落，其中一个段落什么都没有，完全是空的。

```
<div class="post">
        <p>第一段文本内容</p>
        <p>第二段文本内容</p>
</div>
<div class="post">
        <p> </p>
</div>
```

如果想设计这个 p 元素不显示，那就可这样来写：

```
.post p:empty {display: none;}
```

22.5　在线支持

扫码免费学习
更多实用技能

一、基础知识
- ☑ CSS 历史
- ☑ CSS3 模块
- ☑ CSS3 开发状态
- ☑ CSS3 选择器概述

...实际有更多知识点

二、专项练习
- ☑ 使用 CSS3 绘制 26 个字母
- ☑ 设计菜单样式
- ☑ 设计表单样式
- ☑ 设计超链接样式
- ☑ 设计表格样式

三、更多案例实战
- ☑ 设计分类表格页
- ☑ 设计百度文库下载列表
- ☑ 标准设计师与传统设计师初次 PK

四、参考
- ☑ CSS3 选择器列表
- ☑ CSS 单位列表

📝 新知识、新案例不断更新中……

第 23 章

CSS3 文本

CSS3 优化和增强了 CSS2.1 的字体和文本属性，使网页文字更具表现力和感染力，丰富了网页文本的样式和版式。用户可以使用网络字体定义特殊的字体类型，摆脱了浏览器所在系统字体的局限；可以选择更多的色彩模式，创建灵活的网页配色体系；通过文本阴影，让字体看起来更美；通过动态内容，让网页内容不再单一，CSS 控制网页内容的显示能力更强。

视 频 讲 解

23.1 CSS3 文本模块

23.1.1 文本模块概述

CSS3 文本模块（TextModule）把与文本相关的属性单独进行规范。文本模块的最早版本是在 2003 年制定的，2005 年对其进行了修订，2007 年又进行了系统更新，最后形成了一个较为完善的文本模型。

在最终版本的文本模块中，除了新增文本属性外，还对 CSS2.1 版本中已定义的属性取值进行修补，增加了更多的属性值，以适应复杂环境中文本的呈现。

与 2003 年版本相比，现在版本进行了较大的改动，其中主要改动说明如下。

- ☑ line-break 和 word-break-cjk 属性被 word-break 属性替换。
- ☑ word-break-inside 属性被 hyphenate 属性替换。
- ☑ wrap-option 属性被 text-wrap 和 word-break 属性替换。
- ☑ linefeed-treatment、white-space-treatment 和 all-space-treatment 属性被 white-space-collapse 属性替换。
- ☑ min-font-size 和 max-font-size 属性被移至下一个 CSS3 版本中字体模块内。
- ☑ 修改了 text-align 属性中 left 和 right 属性值在垂直文本中的行为。
- ☑ text-align-last 属性取消了 size 属性值。
- ☑ text-justify 属性取消了 newspaper 属性值。
- ☑ word-spacing 和 letter-spacing 属性增加了百分比取值。
- ☑ text-wrap 属性增加了 suppress 属性值。
- ☑ 删除 linefeed-treatment 属性。
- ☑ text-align-last 属性取消了 size 属性值。
- ☑ text-justify 属性新增了 tibetan 属性值。
- ☑ punctuation-trim 属性新增加了 end 属性值。
- ☑ kerning-mode:contextual 被 punctuation-trim:adjacent 替换，其他控制被移至字体模块。
- ☑ text-shadow 属性现在可以继承。
- ☑ 新增 text-outline 属性。
- ☑ 新增 text-emphasis 属性，替换 font-emphasis 属性。

☑ 重新定义了 text-indent 属性。

☑ 重新设计了 hanging-punctuation 属性。

最新版本的文本模型与 2005 年版本相比，也进行了适当修订，其中增加 text-emphasis 和 text-outline 属性，移出了 font-emphasis 属性，其他更多改动细节请参阅官方文档。

23.1.2 文本溢出

text-overflow 属性可以设置超长文本省略显示。基本语法如下。

```
text-overflow:clip | ellipsis
```

适用于块状元素，取值简单说明如下。

☑ clip：当内联内容溢出块容器时，将溢出部分裁切掉，为默认值。

☑ ellipsis：当内联内容溢出块容器时，将溢出部分替换为（...）。

> 提示：text-overflow 属性仅是内容注解，当文本溢出时是否显示省略标记，并不具备样式定义的特性。要实现溢出时产生省略号的效果，还应定义两个样式：强制文本在一行内显示（white-space: nowrap）和溢出内容为隐藏（overflow:hidden），这样才能实现溢出文本显示省略号的效果。

图 23.1 设计固定宽度的新闻栏目

【示例】设计新闻列表有序显示，对于超出指定宽度的新闻项，则使用 text-overflow 属性省略并附加省略号，避免新闻换行或者撑开版块，效果如图 23.1 所示。

示例代码如下。

```
<style type="text/css">
…
dd {/*设新闻列表项样式*/
    font-size:0.78em;
    height:1.5em;width:280px;                          /*固定每个列表项的大小*/
    padding:2px 2px 2px 18px;                          /*为添加新闻项目符号腾出空间*/
    background: url(images/icon.gif) no-repeat 6px 25%;  /*以背景方式添加项目符号*/
    margin:2px 0;
    white-space: nowrap;                               /*为应用 text-overflow 做准备，禁止换行*/
    overflow: hidden;                                  /*为应用 text-overflow 做准备，禁止文本溢出显示*/
    -o-text-overflow: ellipsis;                        /*兼容 Opera*/
    text-overflow: ellipsis;                           /*兼容 IE，Safari（WebKit）*/
    -moz-binding: url('images/ellipsis.xml#ellipsis');  /*兼容 Firefox*/}
</style>
<dl>
    <dt>唐诗名句精选</dt>
    <dd>海内存知己，天涯若比邻。唐·王勃《送杜少府之任蜀州》 </dd>
    <dd>不知细叶谁裁出，二月春风似剪刀。唐·贺知章《咏柳》 </dd>
    <dd>欲穷千里目，更上一层楼。唐·王之涣《登鹳雀楼》 </dd>
    <dd>野旷天低树，江清月近人。唐·孟浩然《宿建德江》 </dd>
    <dd>大漠孤烟直，长河落日圆。唐·王维《使至塞上》 </dd>
</dl>
```

23.1.3 文本换行

在 CSS3 中，使用 word-break 属性可以定义文本自动换行。基本语法如下。

```
word-break:normal | keep-all | break-all
```

取值简单说明如下。

- ☑ normal：默认值，依照亚洲语言和非亚洲语言的文本规则，允许在字内换行。
- ☑ keep-all：对于中文、韩文、日文不允许字断开。适合包含少量亚洲文本的非亚洲文本。
- ☑ break-all：与 normal 相同，允许非亚洲语言文本行的任意字内断开。该值适合包含一些非亚洲文本的亚洲文本，如使连续的英文字母间断行。

【示例】在页面中插入一个表格，由于标题行文字较多，标题行常被撑开，影响了浏览体验。为了解决这个问题，借助 CSS 换行属性进行处理，比较效果如图 23.2 所示。

```
<style type="text/css">
th {
    background-image: url(images/th_bg1.gif);       /*使用背景图模拟渐变背景*/
    background-repeat: repeat-x;                      /*定义背景图平铺方式*/
    height: 30px;
    vertical-align:middle;                            /*垂直居中显示*/
    border: 1px solid #cad9ea;                        /*添加淡色细线边框*/
    padding: 0 1em 0;
    overflow: hidden;                                 /*超出范围隐藏显示，避免撑开单元格*/
    word-break: keep-all;                             /*禁止词断开显示*/
    white-space: nowrap;                              /*强迫在一行内显示*/
}
…
</style>
```

（a）处理前

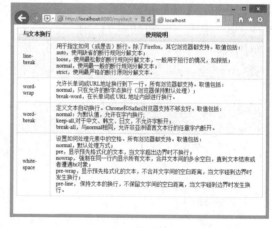
（b）处理后

图 23.2　禁止表格标题文本换行显示

23.1.4　书写模式

CSS3 增强了文本布局中的书写模式，在 CSS 2.1 定义的 direction 和 unicode-bidi 属性基础上，新增 writing-mode 属性。基本语法如下。

```
writing-mode:horizontal-tb | vertical-rl | vertical-lr | lr-tb | tb-rl
```

取值简单说明如下。

- ☑ horizontal-tb：水平方向自上而下的书写方式，类似 IE 私有值 lr-tb。
- ☑ vertical-rl：垂直方向自右而左的书写方式，类似 IE 私有值 tb-rl。
- ☑ vertical-lr：垂直方向自左而右的书写方式。
- ☑ lr-tb：左-右，上-下。对象中的内容在水平方向上从左向右流入，后一行在前一行的下面显示。

·382·

☑　tb-rl：上-下，右-左。对象中的内容在垂直方向上从上向下流入，自右向左。后一竖行在前一竖行的左面。全角字符是竖直向上的，半角字符如拉丁字母或片假名顺时针旋转 90°。

【示例】设计一个象棋棋子，然后定义当超链接被激活时，首行文本缩进 4px。由于使用了垂直书写模式，则文本向下移动 4px，这样就可以模拟一种动态下沉效果，如图 23.3 所示。

图 23.3　设计首字下沉特效

```
<style type="text/css">
.btn {
    width: 80px; height: 80px;                    /*固定大小*/
    line-height: 80px;                            /*垂直居中*/
    font-size: 62px;                              /*大字体*/
    cursor: pointer;                              /*手形指针样式*/
    text-align: center;                           /*文本居中显示*/
    text-decoration:none;                         /*清除下画线*/
    color: #a78252;                               /*字体颜色*/
    background-color: #ddc390;                    /*增加背景色*/
    border: 6px solid #ddc390;                    /*增加粗边框*/
    border-radius: 50%;                           /*定义圆形显示*/
    /*定义阴影和内阴影边线*/
    box-shadow: inset 0 0 0 1px #d6b681, 0 1px, 0 2px, 0 3px, 0 4px;
    writing-mode: tb-rl;
    -webkit-writing-mode: vertical-rl;
    writing-mode: vertical-rl;
}
.btn:active { text-indent: 4px;}
</style>
<a href="#" class="btn">将</a>
```

23.1.5　initial 值

initial 表示初始化属性的值，所有的属性都可以接收该值。如果想重置某个属性为浏览器默认设置，那么就可以使用该值，这样就可以取消用户定义的 CSS 样式。

📢 注意：IE 暂不支持该属性值。

【示例】页面中插入 4 段文本，然后在内部样式表中定义这 4 段文本蓝色、加粗显示，字体大小为 24px，显示效果如图 23.4 所示。

```
<style type="text/css">
p {
    color: blue;
    font-size:24px;
    font-weight:bold;
}
</style>
<p>春眠不觉晓，</p>
<p>处处闻啼鸟。</p>
<p>夜来风雨声，</p>
<p>花落知多少。</p>
```

如果想禁用第一句和第三句用户定义的样式，只需在内部样式表中添加一个独立样式，然后把文本样式的值都设为 initial 值就可以了，具体代码如下，运行结果如图 23.5 所示。

```
p:nth-child(odd){
    color: initial;
    font-size:initial;
    font-weight:initial;
}
```

图 23.4　定义段落文本样式

图 23.5　恢复段落文本样式

在浏览器中可以看到，第一句和第三句文本恢复为默认的黑色、常规字体，大小为16px。

23.1.6　inherit 值

inherit 表示属性能够继承祖先的设置值，所有的属性都可以接收该值。

【示例】设置一个包含框，高度为 200px，包含两个盒子，定义盒子高度分别为 100% 和 inherit，正常情况下都会显示 200px，但是在特定情况下，如当盒子被定义为绝对定位显示，则设置 "height: inherit;" 能够按预定效果显示，而 "height: 100%;" 就可能撑开包含框，效果如图 23.6 所示。

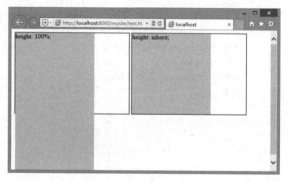
图 23.6　比较 inherit 和 100%高度效果

```
<style type="text/css">
.box {
    display: inline-block;
    height: 200px;
    width: 45%;
    border: 2px solid #666;
}
.box   div{
    width: 200px;
    background-color: #ccc;
    position: absolute;
}
.height1 { height: 100%;}
.height2 {height: inherit;}
</style>
<div class="box">
    <div class="height1">height: 100%;</div>
</div>
<div class="box">
    <div class="height2">height: inherit;</div>
</div>
```

【补充】

inherit 表示继承属性值，一般用于字体、颜色、背景等；auto 表示自适应，一般用于高度、宽度、外边距和内边距等关于长度的属性。

23.1.7 unset 值

unset 表示擦除用户声明的属性值，所有的属性都可以接收该值。如果属性有继承的值，则该属性的值等同于 inherit，即继承的值不被擦除；如果属性没有继承的值，则该属性的值等同于 initial，即擦除用户声明的值，恢复初始值。

🔊 注意：IE 和 Safari 浏览器暂时不支持该属性值。

【示例】设计 4 段文本，第一段和第二段位于<div class="box">容器中，设置段落文本显示为 30px 的蓝色字体，现在擦除第二段和第四段文本样式，则第二段文本显示继承样式，即 12px 的红色字体，而第四段文本显示初始化样式，即 16px 的黑色字体，效果如图 23.7 所示。

图 23.7 比较擦除后文本效果

```
<style type="text/css">
.box {color: red; font-size: 12px;}
p {color: blue; font-size: 30px;}
p.unset {
        color: unset;
        font-size: unset;
}
</style>
<div class="box">
        <p>春眠不觉晓，</p>
        <p class="unset">处处闻啼鸟。</p>
</div>
<p>夜来风雨声，</p>
<p class="unset">花落知多少。</p>
```

23.1.8 all 属性

all 属性表示所有 CSS 的属性，但不包括 unicode-bidi 和 direction 这两个 CSS 属性。

🔊 注意：IE 浏览器暂时不支持该属性。

【示例】针对 23.1.7 节示例，我们可以简化 p.unset 类样式。

```
p.unset {
    all: unset;
}
```

如果在样式中，声明的属性非常多，使用 all 会极为方便，避免逐个设置每个属性。

23.1.9 opacity 属性

opacity 属性定义元素对象的不透明度。其语法格式如下。

```
opacity: <alphavalue> | inherit;
```

取值简单说明如下。

☑ <alphavalue>由浮点数字和单位标识符组成的长度值。不可为负值，默认值为 1。opacity 取值为 1 时，则元素是完全不透明的；取值为 0 时，元素是完全透明的，不可见的；介于 1～0 的任何值都表示该元素的不透明程度。如果超过了这个范围，其计算结果将截取到与之最相近的值。

☑ inherit 表示继承父辈元素的不透明性。

【示例】设计<div class="bg">对象铺满整个窗口，显示为黑色背景，不透明度为 0.7，这样可以模拟一种半透明的遮罩效果；再使用 CSS 定位属性设计<div class="login">对象显示在上面。示例主要代码如下，效果如图 23.8 所示。

```
<style type="text/css">
.bg {
    width: 100%;
    height: 100%;
    background: #000;
    opacity: 0.7;
    filter: alpha(opacity=70);
}
…
</style>
<div class="web"><img src="images/bg.png" /></div>
<div class="bg"></div>
<div class="login"><img src="images/login.png"  /></div>
```

图 23.8　设计半透明的背景布效果

📢 注意：使用色彩模式函数的 alpha 通道可以针对元素的背景色或文字颜色单独定义不透明度，而 opacity 属性只能为整个对象定义不透明度。

23.1.10　transparent 值

transparent 属性值用来指定全透明色彩，等效于 rgba(0,0,0,0)值。

【示例】使用 CSS 的 border 设计三角形效果，通过 transparent 颜色值让部分边框透明显示，代码如下，效果如图 23.9 所示。

```
<style type="text/css">
#demo {
    width: 0; height: 0;
    border-left: 50px solid transparent;
    border-right: 50px solid transparent;
    border-bottom: 100px solid red;
}
</style>
<div id="demo"></div>
```

23.1.11　currentColor 值

在 CSS 中，border-color、box-shadow 和 text-decoration-color 属性的默认值是 color 属性的值。CSS3 扩展了颜色值，包含 currentColor 关键字，并用于所有接收颜色的属性上。currentColor 表示 color 属性的值。

【示例】设计图标背景颜色值为 currentColor，这样在网页中随着链接文本的字体颜色不断变化，图标的颜色也跟随链接文本的颜色变化而变化，确保整体导航条色彩的一致性，达到图文合一的境界，效果如图 23.10 所示。

```
<style type="text/css">
.icon {
    background-color: currentColor; /*使用当前颜色控制图标的颜色*/
}
…
.link:hover { color: red; }/*虽然改变的是文字颜色，但是图标颜色也一起变化了*/
</style>
<a href="##" class="link"><i class="icon icon1"></i>首页</a>
<a href="##" class="link"><i class="icon icon2"></i>刷新</a>
<a href="##" class="link"><i class="icon icon3"></i>收藏</a>
<a href="##" class="link"><i class="icon icon4"></i>展开</a>
```

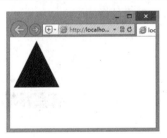

图 23.9　设计三角形效果　　　　图 23.10　设计图标背景色为 currentColor

提示：如果将 color 属性设置为 currentColor，则相当于 color: inherit。

23.1.12　rem 值

CSS3 新增 rem 单位，用来设置相对大小，与 em 类似。em 总是相对于父元素的字体大小进行计算，而 rem 是相对根元素的字体大小进行计算。

rem 的优点：在设计弹性页面时，以 rem 为单位进行设计，所有元素的尺寸都参考一个根元素，整个页面更容易控制，避免父元素的不统一，带来页面设计的混乱，特别适合移动页面设计。

【示例】浏览器默认字体大小是 16px，如果预设 rem 与 px 关系为 1rem=10px，那么就可以设置 html 的字体大小为 font-size:62.5%（10/16=0.625=62.5%），在设计稿中把 px 固定尺寸转换为弹性尺寸，只需要除以 10 就可以，然后得到相应的 rem 尺寸，整个页面所有元素的尺寸设计就非常方便。

```
html { font-size:62.5%; }
.menu{ width:100%; height:8.8rem; line-height:8.8rem; font-size:3.2rem; }
```

在 Web App 开发中推荐使用 rem 作为单位，它能够等比例适配所有屏幕。

23.1.13　font-size-adjust 属性

在项目开发中，经常会遇到不同类型的字体，在相同的大小下显示的效果并不统一。

【示例 1】为每个单词 Text 统一大小为 20px，但是字体类型不同，在浏览器中预览效果如图 23.11 所示。可以看到字体的视觉效果不统一。

```
<div class="font1">Text 1</div>
<div class="font2">Text 2</div>
<div class="font3">Text 3</div>
<div class="font4">Text 4</div>
<style>
div {font-size: 20px;}
.font1 {font-family: Comic Sans Ms;}
.font2 {font-family: Tahoma;}
.font3 {font-family: Arial;}
.font4 {font-family: Times New Roman;}
</style>
```

因此，CSS3 新增 font-size-adjust 属性。该属性可以设置 aspect 值。

提示： aspect 值就是字体的小写字母"x"的高度与"font-size"高度之间的比率。当字体的 aspect 值很高时，如果为当前字体设置很小的尺寸时会更易阅读。

注意： 当前仅有 Firefox 3+浏览器支持该属性。

【示例 2】针对示例 1，分别调整每种字体的 aspect 值，效果如图 23.12 所示。

```
.font1 { font-size-adjust: 0.50; font-family: Comic Sans Ms; }
.font2 { font-size-adjust: 0.54; font-family: Tahoma; }
.font3 { font-size-adjust: 0.54; font-family: Arial; }
.font4 { font-size-adjust: 0.49; font-family: Times New Roman; }
```

图 23.11　不同字体类型相同字体大小比较效果　　　图 23.12　使用 aspect 统一字体视觉效果

23.2　色　彩　模　式

CSS2.1 支持 Color Name（颜色名称）、HEX（十六进制颜色值）、RGB，CSS3 新增 3 种颜色模式，即 RGBA、HSL 和 HSLA。

23.2.1 rgba()函数

RGBA 是 RGB 色彩模式的扩展，它在红、绿、蓝三原色通道基础上增加了 Alpha 通道。其语法格式如下。

```
rgba(r, g, b, <opacity>)
```

参数说明如下。

☑ r、g、b：分别表示红色、绿色、蓝色 3 种原色所占的比重。取值为正整数或者百分数。正整数值的取值范围为 0～255，百分数值的取值范围为 0.0%～100.0%。超出范围的数值将被截至其最接近的取值极限。注意，并非所有浏览器都支持使用百分数值。

☑ <opacity>：表示不透明度，取值为 0～1。

【示例】使用 CSS3 的 box-shadow 属性和 rgba()函数为表单控件设置半透明度的阴影，来模拟柔和的润边效果。示例主要代码如下，预览效果如图 23.13 所示。

图 23.13 设计带有阴影边框的表单效果

```html
<style type="text/css">
input, textarea {                    /*统一文本框样式*/
    padding: 4px;                    /*增加内补白，增大表单对象尺寸，看起来更大方*/
    border: solid 1px #E5E5E5;       /*增加淡淡的边框线*/
    outline: 0;                      /*清除轮廓线*/
    font: normal 13px/100% Verdana, Tahoma, sans-serif;
    width: 200px;                    /*固定宽度*/
    background: #FFFFFF;             /*白色背景*/
    /*设置边框阴影效果*/
    box-shadow: rgba(0, 0, 0, 0.1) 0px 0px 8px;
}
/*定义表单对象获取焦点、鼠标经过时，高亮显示边框*/
input:hover, textarea:hover, input:focus, textarea:focus { border-color: #C9C9C9; }
…
</style>
```

提示：rgba(0,0,0,0.1)表示不透明度为 0.1 的黑色，这里不宜直接设置为浅灰色，因为对于非白色背景来说，灰色发虚，而半透明效果可以避免这样情况。

23.2.2 hsl()函数

HSL 是一种标准的色彩模式，包括了人类视力所能感知的所有颜色，在屏幕上可以重现 16777216 种颜色，是目前运用最广泛的颜色系统。它通过色调（H）、饱和度（S）和亮度（L）3 个颜色通道的叠加来获取各种颜色。其语法格式如下。

```
hsl(<length>,<percentage>,<percentage>)
```

参数说明如下。

☑ <length>表示色调（Hue），可以为任意数值，用以确定不同的颜色。其中 0（或 360、-360）表示红色，60 表示黄色，120 表示绿色，180 表示青色，240 表示蓝色，300 表示洋红。

☑ <percentage>（第一个）表示饱和度（Saturation），可以为 0%～100%。其中 0%表示灰度，

即没有使用该颜色；100%表示饱和度最高，即颜色最艳。

☑ <percentage>（第二个）表示亮度（Lightness）。取值为0%～100%。其中0%最暗，显示为黑色，50%表示均值，100%最亮，显示为白色。

Note

【示例】设计颜色表。先选择一个色值，然后利用调整颜色的饱和度和亮度比重，分别设计不同的配色方案表。在网页设计中，利用这种方法就可以根据网页需要选择恰当的配色方案。使用HSL颜色表现方式，可以很轻松地设计网页配色方案表，模拟演示效果如图23.14所示。

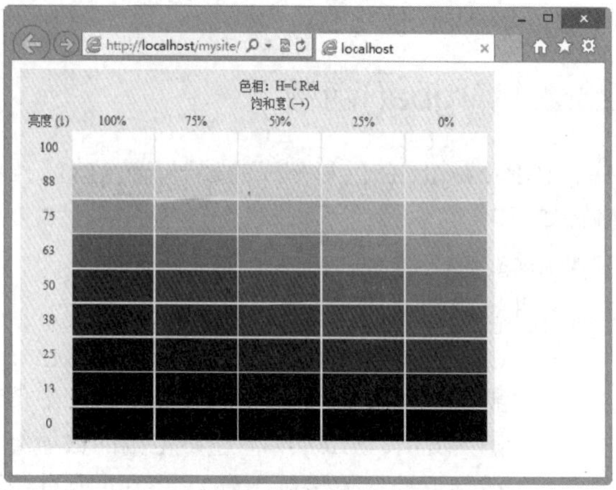

图23.14　使用HSL颜色值设计颜色表

```
<styletype="text/css">
/*设计表格边框样式，并增加内部间距，以方便观看 */
table{ border: solid 1px red; background:#eee; padding:6px;}
/*设计列标题字体样式*/
th{ color:red; font-size:12px; font-weight:normal;}
/*设计单元格大小尺寸*/
td{ width:80px; height:30px;}
/*第 1 行*/
tr:nth-child(4) td:nth-of-type(1){background:hsl(0,100%,100%);}/*第 1 列*/
tr:nth-child(4) td:nth-of-type(2){background:hsl(0,75%,100%);}/*第 2 列*/
tr:nth-child(4) td:nth-of-type(3){background:hsl(0,50%,100%);}/*第 3 列*/
tr:nth-child(4) td:nth-of-type(4){background:hsl(0,25%,100%);}/*第 4 列*/
tr:nth-child(4) td:nth-of-type(5){background:hsl(0,0%,100%);}/*第 5 列*/
…
</style>
```

在上面代码中，tr:nth-child(4) td:nth-of-type(1)中的tr:nth-child(4)子选择器表示选择行，而td:nth-of-type(1)表示选择单元格（列）。其他行选择器结构以此类推。在background:hsl(0,0%,0%);声明中，hsl()函数的第1个参数值0表示色相值，第2个参数值0%表示饱和度，第3个参数值0%表示亮度。

23.2.3　hsla()函数

HSLA是HSL色彩模式的扩展，在色相、饱和度、亮度三要素基础上增加了不透明度参数。使用HSLA色彩模式可以定义不同透明效果，其语法格式如下。

```
hsla(<length>,<percentage>,<percentage>,<opacity>)
```

其中前3个参数与hsl()函数参数含义和用法相同，第4个参数<opacity>表示不透明度，取值为0～1。

23.3　文本阴影

text-shadow属性是在CSS2中定义的，在CSS2.1中被删除，在CSS3的Text模块中又恢复，当前主流浏览器都支持该属性。基本语法如下。

```
text-shadow:none | <length>{2,3} && <color>?
```

取值简单说明如下。

- ☑ none：无阴影，为默认值。
- ☑ <length>①：第 1 个长度值用来设置对象的阴影水平偏移值。可以为负值。
- ☑ <length>②：第 2 个长度值用来设置对象的阴影垂直偏移值。可以为负值。
- ☑ <length>③：如果提供了第 3 个长度值则用来设置对象的阴影模糊值。不允许负值。
- ☑ <color>：设置对象的阴影颜色。

【示例】为段落文本定义一个简单的阴影效果，效果如图 23.15 所示。

图 23.15 定义文本阴影

```
<style type="text/css">
p {
    text-align: center;
    font: bold 60px helvetica, arial, sans-serif;
    color: #999;
    text-shadow: 0.1em 0.1em #333;
}
</style>
<p>HTML5+CSS3</p>
```

text-shadow: 0.1em 0.1em #333;声明了右下角文本阴影效果，如果把投影设置到左上角，则可以这样声明，效果如图 23.16 所示。

```
p {text-shadow: -0.1em -0.1em #333;}
```

同理，如果设置阴影在文本的左下角，则可以设置如下样式，效果如图 23.17 所示。

```
p {text-shadow: -0.1em 0.1em #333;}
```

图 23.16 定义左上角阴影

图 23.17 定义左下角阴影

也可以增加模糊效果的阴影，效果如图 23.18 所示。

```
p{ text-shadow: 0.1em 0.1em 0.3em #333; }
```

或者定义如下模糊阴影效果，效果如图 23.19 所示。

```
p{ text-shadow: 0.1em 0.1em 0.2em black; }
```

图 23.18 定义模糊阴影 1

图 23.19 定义模糊阴影 2

Note

👁 **提示：** 在 text-shadow 属性的第一个值和第二个值中，正值偏右或偏下，负值偏左或偏上。在阴影偏移之后，可以指定一个模糊半径。模糊半径是个长度值，指出模糊效果的范围。如何计算模糊效果的具体算法并没有指定。在阴影效果的长度值之前或之后还可以选择指定一个颜色值。颜色值会被用作阴影效果的基础。如果没有指定颜色，那么将使用 color 属性值来替代。

23.4 动态生成内容

content 属性属于内容生成和替换模块，可以为匹配的元素动态生成内容。这样就能够满足在 CSS 样式设计中临时添加非结构性的样式服务标签，或者添加补充说明性内容等。

content 属性的简明语法如下。

```
content: normal | string | attr() | url() | counter() | none;
```

取值简单说明如下。

- ☑ normal：默认值，表现与 none 值相同。
- ☑ string：插入文本内容。
- ☑ attr()：插入元素的属性值。
- ☑ url()：插入一个外部资源，如图像、音频、视频或浏览器支持的其他任何资源。
- ☑ counter()：计数器，用于插入排序标识。
- ☑ none：无任何内容。

👁 **提示：** content 属性早在 CSS2.1 中就被引入，可以使用 :before 和 :after 伪元素生成内容。此特性目前已被大部分的浏览器支持，另外，Opera 9.5+和 Safari 4 浏览器已经支持所有元素的 content 属性，而不仅仅是 :before 和 :after 伪元素。

在 CSS 3 Generated Content 工作草案中，content 属性添加了更多的特征，例如，插入以及移除文档内容的能力，可以创建脚注、段落注释等。但目前还没有浏览器支持 content 的扩展功能。

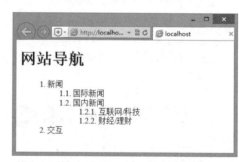

图 23.20　使用 CSS 技巧设计多层嵌套有序列表序号

【**示例 1**】使用 content 属性，配合 CSS 计数器设计多层嵌套有序列表序号设计，效果如图 23.20 所示。

```
<style type="text/css">
ol { list-style:none;}                                          /*清除默认的序号*/
li:before {color:#f00; font-family:Times New Roman;}            /*设计层级目录序号的字体样式*/
li{counter-increment:a 1;}                                      /*设计递增函数 a，递增起始值为 1 */
li:before{content:counter(a)". ";}                              /*把递增值添加到列表项前面*/
li li{counter-increment:b 1;}                                   /*设计递增函数 b，递增起始值为 1 */
li li:before{content:counter(a)"."counter(b)". ";}              /*把递增值添加到二级列表项前面*/
li li li{counter-increment:c 1;}                                /*设计递增函数 c，递增起始值为 1 */
li li li:before{content:counter(a)"."counter(b)"."counter(c)". ";}  /*把递增值添加到三级列表项前面*/
</style>
<h1>网站导航</h1>
<ol>
    <li>新闻
        <ol>
```

```
        <li>国际新闻</li>
        <li>国内新闻
            <ol>
                <li>互联网/科技</li>
                <li>财经/理财</li>
            </ol>
        </li>
    </ol>
</li>
<li>交互</li>
</ol>
```

【示例 2】使用 content 为引文动态添加引号，效果如图 23.21 所示。

```
<style type="text/css">
/*为不同语言指定引号的表现*/
:lang(en) > q {quotes:"" "";}
:lang(no) > q {quotes:"«" "»";}
:lang(ch) > q {quotes:""" """;}
/*在 q 标签的前后插入引号*/
q:before {content:open-quote;}
q:after    {content:close-quote;}
</style>
<p lang="no"><q>HTML5+CSS3 从入门到精通</q></p>
<p lang="en"><q>CSS Generated Content Module Level 3</p>
<p lang="ch"><q>CSS 生成内容模块 3.0</q></p>
```

【示例 3】使用 content 为超链接动态添加类型图标，效果如图 23.22 所示。

```
<style type="text/css">
a[href $=".pdf"]:after {
    content:url(images/icon_pdf.png);
}
a[rel = "external"]:after {
    content:url(images/icon_link.png);
}
</style>
<a href="http://www.book.com/1688.pdf">《HTML5+CSS3 从入门到精通》</a><br>
<a href="http://www.book.com/1688/" rel="external">《HTML5+CSS3 从入门到精通》</a>
```

图 23.21　动态生成引号　　　　图 23.22　动态生成超链接类型图标

23.5　网　络　字　体

　　CSS3 允许通过@font-face 规则加载字体文件，实现自定义字体类型的功能。@font-face 规则在 CSS3 规范中属于字体模块。@font-face 规则的语法格式如下。

```
@font-face { <font-description> }
```

@font-face 规则的选择符是固定的，用来引用网络字体文件。<font-description>是一个属性名值对，格式类似如下样式。

```
descriptor: value;
descriptor: value;
descriptor: value;
descriptor: value;
[...]
descriptor: value;
```

属性及其取值说明如下。

- ☑ font-family：设置文本的字体名称。
- ☑ font-style：设置文本样式。
- ☑ font-variant：设置文本是否大小写。
- ☑ font-weight：设置文本的粗细。
- ☑ font-stretch：设置文本是否横向拉伸变形。
- ☑ font-size：设置文本字体大小。
- ☑ src：设置自定义字体的相对或者绝对路径。注意，该属性只用在@font-face 规则里。

> 提示：事实上，IE 5 浏览器已经开始支持该属性，但是只支持微软自有的.eot（Embedded Open Type）字体格式，而其他浏览器直到现在都不支持这一字体格式。不过，从 Safari 3.1 浏览器开始，用户可以设置.ttf（TrueType）和.otf（OpenType）两种字体作为自定义字体了。考虑到浏览器的兼容性，在使用时建议同时定义.eot 和.ttf，以便能够兼容所有主流浏览器。

【示例】通过@font-face 规则引入外部字体文件 glyphicons-halflings-regular.eot，然后定义几个字体图标，嵌入在导航菜单项目中，效果如图 23.23 所示。

示例主要代码如下。

图 23.23　设计包含字体图标的导航菜单

```
<style type="text/css">
/*引入外部字体文件*/
@font-face {
    font-family: 'Glyphicons Halflings';          /*选择默认的字体类型*/
    /*外部字体文件列表*/
    src: url('fonts/glyphicons-halflings-regular.eot');
    src: url('fonts/glyphicons-halflings-regular.eot?#iefix') format('embedded-opentype'),
        url('fonts/glyphicons-halflings-regular.woff2') format('woff2'),
        url('fonts/glyphicons-halflings-regular.woff') format('woff'),
        url('fonts/glyphicons-halflings-regular.ttf') format('truetype'),
        url('fonts/glyphicons-halflings-regular.svg#glyphicons_halflingsregular') format('svg');
}
/*定义字体图标样式*/
.glyphicon {
    position: relative;                          /*相对定位*/
    top: 1px;                                    /*相对向上偏移 1 个像素*/
    display: inline-block;                       /*行内块显示*/
    font-family: 'Glyphicons Halflings';         /*定义字体类型*/
    font-style: normal;                          /*字体样式*/
    font-weight: normal;                         /*字体粗细*/
    line-height: 1;                              /*定义行高，清除文本行对图标的影响*/
    -webkit-font-smoothing: antialiased;         /*兼容谷歌浏览器解析*/
    -moz-osx-font-smoothing: grayscale;          /*兼容 Firefox 浏览器解析*/
```

```
}
.glyphicon-home:before { content: "\e021"; }
.glyphicon-user:before { content: "\e008"; }
.glyphicon-search:before { content: "\e003"; }
.glyphicon-plus:before { content: "\e081"; }
…
</style>
<ul>
    <li><span class="glyphicon glyphicon-home"></span> <a href="#">主页</a></li>
    <li><span class="glyphicon glyphicon-user"></span> <a href="#">登录</a></li>
    <li><span class="glyphicon glyphicon-search"></span> <a href="#">搜索</a></li>
    <li><span class="glyphicon glyphicon-plus"></span> <a href="#">添加</a></li>
</ul>
```

23.6 案 例 实 战

下面结合示例介绍如何灵活使用 text-shadow 属性设计特效文字效果。

【示例 1】通过阴影把文本颜色与背景色区分开来，让字体看起来更清晰，代码如下，效果如图 23.24 所示。

```
<style type="text/css">
p {
    text-align: center;
    font: bold 60px helvetica, arial, sans-serif;
    color: #fff;
    text-shadow: black 0.1em 0.1em 0.2em;
}
</style>
<p>HTML5+CSS3</p>
```

【示例 2】为红色文本定义了 3 种不同颜色的阴影，效果如图 23.25 所示。当使用 text-shadow 属性定义多色阴影时，每个阴影效果必须指定阴影偏移，而模糊半径、阴影颜色是可选参数。

```
<style type="text/css">
p {
    text-align: center;
    font:bold 60px helvetica, arial, sans-serif;
    color: red;
    text-shadow: 0.2em 0.5em 0.1em #600,
        -0.3em 0.1em 0.1em #060,
        0.4em -0.3em 0.1em #006;
}
</style>
<p>HTML5+CSS3</p>
```

图 23.24　使用阴影增加前景色和背景色对比度

图 23.25　定义多色阴影 1

提示：text-shadow 属性可以接受以逗号分隔的阴影效果列表，并应用到该元素的文本上。阴影效果按照给定的顺序应用，因此可能出现互相覆盖的情况，但是它们永远不会覆盖文本本身。阴影效果不会改变框的尺寸，但可能延伸到它的边界之外。阴影效果的堆叠层次和元素本身的层次是一样的。

【示例3】把阴影设置到文本线框的外面，代码如下，效果如图 23.26 所示。

```
<style type="text/css">
p {
    text-align: center;
    font:bold 60px helvetica, arial, sans-serif;
    color: red;
    border:solid 1px red;
    text-shadow: 0.5em 0.5em 0.1em #600,
        -1em 1em 0.1em #060,
        0.8em -0.8em 0.1em #006;
}
</style>
<p>HTML5+CSS3</p>
```

【示例4】借助阴影效果列表机制，可以使用阴影叠加出的燃烧的文字特效，代码如下，效果如图 23.27 所示。

```
<style type="text/css">
body {background:#000;}
p {
    text-align: center;
    font:bold 60px helvetica, arial, sans-serif;
    color: red;
    text-shadow: 0 0 4px white,
        0 -5px 4px #ff3,
        2px -10px 6px #fd3,
        -2px -15px 11px #f80,
        2px -25px 18px #f20;
}
</style>
<p>HTML5+CSS3</p>
```

图 23.26　定义多色阴影 2

图 23.27　定义燃烧的文字特效

【示例5】text-shadow 属性可以使用在:first-letter 和:first-line 伪元素上。同时还可以利用该属性设计立体文本。使用阴影叠加出的立体文本特效代码如下，效果如图 23.28 所示。通过左上和右下各添加一个 1px 错位的补色阴影，营造一种淡淡的立体效果。

```
<style type="text/css">
body { background: #000; }
p {
    text-align: center;
    padding: 24px; margin: 0;
```

```
    font-family: helvetica, arial, sans-serif;
    font-size: 80px; font-weight: bold;
    color: #D1D1D1; background: #CCC;
    text-shadow: -1px -1px white,
        1px 1px #333;
}
</style>
<p>HTML5+CSS3</p>
```

【示例 6】反向思维，利用示例 5 的设计思路，也可以设计一种凹体效果，即把示例 5 中左上和右下阴影颜色颠倒，主要代码如下，效果如图 23.29 所示。

```
<style type="text/css">
body { background: #000; }
p {
    text-align: center;
    padding: 24px; margin: 0;
    font-family: helvetica, arial, sans-serif;
    font-size: 80px; font-weight: bold;
    color: #D1D1D1; background: #CCC;
    text-shadow: 1px 1px white,
        -1px -1px #333;
}
</style>
<p>HTML5+CSS3</p>
```

图 23.28　定义立体文本效果

图 23.29　定义凹体效果

【示例 7】使用 text-shadow 属性还可以为文本描边，设计方法是分别为文本的 4 条边添加 1px 的实体阴影，代码如下，效果如图 23.30 所示。

```
<style type="text/css">
body { background: #000; }
p {
    text-align: center;
    padding:24px; margin:0;
    font-family: helvetica, arial, sans-serif;
    font-size: 80px; font-weight: bold;
    color: #D1D1D1; background:#CCC;
    text-shadow: -1px 0 black,
        0 1px black,
        1px 0 black,
        0 -1px black;
}
</style>
<p>HTML5+CSS3</p>
```

【示例 8】设计阴影不发生位移，同时定义阴影模糊显示，这样就可以模拟出文字外发光效果，代码如下，效果如图 23.31 所示。

```
<style type="text/css">
body { background: #000; }
p {
    text-align: center;
    padding:24px; margin:0;
    font-family: helvetica, arial, sans-serif;
    font-size: 80px; ont-weight: bold;
    color: #D1D1D1; background:#CCC;
    text-shadow: 0 0 0.2em #F87,
        0 0 0.2em #F87;
}
</style>
<p>HTML5+CSS3</p>
```

图 23.30 定义描边文字效果

图 23.31 定义外发光文字效果

23.7 在线支持

扫码免费学习更多实用技能

一、基础知识
- ☑ CSS3 文本模块
- ☑ 字体类型
- ☑ 字体大小

...实际有更多知识点

二、补充知识
- ☑ 列表和超链接样式
- ☑ 表格和表单样式

三、专项练习
- ☑ 自定义字体
- ☑ 文本缩进和首字下沉

- ☑ 选中文本样式
- ☑ 字体栈
- ☑ 间隔与间距

...实际有更多题目

四、更多案例实战
- ☑ 设计棋子
- ☑ 设计目录索引
- ☑ 设计引号

...实际有更多案例

五、参考
- ☑ Color 属性列表
- ☑ CSS 字体属性（Font）列表
- ☑ 内容生成（Generated Content）属性列表
- ☑ CSS 打印属性（Print）列表
- ☑ CSS 文本属性（Text）列表

📝 新知识、新案例不断更新中……

第 24 章

CSS3 背景

视频讲解

在 CSS2.1 中，background 功能比较简单，CSS3 在原 background 基础上增强了其功能，允许为对象定义多层背景图像，设置背景图像的大小，指定背景图像的显示范围和坐标起点等。另外，CSS3 允许用户使用渐变函数绘制背景图像，这极大地激发了网页设计师的创意灵感。

24.1 背 景 图 像

CSS3 增强了 background 属性的功能，新增了 3 个与背景图像相关的属性：background-clip、background-origin、background-size。

24.1.1 设置定位原点

background-origin 属性定义 background-position 属性的定位原点。在默认情况下，background-position 属性总是根据元素左上角为坐标原点进行定位背景图像。使用 background-origin 属性可以改变这种定位方式。该属性的基本语法如下。

```
background-origin:border-box | padding-box | content-box;
```

取值简单说明如下。

☑ border-box：从边框区域开始显示背景。

☑ padding-box：从补白区域开始显示背景，为默认值。

☑ content-box：仅在内容区域显示背景。

【示例】background-origin 属性改善了背景图像定位的方式，更灵活地决定背景图像应该显示的位置。本示例利用 background-origin 属性重设背景图像的定位坐标，以便更好地控制背景图像的显示，效果如图 24.1 所示。

示例代码如下。

图 24.1 设计诗词效果

```
<style type="text/css">
div {/*定义包含框的样式*/
    height: 322px;
    width: 780px;
    border: solid 1px red;
```

```
        padding: 250px 4em 0;
        /*为避免背景图像重复平铺到边框区域，应禁止它平铺*/
        background:url(images/p3.jpg) no-repeat;
        /*设计背景图像的定位坐标点为元素边框的左上角*/
        background-origin:border-box;
        /*将背景图像等比缩放到完全覆盖包含框，背景图像有可能超出包含框*/
        background-size:cover;
        overflow:hidden;              /*隐藏超出包含框的内容*/
    }
    div h1, div h2{                   /*定义标题样式*/
        font-size:18px; font-family:"幼圆";
        text-align:center;            /*水平居中显示*/
    }
    div p {                           /*定义正文样式*/
        text-indent:2em;              /*首行缩进两个字符*/
        line-height:2em;              /*增大行高，让正文看起来更疏朗*/
        margin-bottom:2em;            /*调整底部边界，增大段落文本距离*/
    }
    </style>
    <div>
        <h1>念奴娇&#8226;赤壁怀古</h1>
        <h2>苏轼</h2>
        <p>大江东去，浪淘尽，千古风流人物。故垒西边，人道是，三国周郎赤壁。乱石穿空，惊涛拍岸，卷起千堆雪。江
山如画，一时多少豪杰。</p>
        <p>遥想公瑾当年，小乔初嫁了，雄姿英发。羽扇纶巾，谈笑间，樯橹灰飞烟灭。故国神游，多情应笑我，早生华发。
人生如梦，一尊还酹江月。</p>
    </div>
```

24.1.2 设置裁剪区域

background-clip 属性定义背景图像的裁剪区域。该属性的基本语法如下。

```
background-clip:border-box | padding-box | content-box | text;
```

取值简单说明如下。
- ☑ border-box：从边框区域向外裁剪背景，为默认值。
- ☑ padding-box：从补白区域向外裁剪背景。
- ☑ content-box：从内容区域向外裁剪背景。
- ☑ text：从前景内容（如文字）区域向外裁剪背景。

💡 提示：如果取值为 padding-box，则 background-image 将忽略补白边缘，此时边框区域显示为透明。如果取值为 border-box，则 background-image 将包括边框区域。如果取值为 content-box，则 background-image 将只包含内容区域。如果 background-image 属性定义了多重背景，则 background-clip 属性值可以设置多个值，并用逗号分隔。

如果 background-clip 属性值为 padding-box，background-origin 属性取值为 border-box，且 background-position 属性值为"top left"（默认初始值），则背景图左上角将会被截取掉一部分。

【示例】设计背景图像仅在内容区域内显示，效果如图 24.2 所示。

```
<style type="text/css">
div {
    height:150px;
    width:300px;
    border:solid 50px gray;
```

```
        padding:50px;
        background:url(images/bg.jpg) no-repeat;
        /*将背景图像等比缩放到完全覆盖包含框，背景图像有可能超出包含框*/
        background-size:cover;
        /*将背景图像从 content 区域开始向外裁剪背景*/
        background-clip:content-box;
    }
    </style>

    <div></div>
```

24.1.3　设置背景图像大小

background-size 可以控制背景图像的显示大小。该属性的基本语法如下。

```
background-size: [ <length> | <percentage> | auto ]{1,2} | cover | contain;
```

取值简单说明如下。

- ☑ <length>：由浮点数字和单位标识符组成的长度值。不可为负值。
- ☑ <percentage>：取值为 0%～100%。不可为负值。
- ☑ cover：保持背景图像本身的宽高比例，将图片缩放到正好完全覆盖所定义背景的区域。
- ☑ contain：保持图像本身的宽高比例，将图片缩放到宽度或高度正好适应所定义背景区域。

初始值为 auto。background-size 属性可以设置一个或两个值，一个为必填，另一个为可选。其中第一个值用于指定背景图像的 width，第二个值用于指定背景图像的 height，如果只设置一个值，则第二个值默认为 auto。

【示例】使用 image-size 属性自由定制背景图像的大小，让背景图像自适应盒子的大小，从而可以设计与模块大小完全适应的背景图像，本示例效果如图 24.3 所示，只要背景图像长宽比与元素长宽比相同，就不用担心背景图像变形显示。

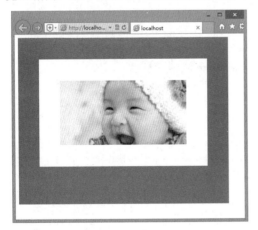

图 24.2　以内容边缘裁切背景图像效果　　　图 24.3　设计背景图像自适应显示

示例代码如下。

```
<style type="text/css">
div {
    margin:2px;
    float:left;
    border:solid 1px red;
    background:url(images/img2.jpg) no-repeat center;
```

```
        /*设计背景图像完全覆盖元素区域*/
        background-size:cover;}
/*设计元素大小*/
.h1 { height:80px; width:110px; }
.h2 { height:400px; width:550px; }
</style>
<div class="h1"></div>
<div class="h2"></div>
```

24.1.4   设置多重背景图像

CSS3 支持在同一个元素内定义多个背景图像，还可以将多个背景图像进行叠加显示，从而使得设计多图背景栏目变得更加容易。

【示例 1】使用 CSS3 多背景设计花边框，使用 background-origin 定义仅在内容区域显示背景，使用 background-clip 属性定义背景从边框区域向外裁剪，效果如图 24.4 所示。

示例代码如下。

```
<style type="text/css">
.demo {
        /*设计元素大小、补白、边框样式，边框为 20px，颜色与背景图像色相同*/
        width: 400px; padding: 30px 30px; border: 20px solid rgba(104, 104, 142,0.5);
        /*定义圆角显示*/
        border-radius: 10px;
        /*定义字体显示样式*/
        color: #f36; font-size: 80px; font-family:"隶书";line-height: 1.5; text-align: center;
}
.multipleBg {
        /*定义 5 个背景图，分别定位到 4 个顶角，其中前 4 个禁止平铺，最后一个可以平铺*/
        background: url("images/bg-tl.png") no-repeat left top,
                    url("images/bg-tr.png") no-repeat right top,
                    url("images/bg-bl.png") no-repeat left bottom,
                    url("images/bg-br.png") no-repeat right bottom,
                    url("images/bg-repeat.png") repeat left top;
        /*改变背景图像的 position 原点，4 朵花都是 border 原点，而平铺背景是 paddin 原点*/
        background-origin: border-box, border-box, border-box, border-box, padding-box;
        /*控制背景图像的显示区域，所有背景图像超过 border 外边缘都将被剪切掉*/
        background-clip: border-box;
}
</style>
<div class="demo multipleBg">恭喜发财</div>
```

【示例 2】利用 CSS3 多背景图功能设计圆角栏目，效果如图 24.5 所示。

```
<style type="text/css">
.roundbox {
        padding: 2em;
        /*为容器定义 8 个背景图像*/
        background-image: url(images/roundbox1/tl.gif),
                          url(images/roundbox1/tr.gif),
                          url(images/roundbox1/bl.gif),
                          url(images/roundbox1/br.gif),
                          url(images/roundbox1/right.gif),
                          url(images/roundbox1/left.gif),
                          url(images/roundbox1/top.gif),
                          url(images/roundbox1/bottom.gif);
```

```
/*定义 4 个顶角图像禁止平铺，4 个边框图像分别沿 x 轴或 y 轴平铺*/
background-repeat: no-repeat,
                   no-repeat,
                   no-repeat,
                   no-repeat,
                   repeat-y,
                   repeat-y,
                   repeat-x,
                   repeat-x;
/*定义 4 个顶角图像分别固定在 4 个顶角位置，4 个边框图像分别固定在四边位置*/
background-position: left 0px,
                     right 0px,
                     left bottom,
                     right bottom,
                     right 0px,
                     0px 0px,
                     left 0px,
                     left bottom;
background-color: #66CC33;
}
</style>
<div class="roundbox">
    <h1>念奴娇&#8226;赤壁怀古</h1>
    <h2>苏轼</h2>
    <p>大江东去，浪淘尽，千古风流人物。故垒西边，人道是，三国周郎赤壁。乱石穿空，惊涛拍岸，卷起千堆雪。江
山如画，一时多少豪杰。</p>
    <p>遥想公瑾当年，小乔初嫁了，雄姿英发。羽扇纶巾，谈笑间，樯橹灰飞烟灭。故国神游，多情应笑我，早生华发。
人生如梦，一尊还酹江月。</p>
</div>
```

图 24.4　设计花边框效果

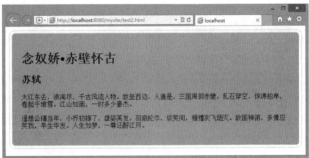

图 24.5　定义多背景图像

📢 **注意**：每幅背景图像的源、定位坐标以及平铺方式的先后顺序要一一对应。

🎯 **提示**：上面示例用到了多个背景属性：background-image、background-repeat 和 background-position。
这些属性都是 CSS1 中就有的属性，但是在 CSS3 中，允许同时指定多个属性值，多个属性值以逗号
作为分隔符，用来指定多个背景图像的显示性质。

24.2　渐变背景

W3C 于 2010 年 11 月正式支持渐变背景样式，该草案作为图像值和图像替换内容模块的一部分

进行发布。主要包括 linear-gradient()、radial-gradient()、repeating-linear-gradient()和 repeating-radial-gradient() 4 个渐变函数。

24.2.1 定义线性渐变

创建线性渐变至少需要两个颜色，也可以选择设置一个起点或一个方向。语法格式如下。

```
linear-gradient( angle, color-stop1, color-stop2, …)
```

参数简单说明如下。

☑ angle：用来指定渐变的方向，可以使用角度或者关键字来设置。关键字包括 4 个，说明如下。

   ❖ to left：设置渐变为从右到左，相当于 270deg。

   ❖ to right：设置渐变从左到右，相当于 90deg。

   ❖ to top：设置渐变从下到上，相当于 0deg。

   ❖ to bottom：设置渐变从上到下，相当于 180deg。该值为默认值。

提示：如果创建对角线渐变，可以使用 to top left（从右下到左上）类似组合来实现。

☑ color-stop：用于指定渐变的色点。包括一个颜色值和一个起点位置，颜色值和起点位置以空格分隔。起点位置可以为一个具体的长度值（不可为负值）；也可以是一个百分比值，如果是百分比值则参考应用渐变对象的尺寸，最终会被转换为具体的长度值。

【示例 1】为<div id="demo">对象应用一个简单的线性渐变背景，方向从上到下，颜色由白色到浅灰色显示，效果如图 24.6 所示。

图 24.6　应用简单的线性渐变效果

```
<style type="text/css">
#demo {
    width:300px;
    height:200px;
    background: linear-gradient(#fff, #333);
}
</style>
<div id="demo"></div>
```

提示：针对示例 1，用户可以继续尝试做下面练习，实现不同的设置，得到相同的设计效果。

☑ 设置一个方向：从上到下，覆盖默认值。

```
linear-gradient(to bottom, #fff, #333);
```

☑ 设置反向渐变：从下到上，同时调整起止颜色位置。

```
linear-gradient(to top, #333, #fff);
```

☑ 使用角度值设置方向。

```
linear-gradient(180deg, #fff, #333);
```

☑ 明确起止颜色的具体位置，覆盖默认值。

```
linear-gradient(to bottom, #fff 0%, #333 100%);
```

【拓展】

最新主流浏览器都支持线性渐变的标准用法，但是考虑到安全性，用户应酌情兼容旧版本浏览器的私有属性。

Webkit 是第一个支持渐变的浏览器引擎（Safari 4+），它使用-webkit-gradient()私有函数支持线性渐变样式，简明用法如下。

```
-webkit-gradient(linear, point, point, stop)
```

参数简单说明如下。

- ☑ linear：定义渐变类型为线性渐变。
- ☑ point：定义渐变起始点和结束点坐标。该参数支持数值、百分比和关键字，如(0 0)或者(left top)等。关键字包括 top、bottom、left 和 right。
- ☑ stop：定义渐变色和步长。包括 3 个值，即开始的颜色使用 from(colorvalue)函数定义；结束的颜色使用 to(colorvalue)函数定义；颜色步长使用 color-stop(value, color value)函数定义。color-stop()函数包含两个参数值，第 1 个参数值为一个数值或者百分比值，取值范围为 0～1.0（或者 0%～100%），第 2 个参数值表示任意颜色值。

【示例 2】下面示例为针对示例 1，兼容早期 Webkit 引擎的线性渐变实现方法如下。

```
#demo {
    width:300px; height:200px;
    background: -webkit-gradient(linear, left top, left bottom, from(#fff), to(#333));
    background: linear-gradient(#fff, #333);
}
```

上面示例定义线性渐变背景色，从顶部到底部，从白色向浅灰色渐变显示，在谷歌的 Chrome 浏览器中所见效果与图 24.6 相同。

另外，Webkit 引擎也支持-webkit-linear-gradient()私有函数来设计线性渐变。该函数用法与标准函数 linear-gradient()语法格式基本相同。

Firefox 浏览器从 3.6 版本开始支持渐变，Gecko 引擎定义了-moz-linear-gradient()私有函数来设计线性渐变。该函数用法与标准函数 linear-gradient()语法格式基本相同。唯一区别就是，当使用关键字设置渐变方向时不带 to 关键字前缀，关键字语义取反。例如，从上到下应用渐变，标准关键字为 to bottom，Firefox 私有属性可以为 top。

【示例 3】下面示例为针对示例 1，兼容早期 Gecko 引擎的线性渐变实现方法如下。

```
#demo {
    width:300px; height:200px;
    background: -webkit-gradient(linear, left top, left bottom, from(#fff), to(#333));
    background: -moz-linear-gradient(top, #fff, #333);
    background: linear-gradient(#fff, #333);
}
```

【示例 4】设计从左边开始的线性渐变。起点是红色，慢慢过渡到蓝色，效果如图 24.7 所示。

```
<style type="text/css">
#demo {
    width:300px; height:200px;
    background: -webkit-linear-gradient(left, red , blue);      /*Safari 5.1 - 6.0*/
    background: -o-linear-gradient(left, red, blue);            /*Opera 11.1 - 12.0*/
    background: -moz-linear-gradient(left, red, blue);          /*Firefox 3.6 - 15*/
    background: linear-gradient(to right, red , blue);          /*标准语法*/
}
</style>
<div id="demo"></div>
```

注意：第 1 个参数值渐变方向的设置不同。

【示例 5】通过指定水平和垂直的起始位置来设计对角渐变。本示例演示了从左上角到右下角的线性渐变，起点是红色，慢慢过渡到蓝色，效果如图 24.8 所示。

```
#demo {
    width:300px; height:200px;
    background: -webkit-linear-gradient(left top, red , blue);      /*Safari 5.1 - 6.0*/
    background: -o-linear-gradient(left top, red, blue);            /*Opera 11.1 - 12.0*/
    background: -moz-linear-gradient(left top, red, blue);          /*Firefox 3.6 - 15*/
    background: linear-gradient(to bottom right, red , blue);       /*标准语法*/
}
```

【示例 6】通过指定具体的角度值可以设计更多渐变方向。本示例设计从上到下的线性渐变，起点是红色，慢慢过渡到蓝色，效果如图 24.9 所示。

```
#demo {
    width:300px; height:200px;
    background: -webkit-linear-gradient(-90deg, red, blue);        /*Safari 5.1 - 6.0*/
    background: -o-linear-gradient(-90deg, red, blue);             /*Opera 11.1 - 12.0*/
    background: -moz-linear-gradient(-90deg, red, blue);           /*Firefox 3.6 - 15*/
    background: linear-gradient(180deg, red, blue);                /*标准语法*/
}
```

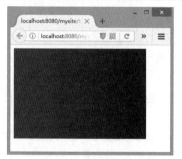 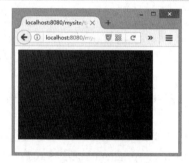 

图 24.7　设计从左到右的线性渐变效果　　图 24.8　设计对角线性渐变效果　　图 24.9　设计从上到下的渐变效果

【补充】

渐变角度是指垂直线和渐变线之间的角度，逆时针方向计算。例如，0deg 将创建一个从下到上的渐变，90deg 将创建一个从左到右的渐变。注意，渐变起点以负 y 轴为参考。

但是，很多浏览器（如 Chrome、Safari、Firefox 等）使用旧的标准：渐变角度是指水平线和渐变线之间的角度，逆时针方向计算。例如，0deg 将创建一个从左到右的渐变，90deg 将创建一个从下到上的渐变。注意，渐变起点以负 x 轴为参考。兼容公式：

```
90 - x = y
```

其中，x 为标准角度，y 为非标准角度。

【示例 7】设置多个色点。本示例定义从上到下的线性渐变，起点是红色，慢慢过渡到绿色，再慢慢过渡到蓝色，效果如图 24.10 所示。

```
#demo {
    width:300px; height:200px;
    background: -webkit-linear-gradient(red, green, blue);         /*Safari 5.1 - 6.0*/
    background: -o-linear-gradient(red, green, blue);              /*Opera 11.1 - 12.0*/
    background: -moz-linear-gradient(red, green, blue);            /*Firefox 3.6 - 15*/
    background: linear-gradient(red, green, blue);                 /*标准语法*/
}
```

【示例 8】设置色点位置。本示例定义从上到下的线性渐变，起点是黄色，快速过渡到蓝色，再慢慢过渡到绿色，效果如图 24.11 所示。

```
#demo {
    width:300px; height:200px;
    background: -webkit-linear-gradient(yellow, blue 20%, #0f0);        /*Safari 5.1 - 6.0*/
    background: -o-linear-gradient(yellow, blue 20%, #0f0);             /*Opera 11.1 - 12.0*/
    background: -moz-linear-gradient(yellow, blue 20%, #0f0);           /*Firefox 3.6 - 15*/
    background: linear-gradient(yellow, blue 20%, #0f0);                /*标准语法*/
}
```

【示例 9】CSS3 渐变支持透明度设置，可用于创建减弱变淡的效果。本实例设计从左边开始的线性渐变。起点是完全透明，起点位置为 30%，慢慢过渡到完全不透明的红色，为了更清晰地看到半透明效果，增加了一层背景图像进行衬托，效果如图 24.12 所示。

```
#demo {
    width:300px; height:200px;
    /*Safari 5.1 - 6*/
    background: -webkit-linear-gradient(left,rgba(255,0,0,0) 30%,rgba(255,0,0,1)),url(images/bg.jpg);
    /*Opera 11.1 - 12*/
    background: -o-linear-gradient(left,rgba(255,0,0,0) 30%,rgba(255,0,0,1)),url(images/bg.jpg);
    /*Firefox 3.6 - 15*/
    background: -moz-linear-gradient(left,rgba(255,0,0,0) 30%,rgba(255,0,0,1)),url(images/bg.jpg);
    /*标准语法*/
    background: linear-gradient(to right, rgba(255,0,0,0) 30%, rgba(255,0,0,1)),url(images/bg.jpg);
    background-size:cover;                      /*背景图像完全覆盖*/
}
```

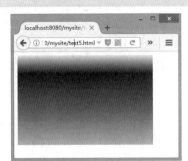

图 24.10　设计多色线性渐变效果　　图 24.11　设计多色线性渐变效果　　图 24.12　设计半透明线性渐变效果

提示：为了添加透明度，可以使用 rgba()或 hsla()函数来定义色点。rgba()或 hsla()函数中最后一个参数可以为 0～1，它定义了颜色的透明度：0 表示完全透明，1 表示完全不透明。

24.2.2　定义重复线性渐变

使用 repeating-linear-gradient()函数可以定义重复线性渐变，其用法与 linear-gradient()函数相同，用户可以参考 24.2.1 节说明。

提示：使用重复线性渐变的关键是要定义好色点，让最后一个颜色和第一个颜色能够很好地连接起来，处理不当将导致颜色的急剧变化。

【示例 1】设计重复显示的垂直线性渐变，颜色从红色到蓝色，间距为 20%，效果如图 24.13 所示。

```
<style type="text/css">
#demo {
    height:200px;
    background: repeating-linear-gradient(#f00, #00f 20%, #f00 40%);
}
```

```
</style>
<div id="demo"></div>
```

提示：使用 linear-gradient()可以设计 repeating-linear-gradient()的效果，例如，通过重复设计每一个色点，或者利用 24.3.1 节设计条纹方法来实现。

【示例 2】设计重复线性渐变对角显示，效果如图 24.14 所示。

```
#demo {
    height:200px;
    background: repeating-linear-gradient(135deg, #cd6600, #0067cd 20px, #cd6600 40px);
}
```

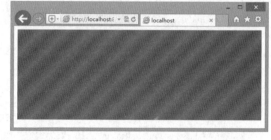

图 24.13　设计重复显示的垂直线性渐变效果　　　图 24.14　设计重复显示的对角线性渐变效果

【示例 3】设计使用重复线性渐变创建出对角条纹背景，效果如图 24.15 所示。

```
#demo {
    height:200px;
    background: repeating-linear-gradient(60deg, #cd6600, #cd6600 5%, #0067cd 0, #0067cd 10%);
}
```

24.2.3　定义径向渐变

创建一个径向渐变，至少需要定义两个颜色，同时可以指定渐变的中心点位置、形状类型（圆形或椭圆形）和半径大小。简明语法格式如下。

radial-gradient(shape size at position, color-stop1, color-stop2, …);

参数简单说明如下。

☑　shape：用来指定渐变的类型，包括 circle（圆形）和 ellipse（椭圆）两种。

☑　size：如果类型为 circle，指定一个值设置圆的半径；如果类型为 ellipse，指定两个值分别设置椭圆的 x 轴和 y 轴半径。取值包括长度值、百分比、关键字。关键字说明如下。

　❖　closest-side：指定径向渐变的半径长度为从中心点到最近的边。

　❖　closest-corner：指定径向渐变的半径长度为从中心点到最近的角。

　❖　farthest-side：指定径向渐变的半径长度为从中心点到最远的边。

　❖　farthest-corner：指定径向渐变的半径长度为从中心点到最远的角。

☑　position：用来指定中心点的位置。如果提供两个参数，第一个表示 x 轴坐标，第二个表示 y 轴坐标；如果只提供一个值，第二个参数值默认为 50%，即 center。取值可以是长度值、百分比或者关键字，关键字包括 left（左侧）、center（中心）、right（右侧）、top（顶部）、center（中心）、bottom（底部）。

注意：position 值位于 shape 和 size 值后面。

☑　color-stop：用于指定渐变的色点。其包括一个颜色值和一个起点位置，颜色值和起点位置以空格分隔。起点位置可以为一个具体的长度值（不可为负值）；也可以是一个百分比值，如果是百分比值则参考应用渐变对象的尺寸，最终会被转换为具体的长度值。

【示例 1】在默认情况下，渐变的中心是 center（对象中心点），渐变的形状是 ellipse（椭圆形），渐变的大小是 farthest-corner（表示到最远的角落）。本示例仅为 radial-gradient()函数设置 3 个颜色值，则它将按默认值绘制径向渐变效果，如图 24.16 所示。

```
<style type="text/css">
#demo {
    height:200px;
    background: -webkit-radial-gradient(red, green, blue);     /*Safari 5.1 - 6.0*/
    background: -o-radial-gradient(red, green, blue);           /*Opera 11.6 - 12.0*/
    background: -moz-radial-gradient(red, green, blue);         /*Firefox 3.6 - 15*/
    background: radial-gradient(red, green, blue);              /*标准语法*/
}
</style>
<div id="demo"></div>
```

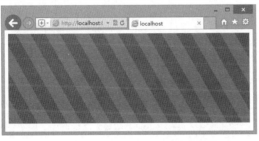

图 24.15 设计重复显示的对角条纹效果   图 24.16 设计简单的径向渐变效果

提示：针对示例 1，用户可以继续尝试做下面的练习，实现不同的设置，得到相同的设计效果。

☑ 设置径向渐变形状类型，默认值为 ellipse。

background: radial-gradient(ellipse, red, green, blue);

☑ 设置径向渐变中心点坐标，默认为对象中心点。

background: radial-gradient(ellipse at center 50%, red, green, blue);

☑ 设置径向渐变大小，这里定义填充整个对象。

background: radial-gradient(farthest-corner, red, green, blue);

【拓展】

最新主流浏览器都支持线性渐变的标准用法，但是考虑到安全性，用户应酌情兼容旧版本浏览器的私有属性。

Webkit 引擎使用-webkit-gradient()私有函数支持径向渐变样式，简明用法如下。

-webkit-gradient(radial, point, radius, stop)

参数简单说明如下。

☑ radial：定义渐变类型为径向渐变。

☑ point：定义渐变中心点坐标。该参数支持数值、百分比和关键字，如(0 0)或者(left top)等。关键字包括 top、bottom、center、left 和 right。

☑ radius：设置径向渐变的长度，该参数为一个数值。

☑ stop：定义渐变色和步长。包括 3 个值，即开始的颜色使用 from(colorvalue)函数定义；结束的颜色使用 to(colorvalue)函数定义；颜色步长使用 color-stop(value, color value)定义。color-stop()函数包含两个参数值，第 1 个参数值为一个数值或者百分比值，取值范围为 0～1.0（或者 0%～100%），第 2 个参数值表示任意颜色值。

【示例 2】设计一个红色圆球，并逐步径向渐变为绿色背景，兼容早期 Webkit 引擎的线性渐变实现方法。代码如下，效果如图 24.17 所示。

```
<style type="text/css">
#demo {
    height:200px;
    /*Webkit 引擎私有用法*/
    background: -webkit-gradient(radial, center center, 0, center center, 100, from(red), to(green));
    background: radial-gradient(circle 100px, red, green);    /*标准的用法*/
}
</style>
<div id="demo"></div>
```

另外，Webkit 引擎也支持-webkit-radial-gradient()私有函数来设计径向渐变。该函数用法与标准函数 radial-gradient()语法格式类似。简明语法格式如下。

```
-webkit-radial-gradient(position, shape size, color-stop1, color-stop2, …);
```

Gecko 引擎定义了-moz-radial-gradient()私有函数来设计径向渐变。该函数用法与标准函数 radial-gradient()语法格式也类似。简明语法格式如下。

```
-moz-radial-gradient(position, shape size, color-stop1, color-stop2, …);
```

提示：上面两个私有函数的 size 参数值仅可设置关键字：closest-side、closest-corner、farthest-side、farthest-corner、contain 或 cover。

【示例 3】设计色点不均匀分布的径向渐变，效果如图 24.18 所示。

```
<style type="text/css">
#demo {
    height:200px;
    background: -webkit-radial-gradient(red 5%, green 15%, blue 60%);      /*Safari 5.1 - 6.0*/
    background: -o-radial-gradient(red 5%, green 15%, blue 60%);           /*Opera 11.6 - 12.0*/
    background: -moz-radial-gradient(red 5%, green 15%, blue 60%);         /*Firefox 3.6 - 15*/
    background: radial-gradient(red 5%, green 15%, blue 60%);              /*标准语法*/
}
</style>
<div id="demo"></div>
```

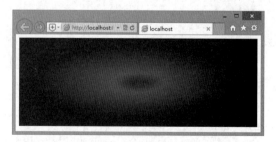

图 24.17　设计径向圆球效果　　　　　图 24.18　设计色点不均匀分布的径向渐变效果

【示例 4】shape 参数定义了形状，取值包括 circle 和 ellipse，其中，circle 表示圆形，ellipse 表示椭圆形，默认值是 ellipse。本示例设计圆形径向渐变，效果如图 24.19 所示。

```
#demo {
    height:200px;
```

```
    background: -webkit-radial-gradient(circle, red, yellow, green);     /*Safari 5.1 - 6.0*/
    background: -o-radial-gradient(circle, red, yellow, green);          /*Opera 11.6 - 12.0*/
    background: -moz-radial-gradient(circle, red, yellow, green);        /*Firefox 3.6 - 15*/
    background: radial-gradient(circle, red, yellow, green);             /*标准语法*/
}
```

【示例 5】设计径向渐变的半径长度为从圆心到离圆心最近的边，效果如图 24.20 所示。

```
#demo {
    height:200px;
    /*Safari 5.1 - 6.0*/
    background: -webkit-radial-gradient(60% 55%, closest-side,blue,green,yellow,black);
    /*Opera 11.6 - 12.0*/
    background: -o-radial-gradient(60% 55%, closest-side,blue,green,yellow,black);
    /*Firefox 3.6 - 15*/
    background: -moz-radial-gradient(60% 55%, closest-side,blue,green,yellow,black);
    /*标准语法*/
    background: radial-gradient(closest-side at 60% 55%, blue,green,yellow,black);
}
```

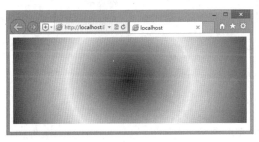
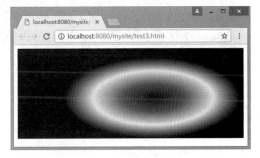

图 24.19　设计圆形径向渐变效果　　　　图 24.20　设计最小限度的径向渐变效果

注意： radial-gradient()标准函数与各私有函数在设置参数时顺序区别。

【示例 6】模拟太阳初升的效果，如图 24.21 所示。设计径向渐变中心点位于左下角，半径为最大化显示，定义 3 个色点，第一个色点设计太阳效果（#f00），第二个色点设计太阳余晖（#f99 60px），第三个色点设计太空（#005），第一个色点和第二个色点距离为 60px。

```
#demo {
    height:200px;
    /*Safari 5.1 - 6.0*/
    background: -webkit-radial-gradient(left bottom, farthest-side, #f00, #f99 60px, #005);
    /*Opera 11.6 - 12.0*/
    background: -o-radial-gradient(left bottom, farthest-side, #f00, #f99 60px, #005);
    /*Firefox 3.6 - 15*/
    background: -moz-radial-gradient(left bottom, farthest-side, #f00, #f99 60px, #005);
    /*标准语法*/
    background: radial-gradient(farthest-side at left bottom, #f00, #f99 60px, #005);
}
```

【示例 7】模拟太阳旗效果，如图 24.22 所示。设计径向渐变中心点位于对象中央，定义两个色点，第一个色点设计太阳效果，第二个色点设计背景，两个色点位置相同。

```
<style type="text/css">
body { background:hsla(207,59%,78%,1.00) }
#demo {
    height:200px;
```

```
    width:300px;
    margin:auto;
    /*Safari 5.1 - 6.0*/
    background: -webkit-radial-gradient(center, circle, #f00 50px, #fff 50px);
    /*Opera 11.6 - 12.0*/
    background: -o-radial-gradient(center, circle, #f00 50px, #fff 50px);
    /*Firefox 3.6 - 15*/
    background: -moz-radial-gradient(center, circle, #f00 50px, #fff 50px);
    /*标准语法*/
    background: radial-gradient(circle    at center, #f00 50px, #fff 50px);
}
</style>
<div id="demo"></div>
```

图 24.21　模拟太阳初升效果

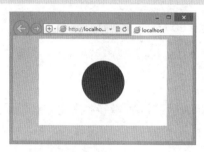

图 24.22　设计太阳旗效果

24.2.4　定义重复径向渐变

使用 repeating-radial-gradient()函数可以定义重复径向渐变，用法与 radial-gradient()函数相同，用户可以参考上面说明。

【示例 1】设计三色重复显示的径向渐变，效果如图 24.23 所示。

```
<style type="text/css">
#demo {
    height:200px;
    /*Safari 5.1 - 6.0*/
    background: -webkit-repeating-radial-gradient(red, yellow 10%, green 15%);
    /*Opera 11.6 - 12.0*/
    background: -o-repeating-radial-gradient(red, yellow 10%, green 15%);
    /*Firefox 3.6 - 15*/
    background: -moz-repeating-radial-gradient(red, yellow 10%, green 15%);
    /*标准语法*/
    background: repeating-radial-gradient(red, yellow 10%, green 15%);
}
</style>
<div id="demo"></div>
```

【示例 2】使用径向渐变同样可以创建条纹背景，方法与线性渐变类似。本示例设计圆形径向渐变条纹背景，效果如图 24.24 所示。

```
#demo {
    height:200px;
    /*Safari 5.1 - 6.0*/
    background: -webkit-repeating-radial-gradient(center bottom,    circle, #00a340, #00a340 20px, #d8ffe7 20px, #d8ffe7 40px);
    /*Opera 11.6 - 12.0*/
    background: -o-repeating-radial-gradient(center bottom, circle,    #00a340, #00a340 20px, #d8ffe7 20px, #d8ffe7 40px);
```

```
/*Firefox 3.6 - 15*/
background: -moz-repeating-radial-gradient(center bottom, circle, #00a340, #00a340 20px, #d8ffe7 20px, #d8ffe7 40px);
/*标准语法*/
background: repeating-radial-gradient(circle at center bottom, #00a340, #00a340 20px, #d8ffe7 20px, #d8ffe7 40px);
}
```

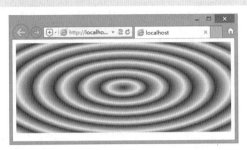

图 24.23　设计重复显示的径向渐变效果　　　　图 24.24　设计径向渐变条纹背景效果

24.3　案例实战

24.3.1　设计条纹

如果多个色点设置相同的起点位置，这将产生一个从一种颜色到另一种颜色的急剧的转换效果。从效果来看，就是从一种颜色突然改变到另一种颜色，这样可以设计条纹背景效果。

【示例 1】定义一个简单的条纹背景，效果如图 24.25 所示。

```
<style type="text/css">
#demo {
    height:200px;
    background: linear-gradient(#cd6600 50%, #0067cd 50%);
}
</style>
<div id="demo"></div>
```

【示例 2】利用背景的重复机制可以创造出更多的条纹。示例代码如下，效果如图 24.26 所示。

```
#demo {
    height:200px;
    background: linear-gradient(#cd6600 50%, #0067cd 50%);
    background-size: 100% 20%;        /*定义单个条纹仅显示高度的五分之一*/
}
```

图 24.25　设计简单的条纹效果　　　　图 24.26　设计重复显示的条纹效果

这样就可以将整个背景划分为了 10 条条纹，每条条纹的高度一样。

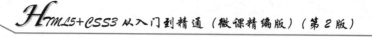

【示例 3】 如果设计每条条纹高度不同，只要改变比例即可，示例代码如下，效果如图 24.27 所示。

```
#demo {
    height:200px;
    background: linear-gradient(#cd6600 80%, #0067cd 0%);        /*定义每条条纹位置占比不同*/
    background-size: 100% 20%;                                    /*定义单条条纹仅显示高度的五分之一*/
}
```

【示例 4】 设计多色条纹背景，代码如下，效果如图 24.28 所示。

```
#demo {
    height:200px;
    /*定义三色同宽背景*/
    background: linear-gradient(#cd6600 33.3%, #0067cd 0, #0067cd 66.6%, #00cd66 0);
    background-size: 100% 30px;
}
```

图 24.27　设计不同高度的条纹效果

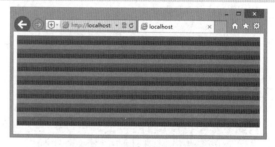

图 24.28　设计多色条纹效果

【示例 5】 设计密集条纹格效果，代码如下，效果如图 24.29 所示。

```
#demo {
    height:200px;
    background: linear-gradient(rgba(0,0,0,.5) 1px, #fff 1px);
    background-size: 100% 3px;
}
```

注意： IE 浏览器不支持这种设计效果。

【示例 6】 设计垂直条纹背景，只需要转换一下宽和高的设置方式即可，具体代码如下，效果如图 24.30 所示。

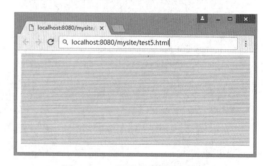

图 24.29　设计密集条纹效果

```
#demo {
    height:200px;
    background: linear-gradient(to right, #cd6600 50%, #0067cd 0);
    background-size: 20% 100%;
}
```

【示例 7】 设计简单的纹理背景，代码如下，效果如图 24.31 所示。

```
#demo {
    height:200px;
    background: linear-gradient(45deg, RGBA(0,103,205,0.2)  50%, RGBA(0,103,205,0.1)  50%);
    background-size: 50px 50px;
}
```

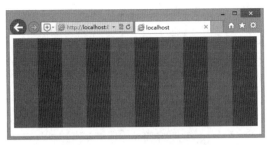

图 24.30　设计垂直条纹效果

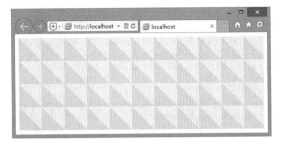

图 24.31　设计简单的纹理效果

提示：在实际应用中，不建议使用太多的背景颜色，一般可以考虑使用一种背景色，并在这个颜色的深浅上设计变化。

24.3.2　设计纹理

本例使用 CSS3 线性渐变属性制作纹理图案，主要利用多重背景进行设计，然后使用线性渐变绘制每一条线，通过叠加和平铺，完成重复性纹理背景效果，如图 24.32 所示。

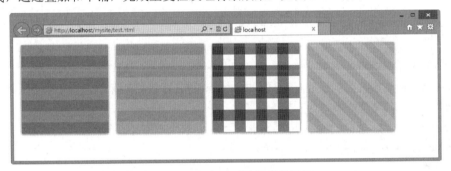

图 24.32　定义网页纹理背景效果

主要样式代码如下。

```
.patterns {
    width: 200px; height: 200px; float: left; margin: 10px;
    box-shadow: 0 1px 8px #666;
}
.pt1 {
    background-size: 50px 50px;
    background-color: #0ae;
    background-image: -webkit-linear-gradient(rgba(255, 255, 255, .2) 50%, transparent 50%, transparent);
    background-image: linear-gradient(rgba(255, 255, 255, .2) 50%, transparent 50%, transparent);
}
.pt2 {
    background-size: 50px 50px;
    background-color: #f90;
    background-image: -webkit-linear-gradient(0deg, rgba(255, 255, 255, .2) 50%, transparent 50%, transparent);
    background-image: linear-gradient(0deg, rgba(255, 255, 255, .2) 50%, transparent 50%, transparent);
}
.pt3 {
    background-size: 50px 50px;
    background-color: white;
```

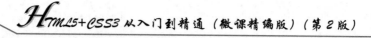

```
        background-image: -webkit-linear-gradient(to top, transparent 50%, rgba(200, 0, 0, .5) 50%, rgba(200, 0, 0, .5)), -webkit-
linear-gradient(to left, transparent 50%, rgba(200, 0, 0, .5) 50%, rgba(200, 0, 0, .5));
        background-image: linear-gradient(to top, transparent 50%, rgba(200, 0, 0, .5) 50%, rgba(200, 0, 0, .5)),    linear-gradient(to
left, transparent 50%, rgba(200, 0, 0, .5) 50%, rgba(200, 0, 0, .5))
    }
    .pt4 {
        background-size: 50px 50px;
        background-color: #ac0;
        background-image: -webkit-linear-gradient(45deg, rgba(255, 255, 255, .2) 25%, transparent 25%, transparent 50%, rgba(255,
255, 255, .2) 50%, rgba(255, 255, 255, .2) 75%, transparent 75%, transparent);
        background-image: linear-gradient(45deg, rgba(255, 255, 255, .2) 25%, transparent 25%, transparent 50%, rgba(255, 255,
255, .2) 50%, rgba(255, 255, 255, .2) 75%, transparent 75%, transparent);
    }
```

24.3.3 设计折角效果

灵活使用 CSS3 渐变背景，可以创新出很多新颖的设计。本例使用线性渐变设计右上角缺角的栏目，效果如图 24.33 所示。

```
.box {
    background: linear-gradient(-135deg, transparent 30px, #162e48 30px);
    color: #fff;
    padding: 12px 24px;
}
```

使用 box-shadow 为栏目加上高亮边框，同时设计网页背景色为深色，折角效果失效，此时可以使用:before 和:after 实现该效果。

网页背景色为深色，与.box:after 边框色保持一致，效果如图 24.34 所示。

```
body { background: #000; }
.box {
    background: #162e48;
    color: #fff;
    padding: 12px 24px;
    position: relative;
    border: 1px solid   #fff;
}
.box:before {
    content: ' ';
    border: solid transparent;
    position: absolute;
    border-width: 30px;
    border-top-color: #fff;
    border-right-color: #fff;
    right: 0px; top: 0px;
}
.box:after {
    content: ' ';
    border: solid transparent;
    position: absolute;
    border-width: 30px;
    border-top-color: #000;
    border-right-color: #000;
```

```
        top: -1px; right: -1px;
    }
```

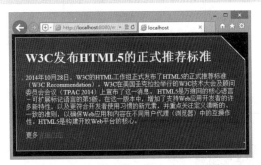

图 24.33　设计缺角栏目效果　　　　　　图 24.34　设计高亮边框栏目效果

24.3.4　设计图标

本例通过 CSS3 径向渐变制作圆形图标特效，设计效果如图 24.35 所示。在内部样式表中，使用 radial-gradient()函数为图标标签定义径向渐变背景，设计立体效果；使用 border-radius:50%;声明定义图标显示为圆形；使用 box-shadow 属性为图标添加投影；使用 text-shadow 属性为图标文本定义润边效果；使用 radial-gradient 属性设计环形径向渐变效果，为图标添加高亮特效。

示例主要代码如下。

图 24.35　设计径向渐变图标效果

```html
<style type="text/css">
.icon {
    /*固定大小，可根据实际需要酌情调整，调整时应同步调整 line-height:60px;*/
    width: 60px; height: 60px;
    /*行内块显示，统一图标显示属性*/
    display:inline-block;
    /*清除边框，避免边框对整体特效的破坏*/
    border: none;
    /*设计圆形效果*/
    border-radius: 50%;
    /*定义图标阴影，第一个外阴影设计立体效果，第二个内阴影设计高亮特效*/
    box-shadow: 0 1px 5px rgba(255,255,255,.5) inset,
                0 -2px 5px rgba(0,0,0,.3) inset, 0 3px 8px rgba(0,0,0,.8);
    /*定义径向渐变，模拟明暗变化的表面效果*/
    background: -webkit-radial-gradient( circle at top center, #f28fb8, #e982ad, #ec568c);
    background: radial-gradient(circle at top center, #f28fb8, #e982ad, #ec568c);
    /*定义图标字体样式*/
    font-size: 32px;
    color: #dd5183;
    text-align:center;          /*文本水平居中显示*/
    line-height:60px;           /*文本垂直居中显示，必须与 height: 60px;保持一致*/
    /*为文本添加阴影，第一个阴影设计立体效果，第二个阴影定义高亮特效*/
    text-shadow: 0 3px 10px #f1a2c1,
                 0 -3px 10px #f1a2c1;
}
</style>
<div class="icon">Dw</div>
```

```
<span class="icon">Fl</span>
<p class="icon">PS</p>
```

Note

24.4 在线支持

扫码免费学习
更多实用技能

一、专项练习

☑ CSS3 动画边框
☑ 边框移动特效
☑ 书签效果
☑ 黑白照片
☑ 设计水印

...实际有更多题目

二、更多案例实战

☑ 设计电子券
☑ 定义渐变色边框
☑ 设计个人简历

...实际有更多案例

三、参考

☑ CSS 背景属性（Background）
　　列表

新知识、新案例不断更新中……

第 25 章

CSS3 用户接口

2015 年 4 月，W3C 的 CSS 工作组发布了 CSS 基本用户接口模块（CSS Basic User Interface Module Level 3，CSS3 UI）的标准工作草案。该文档描述了 CSS3 中对 HTML、XML 进行样式处理所需的与用户界面相关的 CSS 选择器、属性及属性值。该模块负责控制与用户接口界面相关效果的呈现方式，它包含并扩展了在 CSS2 及 Selector 规范中定义的与用户接口有关的特性。

视 频 讲 解

25.1　界　面　显　示

25.1.1　显示方式

一般浏览器都支持两种显示模式：怪异模式和标准模式。在怪异模式下，border 和 padding 包含在 width 或 height 之内；在标准模式下，border、padding、width 或 height 是各自独立区域。

为了兼顾这两种解析模式，CSS3 定义了 box-sizing 属性，该属性能够定义对象尺寸的解析方式。box-sizing 属性的基本语法如下。

```
box-sizing : content-box | border-box;
```

取值简单说明如下。

☑　content-box：为默认值，padding 和 border 不被包含在定义的 width 和 height 之内。对象的实际宽度等于设置的 width、border 和 padding 值之和，即元素的宽度 = width + border + padding。

☑　border-box：padding 和 border 被包含在定义的 width 和 height 之内。对象的实际宽度就等于设置的 width 值，即使定义有 border 和 padding 也不会改变对象的实际宽度，即元素的宽度 = width。

【示例】设计两个相同样式的盒子，在怪异模式和标准模式下显示效果如图 25.1 所示。

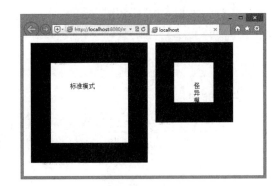

图 25.1　标准模式和怪异模式解析比较

```
<style type="text/css">
div {
    float: left;               /*并列显示*/
    height: 100px;             /*元素的高度*/
    width: 100px;              /*元素的宽度*/
    border: 50px solid red;    /*边框*/
    margin: 10px;              /*外边距*/
    padding: 50px;             /*内边距*/
```

```
}
.border-box { box-sizing: border-box;}    /*怪异模式解析*/
</style>
<div>标准模式</div>
<div class="border-box">怪异模式</div>
```

　　从图 25.1 可以看到，在怪异模式下 width 属性值就是指元素的实际宽度，即 width 属性值中包含 padding 和 border 属性值。

25.1.2　调整尺寸

　　为了增强用户体验，CSS3 增加 resize 属性，允许用户通过拖动的方式改变元素的尺寸。resize 属性的基本语法如下。

```
resize:none | both | horizontal | vertical
```

　　取值简单说明如下。
- ☑　none：为默认值，不允许用户调整元素大小。
- ☑　both：用户可以调节元素的宽度和高度。
- ☑　horizontal：用户可以调节元素的宽度。
- ☑　vertical：用户可以调节元素的高度。

　　当前除 IE 浏览器外，其他主流浏览器都基本支持该属性。

　　【示例】使用 resize 属性设计可以自由调整大小的图片，效果如图 25.2 所示。

```
<style type="text/css">
#resize {
    /*以背景方式显示图像，这样可以更轻松地控制缩放操作*/
    background:url(images/1.jpg) no-repeat center;
    /*设计背景图像仅在内容区域显示，留出补白区域*/
    background-clip:content;
    /*设计元素最小和最大显示尺寸，用户也只能够在该范围内自由调整*/
    width:200px; height:120px;
    max-width:800px; max-height:600px;
    padding:6px; border: 1px solid red;
    /*必须同时定义 overflow 和 resize 属性，否则 resize 属性声明无效，元素默认溢出显示为 visible*/
    resize: both;
    overflow: auto;
}
</style>
<div id="resize"></div>
```

（a）默认大小　　　　　　　　　　　　（b）鼠标拖动放大

图 25.2　调节元素尺寸

25.1.3 缩放比例

zoom 是 IE 浏览器的专有属性，用于设置对象的缩放比例，另外它还可以触发 IE 浏览器的 haslayout 属性，清除浮动，清除 margin 重叠等，设计师常用这个属性解决 IE 浏览器存在的布局 Bug。

CSS3 支持该属性，基本语法如下。

```
zoom:normal | <number> | <percentage>
```

取值说明如下。

☑ normal：使用对象的实际尺寸。

☑ <number>：用浮点数来定义缩放比例，不允许负值。

☑ <percentage>：用百分比来定义缩放比例，不允许负值。

当前，除 Firefox 浏览器外，所有主流浏览器都支持该属性。

【示例】使用 zoom 放大第二幅图片为原来的两倍，比较效果如图 25.3 所示。

图 25.3 放大图片显示尺寸

```
<style type="text/css">
img {
    height: 200px;
    margin-right: 6px;
}
img.zoom { zoom: 2; }
</style>
<img src="images/bg.jpg"/>
<img class="zoom" src="images/bg.jpg"/>
```

当 zoom 属性值为 1.0 或 100%时相当于 normal，表示不缩放。小于 1 的正数表示缩小，如 zoom: 0.5;表示缩小二分之一。

25.2 轮 廓

轮廓与边框不同，它不占用空间，且不一定是矩形。轮廓属于动态样式，只有当对象获取焦点或者被激活时呈现，如按钮、活动窗体域、图形地图等周围添加一圈轮廓线，使对象突出显示。

使用 outline 属性可以定义块元素的轮廓线，该属性在 CSS2.1 规范中已被明确定义，但是并未得到各主流浏览器的广泛支持，CSS3 增强了该特性。outline 属性的基本语法如下。

```
outline:<'outline-width'> || <'outline-style'> || <'outline-color'> || <'outline-offset'>
```

取值简单说明如下。

☑ <'outline-width'>：指定轮廓边框的宽度。

☑ <'outline-style'>：指定轮廓边框的样式。

☑ <'outline-color'>：指定轮廓边框的颜色。

☑ <'outline-offset'>：指定轮廓边框的偏移值。

📢 注意：outline 创建的轮廓线是画在一个框"上面"，也就是说，轮廓线总是在顶上，不会影响该框或任何其他框的尺寸。因此，显示或不显示轮廓线不会影响文档流，也不会破坏网页布局。

轮廓线可能是非矩形的。例如，如果元素被分割在好几行，那么轮廓线就至少是能要包含该元素所有框的外廓。和边框不同的是，外廓在线框的起讫端都不是开放的，它总是完全闭合的。

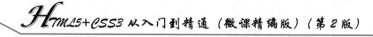

【示例 1】设计当文本框获得焦点时，在周围画一个粗实线外廓，提醒用户交互效果，效果如图 25.4 所示。

```
<style type="text/css">
/*统一页面字体和大小*/
body {
    font-family:"Lucida Grande", "Lucida Sans Unicode", Verdana, Arial, Helvetica, sans-serif;
    font-size:12px;
}
/*清除常用元素的边界、补白、边框默认样式*/
p, h1, form, button { border:0; margin:0; padding:0;}
/*定义一个强制换行显示类*/
.spacer { clear:both; height:1px;}
/*定义表单外框样式*/
.myform {margin:0 auto; width:400px; padding:14px;}
/*定制当前表单样式*/
#stylized { border:solid 2px #b7ddf2; background:#ebf4fb;}
/*设计表单内 div 和 p 通用样式效果*/
#stylized h1 {font-size:14px; font-weight:bold;margin-bottom:8px;}
#stylized p {
    font-size:11px; color:#666666;
    margin-bottom:20px; padding-bottom:10px;
    border-bottom:solid 1px #b7ddf2;
}
#stylized label {/*定义表单标签样式*/
    display:block; width:140px;
    font-weight:bold; text-align:right;
    float:left;
}
/*定义小字体样式类*/
#stylized .small {
    color:#666666; font-size:11px; font-weight:normal; text-align:right;
    display:block; width:140px;
}
/*统一输入文本框样式*/
#stylized input {
    float:left;
    font-size:12px;
    padding:4px 2px; margin:2px 0 20px 10px;
    border:solid 1px #aacfe4; width:200px;
}
/*定义图形化按钮样式*/
#stylized button {
    clear:both;
    margin-left:150px;
    width:125px; height:31px;
    background:#666666 url(images/button.png) no-repeat;
    text-align:center; line-height:31px; color:#FFFFFF; font-size:11px; font-weight:bold;
}
/*设计表单内文本框和按钮在被激活和获取焦点状态下时轮廓线的宽、样式和颜色*/
input:focus, button:focus { outline: thick solid #b7ddf2 }
input:active, button:active   { outline: thick solid #aaa }
</style>
<div id="stylized" class="myform">
    <form id="form1" name="form1" method="post" action="">
```

```
            <h1>登录</h1>
            <p>请准确填写个人信息...</p>
            <label>Name <span class="small">姓名</span> </label>
            <input type="text" name="textfield" id="textfield" />
            <label>Email <span class="small">电子邮箱</span> </label>
            <input type="text" name="textfield" id="textfield" />
            <label>Password <span class="small">密码</span> </label>
            <input type="text" name="textfield" id="textfield" />
            <button  type="submit">登 录</button>
            <div class="spacer"></div>
        </form>
    </div>
```

　（a）默认状态　　　　　　　（b）激活状态　　　　　　　（c）获取焦点状态

图 25.4　设计文本框的轮廓线

💡 提示：CSS3 为轮廓定义了多个子属性，使用这些子属性可以具体设计轮廓线样式，它们的用法与边框样式属性相似，简单说明如下。

- ☑ outline-width：设置轮廓线的宽度。
- ☑ outline-style：设置轮廓线的样式。
- ☑ outline-color：设置轮廓线的颜色。
- ☑ outline-offset：设置轮廓线的偏移位置。

【示例 2】 为段落文本中部分文字定义轮廓线，效果如图 25.5 所示。

```
<style type="text/css">
.outline { outline: red solid 2px;}
</style>
<p><b>注释：</b>只有在规定了 !DOCTYPE 时，<span class="outline">Internet Explorer 8
（以及更高版本）</span>才支持 outline 属性。</p>
```

图 25.5　轮廓边框效果

25.3　边　　框

CSS3 增强了边框的样式，包括图像边框和圆角边框。

25.3.1　定义图像源

CSS3 新增的 border-image 属性能够模拟 background-image 属性功能，且功能更加强大，该属性的基本语法如下。

border-image: <' border-image-source '> || <' border-image-slice '> [/ <' border-image-width '> | / <' border-image-width '>? / <' border-image-outset '>]? || <' border-image-repeat '>

取值说明如下。

☑ <' border-image-source '>：设置对象的边框是否用图像定义样式或图像来源路径。

☑ <' border-image-slice '>：设置边框图像的分割方式。

☑ <' border-image-width '>：设置对象的边框图像宽度。

☑ <' border-image-outset '>：设置对象的边框图像的扩展。

☑ <' border-image-repeat '>：设置对象的边框图像的平铺方式。

【示例】为元素 div 定义边框图像，使用 border-image-source 属性导入外部图像源 images/border1.png，根据 border-image-slice 属性，值为(27 27 27 27)，把图像切分为 9 块，然后分别把这 9 块图像切片按顺序填充到边框四边、四角和内容区域。示例主要代码如下，页面浏览效果如图 25.6 所示。

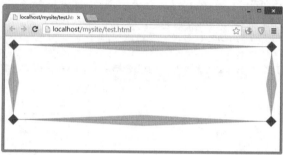

图 25.6　定义边框背景样式

```
<style type="text/css">
div {
    height:160px;
    border:solid 27px;
    /*设置边框图像*/
    border-image: url(images/border1.png) 27;
}
</style>
<div></div>
```

在上面示例中，使用了一个 71px×71px 大小的图像，在这个正方形的图像中，被等分了 9 个方块，每个方块的高和宽都是 21px×21px 大小。当声明 border-image-slice 属性值为(27 27 27 27)时，则按下面说明进行解析。

☑ 第 1 个参数值表示从上向下裁切图像，显示在顶边。

☑ 第 2 个参数值表示从右向左裁切图像，显示在右边。

☑ 第 3 个参数值表示从下向上裁切图像，显示在底边。

☑ 第 4 个参数值表示从左向右裁切图像，显示在左边。

图像被 4 个参数值裁切为 9 块，再根据边框的大小进行自适应显示。例如，当分别设置边框为不同大小，则显示效果除了粗细之外，其他则都是完全相同的。

25.3.2　定义平铺方式

border-image-repeat 属性设置对象的边框图像的平铺方式。该属性的基本语法如下。

border-image-repeat:[stretch | repeat | round | space]{1,2}

取值简单说明如下。

☑ stretch：用拉伸方式来填充边框图像。为默认值。

☑ repeat：用平铺方式来填充边框图像。当图片碰到边界时，如果超过则被截断。

☑ round：用平铺方式来填充边框图像。图像会根据边框的尺寸动态调整图像的大小直至正好可以铺满整个边框。

☑ space：用平铺方式来填充边框图像。图像会根据边框的尺寸动态调整图像的之间的间距直至正好可以铺满整个边框。

【示例】以 25.3.1 节示例为基础，设置边框图像平铺显示：border-image-repeat:round;，效果如图 25.7 所示。

```css
<style type="text/css">
div {
    height:160px;
    background:hsla(93,96%,62%,1.00);
    border:solid 27px red;
    /*设置边框图像源*/
    border-image-source: url(images/border1.png);
    /*设置边框图像的平铺方式*/
    border-image-repeat:round;
}
</style>
```

图 25.7　定义边框图像平铺显示

25.3.3　定义宽度

border-image-width 属性设置对象的边框图像的宽度。该属性的基本语法如下。

border-image-width:[<length> | <percentage> | <number> | auto]{1,4}

取值简单说明如下。

- ☑ <length>：用长度值指定宽度。不允许负值。
- ☑ <percentage>：用百分比指定宽度。参照其包含块进行计算，不允许负值。
- ☑ <number>：用浮点数指定宽度。不允许负值。
- ☑ auto：如果 auto 值被设置，则<' border-image-width '>采用与< border-image-slice '>相同的值。

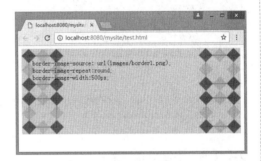

图 25.8　定义边框图像宽度

【示例】以 25.3.2 节示例为基础，设置边框背景平铺显示：border-image-repeat:round;，图像宽度为 500px，效果如图 25.8 所示。

```css
<style type="text/css">
div {
    height:160px;
    background:hsla(93,96%,62%,1.00);
    border:solid 27px red;
    /*设置边框图像源*/
    border-image-source: url(images/border1.png);
    /*设置边框图像的平铺方式*/
    border-image-repeat:round;
    /*设置边框图像的宽度*/
    border-image-width: 500px;
}
</style>
<div>border-image-source: url(images/border1.png);<br>
    border-image-repeat:round;<br>
    border-image-width:500px;</div>
```

25.3.4　定义分割方式

border-image-slice 属性设置对象的边框图像的分割方式。该属性的基本语法如下。

border-image-slice:[<number> | <percentage>]{1,4} && fill?

取值简单说明如下。

☑ <number>：用浮点数指定宽度。不允许负值。

☑ <percentage>：用百分比指定宽度。参照其包含块区域进行计算，不允许负值。

☑ fill：保留裁剪后的中间区域，其铺排方式遵循<' border-image-repeat '>的设定。

【示例】以 25.3.3 节示例为基础，设置边框背景平铺显示：border-image-repeat:round;，设置裁切值为 10：border-image-slice: 10;，效果如图 25.9 所示。

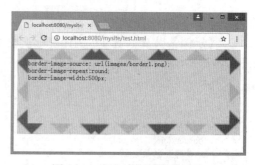

图 25.9　定义边框图像裁切值

```html
<style type="text/css">
div {
    height:160px;
    background:hsla(93,96%,62%,1.00);
    border:solid 27px red;
    /*设置边框图像源*/
    border-image-source: url(images/border1.png);
    /*设置边框图像的平铺方式*/
    border-image-repeat:round;
    /*设置边框图像的宽度*/
    border-image-width: 500px;
    /*设置边框图像的裁切值为10*/
    border-image-slice: 10;
}
</style>
<div>border-image-source: url(images/border1.png);<br>
    border-image-repeat:round;<br>
    border-image-slice: 10;</div>
```

25.3.5　定义扩展

border-image-outset 属性设置对象的边框图像的扩展。该属性的基本语法如下。

border-image-outset:[<length> | <number>]{1,4}

取值简单说明如下。

☑ <length>：用长度值指定宽度。不允许负值。

☑ <number>：用浮点数指定宽度。不允许负值。

【示例】以 25.3.4 节示例为基础，设置边框图像向外扩展 50px，效果如图 25.10 所示。

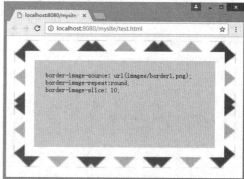

图 25.10　定义边框图像向外扩展

```html
<style type="text/css">
div {
    height:160px;
    margin:60px;
    background:hsla(93,96%,62%,1.00);
    border:solid 27px red;
    /*设置边框图像源*/
    border-image-source: url(images/border1.png);
    /*设置边框图像的平铺方式*/
    border-image-repeat:round;
```

```
        /*设置边框图像的宽度*/
        border-image-width: 500px;
        /*设置边框图像的裁切值为 10*/
        border-image-slice: 10;
        /*设置边框图像向外扩展 50px*/
        border-image-outset: 50px;
    }
</style>
<div>border-image-source: url(images/border1.png);<br>
    border-image-repeat:round;<br>
    border-image-slice: 10;<br>
    border-image-outset: 50px;</div>
```

25.3.6 定义圆角

CSS3 新增 border-radius 属性，使用它可以设计元素的边框以圆角样式显示。border-radius 属性的基本语法如下。

border-radius:[<length> | <percentage>]{1,4} [/ [<length> | <percentage>]{1,4}]?

取值简单说明如下。

☑   <length>：用长度值设置对象的圆角半径长度。不允许负值。

☑   <percentage>：用百分比设置对象的圆角半径长度。不允许负值。

为了方便定义 4 个顶角的圆角，border-radius 属性派生了 4 个子属性。

☑   border-top-right-radius：定义右上角的圆角。

☑   border-bottom-right-radius：定义右下角的圆角。

☑   border-bottom-left-radius：定义左下角的圆角。

☑   border-top-left-radius：定义左上角的圆角。

⛅ 提示：border-radius 属性可包含两个参数值：第一个值表示圆角的水平半径，第二个值表示圆角的垂直半径，两个参数值通过斜线分隔。如果仅包含一个参数值，则第二个值与第一个值相同，它表示这个角就是一个四分之一圆角。如果参数值中包含 0，则这个角就是矩形，不会显示为圆角。

针对 border-radius 属性参数值，各种浏览器的处理方式并不一致。在 Chrome 和 Safari 浏览器中，会绘制出一个椭圆形边框，第一个半径为椭圆的水平方向半径，第二个半径为椭圆的垂直方向半径。在 Firefox 和 Opera 浏览器中，将第一个半径作为边框左上角与右下角的圆半径来绘制，将第二个半径作为边框右上角与左下角的圆半径来绘制。

【示例 1】给 border-radius 属性设置一个值：border-radius:10px;，效果如图 25.11 所示。

```
<style type="text/css">
img {
    height:300px;
    border:1px solid red;
    border-radius:10px;
}
</style>
<img src="images/1.jpg" />
```

如果为 border-radius 属性设置两个参数，则效果如图 25.12 所示。

```
img {
    height:300px;
    border:1px solid red;
```

```
    border-radius:20px/40px;
}
```

图 25.11　定义圆角样式 1　　　　　图 25.12　定义圆角样式 2

也可以为元素的 4 个顶角定义不同的值，实现的方法有两种。

一种方法是利用 border-radius 属性为其赋一组值。当为 border-radius 属性赋一组值，将遵循 CSS 赋值规则，可以包含 2 个、3 个或者 4 个值集合。但是此时无法使用斜杠方式定义圆角水平和垂直半径。

如果是 4 个值，则这 4 个值将按照 top-left、top-right、bottom-right、bottom-left 顺序来设置。

如果 bottom-left 值省略，那么它等于 top-right。如果 bottom-right 值省略，那么它等于 top-left。如果 top-right 值省略，那么它等于 top-left。如果为 border-radius 属性设置 4 个值的集合参数，则每个值表示每个角的圆角半径。

【示例 2】为图像的 4 个顶角定义不同圆角半径。

```
img {
    height:300px;
    border:1px solid red;
    border-radius:10px 30px 50px 70px;
}
```

如果为 border-radius 属性设置 3 个值的集合参数，则第一个值表示左上角的圆角半径，第二个值表示右上和左下两个角的圆角半径，第三个值表示右下角的圆角半径。如果为 border-radius 属性设置两个值的集合参数，则第一个值表示左上角和右下角的圆角半径，第二个值表示右上和左下两个角的圆角半径。

另一种方法是利用派生子属性进行定义，如 border-top-right-radius、border-bottom-right-radius、border-bottom-left-radius、border-top-left-radius。

◀》注意：Gecko 和 Presto 引擎在写法上存在很大差异。

【示例 3】定义 img 元素显示为圆形，当图像宽高比不同时，显示效果不同，效果如图 25.13 所示。

```
<style type="text/css">
img {/*定义图像圆角边框*/
    border: solid 1px red;
    border-radius: 50%; /*圆角*/
}
.r1 {/*定义第 1 幅图像宽高比为 1：1*/
    width:300px;
    height:300px;
}
.r2 {/*定义第 2 幅图像宽高比不为 1：1*/
    width:300px;
    height:200px;
```

```
}
.r3 {/*定义第 3 幅图像宽高比不为 1∶1*/
    width:300px;
    height:100px;
    border-radius: 20px; /*定义圆角*/
}
</style>
<img class="r3" src="images/1.jpg" title="圆形图像" />
<img class="r2" src="images/1.jpg" title="椭圆图像" />
<img class="r1" src="images/1.jpg" title="圆角图像" />
```

图 25.13　定义圆形显示的元素效果

25.4　盒子阴影

CSS3 的 box-shadow 属性类似于 text-shadow 属性，不过 text-shadow 属性负责为文本设置阴影，而 box-shadow 属性负责给对象定义图层阴影效果。

box-shadow 属性可以定义元素的阴影，基本语法如下。

```
box-shadow : none | inset? && <length>{2,4} && <color>?
```

取值简单说明如下。

☑　none：无阴影。

☑　<length>①：第 1 个长度值用来设置对象的阴影水平偏移值。可以为负值。

☑　<length>②：第 2 个长度值用来设置对象的阴影垂直偏移值。可以为负值。

☑　<length>③：如果提供了第 3 个长度值则用来设置对象的阴影模糊值。不允许负值。

☑　<length>④：如果提供了第 4 个长度值则用来设置对象的阴影外延值。可以为负值。

☑　<color>：设置对象的阴影的颜色。

☑　inset：设置对象的阴影类型为内阴影。该值为空时，则对象的阴影类型为外阴影。

下面结合案例进行演示说明。

【示例 1】定义一个简单的实影投影效果，效果如图 25.14 所示。

图 25.14　定义简单的阴影效果

```
<style type="text/css">
img{
    height:300px;
    box-shadow:5px 5px;
}
</style>
<img src="images/1.jpg" />
```

【示例2】定义位移、阴影大小和阴影颜色，演示效果如图 25.15 所示。

```
img{
    height:300px;
    box-shadow:2px 2px 10px #06C;
}
```

【示例3】定义内阴影，阴影大小为 10px，颜色为#06C，效果如图 25.16 所示。

```
<style type="text/css">
pre {
    padding: 26px;
    font-size:24px;
    box-shadow: inset 2px 2px 10px #06C;
}
</style>
<pre>
-moz-box-shadow: inset 2px 2px 10px #06C;
-webkit-box-shadow: inset 2px 2px 10px #06C;
box-shadow: inset 2px 2px 10px #06C;
</pre>
```

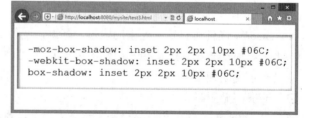

图 25.15　定义复杂的阴影效果　　　　　图 25.16　定义内阴影效果

【示例4】通过设置多组参数值定义多色阴影，效果如图 25.17 所示。

```
img {
    height: 300px;
    box-shadow: -10px 0 12px red,
                10px 0 12px blue,
                0 -10px 12px yellow,
                0 10px 12px green;
}
```

【示例5】通过多组参数值还可以定义渐变阴影，效果如图 25.18 所示。

```
<!DOCTYPE html>
img{
    height:300px;
```

```
box-shadow:0 0 10px red,
            2px 2px 10px 10px yellow,
            4px 4px 12px 12px green;
}
```

图 25.17　定义多色阴影效果　　　　　　　　图 25.18　定义渐变阴影效果

注意： 当给同一个元素设计多个阴影时，最先写的阴影将显示在最顶层。

25.5　案例实战

本例利用 CSS3 新增的边框和背景样式来模拟桌面界面效果。主要应用了 box-shadow、border-radius、text-shadow、border-color、border-image 等属性，同时还用到了渐变设计属性。整个案例的效果如图 25.19 所示。

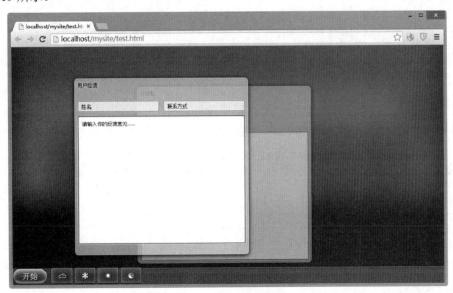

图 25.19　设计桌面界面效果

【操作步骤】

第 1 步，新建 HTML5 文档，设计页面结构。整个 UI 界面的结构比较简单，说明如下。

```html
<div id="desktop">
    <div id="bgWindow" class="window secondary">
        <span>对话框</span>
        <div class="content"></div>
    </div>
    <div id="frontWindow" class="window">
        <span>用户反馈</span>
        <div id="winInput"><input type="text" value="姓名"><input type="text" value="联系方式"></div>
        <div id="winContent" class="content">请输入你的反馈意见……</div>
    </div>
    <div id="startmenu">
        <button id="winflag">开始</button>
        <span id="toolBtn"><!--任务栏图标-->
            <button class="application">☁</button>
            <button class="application">✳</button>
            <button class="application">☀</button>
            <button class="application">☻</button>
        </span>
    </div>
</div>
```

第 2 步，设计桌面效果。在文档样式表中先定制页面样式，然后设置桌面显示背景，样式代码如下。

```css
html,body {                                        /*页面样式定制，清除边距，显式定义高度*/
    padding:0; margin:0;
    height:100%;
}
#desktop {                                         /*定制桌面背景效果*/
    background: #2c609b;
    height:100%;                                   /*满窗口显示*/
    font: 12px "Segoe UI", Tahoma, sans-serif;
    position: relative;                            /*定义包含框，为后面的桌面定位元素提供参考*/
    /*定义桌面内阴影，使用一组 3 个内阴影设计梦幻效果*/
    box-shadow: inset 0 -200px 100px #032b5c,
        inset -100px 100px 100px #2073b5,
        inset 100px 200px 100px #1f9bb1;
    overflow: hidden;                              /*隐藏超出的内容*/
}
```

第 3 步，设计"开始"菜单和任务栏。"开始"菜单和任务栏主要用到了圆角样式和盒子阴影，在设计任务栏中的图标时，还用到渐变效果，该技术将在后面章节中进行详细说明，该部分的样式代码如下。

```css
#startmenu {                                       /*设置任务栏效果*/
    position: absolute; bottom: 0;                 /*固定显示在页面底部*/
    height: 40px; width: 100%;                     /*固定大小*/
    background: rgba(178, 215, 255, 0.25);         /*增加半透明效果*/
    /*为任务栏设计顶部外阴影，以及在内部添加两道阴影效果*/
    box-shadow: 0 -2px 20px rgba(0, 0, 0, 0.25),
                inset 0 1px #042754,
                inset 0 2px #5785b0;
    overflow: hidden;
}
#startmenu button {
    font-size: 1.6em; color: #fff;
    text-shadow: 1px 2px 2px #00294b;              /*为按钮文字增加阴影效果*/
```

```
}
#startmenu #winflag {                                      /*设计"开始"按钮样式*/
    float: left;
    margin: 2px; margin-right: 10px;
    height: 34px; width: 80px;
    border: none;
    background: #034a76;
    border-radius: 40px;                                   /*设计"开始"按钮圆角显示*/
    box-shadow: 0 0 1px #fff,
        0 0 3px #000,
        0 0 3px #000,
        inset 0 1px #fff,
        inset 0 12px rgba(255, 255, 255, 0.15),
        inset 0 4px 10px #cef,
        inset 0 22px 5px #0773b4,
        inset 0 -5px 10px #0df;                            /*设计"开始"按钮内外阴影特效*/
}
#startmenu .application {                                   /*设计任务栏图标样式*/
    position: relative;
    bottom: 1px; height: 38px; width: 52px;
    background: rgba(14, 59, 103, 0.25);
    border: 1px solid rgba(0, 0, 0, 0.8);
    transition: .3s all;                                   /*设计渐变特效*/
    border-radius: 4px;                                    /*设计任务栏图标圆角显示*/
    box-shadow: inset 0 0 1px #fff,
        inset 4px 4px 20px rgba(255, 255, 255, 0.33),
        inset -2px -2px 10px rgba(255, 255, 255, 0.25);    /*设计任务栏图标内外阴影特效*/
}
/*设计鼠标经过时,图标显示为半透明的色彩变化效果*/
#startmenu .application:hover { background-color: rgba(255, 255, 255, 0.25); }
```

第 4 步,设计窗口效果。窗口 UI 主要涉及圆角和半透明效果设计,样式代码如下。

```
.window {                                                  /*设计窗口外框效果*/
    position: absolute; left: 150px; top: 75px;            /*定位窗体大小和位置*/
    width: 400px; height: 400px; padding: 7px;
    border: 1px solid rgba(255, 255, 255, 0.6);            /*设计半透明度效果的边框和背景效果*/
    background: rgba(178, 215, 255, 0.75);
    border-radius: 8px;                                    /*设计窗体外框圆角显示*/
    box-shadow: 0 2px 16px #000,
        0 0 1px #000,
        0 0 1px #000;                                      /*设计窗体外框的外阴影特效*/
    text-shadow: 0 0 15px #fff, 0 0 15px #fff;             /*设计晕边效果*/
}
.window span { display: block; }
.window input {                                            /*文本输入框样式*/
    border-radius: 2px;                                    /*设计文本输入框圆角显示*/
    box-shadow: 0 0 2px #fff,
        0 0 1px #fff,
        inset 0 0 3px #fff;                                /*设计文本输入框的内外阴影特效*/
}
.window input + input { margin-left: 12px; }
.window.secondary {                                        /*定位第二个窗体位置和不透明度*/
    left: 300px; top: 125px; opacity: 0.66;
}
.window.secondary span { margin-bottom: 85px; }
```

Note

```
.window .content {                                    /*设计窗口内文本区域样式*/
    padding: 10px; height: 279px;
    background: #fff;    border: 1px solid #000;
    border-radius: 2px;                               /*设计文本区域圆角显示*/
    box-shadow: 0 0 5px #fff,
        0 0 1px #fff,
        inset 0 1px 2px #aaa;                         /*设计文本区域的内外阴影特效*/
    text-shadow: none;                                /*取消文本阴影*/
}
```

25.6　在线支持

扫码免费学习
更多实用技能

一、基础知识
- ☑　CSS3 盒模型概述
- ☑　CSS3 显示类型
- ☑　CSS3 布局类型

二、专项练习
- ☑　盒模型
  - ❖　最小高度
  - ❖　动态垂直居中
  - ❖　Metro 风格布局
  - …实际有更多题目

- ☑　版式设计
  - ❖　单列版式
  - ❖　两列弹性版式
  - ❖　两列固宽版式
  - …实际有更多题目
- ☑　用户界面
  - ❖　头像剪裁的矩形镂空效果
  - ❖　自动填满屏幕剩余空间
  - …实际有更多题目

三、更多案例实战
- ☑　显示方式
- ☑　轮廓线
- ☑　图像边框
- ☑　设计应用界面

四、参考
- ☑　Box 属性列表
- ☑　CSS 外边距属性（Margin）列表
- ☑　CSS 内边距属性（Padding）列表
- …实际有更多参考知识

新知识、新案例不断更新中……

第 26 章

CSS3 布局

视频讲解

2009 年，W3C 提出一种崭新的布局方案：弹性盒布局，使用它可以轻松创建自适应窗口的流动布局，或者自适应字体大小的弹性布局。W3C 的弹性盒布局分为旧版本、新版本和混合过渡版本 3 种不同的设计方案。其中，混合过渡版本主要针对 IE 10 浏览器进行兼容。当前 CSS3 弹性布局多应用于移动端网页布局，本章将主要讲解旧版本和新版本弹性盒布局的基本用法。

26.1 旧版弹性盒

弹性盒（Flexbox）是 CSS3 新增的布局模型，实际上它一直都存在。最开始它作为 Mozilla XUL 的一个功能被用来制作程序界面，如 Firefox 浏览器的工具栏。

26.1.1 启动弹性盒

在旧版本中启动弹性盒模型，只需设置容器的 display 的属性值为 box（或 inline-box），用法如下。

```
display: box;
display: inline-box;
```

弹性盒模型由父容器和子容器两部分构成。

父容器通过 display:box;或者 display: inline-box;启动弹性盒布局功能。

子容器通过 box-flex 属性定义布局宽度，定义如何对父容器的宽度进行分配。

父容器又通过如下属性定义包含容器的显示属性，简单说明如下。

- ☑ box-orient：定义父容器里子容器的排列方式是水平还是垂直。
- ☑ box-direction：定义父容器里的子容器排列顺序。
- ☑ box-align：定义子容器的垂直对齐方式。
- ☑ box-pack：定义子容器的水平对齐方式。

📢 **注意**：使用旧版本弹性盒模型，需要用到各浏览器的私有属性，Webkit 引擎支持-webkit-前缀的私有属性，Mozilla Gecko 引擎支持-moz-前缀的私有属性，Presto 引擎（包括 Opera 浏览器等）支持标准属性，IE 浏览器暂不支持旧版本弹性盒模型。

26.1.2 设置宽度

在默认情况下，盒子没有弹性，它将尽可能宽地使其内容可见且没有溢出，其大小由 width、height、min-height、min-width、max-width 或者 max-height 属性值来决定。

使用 box-flex 属性可以把默认布局变为盒布局。如果 box-flex 的属性值为 1，则元素变得富有弹性，其大小将按下面的方式计算。

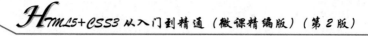

☑ 声明的大小（width、height、min-width、min-height、max-width、max-height）。

☑ 父容器的大小和所有余下的可利用的内部空间。

如果盒子没有声明大小，那么其大小将完全取决于父容器的大小，即盒子的大小等于父容器的大小乘以其 box-flex 在所有盒子 box-flex 总和中的百分比，用公式表示：

盒子的大小=父容器的大小×盒子的 box-flex /所有盒子的 box-flex 值的和

余下的盒子将按照上面的原则分享剩下的可用空间。

【示例】定义左侧边栏的宽度为 240px，右侧边栏的宽度为 200px，中间内容版块的宽度将由 box-flex 属性确定。详细代码如下，效果如图 26.1 所示。当调整窗口宽度时，中间列的宽度会自适应显示，使整个页面总是满窗口显示。

```
<style type="text/css">
#container {
    /*定义弹性盒布局样式*/
    display: -moz-box;
    display: -webkit-box;
    display: box;
}
#left-sidebar {
    width: 240px;
    padding: 20px;
    background-color: orange;
}
#contents {
    /*定义中间列宽度为自适应显示*/
    -moz-box-flex: 1;
    -webkit-box-flex: 1;
    flex: 1;
    padding: 20px;
    background-color: yellow;
}
#right-sidebar {
    width: 200px;
    padding: 20px;
    background-color: limegreen;
}
#left-sidebar, #contents, #right-sidebar {
    /*定义盒样式*/
    -moz-box-sizing: border-box;
    -webkit-box-sizing: border-box;
    box-sizing: border-box;
}
</style>
<div id="container">
    <div id="left-sidebar">
        <h2>宋词精选</h2>
        <ul>
            <li><a href="">卜算子·咏梅</a></li>
            <li><a href=""> 声声慢·寻寻觅觅</a></li>
            <li><a href=""> 雨霖铃·寒蝉凄切</a></li>
            <li><a href="">卜算子·咏梅</a></li>
            <li><a href="">更多</a></li>
        </ul>
    </div>
    <div id="contents">
```

```
        <h1>水调歌头·明月几时有</h1>
        <h2>苏轼</h2>
        <p>丙辰中秋，欢饮达旦，大醉，作此篇，兼怀子由。</p>
        <p>明月几时有？把酒问青天。不知天上宫阙，今夕是何年。我欲乘风归去，又恐琼楼玉宇，高处不胜寒。起舞
弄清影，何似在人间？</p>
        <p>转朱阁，低绮户，照无眠。不应有恨，何事长向别时圆？人有悲欢离合，月有阴晴圆缺，此事古难全。但愿
人长久，千里共婵娟。</p>
    </div>
    <div id="right-sidebar">
        <h2>词人列表</h2>
        <ul>
            <li><a href="">陆游</a></li>
            <li><a href="">李清照</a></li>
            <li><a href="">苏轼</a></li>
            <li><a href="">柳永</a></li>
        </ul>
    </div>
</div>
```

图 26.1　定义自适应宽度

26.1.3　设置顺序

使用 box-ordinal-group 属性可以改变子元素的显示顺序。语法格式如下。

```
box-ordinal-group:<integer>
```

<integer>用整数值来定义弹性盒对象的子元素显示顺序，默认值为 1。浏览器在显示时，将根据该值从小到大来显示这些元素。

【示例】以 26.1.2 节示例为基础，在左栏、中栏、右栏中分别加入一个 box-ordinal-group 属性，并指定显示的序号，这里将中栏设置为 1，右栏设置为 2，左栏设置为 3，则可以发现三栏显示顺序发生了变化，效果如图 26.2 所示。

```
#left-sidebar {
    -moz-box-ordinal-group: 3;
    -webkit-box-ordinal-group: 3;
    box-ordinal-group: 3;
}
#contents {
    -moz-box-ordinal-group: 1;
    -webkit-box-ordinal-group: 1;
    box-ordinal-group: 1;
```

```
}
#right-sidebar {
    -moz-box-ordinal-group: 2;
    -webkit-box-ordinal-group: 2;
    box-ordinal-group: 2;
}
```

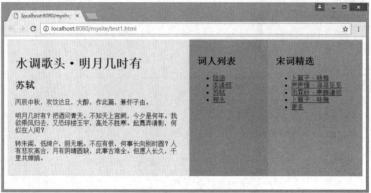

图 26.2　定义列显示顺序

26.1.4　设置方向

使用 box-orient 属性可以定义元素的排列方向，语法格式如下。

box-orient:horizontal | vertical | inline-axis | block-axis

取值简单说明如下。

☑　horizontal：设置弹性盒对象的子元素从左到右水平排列。

☑　vertical：设置弹性盒对象的子元素从上到下纵向排列。

☑　inline-axis：设置弹性盒对象的子元素沿行轴排列。

☑　block-axis：设置弹性盒对象的子元素沿块轴排列。

【示例】针对 26.1.2 节的示例，在<div id="container">标签样式中加入 box-orient 属性，并设定属性值为 vertical，即定义内容以垂直方向排列，则代表左侧边栏，中间内容，右侧边栏的 3 个 div 元素的排列方向将从水平方向改变为垂直方向，效果如图 26.3 所示。

```
#container {
    /*定义弹性盒布局样式*/
    display: -moz-box;
    display: -webkit-box;
    display: box;
    /*定义从上到下排列显示*/
    -moz-box-orient: vertical;
    -webkit-box-orient: vertical;
    box-orient: vertical;
}
```

使用 box-direction 属性可以让各个子元素反向排序，语法格式如下。

box-direction：normal | reverse

取值简单说明如下。

☑　normal：设置弹性盒对象的子元素按正常顺序排列。

☑　reverse：反转弹性盒对象的子元素的排列顺序。

图 26.3 定义列显示方向

26.1.5 设置对齐方式

使用 box-pack 属性可以设置子元素水平方向对齐，语法格式如下。

box-pack:start | center | end | justify

取值简单说明如下。

☑ start：设置弹性盒对象的子元素从开始位置对齐，为默认值。

☑ center：设置弹性盒对象的子元素居中对齐。

☑ end：设置弹性盒对象的子元素从结束位置对齐。

☑ justify：设置弹性盒对象的子元素两端对齐。

使用 box-align 属性可以设置子元素垂直方向对齐，语法格式如下。

box-align:start | end | center | baseline | stretch

取值简单说明如下。

☑ start：设置弹性盒对象的子元素从开始位置对齐。

☑ center：设置弹性盒对象的子元素居中对齐。

☑ end：设置弹性盒对象的子元素从结束位置对齐。

☑ baseline：设置弹性盒对象的子元素基线对齐。

☑ stretch：设置弹性盒对象的子元素自适应父元素尺寸。

【示例】设计一个<div class="login">容器，其中包含一个登录表单对象，为了方便练习，本例使用一个<img>标签模拟，然后使用 box-pack 和 box-align 属性让表单对象在<div class="login">容器的正中央显示。同时，设计<div class="login">容器高度和宽度都为 100%，这样就可以让表单对象在窗口中央位置显示，具体实现代码如下，效果如图 26.4 所示。

```
<style type="text/css">
/*清除页边距*/
body { margin: 0; padding: 0;}
div { position: absolute; }
.bg {/*设计遮罩层*/
    width: 100%; height: 100%;
    background: #000; opacity: 0.7;
}
```

```
.login {
    /*满屏显示*/
    width:100%; height:100%;
    /*定义弹性盒布局样式*/
    display: -moz-box;
    display: -webkit-box;
    display: box;
    /*垂直居中显示*/
    -moz-box-align: center;
    -webkit-box-align: center;
    box-align: center;
    /*水平居中显示*/
    -moz-box-pack: center;
    -webkit-box-pack: center;
    box-pack: center;
}
</style>
<div class="web"><img src="images/bg.png" /></div>
<div class="bg"></div>
<div class="login"><img src="images/login.png"   /></div>
```

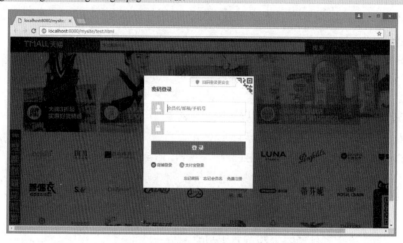

图 26.4　设计登录表单正中央显示

26.2　新版弹性盒

　　新版弹性盒模型主要优化了 UI 布局，可以简单地使一个元素居中（包括水平和垂直居中），可以扩大或收缩元素来填充容器的可利用空间，可以改变布局顺序等。本节将重点介绍新版本弹性盒模型的基本用法。

26.2.1　认识 Flexbox 系统

　　Flexbox 由弹性容器和弹性项目组成。
　　在弹性容器中，每一个子元素都是一个弹性项目，弹性项目可以是任意数量的，弹性容器外和弹性项目内的一切元素都不受影响。

弹性项目沿着弹性容器内的一个弹性行定
位，通常每个弹性容器只有一个弹性行。在默
认情况下，弹性行和文本方向一致：从左至右，
从上到下。

常规布局是基于块和文本流方向，而 Flex 布
局是基于 flex-flow 流。如图 26.5 所示是 W3C
规范对 Flex 布局的解释。

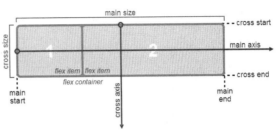

图 26.5 Flex 布局模式

弹性项目是沿着主轴（main axis），从主轴
起点（main-start）到主轴终点（main-end），或者沿着侧轴（cross axis），从侧轴起点（cross-start）到
侧轴终点（cross-end）排列。

☑ 主轴（main axis）：弹性容器的主轴，弹性项目主要沿着这条轴进行排列布局。注意，它不
一定是水平的，这主要取决于 justify-content 属性设置。

☑ 主轴起点（main-start）和主轴终点（main-end）：弹性项目放置在弹性容器内从主轴起点
（main-start）向主轴终点（main-end）方向。

☑ 主轴尺寸（main size）：弹性项目在主轴方向的宽度或高度就是主轴的尺寸。弹性项目主要
的大小属性要么是宽度，要么是高度，由哪一个对着主轴方向决定。

☑ 侧轴（cross axis）：垂直于主轴称为侧轴。它的方向主要取决于主轴方向。

☑ 侧轴起点（cross-start）和侧轴终点（cross-end）：弹性行的配置从容器的侧轴起点边开始，
往侧轴终点边结束。

☑ 侧轴尺寸（cross size）：弹性项目的在侧轴方向的宽度或高度就是项目的侧轴长度，弹性项
目的侧轴长度属性是 width 或 height 属性，由哪一个对着侧轴方向决定。

一个弹性项目就是一个弹性容器的子元素，弹性容器中的文本也被视为一个弹性项目。弹性项目
中内容与普通文本流一样。例如，当一个弹性项目被设置为浮动，用户依然可以在这个弹性项目中放
置一个浮动元素。

26.2.2 启动弹性盒

通过设置元素的 display 属性为 flex 或 inline-flex 可以定义一个弹性容器。设置为 flex 的容器被
渲染为一个块级元素，而设置为 inline-flex 的容器则渲染为一个行内元素。具体语法如下。

```
display: flex | inline-flex;
```

上面语法定义弹性容器，属性值决定容器是行内显示还是块显示，它的所有子元素将变成 flex
文档流，被称为弹性项目。

此时，CSS 的 columns 属性在弹性容器上没有效果，同时 float、clear 和 vertical-align 属性在弹性
项目上也没有效果。

【示例】设计一个弹性容器，其中包含 4 个弹性项目，效果如图 26.6 所示。

```
<style type="text/css">
.flex-container {
    display: -webkit-flex;
    display: flex;
    width: 500px; height: 300px;
    border: solid 1px red;
}
.flex-item {
    background-color: blue;
```

```
        width: 200px; height: 200px;
        margin: 10px;
}
</style>
<div class="flex-container">
        <div class="flex-item">弹性项目 1</div>
        <div class="flex-item">弹性项目 2</div>
        <div class="flex-item">弹性项目 3</div>
        <div class="flex-item">弹性项目 4</div>
</div>
```

26.2.3　设置主轴方向

使用 flex-direction 属性可以定义主轴方向，它适用于弹性容器。具体语法如下。

flex-direction:row | row-reverse | column | column-reverse

取值说明如下。

☑　row：主轴与行内轴方向作为默认的书写模式，即横向从左到右排列（左对齐）。

☑　row-reverse：对齐方式与 row 相反。

☑　column：主轴与块轴方向作为默认的书写模式，即纵向从上往下排列（顶对齐）。

☑　column-reverse：对齐方式与 column 相反。

【示例】在 26.2.2 节示例基础上，设计一个弹性容器，其中包含 4 个弹性项目，然后定义弹性项目从上往下排列，效果如图 26.7 所示。

```
<style type="text/css">
.flex-container {
        display: -webkit-flex;
        display: flex;
        -webkit-flex-direction: column;
        flex-direction: column;
        width: 500px;height: 300px;border: solid 1px red;
}
.flex-item {
        background-color: blue;
        width: 200px; height: 200px;
        margin: 10px;
}
</style>
```

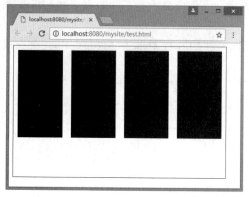
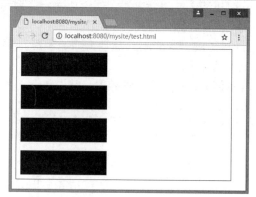

图 26.6　定义弹性项目从左到右布局　　　　图 26.7　定义弹性项目从上往下布局

26.2.4 设置行数

flex-wrap 属性可以定义弹性容器是单行还是多行显示弹性项目,侧轴的方向决定了新行堆放的方向。具体语法格式如下。

flex-wrap: nowrap | wrap | wrap-reverse

取值说明如下。

☑ nowrap:flex 容器为单行。该情况下 flex 子项可能会溢出容器。

☑ wrap:flex 容器为多行。该情况下 flex 子项溢出的部分会被放置到新行,子项内部会发生断行。

☑ wrap-reverse:反转 wrap 排列。

【示例】在 26.2.3 节示例基础上,设计一个弹性容器,其中包含 4 个弹性项目,然后定义弹性项目多行排列,效果如图 26.8 所示。

```
<style type="text/css">
.flex-container {
    display: -webkit-flex;
    display: flex;
    -webkit-flex-wrap: wrap;
    flex-wrap: wrap;
    width: 500px; height: 300px;border: solid 1px red;
}
.flex-item {
    background-color: blue;
    width: 200px; height: 200px;
    margin: 10px;
}
</style>
```

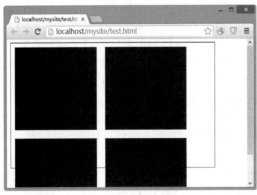

图 26.8 定义弹性项目多行布局

【补充】

flex-flow 属性是 flex-direction 和 flex-wrap 属性的复合属性,适用于弹性容器。该属性可以同时定义弹性容器的主轴和侧轴。其默认值为 row nowrap。具体语法如下。

flex-flow:<' flex-direction '> || <' flex-wrap '>

取值说明如下。

☑ <' flex-direction'>:定义弹性盒子元素的排列方向。

☑ <' flex-wrap'>:控制 flex 容器是单行或者多行。

26.2.5 设置对齐方式

1. 主轴对齐

justify-content 属性可以定义弹性项目沿着主轴线对齐，该属性适用于弹性容器。具体语法如下。

justify-content:flex-start | flex-end | center | space-between | space-around

取值说明如下。

- ☑ flex-start：为默认值，弹性项目向一行的起始位置靠齐。
- ☑ flex-end：弹性项目向一行的结束位置靠齐。
- ☑ center：弹性项目向一行的中间位置靠齐。
- ☑ space-between：弹性项目会平均地分布在行里。第一个弹性项目在一行中的最开始位置，最后一个弹性项目在一行中最终点位置。
- ☑ space-around：弹性项目会平均地分布在行里，两端保留一半的空间。

上述取值比较效果如图 26.9 所示。

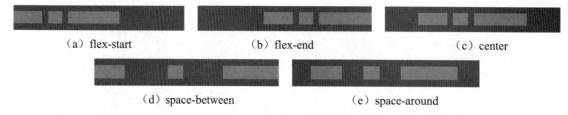

（a）flex-start （b）flex-end （c）center

（d）space-between （e）space-around

图 26.9 主轴对齐示意图

2. 侧轴对齐

align-items 属性定义弹性项目在侧轴上对齐，该属性适用于弹性容器。具体语法如下。

align-items:flex-start | flex-end | center | baseline | stretch

取值说明如下。

- ☑ flex-start：弹性项目在侧轴起点边的外边距紧紧靠住该行在侧轴起始的边。
- ☑ flex-end：弹性项目在侧轴终点边的外边距紧靠住该行在侧轴终点的边。
- ☑ center：弹性项目的外边距盒在该行的侧轴上居中放置。
- ☑ baseline：弹性项目根据它们的基线对齐。
- ☑ stretch：默认值，弹性项目拉伸填充整个弹性容器。此值会使项目的外边距盒的尺寸在遵照 min/max-width/height 属性的限制下尽可能接近所在行的尺寸。

上述取值比较效果如图 26.10 所示。

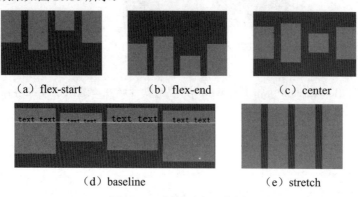

（a）flex-start （b）flex-end （c）center

（d）baseline （e）stretch

图 26.10 侧轴对齐示意图

3．弹性行对齐

align-content 属性定义弹性行在弹性容器里的对齐方式，该属性适用于弹性容器。类似于弹性项目在主轴上使用 justify-content 属性一样，但本属性在只有一行的弹性容器上没有效果。具体语法如下。

```
align-content:flex-start | flex-end | center | space-between | space-around | stretch
```

取值说明如下。

☑　flex-start：各行向弹性容器的起点位置堆叠。

☑　flex-end：各行向弹性容器的结束位置堆叠。

☑　center：各行向弹性容器的中间位置堆叠。

☑　space-between：各行在弹性容器中平均分布。

☑　space-around：各行在弹性容器中平均分布，在两边各有一半的空间。

☑　stretch：默认值，各行将会伸展以占用剩余的空间。

上述取值比较效果如图 26.11 所示。

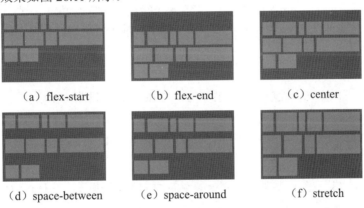

（a）flex-start　　　　　（b）flex-end　　　　　（c）center

（d）space-between　　　（e）space-around　　　（f）stretch

图 26.11　弹性行对齐示意图

【示例】以 26.2.4 节的示例为基础，定义弹性行在弹性容器中居中显示，效果如图 26.12 所示。

```
<style type="text/css">
.flex-container {
    display: -webkit-flex;
    display: flex;
    -webkit-flex-wrap: wrap;
    flex-wrap: wrap;
    -webkit-align-content: center;
    align-content: center;
    width: 500px; height: 300px;border: solid 1px red;
}
.flex-item {
    background-color: blue;
    width: 200px; height: 200px;
    margin: 10px;
}
</style>
```

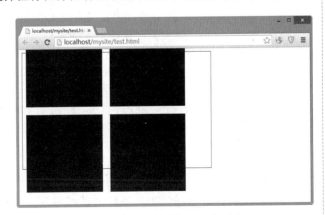

图 26.12　定义弹性行居中对齐

26.2.6　设置弹性项目

弹性项目都有一个主轴长度（main size）和一个侧轴长度（cross size）。主轴长度是弹性项目在主轴上的尺寸，侧轴长度是弹性项目在侧轴上的尺寸。一个弹性项目的宽或高取决于弹性容器的轴，可能就是它的主轴长度或侧轴长度。下面的属性适用于弹性项目，可以调整弹性项目的行为。

1. 显示位置

order 属性可以控制弹性项目在弹性容器中的显示顺序，具体语法如下。

```
order: <integer>
```

<integer>用整数值来定义排列顺序，数值小的排在前面。可以为负值。

2. 扩展空间

flex-grow 属性可以定义弹性项目的扩展能力，决定弹性容器剩余空间按比例应扩展多少空间。具体语法如下。

```
flex-grow: <number>
```

<number>用数值来定义扩展比率。不允许负值，默认值为 0。

如果所有弹性项目的 flex-grow 设置为 1，那么每个弹性项目将设置为一个大小相等的剩余空间。如果给其中一个弹性项目设置 flex-grow 为 2，那么这个弹性项目所占的剩余空间是其他弹性项目所占剩余空间的两倍。

3. 收缩空间

flex-shrink 属性可以定义弹性项目收缩的能力，与 flex-grow 属性功能相反，具体语法如下。

```
flex-shrink: <number>
```

<number>用数值来定义收缩比率。不允许负值，默认值为 1。

4. 弹性比率

flex-basis 属性可以设置弹性基准值，剩余的空间按比率进行弹性。具体语法如下。

```
flex-basis:<length> | <percentage> | auto | content
```

取值说明如下。
- ☑ <length>：用长度值来定义宽度。不允许负值。
- ☑ <percentage>：用百分比来定义宽度。不允许负值。
- ☑ auto：无特定宽度值，取决于其他属性值。
- ☑ content：基于内容自动计算宽度。

【补充】

Flex 属性是 flex-grow、flex-shrink 和 flex-basis 3 个属性的复合属性，该属性适用于弹性项目。其中第 2 个和第 3 个参数（flex-shrink、flex-basis）是可选参数。默认值为 "0 1 auto"。具体语法如下。

```
flex: none | [ <'flex-grow'> <'flex-shrink'>? || <'flex-basis'> ]
```

5. 对齐方式

align-self 属性用来在单独的弹性项目上覆写默认的对齐方式。具体语法如下。

```
align-self:auto | flex-start | flex-end | center | baseline | stretch
```

属性值与 align-items 的属性值相同。

【示例 1】以 26.2.5 节示例为基础，定义弹性项目在当前位置向右错移一个位置，其中第一个项目位于第二项目的位置，第二个项目位于第三个项目的位置上，最后一个项目移到第一个项目的位置上，效果如图 26.13 所示。

```
<style type="text/css">
.flex-container {
```

```
        display: -webkit-flex;
        display: flex;
        width: 500px; height: 300px;border: solid 1px red;
}
.flex-item { background-color: blue; width: 200px; height: 200px; margin: 10px;}
.flex-item:nth-child(0){
        -webkit-order: 4;
        order: 4;
}
.flex-item:nth-child(1){
        -webkit-order: 1;
        order: 1;
}
.flex-item:nth-child(2){
        -webkit-order: 2;
        order: 2;
}
.flex-item:nth-child(3){
        -webkit-order: 3;
        order: 3;
}
</style>
```

【示例 2】margin: auto;在弹性盒中具有强大的功能，一个 auto 的 margin 会合并剩余的空间。它可以用来把弹性项目挤到其他位置。本示例利用 margint: auto;，定义包含的项目居中显示，效果如图 26.14 所示。

```
<style type="text/css">
.flex-container {
        display: -webkit-flex;
        display: flex;
        width: 500px; height: 300px; border: solid 1px red;
}
.flex-item {
        background-color: blue; width: 200px; height: 200px;
        margin: auto;
}
</style>
<div class="flex-container">
        <div class="flex-item">弹性项目</div>
</div>
```

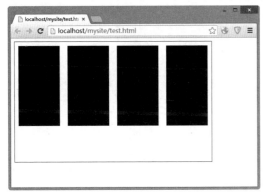

图 26.13 定义弹性项目错位显示

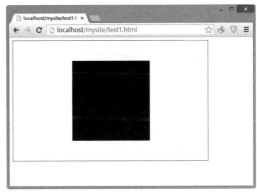

图 26.14 定义弹性项目居中显示

Note

26.3　多　列　布　局

CSS3 新增 columns 属性用来设计多列布局，定义文本流跨栏显示，适合设计正文版式。

26.3.1　设置列宽

column-width 属性可以定义单列显示的宽度，基本语法如下。

```
column-width:<length> | auto
```

取值简单说明如下。

☑　<length>：用长度值来定义列宽。不允许负值。

☑　auto：根据<'column-count'>自动分配宽度，为默认值。

【示例】column-width 属性在多列布局中的应用。设计 body 元素的列宽度为 300px，如果网页内容能够在单列内显示，则会以单列显示；如果窗口足够宽，且内容很多，则会在多列中进行显示，效果如图 26.15 所示，根据窗口宽度自动调整为两栏显示，列宽度显示为 300px。

```html
<style type="text/css">
/*定义网页列宽为 300px，则网页中每个栏目的最大宽度为 300px*/
body {column-width:300px;}
h1 {color: #333333; padding: 5px 8px;font-size: 20px;text-align: center; padding: 12px;}
h2 {font-size: 16px; text-align: center;}
p {color: #333333; font-size: 14px; line-height: 180%; text-indent: 2em;}
</style>
<h1>W3C 标准</h1>
<p>W3C 的各类技术标准在努力为各类应用的开发打造一个<strong>开放的 Web 平台（Open Web Platform）</strong>。尽管这个开放 Web 平台的边界在不断延伸，产业界认为 HTML5 将是这个平台的核心，平台的能力将依赖于 W3C 及其合作伙伴正在创建的一系列 Web 技术，包括 CSS，SVG，WOFF，语义 Web，及 XML 和各类应用编程接口（APIs）。</p>
<p>截至 2014 年 3 月，W3C 共设立 5 个技术领域，开展 23 个标准计划。W3C 设有 46 个工作组（Working Group）、14 个兴趣小组（Interest Group）、3 个协调组（Coordination Group）、169 个社区组（Community Group），以及 3 个业务组（Business Group）。</p>
<p>目前，W3C 正在探讨技术专家及个人参与 W3C 标准制定过程的 Webizen 计划，敬请期待。</p>
<p>W3C 于 2014 年 11 月发布了题为"W3C 工作重点（2014 年 11 月）"的报告，这是最新的一份对 W3C 近期开展的工作要点进行了综述的文章，阐述了近期的工作重点和优先级。/p>
```

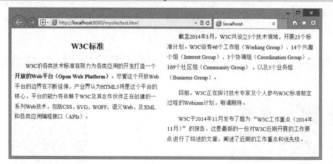

图 26.15　固定列表宽度显示

26.3.2　设置列数

column-count 属性可以定义显示的列数，基本语法如下。

```
column-count:<integer> | auto
```

取值简单说明如下。

☑ ＜integer＞：用整数值来定义列数。不允许负值。

☑ auto：根据＜'column-width'＞自动分配宽度，为默认值。

【示例】在 26.3.1 节示例基础上，如果定义网页列数为 3，则不管浏览器窗口怎么调整，页面内容总是遵循 3 列布局，效果如图 26.16 所示。

```
/*定义网页列数为 3，这样整个页面总是显示为 3 列*/
body { column-count:3;}
```

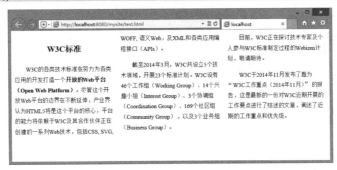

图 26.16 设计 3 列显示

26.3.3 设置间距

column-gap 属性可以定义两栏之间的间距，基本语法如下。

```
column-gap:<length> | normal
```

取值简单说明如下。

☑ ＜length＞：用长度值来定义列与列之间的间隙。不允许负值。

☑ normal：与＜'font-size'＞大小相同。假设该对象的 font-size 为 16px，则 normal 值为 16px，依此类推。

【示例】在 26.3.2 节示例基础上，通过 column-gap 和 line-height 属性配合使用，把文档版面设计得疏朗大方，以方便阅读。其中，列间距为 3em，行高为 2.5em。效果如图 26.17 所示。

```
body {
    /*定义页面内容显示为 3 列*/
    column-count: 3;
    /*定义列间距为 3em，默认为 1em*/
    column-gap: 3em;
    line-height: 2.5em; /*定义页面文本行高*/
}
```

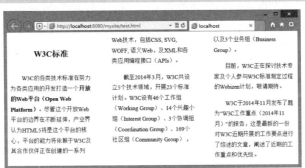

图 26.17 设计疏朗的跨栏布局

26.3.4　设置列边框

column-rule 属性可以定义每列之间边框的宽度、样式和颜色。基本语法如下。

```
column-rule:<' column-rule-width '> || <' column-rule-style '> || <' column-rule-color '>
```

取值简单说明如下。

- ☑ <' column-rule-width '>：设置对象的列与列之间的边框厚度。
- ☑ <' column-rule-style '>：设置对象的列与列之间的边框样式。
- ☑ <' column-rule-color '>：设置对象的列与列之间的边框颜色。

column-rule-style 属性语法如下（取值与边框样式 border-style 相同）。

```
column-rule-style:none | hidden | dotted | dashed | solid | double | groove | ridge | inset | outset
```

column-rule-width 与 border-widt、column-rule-color 与 border-color 设置相同。

【示例】在 26.3.3 节示例基础上，为每列之间的边框定义一个虚线分割线，线宽为 2px，灰色显示，效果如图 26.18 所示。

```
body {
    /*定义页面内容显示为 3 列*/
    column-count: 3;
    /*定义列间距为 3em，默认为 1em*/
    column-gap: 3em;
    line-height: 2.5em;
    /*定义列边框为 2px 宽的灰色虚线*/
    column-rule: dashed 2px gray;
}
```

26.3.5　设置跨列显示

column-span 属性可以定义跨列显示，基本语法如下。

```
column-span:none | all
```

取值简单说明如下。

- ☑ none：不跨列。
- ☑ all：横跨所有列。

【示例】在 26.3.4 节示例基础上，使用 column-span 属性定义一级标题跨列显示，效果如图 26.19 所示。

```
body {
    /*定义页面内容显示为 3 列*/
    column-count: 3;
    /*定义列间距为 3em，默认为 1em*/
    column-gap: 3em;
    line-height: 2.5em;
    /*定义列边框为 2px 宽的灰色虚线*/
    column-rule: dashed 2px gray;}
    /*设置一级标题跨越所有列显示*/
    h1 {
        color: #333333; font-size: 20px; text-align: center;
        padding: 12px;
        /*跨越所有列显示*/
        column-span: all;
```

```
}
p {color: #333333; font-size: 14px; line-height: 180%; text-indent: 2em;}
```

图 26.18　设计列边框效果

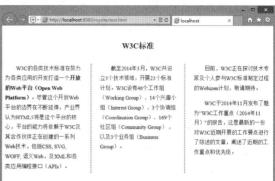

图 26.19　设计标题跨列显示效果

26.3.6　设置列高度

column-fill 属性可以定义栏目的高度是否统一，基本语法如下。

```
column-fill:auto | balance
```

取值简单说明如下。

- ☑　auto：列高度自适应内容。
- ☑　balance：所有列的高度与其中最高一列的高度统一。

【示例】在 26.3.5 节示例基础上，使用 column-fill 属性定义每列高度一致。

```
body {
    /*定义页面内容显示为 3 列*/
    column-count: 3;
    /*定义列间距为 3em，默认为 1em*/
    column-gap: 3em;
    line-height: 2.5em;
    /*定义列边框为 2px 宽的灰色虚线*/
    column-rule: dashed 2px gray;
    /*设置各列高度一致*/
    column-fill: balance;
}
```

26.4　案例实战

Flexbox 经历 3 次重大迭代，各个版本简单比较如下，具体比较细节可以参考 26.5 节在线支持的内容。

- ☑　2009 年版本（旧版本）："display:box;"。
- ☑　2011 年版本（混合版本）："display:flexbox;"。
- ☑　2014 年版本（新版本）："display:flex;"。

本节案例使用不同版本语法，设计一个兼容不同设备和浏览器的弹性页面，效果如图 26.20 所示。

图 26.20　定义混合弹性盒布局

示例主要代码如下。

```
<style type="text/css">
.page-wrap {
    display: -webkit-box;            /*2009 版 - iOS 6-, Safari 3.1-6*/
    display: -moz-box;               /*2009 版 - Firefox 19-（存在缺陷）*/
    display: -ms-flexbox;            /*2011 版 - IE 10*/
    display: -webkit-flex;           /*最新版 - Chrome*/
    display: flex;                   /*最新版 - Opera 12.1，Firefox 20+*/
}
.main-content {
    -webkit-box-ordinal-group: 2;    /*2009 版 - iOS 6-，Safari 3.1-6*/
    -moz-box-ordinal-group: 2;       /*2009 版 - Firefox 19-*/
    -ms-flex-order: 2;               /*2011 版 - IE 10*/
    -webkit-order: 2;                /*最新版 - Chrome*/
    order: 2;                        /*最新版 - Opera 12.1，Firefox 20+*/
    width: 60%;                      /*不会自动弹性，其他列将占据空间*/
    -moz-box-flex: 1;        /*如果没有该声明，主内容（60%）会伸展到最宽的段落，就像是段落设置了 white-space:nowrap*/
    background: white;
}
.main-nav {
    -webkit-box-ordinal-group: 1;    /*2009 版 - iOS 6-，Safari 3.1-6*/
    -moz-box-ordinal-group: 1;       /*2009 版 - Firefox 19-*/
    -ms-flex-order: 1;               /*2011 版 - IE 10*/
    -webkit-order: 1;                /*最新版 - Chrome*/
    order: 1;                        /*最新版 - Opera 12.1，Firefox 20+*/
    -webkit-box-flex: 1;             /*2009 版 - iOS 6-，Safari 3.1-6*/
    -moz-box-flex: 1;                /*2009 版 - Firefox 19-*/
    width: 20%;                      /*2009 版语法，否则将崩溃*/
    -webkit-flex: 1;                 /*Chrome*/
    -ms-flex: 1;                     /*IE 10*/
    flex: 1;                         /*最新版 - Opera 12.1，Firefox 20+*/
    background: #ccc;
}
.main-sidebar {
    -webkit-box-ordinal-group: 3;    /*2009 版 - iOS 6-，Safari 3.1-6*/
    -moz-box-ordinal-group: 3;       /*2009 版 - Firefox 19-*/
    -ms-flex-order: 3;               /*2011 版 - IE 10*/
    -webkit-order: 3;                /*最新版 - Chrome*/
    order: 3;                        /*最新版 - Opera 12.1，Firefox 20+*/
    -webkit-box-flex: 1;             /*2009 版 - iOS 6-，Safari 3.1-6*/
```

```
        -moz-box-flex: 1;              /*Firefox 19-*/
        width: 20%;                    /*2009 版，否则将崩溃*/
        -ms-flex: 1;                   /*2011 版 - IE 10*/
        -webkit-flex: 1;               /*最新版 - Chrome*/
        flex: 1;                       /*最新版 - Opera 12.1，Firefox 20+*/
        background: #ccc;
}
.main-content, .main-sidebar, .main-nav { padding: 1em; }
body {padding: 2em; background: #79a693;}
* {
        -webkit-box-sizing: border-box;
        -moz-box-sizing: border-box;
        box-sizing: border-box;}
h1, h2 {
        font: bold 2em Sans-Serif;
        margin: 0 0 1em 0;}
h2 { font-size: 1.5em; }
p { margin: 0 0 1em 0; }
</style>
<div class="page-wrap">
        <section class="main-content">
                <h1>水调歌头 • 明月几时有</h1>
                …
        </section>
        <nav class="main-nav">
                <h2>宋词精选</h2>
                …
        </nav>
        <aside class="main-sidebar">
                <h2>词人列表</h2>
                …
        </aside>
</div>
```

页面被包裹在类名为 page-wrap 的容器中，容器包含 3 个子模块。现在将容器定义为弹性容器，此时每个子模块自动变成了弹性项目。

```
<div class="page-wrap">
        <section class="main-content"> </section>
        <nav class="main-nav"></nav>
        <aside class="main-sidebar"></aside>
</div>
```

本示例设计各列在一个弹性容器中显示上下文，只有这样这些元素才能直接成为弹性项目，它们之前是什么没有关系，只要现在是弹性项目即可。

本示例把 Flexbox 旧的语法、中间混合语法和最新的语法混在一起使用，它们的顺序很重要。display 属性本身并不添加任何浏览器前缀，用户需要确保旧语法不要覆盖新语法，让浏览器同时支持。

```
.page-wrap {
        display: -webkit-box;          /*2009 版 - iOS 6-，Safari 3.1-6*/
        display: -moz-box;             /*2009 版 - Firefox 19-（存在缺陷）*/
        display: -ms-flexbox;          /*2011 版 - IE 10*/
        display: -webkit-flex;         /*最新版 - Chrome*/
        display: flex;                 /*最新版 - Opera 12.1，Firefox 20+*/
}
```

整个页面包含 3 列，设计一个 20%、60%、20%网格布局。第一步，设置主内容区域宽度为 60%；

第2步设置侧边栏来填补剩余的空间。同样把新旧语法混在一起使用。

```
.main-content {
    -webkit-box-ordinal-group: 2;    /*2009 版 - iOS 6-，Safari 3.1-6*/
    -moz-box-ordinal-group: 2;       /*2009 版 - Firefox 19-*/
    -ms-flex-order: 2;               /*2011 版 - IE 10*/
    -webkit-order: 2;                /*最新版 - Chrome*/
    order: 2;                        /*最新版 - Opera 12.1，Firefox 20+*/
    width: 60%;                      /*不会自动弹性，其他列将占据空间*/
    -moz-box-flex: 1;                /*如果没有该声明，Firefox 19-将溢出 h，覆盖宽度*/
    background: white;
}
```

在新语法中，没有必要给边栏设置宽度，因为它们同样会使用20%的比例填充剩余的40%空间。但是，如果不显式设置宽度，在旧的语法下会直接崩溃。

完成初步布局之后，需要重新排列顺序。这里设计主内容排列在中间，但在源码之中，它是排列在第一的位置。使用 Flexbox 可以非常容易实现，但是用户需要把 Flexbox 中不同的语法混在一起使用。

```
.main-content {
    -webkit-box-ordinal-group: 2;
    -moz-box-ordinal-group: 2;
    -ms-flex-order: 2;
    -webkit-order: 2;
    order: 2;
}
.main-nav {
    -webkit-box-ordinal-group: 1;
    -moz-box-ordinal-group: 1;
    -ms-flex-order: 1;
    -webkit-order: 1;
    order: 1;
}
.main-sidebar {
    -webkit-box-ordinal-group: 3;
    -moz-box-ordinal-group: 3;
    -ms-flex-order: 3;
    -webkit-order: 3;
    order: 3;
}
```

26.5 在线支持

扫码免费学习
更多实用技能

一、基础知识
- ☑ Flexbox 系统概述
- ☑ 浏览器的支持

二、专项练习
- ☑ 关键帧动画
- ☑ 插入文字
- ☑ 插入项目编号
- ☑ 插入图像

- ☑ 旋转效果
    ……实际有更多题目

三、更多案例实战
- ☑ 设计 3 行 3 列应用
- ☑ 多列布局
- ☑ 设计简单的购物车
- ☑ 设计个性留言板

四、参考
- ☑ Flexbox 伸缩布局新旧版本语法比较
- ☑ 可伸缩框属性（Flexible Box）列表
    ……实际有更多参考知识

✎ 新知识、新案例不断更新中……

第 27 章

CSS3 动画

视频讲解

CSS 3 动画包括过渡动画和关键帧动画，它们主要通过改变 CSS 属性值来模拟实现。本章将详细介绍 Transform、Transitions 和 Animations 三大功能模块，其中，Transform 实现对网页对象的变形操作，Transitions 实现 CSS 属性的过渡变化，Animations 实现 CSS 样式的分步式演示效果。

27.1 元素变形

2012 年 9 月，W3C 发布了 CSS3 变形工作草案。CSS3 变形允许 CSS 把元素转变为 2D 或 3D 空间，这个草案包括了 CSS3 2D 变形和 CSS3 3D 变形。

27.1.1 认识 Transform

CSS3 变形包括 3D 变形和 2D 变形。CSS 2D Transform 获得了各主流浏览器的支持，但是浏览器对 CSS 3D Transform 的支持不是很统一。考虑到浏览器兼容性，3D 变形在实际应用时应添加私有属性，并且个别属性在某些主流浏览器中并未得到很好的支持，简单说明如下。

- ☑ 在 IE 10+中，3D 变形部分属性未得到很好的支持。
- ☑ Firefox 10.0 至 Firefox 15.0 版本的浏览器，在使用 3D 变形时需要添加私有属性-moz-，但从 Firefox 16.0+版本开始无须添加浏览器私有属性。
- ☑ Chrome 12.0+版本中使用 3D 变形时需要添加私有属性-webkit-。
- ☑ Safari 4.0+版本中使用 3D 变形时需要添加私有属性-webkit-。
- ☑ Opera 15.0+版本才开始支持 3D 变形，使用时需要添加私有属性-webkit-。
- ☑ 移动设备中 iOS Safari3.2+、Android Browser3.0+、Blackberry Browser 7.0+、Opera Mobile 24.0+、Chrome for Android 25.0+都支持 3D 变形，但在使用时需要添加私有属性-webkit-；Firefox for Android 19.0+支持 3D 变形，但无须添加浏览器私有属性。

27.1.2 设置原点

CSS 变形的原点默认为对象的中心点(50% 50%)，使用 transform-origin 属性可以重新设置新的变形原点。语法格式如下。

```
transform-origin:[ <percentage> | <length> | left | center① | right ] [ <percentage> | <length> | top | center② | bottom ]?
```

取值简单说明如下。

- ☑ <percentage>：用百分比指定坐标值。可以为负值。
- ☑ <length>：用长度值指定坐标值。可以为负值。
- ☑ left：指定原点的横坐标为 left。

- ☑ center①：指定原点的横坐标为 center。
- ☑ right：指定原点的横坐标为 right。
- ☑ top：指定原点的纵坐标为 top。
- ☑ center②：指定原点的纵坐标为 center。
- ☑ bottom：指定原点的纵坐标为 bottom。

【示例】通过重置变形原点，可以设计不同的变形效果。本示例中以图像的右上角为原点逆时针旋转图像 45°，比较效果如图 27.1 所示。

```
<style type="text/css">
img {/*固定两幅图像相同大小和相同显示位置*/
    position: absolute;
    left: 20px;
    top: 10px;
    width: 170px;
    width: 250px;
}
img.bg {/*设置第 1 幅图像作为参考*/
    opacity: 0.3;
    border: dashed 1px red;
}
img.change {/*变形第 2 幅图像*/
    border: solid 1px red;
    transform-origin: top right;    /*以右上角为原点进行变形*/
    transform: rotate(-45deg);      /*逆时针旋转 45° */
}
</style>
<img class="bg" src="images/1.jpg">
<img class="change" src="images/1.jpg">
```

图 27.1　自定义旋转原点

27.1.3　2D 旋转

rotate()函数能够在 2D 空间内旋转对象，语法格式如下。

```
rotate(<angle>)
```

参数 angle 表示角度值，取值单位可以是度，如 90deg（90°，一圈 360°）；梯度，如 100grad（相当于 90°，360° 等于 400grad）；弧度，如 1.57rad（约等于 90°，360° 等于 2π）；圈，如 0.25turn

（等于 90°, 360° 等于 1turn）。

【示例】以 27.1.2 节示例为基础，下面按默认原点逆时针旋转图像 45°，效果如图 27.2 所示。

```
img.change {
    border: solid 1px red;
    transform: rotate(-45deg);
}
```

27.1.4 2D 缩放

scale()函数能够缩放对象大小，语法格式如下。

```
scale(<number>[, <number>])
```

该函数包含两个参数值，分别用来定义宽和高缩放比例。取值简单说明如下。

☑ 如果取值为正数，则基于指定的宽度和高度将放大或缩小的对象。

☑ 如果取值为负数，则不会缩小元素，而是翻转元素（如文字被翻转），然后再缩放元素。

☑ 如果取值为小于 1 的小数（如 0.5）可以缩小元素。

☑ 如果第 2 个参数省略，则第 2 个参数等于第 1 个参数值。

【示例】继续以 27.1.3 节示例为基础，下面按默认原点把图像缩小至原来的 0.5，效果如图 27.3 所示。

```
img.change {
    border: solid 1px red;
    transform: scale(0.5);
}
```

图 27.2　定义旋转效果　　　　　　图 27.3　缩小对象为原来的 0.5 的效果

27.1.5 2D 平移

translate()函数能够平移对象的位置，语法格式如下。

```
translate(<translation-value>[, <translation-value>])
```

该函数包含两个参数值，分别用来定义对象在 x 轴和 y 轴相对于原点的偏移距离。如果省略参数，则默认值为 0。如果取负值，则表示反向偏移，参考原点保持不变。

【示例】设计向右下角方向平移图像，其中，x 轴偏移 150px，y 轴偏移 50px，效果如图 27.4 所示。

```
img.change {
```

```
    border: solid 1px red;
    transform: translate(150px, 50px);
}
```

27.1.6　2D 倾斜

skew()函数能够倾斜显示对象，语法格式如下。

```
skew(<angle> [, <angle>])
```

该函数包含两个参数值，分别用来定义对象在 x 轴和 y 轴倾斜的角度。如果省略参数，则默认值为 0。与 rotate()函数不同，rotate()函数只是旋转对象的角度，而不会改变对象的形状；skew()函数会改变对象的形状。

【示例】使用 skew()函数变形图像，x 轴倾斜 30°，y 轴倾斜 20°，效果如图 27.5 所示。

```
img.change {
    border: solid 1px red;
    transform: skew(30deg, 20deg);
}
```

 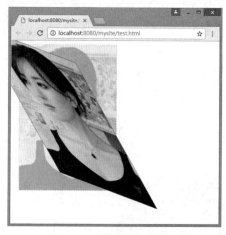

图 27.4　平移对象效果　　　　　　　　图 27.5　倾斜对象效果

27.1.7　2D 矩阵

matrix()是一个矩阵函数，它可以同时实现缩放、旋转、平移和倾斜操作，语法格式如下。

```
matrix(<number>, <number>, <number>, <number>, <number>, <number>)
```

该函数包含 6 个参数，具体说明如下。

- ☑　第 1 个参数控制 x 轴缩放。
- ☑　第 2 个参数控制 x 轴倾斜。
- ☑　第 3 个参数控制 y 轴倾斜。
- ☑　第 4 个参数控制 y 轴缩放。
- ☑　第 5 个参数控制 x 轴平移。
- ☑　第 6 个参数控制 y 轴平移。

【示例】使用 matrix()函数模拟 27.1.6 节示例的倾斜变形操作，效果类似 27.1.6 节示例效果。

```
img.change {
    border: solid 1px red;
```

```
    transform: matrix(1, 0.6, 0.2, 1, 0, 0);
}
```

【补充】

多个变形函数可以在一个声明中同时定义。例如：

```
div {
    transform: translate(80, 80);
    transform: rotate(45deg);
    transform: scale(1.5, 1.5);
}
```

针对上面样式，可以简化为如下样式：

```
div { transform: translate(80, 80) rotate(45deg) scale(1.5, 1.5);}
```

27.1.8　设置变形类型

CSS3 变形包括 2D 和 3D 两种类型，使用 transform-style 属性可以设置 CSS 变形的类型，语法格式如下。

```
transform-style:flat | preserve-3d
```

取值简单说明如下。

☑　flat：指定子元素位于该元素所在平面内进行变形，即 2D 平面变形，为默认值。

☑　preserve-3d：指定子元素定位在三维空间内进行变形，即 3D 立体变形。

【示例】借助 27.1.7 节的示例，使用<div id="box">容器包裹两幅图像，改进后的 HTML 结构如下。

```
<div id="box">
    <img class="bg" src="images/1.jpg">
    <img class="change" src="images/1.jpg">
</div>
```

为<div id="box">容器设置 CSS3 变形类型为 3D，样式代码如下。

```
#box {
    transform-style: preserve-3d;
}
```

为 change 图像应用 3D 顺时针旋转 45°，CSS 样式如下。

```
img.change {
    border: solid 1px red;
    transform: translate3d(60px, 60px, 400px);
}
```

在浏览器中预览，效果如图 27.6 所示。

27.1.9　设置透视距离和原点

3D 变形与 2D 变形最大的不同就在于其参考的坐标轴不同：2D 变形的坐标轴是平面的，只存在 x 轴和 y 轴，而 3D 变形的坐标轴则是 x、y、z 3 条轴组成的立体空间，x 轴正向、y 轴正向、z 轴正向分别朝向右、下和屏幕外，示意图如图 27.7 所示。

透视是 3D 变形中最重要的概念。如果不设置透视，元素的 3D 变形效果将无法实现。在 27.1.8 节示例中，如果使用函数 rotateX(45deg)将图像以 x 轴方向为轴沿顺时针旋转 45°，由于没有设置透视样式的效果，可以看到浏览器将图像的 3D 变形操作垂直投射到 2D 视平面上，最终呈现出来的只是图像的宽高变化。

图 27.6　3D 平移效果　　　　　　　　图 27.7　3D 坐标轴示意图

【**示例 1**】如果在 27.1.8 节示例基础上，在<div id="box">容器外，设置透视点距离为 1200px，样式代码如下。

```
body{
    perspective: 1200px;
}
```

在浏览器中可以看到如图 27.8 所示的变形效果。

基于对上面示例的直观体验，下面来了解几个核心概念：变形元素、观察者和被透视元素，元素之间位置关系如图 27.9 所示。

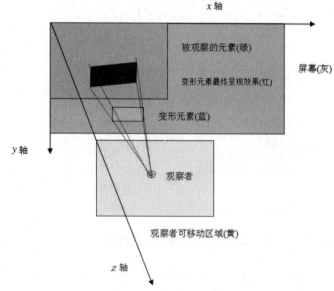

图 27.8　沿 x 轴 3D 旋转 45° 效果图　　图 27.9　变形元素、观察者和被透视元素位置关系示意图

☑　**变形元素**：就是需要进行 3D 变形的元素。主要进行设置 transform、transform-origin、backface-visibility 等属性。

☑　**观察者**：就是浏览器模拟出来的用来观察被透视元素的一个没有尺寸的点，观察者发出视线，类似于一个点光源发出光线。

☑　被透视元素：就是被观察者观察的元素，根据属性设置的不同，它有可能是变形对象本身，也可能是它的父级或祖先元素，主要进行设置 perspective、perspective-origin 等属性。

1．透视距

透视距离是指观察者沿着平行于 z 轴的视线与屏幕之间的距离，也称为视距，示意图如图 27.10 所示。

使用 perspective 属性可以定义透视距离，语法格式如下。

perspective:none | <length>

取值简单说明如下。

☑　none：不指定透视。

☑　<length>：指定观察者距离平面的距离，为元素及其内容应用透视变换。

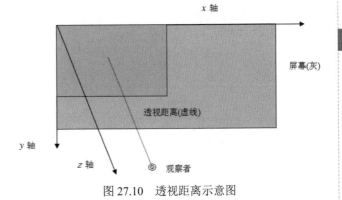

图 27.10　透视距离示意图

注意：透视距离不可为 0 和负数，因为观察者与屏幕距离为 0 时或者在屏幕背面时是不可以观察到被透视元素的正面的。perspective 也不可取百分比，因为百分比需要相对的元素，但 z 轴并没有可相对的元素尺寸。

一般地，物体离得越远，显得越小。反映在 perspective 属性上，即该属性值越大，元素的 3D 变形效果越不明显。

设置 perspective 属性的元素就是被透视元素。一般地，该属性只能设置在变形元素的父级或祖先级。因为浏览器会为其子级的变形产生透视效果，但并不会为其自身产生透视效果。应用示例可以参考上面示例 1。

2．透视原点

透视原点是指观察者的位置，一般观察者位于与屏幕平行的另一个平面上，观察者始终是与屏幕垂直的。观察者的活动区域是被观察元素的盒模型区域，示意图如图 27.11 所示。

使用 perspective-origin 属性可以定义透视点的位置，语法格式如下。

perspective-origin:[<percentage> | <length> | left | center① | right] [<percentage> | <length> | top | center② | bottom]?

取值简单说明如下。

☑　<percentage>：用百分比指定透视点坐标值，相对于元素宽度。可以为负值。

☑　<length>：用长度值指定透视点坐标值。可以为负值。

☑　left：指定透视点的横坐标为 left。

☑　center①：指定透视点的横坐标为 center。

☑　right：指定透视点的横坐标为 right。

☑　top：指定透视点的纵坐标为 top。

☑　center②：指定透视点的纵坐标为 center。

☑　bottom：指定透视点的纵坐标为 bottom。

【示例 2】在示例 1 基础上，设置观察点位置在右侧居中位置，效果如图 27.12 所示。

```
body{
    perspective: 1200px;
```

```
perspective-origin: right;
}
```

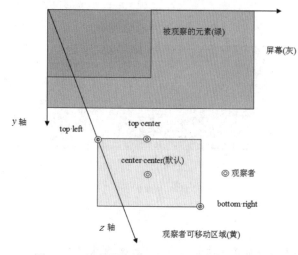

图 27.11　下面黄色区域为透视原点的位置区域

图 27.12　设置观察点位置在右侧居中效果

27.1.10　3D 平移

3D 平移主要包括下面 4 个函数。

☑ translatex(<translation-value>)：指定对象 x 轴（水平方向）的平移。

☑ translatey(<translation-value>)：指定对象 y 轴（垂直方向）的平移。

☑ translatez(<length>)：指定对象 z 轴的平移。

☑ translate3d(<translation-value>,<translation-value>,<length>)：指定对象的 3D 平移。第 1 个参数对应 x 轴，第 2 个参数对应 y 轴，第 3 个参数对应 z 轴，参数不允许省略。

参数<translation-value>表示<length>或<percentage>，即 x 轴和 y 轴可以取值长度值或百分比，但是 z 轴只能够设置长度值。

【示例】设计图像在 3D 空间中平移，设计一种错位效果，效果如图 27.13 所示。

```css
#box {
    transform-style: preserve-3d;
    perspective: 1200px;
}
img.change {
    border: solid 1px red;
    transform: translate3d(200px, 30px, 60px);
}
```

从图 27.13 所示效果可以看出，当 z 轴值越大时，元素离浏览者更近，从视觉上元素就变得更大；反之其值越小时，元素也离观看者更远，从视觉上元素就变得更小。

提示：translateZ()函数在实际使用中等效于 translate3d(0,0,tz)。仅从视觉效果上看，translateZ()函数和 translate3d(0,0,tz)函数功能非常类似于二维空间的 scale()缩放函数，但实际上完全不同。translateZ()函数和 translate3d(0,0,tz)函数变形是发生在 z 轴上，而不是 x 轴和 y 轴。

27.1.11　3D 缩放

3D 缩放主要包括下面 4 个函数。

- ☑ scalex(<number>)：指定对象 x 轴的（水平方向）缩放。
- ☑ scaley(<number>)：指定对象 y 轴的（垂直方向）缩放。
- ☑ scalez(<number>)：指定对象的 z 轴缩放。
- ☑ scale3d(<number>,<number>, <number>)：指定对象的 3D 缩放。第 1 个参数对应 x 轴，第 2 个参数对应 y 轴，第 3 个参数对应 z 轴，参数不允许省略。

参数<number>为一个数字，表示缩放倍数，可参考 2D 缩放参数说明。

【示例】以 27.1.10 节示例为基础，在 x 轴和 y 轴放大图像 1.5 倍，z 轴放大图像 2 倍，然后使用 translatex()函数把变形的图像移到右侧显示，以便与原图进行比较，效果如图 27.14 所示。

```
img.change {
    border: solid 1px red;
    transform: scale3D(1.5,1.5,2) translatex(240px);
}
```

图 27.13　定义 3D 平移效果　　　　　　　　图 27.14　定义 3D 缩放效果

27.1.12　3D 旋转

3D 旋转主要包括下面 4 个函数。

- ☑ rotatex(<angle>)：指定对象在 x 轴上的旋转角度。
- ☑ rotatey(<angle>)：指定对象在 y 轴上的旋转角度。
- ☑ rotatez(<angle>)：指定对象在 z 轴上的旋转角度。
- ☑ rotate3d(<number>,<number>,<number>,<angle>)：指定对象的 3D 旋转角度，其中前 3 个参数分别表示旋转的方向 x、y、z，第 4 个参数表示旋转的角度，参数不允许省略。

提示：rotate3d()函数前 3 个参数值分别用来描述围绕 x、y、z 轴旋转的矢量值。最终变形元素沿着由(0,0,0)和(x,y,z)这两个点构成的直线为轴，进行旋转。当第 4 个参数为正数时，元素进行顺时针旋转；当第 4 个参数为负数时，元素进行逆时针旋转。

rotate3d()函数可以与前面 3 个旋转函数进行转换，简单说明如下。

- ☑ rotatex(a)函数功能等同于 rotate3d(1,0,0,a)。
- ☑ rotatey(a)函数功能等同于 rotate3d(0,1,0,a)。
- ☑ rotatez(a)函数功能等同于 rotate3d(0,0,1,a)。

【示例】以 27.1.11 节示例为基础，使用 rotate3d()函数顺时针旋转图像 45°，其中，x 轴、y 轴和 z 轴比值为 2、2、1，效果如图 27.15 所示。

```
img.change {
    border: solid 1px red;
    transform: rotate3d(2,2,1,45deg);
}
```

27.1.13　透视函数

perspective 属性可以定义透视距离，它应用在变形元素的父级或祖先级元素上。透视函数 perspective()是 transform 变形函数的一个属性值，可以应用于变形元素本身。具体语法格式如下。

```
perspective(<length>)
```

参数是一个长度值，值只能是正数。

【示例】设计图像在 x 轴上旋转 120°，透视距离为 180px，效果如图 27.16 所示。

```
#box { transform-style: preserve-3d;}
img.change {
    border: solid 1px red;
    transform:perspective(180px) rotateX(120deg);
}
```

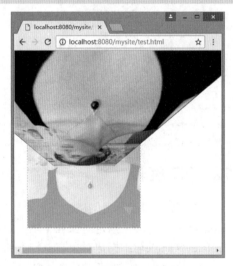

图 27.15　定义 3D 旋转效果（1）　　　　图 27.16　定义 3D 旋转效果（2）

注意： 由于 transform 属性是按照从前向后的顺序解析属性值的，所以一定要把 perspective()函数写在其他变形函数前面，否则将没有透视效果。

由于透视原点 perspective-origin 只能设置在设置了 perspective 透视属性的元素上。若为元素设置透视函数 perspective()，则透视原点不起作用，观察者使用默认位置，即元素中心点对应的平面。

27.1.14　变形原点

2D 变形原点由于没有 z 轴，所以 z 轴的值默认为 0。在 3D 变形原点中，z 轴是一个可以设置的变量。语法格式如下。

```
transform-origin: x 轴　y 轴　z 轴
```

取值简单说明如下。

☑　x 轴: left | center | right | <length> | <percentage>。

☑　y 轴: top | center | bottom | <length> | <percentage>。

☑　z 轴: <length>。

对于 x 轴和 y 轴来说，可以设置关键字和百分比，分别相对于其本身元素水平方向的宽度和垂直方向的高度和；z 轴只能设置长度值。

27.1.15　背景可见

元素的背面在默认情况下是可见的，有时可能需要让元素背面不可见，这时就可以使用 backface-visibility 属性，该属性的具体语法格式如下。

```
backface-visibility:visible | hidden
```

取值简单说明如下。

☑　visible：指定元素背面可见，允许显示正面的镜像，为默认值。

☑　hidden：指定元素背面不可见。

【示例】在 27.1.13 节示例中，如果在变形图像样式中添加 "backface-visibility: hidden;"，定义元素背面面向用户时不可见，这时如果再次预览，则会发现变形图像已经不存在，因为它的背面面向用户，被隐藏了，效果如图 27.17 所示。

```
img.change {
    border: solid 1px red;
    transform:perspective(180px) rotateX(120deg);
    backface-visibility: hidden;
}
```

图 27.17　定义背面面向用户不可见效果

27.2　过　渡　动　画

2013 年 2 月，W3C 发布了 CSS Transitions 工作草案，在这个草案中描述了 CSS 过渡动画的基本实现方法和属性。当前已获得所有浏览器的支持，包括支持带有前缀（私有属性）或不带前缀的过渡（标准属性）。IE 10+、Firefox 16+ 和 Opera 12.5+ 浏览器均支持不带前缀的过渡属性 transition，而旧版浏览器则支持前缀的过渡，如 Webkit 引擎支持 -webkit-transition 私有属性，Mozilla Gecko 引擎支持 -moz-transition 私有属性，Presto 引擎支持 -o-transition 私有属性，IE 6～IE 9 浏览器不支持 transition 属性，IE 10 浏览器支持 transition 属性。

27.2.1　设置过渡属性

transition-property 属性用来定义过渡动画的 CSS 属性名称，基本语法如下。

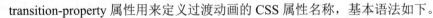

transition-property:none | all | [\<IDENT\>] [',' \<IDENT\>]*;

取值简单说明如下。

- ☑　none：表示没有元素。
- ☑　all：默认值，表示针对所有元素，包括:before 和:after 伪元素。
- ☑　IDENT：指定 CSS 属性列表。几乎所有色彩、大小或位置等相关的 CSS 属性，包括许多新添加的 CSS3 属性都可以应用过渡，如 CSS3 变换中的放大、缩小、旋转、斜切、渐变等。

【示例】指定动画的属性为背景颜色。这样当鼠标经过盒子时，会自动从红色背景过渡到蓝色背景，效果如图 27.18 所示。

```
<style type="text/css">
div {
    margin: 10px auto; height: 80px;
    background: red;
    border-radius: 12px;
    box-shadow: 2px 2px 2px #999;
}
div:hover {
    background-color: blue;
    /*指定动画过渡的 CSS 属性*/
    transition-property: background-color;
}
</style>

<div></div>
```

（a）默认状态　　　　　　　（b）鼠标经过时被旋转

图 27.18　定义简单的背景色切换动画

27.2.2　设置过渡时间

transition-duration 属性用来定义转换动画的时间长度，基本语法如下。

transition-duration:\<time\> [, \<time\>]*;

初始值为 0，适用于所有元素，以及:before 和:after 伪元素。在默认情况下，动画过渡时间为 0s，所以当指定元素动画时，会看不到过渡的过程，直接看到结果。

【示例】以 27.2.1 节示例为基础，设置动画过渡时间为 2s，当鼠标移过对象时，会看到背景色从红色逐渐过渡到蓝色，效果如图 27.19 所示。

图 27.19　设置动画时间

```
div:hover {
    background-color: blue;
    /*指定动画过渡的 CSS 属性*/
    transition-property: background-color;
    /*指定动画过渡的时间*/
    transition-duration:2s;
}
```

27.2.3　设置延迟过渡时间

transition-delay 属性用来定义开启过渡动画的延迟时间，基本语法如下。

```
transition-delay:<time> [, <time>]*;
```

初始值为 0，适用于所有元素，以及:before 和:after 伪元素。设置时间可以为正整数、负整数和零，非零的时候必须设置单位是 s（秒）或者 ms（毫秒），为负数的时候，过渡的动作会从该时间点开始显示，之前的动作被截断。为正数的时候，过渡的动作会延迟触发。

【示例】继续以 27.2.1 节示例为基础进行介绍，本示例设置过渡动画推迟 2s 后执行，则当鼠标移过对象时，会看不到任何变化，过了 2s 之后，才发现背景色从红色逐渐过渡到蓝色。

```
div:hover {
    background-color: blue;
    /*指定动画过渡的 CSS 属性*/
    transition-property: background-color;
    /*指定动画过渡的时间*/
    transition-duration: 2s;
    /*指定动画延迟触发*/
    transition-delay: 2s;
}
```

27.2.4　设置过渡动画类型

transition-timing-function 属性用来定义过渡动画的类型，基本语法如下。

```
transition-timing-function:ease | linear | ease-in | ease-out | ease-in-out | cubicbezier(<number>, <number>, <number>, <number>)
[, ease | linear | ease-in | ease-out | ease-in-out | cubic-bezier(<number>, <number>,<number>, <number>)]*
```

属性初始值为 ease，取值简单说明如下。

☑　ease：平滑过渡，等同于 cubic-bezier(0.25, 0.1, 0.25, 1.0)函数，即立方贝塞尔。

☑　linear：线性过渡，等同于 cubic-bezier(0.0, 0.0, 1.0, 1.0)函数。

☑　ease-in：由慢到快，等同于 cubic-bezier(0.42, 0, 1.0, 1.0)函数。

☑　ease-out：由快到慢，等同于 cubic-bezier(0, 0, 0.58, 1.0)函数。

☑　ease-in-out：由慢到快再到慢，等同于 cubic-bezier(0.42, 0, 0.58, 1.0)函数。

☑　cubic-bezier：特殊的立方贝塞尔曲线效果。

【示例】继续以 27.2.1 节示例为基础，设置过渡类型为线性效果，代码如下。

```
div:hover {
    background-color: blue;
    /*指定动画过渡的 CSS 属性*/
    transition-property: background-color;
    /*指定动画过渡的时间*/
    transition-duration: 10s;
    /*指定动画过渡为线性效果*/
```

```
        transition-timing-function: linear;
}
```

27.2.5　设置过渡触发动作

CSS3 过渡动画一般通过动态伪类触发，如表 27.1 所示。

表 27.1　CSS 动态伪类

动 态 伪 类	作 用 元 素	说　　明
:link	只有链接	未访问的链接
:visited	只有链接	访问过的链接
:hover	所有元素	鼠标经过元素
:active	所有元素	鼠标单击元素
:focus	所有可被选中的元素	元素被选中

也可以通过 Javascript 事件触发，包括 click、focus、mousemove、mouseover、mouseout 等。

1．:hover

最常用的过渡触发方式是使用:hover 伪类。

【示例 1】设计当鼠标经过 div 元素上时，该元素的背景颜色会在经过 1s 的初始延迟后，于 2s 内动态地从绿色变为蓝色。

```
<style type="text/css">
div {
        margin: 10px auto;
        height: 80px;
        border-radius: 12px;
        box-shadow: 2px 2px 2px #999;
        background-color: red;
        transition: background-color 2s ease-in 1s;
}
div:hover { background-color: blue}
</style>
<div></div>
```

2．:active

:active 伪类表示用户单击某个元素并按住鼠标时显示的状态。

【示例 2】设计当用户单击 div 元素时，该元素被激活，会触发动画，高度属性从 200px 过渡到 400px。如果用鼠标按住该元素，保持活动状态，则 div 元素始终显示 400px 高度，释放鼠标之后，又会恢复原来的高度，效果如图 27.20 所示。

```
<style type="text/css">
div {
        margin: 10px auto;
        border-radius: 12px;
        box-shadow: 2px 2px 2px #999;
```

　（a）默认状态　　　　（b）单击

图 27.20　定义激活触发动画

```
        background-color: #8AF435;
        height: 200px;
        transition: width 2s ease-in;
    }
div:active {height: 400px;}
</style>
<div></div>
```

3. :focus

:focus 伪类通常会在表单对象接收键盘响应时出现。

【示例 3】设计当输入框获取焦点时，输入框的背景色逐步高亮显示，效果如图 27.21 所示。

```
<style type="text/css">
label {
    display: block;
    margin: 6px 2px;
}
input[type="text"], input[type="password"] {
    padding: 4px;
    border: solid 1px #ddd;
    transition: background-color 1s ease-in;
}
input:focus { background-color: #9FFC54;}
</style>
<form id=fm-form action="" method=post>
    <fieldset>
        <legend>用户登录</legend>
        <label for="name">姓名
            <input type="text" id="name" name="name" >
        </label>
        <label for="pass">密码
            <input type="password" id="pass" name="pass" >
        </label>
    </fieldset>
</form>
```

> **提示：** 将:hover 伪类与:focus 伪类配合使用，能够丰富鼠标用户和键盘用户的体验。

4. :checked

:checked 伪类在发生选中状况时触发过渡，取消选中则恢复原来状态。

【示例 4】设计当复选框被选中时缓慢缩进两个字符，效果如图 27.22 所示。

```
<style type="text/css">
label.name {
    display: block;
    margin: 6px 2px;
}
input[type="text"], input[type="password"] {
    padding: 4px;
    border: solid 1px #ddd;
}
input[type="checkbox"] { transition: margin 1s ease;}
input[type="checkbox"]:checked { margin-left: 2em;}
</style>
<form id=fm-form action="" method=post>
```

```
    <fieldset>
        <legend>用户登录</legend>
        <label class="name" for="name">姓名
            <input type="text" id="name" name="name" >
        </label>
        <p>技术专长<br>
            <label>
                <input type="checkbox" name="web" value="html" id="web_0">
                HTML</label><br>
            <label>
                <input type="checkbox" name="web" value="css" id="web_1">
                CSS</label><br>
            <label>
                <input type="checkbox" name="web" value="javascript" id="web_2">
                JavaScript</label><br>
        </p>
    </fieldset>
</form>
```

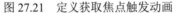

图 27.21　定义获取焦点触发动画

图 27.22　定义复选框被选中时触发动画

5. 媒体查询

触发元素状态变化的另一种方法是使用 CSS3 媒体查询，关于媒体查询详解可参考第 28 章内容。

【示例 5】设计 div 元素的宽度和高度为 49%×200px，如果用户将窗口大小调整到 420px 或以下，则该元素将过渡为 100%×100px。也就是说，当窗口宽度变化经过 420px 的阈值时，将会触发过渡动画，效果如图 27.23 所示。

```
<style type="text/css">
div {
    float: left; margin: 2px;
    width: 49%; height: 200px;
    background: #93FB40;
    border-radius: 12px;
    box-shadow: 2px 2px 2px #999;
    transition: width 1s ease, height 1s ease;
}
@media only screen and (max-width : 420px) {
    div {
        width: 100%;
        height: 100px;
    }
}
</style>
<div></div>
<div></div>
```

如果网页加载时用户的窗口大小是 420px 或以下，浏览器会在该部分应用这些样式，但是由于不会出现状态变化，因此不会触发过渡动画。

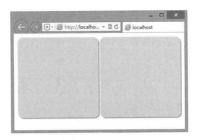

（a）当窗口小于等于 420px 宽度　　　　　　（b）当窗口大于 420px 宽度

图 27.23　设备类型触发动画

6．JavaScript 事件

【示例 6】使用纯粹的 CSS 伪类触发过渡动画，为了方便用户理解，这里通过 jQuery 脚本触发过渡动画。

```html
<script type="text/javascript" src="images/jquery-1.10.2.js"></script>
<script type="text/javascript">
$(function() {
    $("#button").click(function() {
        $(".box").toggleClass("change");
    });
});
</script>
<style type="text/css">
.box {
    margin:4px;
    background: #93FB40;
    border-radius: 12px;
    box-shadow: 2px 2px 2px #999;
    width: 50%; height: 100px;
    transition: width 2s ease, height 2s ease;
}
.change { width: 100%; height: 120px;}
</style>
<input type="button" id="button" value="触发过渡动画" />
<div class="box"></div>
```

在代码中包含一个 box 类的盒子和一个按钮，当单击按钮时 jQuery 脚本会将盒子的类切换为 change，从而触发了过渡动画，效果如图 27.24 所示。

（a）默认状态　　　　　　　　（b）JavaScript 事件激活状态

图 27.24　使用 JavaScript 脚本触发动画

上面示例演示了样式发生变化会触发过渡动画，通过其他方法也可以触发这些更改，包括通过 JavaScript 脚本动态更改。从执行效率来看，事件通常应当通过 JavaScript 触发，简单动画或过渡则应使用 CSS 触发。

27.3　帧　动　画

2012 年 4 月，W3C 发布了 CSS Animations 工作草案，在这个草案中描述了 CSS 关键帧动画的基本实现方法和属性。当前最新版本的主流浏览器都支持 CSS 帧动画，如 IE 10+、Firefox 和 Opera 浏览器均支持不带前缀的动画属性 animation（IE 6～IE 9 浏览器不支持 animation 属性），而旧版浏览器则支持带前缀的动画属性，如 Webkit 引擎支持-webkit-animation 属性，Mozilla Gecko 引擎支持-moz-animation 私有属性，Presto 引擎支持-o-animation 私有属性。

27.3.1　设置关键帧

CSS3 使用@keyframes 定义关键帧。具体用法如下。

```
@keyframes animationname {
    keyframes-selector {
        css-styles;
    }
}
```

其中参数说明如下。

- ☑ animationname：定义动画的名称。
- ☑ keyframes-selector：定义帧的时间位置，也就是动画时长的百分比，合法的值包括 0%～100%、from（等价于 0%）、to（等价于 100%）。
- ☑ css-styles：表示一个或多个合法的 CSS 样式属性。

在动画过程中，用户能够多次改变这套 CSS 样式。以百分比来定义样式改变发生的时间，或者通过关键词 from 和 to。为了获得浏览器最佳支持，设计关键帧动画时，应该始终定义 0%和 100%位置帧。最后，为每帧定义动态样式，同时将动画与选择器绑定。

【示例】让一个小方盒沿着方形框内壁匀速运动，效果如图 27.25 所示。

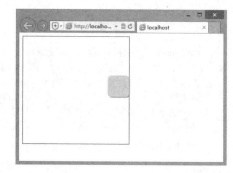

图 27.25　设计小盒子运动动画

```
<style>
#wrap {/*定义运动轨迹包含框*/
    position:relative; /*定义定位包含框，避免小盒子跑到外面运动*/
    border:solid 1px red;
    width:250px; height:250px;
}
#box {/*定义运动小盒的样式*/
    position:absolute;
    left:0; top:0;
    width: 50px; height: 50px;
    background: #93FB40;
```

```
    border-radius: 8px;
    box-shadow: 2px 2px 2px #999;
    /*定义帧动画：名称为 ball，动画时长 5s，动画类型为匀速渐变，动画无限播放*/
    animation: ball 5s linear infinite;
}
/*定义关键帧：共包括 5 帧，分别在总时长 0%、25%、50%、75%、100%的位置*/
/*每帧中设置动画属性为 left 和 top，让它们的值匀速渐变，产生运动动画*/
@keyframes ball {
    0% {left:0;top:0;}
    25% {left:200px;top:0;}
    50% {left:200px;top:200px;}
    75% {left:0;top:200px;}
    100% {left:0;top:0;}
}
</style>
<div id="wrap">
    <div id="box"></div>
</div>
```

27.3.2 设置动画属性

Animations 功能与 Transition 功能相同，都是通过改变元素的属性值来实现动画效果的。它们的区别：使用 Transitions 功能时只能通过指定属性的开始值与结束值，然后在这两个属性值之间以平滑过渡的方式来实现动画效果，因此不能实现比较复杂的动画效果；而 Animations 则通过定义多个关键帧以及定义每个关键帧中元素的属性值来实现更为复杂的动画效果。

1. 定义动画名称

使用 animation-name 属性可以定义 CSS 动画的名称，语法如下。

animation-name:none | IDENT [, none | IDENT]*;

初始值为 none，定义一个适用的动画列表。每个名字是用来选择动画关键帧，提供动画的属性值。如名称是 none，那么就不会有动画。

2. 定义动画时间

使用 animation-duration 属性可以定义 CSS 动画播放时间，语法如下。

animation-duration:<time> [, <time>]*;

在默认情况下该属性值为 0，这意味着动画周期为 0，即不会有动画。当值为负值时，则被视为 0。

3. 定义动画类型

使用 animation-timing-function 属性可以定义 CSS 动画类型，语法如下。

animation-timing-function:ease | linear | ease-in | ease-out | ease-in-out | cubicbezier(<number>, <number>, number>, <number>) [, ease | linear |ease-in | ease-out | ease-in-out | cubic-bezier(<number>, <number>,<number>, <number>)]*

初始值为 ease，取值说明可参考上面介绍的过渡动画类型。

4. 定义延迟时间

使用 animation-delay 属性可以定义 CSS 动画延迟播放的时间，语法如下。

animation-delay:<time> [, <time>]*;

该属性允许一个动画开始执行一段时间后才被应用。当动画延迟时间为 0，即默认动画延迟时间，则意味着动画将尽快执行，否则该值指定将延迟执行的时间。

5. 定义播放次数

使用 animation-iteration-count 属性定义 CSS 动画的播放次数，语法如下。

animation-iteration-count:infinite | <number> [, infinite | <number>]*;

默认值为 1，这意味着动画将从开始到结束播放一次。infinite 表示无限次，即 CSS 动画永远重复。如果取值为非整数，将导致动画结束一个周期的一部分。如果取值为负值，则将导致在交替周期内反向播放动画。

6. 定义播放方向

使用 animation-direction 属性定义 CSS 动画的播放方向，基本语法如下。

animation-direction:normal | alternate [, normal | alternate]*;

默认值为 normal。当为默认值时，动画的每次循环都向前播放。另一个值是 alternate，设置该值则表示第偶数次向前播放，第奇数次向反方向播放。

7. 定义播放状态

使用 animation-play-state 属性定义动画正在运行还是暂停，语法如下。

animation-play-state: paused|running;

初始值为 running。其中，paused 定义动画已暂停，running 定义动画正在播放。

💡 **提示：** 可以在 JavaScript 中使用该属性，这样就能在播放过程中暂停动画。在 Javascript 脚本中用法如下。

object.style.animationPlayState="paused"

8. 定义播放外状态

使用 animation-fill-mode 属性定义动画外状态，语法如下。

animation-fill-mode:none | forwards | backwards | both [, none | forwards | backwards | both]*

初始值为 none，如果提供多个属性值，以逗号进行分隔。取值说明如下。

☑ none：不设置对象动画之外的状态。

☑ forwards：设置对象状态为动画结束时的状态。

☑ backwards：设置对象状态为动画开始时的状态。

☑ both：设置对象状态为动画结束或开始的状态。

【示例】设计一个小球，并定义它水平向左运动，动画结束之后，再返回起始点位置，效果如图 27.26 所示。

图 27.26 设计运动小球最后返回起始点位置

```
<style>
/*启动运动的小球，并定义动画结束后返回*/
.ball{
    width: 50px; height: 50px;
    background: #93FB40;
    border-radius: 100%;
    box-shadow:2px 2px 2px #999;
    animation:ball 1s ease backwards;
}
/*定义小球水平运动关键帧*/
@keyframes ball{
    0%{transform:translate(0,0);}
```

```
        100%{transform:translate(400px);}
    }
    </style>
    <div class="ball"></div>
```

27.4　案例实战

本例设计一个跑步动画效果，主要使用 CSS3 帧动画控制一张序列人物跑步的背景图像，在页面固定"镜头"中快速切换实现动画效果，效果如图 27.27 所示。

图 27.27　设计跑步的小人

【操作步骤】

第 1 步，设计舞台场景结构。新建 HTML 文档，输入如下所示代码，保存为 index1.html。

```
<div class="charector-wrap " id="js_wrap">
    <div class="charector"></div>
</div>
```

第 2 步，设计舞台基本样式。其中导入的小人图片是一个序列跑步人物，效果如图 27.28 所示。

```
.charector-wrap {
    position: relative;
    width: 180px;
    height: 300px;
    left: 50%;
    margin-left: -90px;
}
.charector{
    position: absolute;
    width: 180px;
    height:300px;
    background: url(img/charector.png) 0 0 no-repeat;
}
```

图 27.28　小人序列集合

本例主要设计任务就是让序列小人仅显示一个，然后通过 CSS3 动画，让它们快速闪现在指定限定框中。

第 3 步，设计动画关键帧。

```
@keyframes person-normal{/*跑步动画名称*/
    0% {background-position: 0 0;}
    14.3% {background-position: -180px 0;}
    28.6% {background-position: -360px 0;}
    42.9% {background-position: -540px 0;}
    57.2% {background-position: -720px 0;}
```

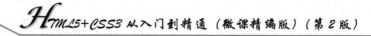

```
    71.5% {background-position: -900px 0;}
    85.8% {background-position: -1080px 0;}
    100% {background-position: 0 0;}
}
```

第 4 步，设置动画属性。

```
.charector{
    animation-iteration-count: infinite;           /*动画无限播放*/
    animation-timing-function:step-start;          /*马上跳到动画每一结束帧的状态*/
}
```

第 5 步，启动动画并设置动画频率。

```
.charector{/*启动动画，并控制跑步动作频率*/
    animation-name: person-normal;
    animation-duration: 800ms;
}
```

27.5 在线支持

扫码免费学习
更多实用技能

一、基础知识
- ☑ 认识 CSS3 Transform
- ☑ CSS3 3D 变形基础
- ☑ 认识 CSS3 Transitions

二、专项练习
- ☑ 盒子菜单
- ☑ 内阴影
- ☑ 外阴影
- ☑ 水晶盒

……实际有更多题目

三、更多案例实战
- ☑ 设计 2D 盒子
- ☑ 定义 3D 变形
- ☑ 设计 3D 盒子
- ☑ 设计折叠面板

四、参考
- ☑ CSS3 动画属性（Animation）列表
- ☑ Content for Paged Media 属性列表
- ☑ 2D/3D 转换属性（Transform）列表
- ☑ 过渡属性（Transition）列表

📝 新知识、新案例不断更新中……

第 28 章

CSS3 媒体查询

2017 年 9 月，W3C 发布了媒体查询（Media Query Level 4）候选推荐标准规范，它扩展了已经发布的媒体查询的功能。该规范用于 CSS 的 @media 规则，可以为文档设定特定条件的样式，也可用于 HTML、JavaScript 等语言中。

视 频 讲 解

28.1 媒体查询基础

媒体查询可以根据设备特性，如屏幕宽度、高度、设备方向（横向或纵向），为设备定义独立的CSS 样式表。一个媒体查询由一个可选的媒体类型和零个或多个限制范围的表达式组成，如宽度、高度和颜色。

28.1.1 媒体类型和媒体查询

CSS2 提出媒体类型（Media Type）的概念，它允许为样式表设置限制范围的媒体类型。例如，仅供打印的样式表文件、仅供手机渲染的样式表文件、仅供电视渲染的样式表文件等，具体说明如表 28.1 所示。

表 28.1 CSS 媒体类型

类 型	支持的浏览器	说 明
aural	Opera	用于语音和音乐合成器
braille	Opera	用于触觉反馈设备
handheld	Chrome，Safari，Opera	用于小型或手持设备
print	所有浏览器	用于打印机
projection	Opera	用于投影图像，如幻灯片
screen	所有浏览器	用于屏幕显示器
tty	Opera	用于使用固定间距字符格的设备，如电传打字机和终端
tv	Opera	用于电视类设备
embossed	Opera	用于凸点字符（盲文）印刷设备
speech	Opera	用于语音类型
all	所有浏览器	用于所有媒体设备类型

通过 HTML 标签属性 media 定义样式表的媒体类型，具体方法如下。

☑ 定义外部样式表文件的媒体类型。

```
<link href="csss.css" rel="stylesheet" type="text/css" media="handheld" />
```

☑ 定义内部样式表文件的媒体类型。

```
<style type="text/css" media="screen">
...
</style>
```

CSS3 在媒体类型基础上，提出了 Media Queries（媒体查询）的概念。媒体查询比 CSS2 的媒体类型功能更强大、更加完善。两者主要区别：媒体查询是一个值或一个范围的值，而媒体类型仅仅是设备的匹配。媒体类型可以帮助用户获取以下数据。

☑ 浏览器窗口的宽和高。

☑ 设备的宽和高。

☑ 设备的手持方向，横向还是竖向。

☑ 分辨率。

例如，下面这条导入外部样式表的语句。

```
<link rel="stylesheet" media="screen and (max-width: 600px)" href="small.css" />
```

在 media 属性中设置媒体查询的条件(max-width: 600px)：当屏幕宽度小于或等于 600px，则调用 small.css 样式表来渲染页面。

28.1.2 使用@media

CSS3 使用@media 规则定义媒体查询，简化语法格式如下。

```
@media [only | not]? <media_type> [and <expression>]* | <expression> [and <expression>]*{
    /*CSS 样式列表*/
}
```

参数简单说明如下。

☑ <media_type>：指定媒体类型，具体说明参考表 28.1。

☑ <expression>：指定媒体特性。放在一对圆括号中，如(min-width:400px)。

☑ 逻辑运算符，如 and（逻辑与）、not（逻辑非）、only（兼容设备）等。

媒体特性包括 13 种，接收单个的逻辑表达式作为值，或者没有值。大部分特性接收 min 或 max 的前缀，用来表示大于等于，或者小于等于的逻辑，以此避免使用大于号（>）和小于号（<）字符。有关媒体特性的说明请参考 28.3 节在线支持。

在 CSS 样式的开头必须定义@media 关键字，然后指定媒体类型，再指定媒体特性。媒体特性的格式与样式的格式相似，分为两部分，以冒号分隔，冒号前指定媒体特性，冒号后指定该特性的值。

【示例 1】指定当设备显示屏幕宽度小于 640px 时所使用的样式。

```
@media screen and (max-width: 639px) {
    /*样式代码*/
}
```

【示例 2】使用多个媒体查询将同一个样式应用于不同的媒体类型和媒体特性中，媒体查询之间通过逗号分隔，类似于选择器分组。

```
@media handheld and (min-width:360px),screen and (min-width:480px) {
    /*样式代码*/
}
```

【示例 3】在表达式中加上 not、only 和 and 等逻辑运算符。

```
//下面样式代码将被使用在除便携设备之外的其他设备或非彩色便携设备中
@media not handheld and (color) {
```

```
        /*样式代码*/
    }
    //下面样式代码将被使用在所有非彩色设备中
    @media all and (not color) {
        /*样式代码*/
    }
```

【示例 4】only 运算符能够让那些不支持媒体查询，但是支持媒体类型的设备忽略表达式中的样式。例如：

```
    @media only screen and (color) {
        /*样式代码*/
    }
```

对于支持媒体查询的设备来说，能够正确地读取其中的样式，仿佛 only 运算符不存在一样；对于不支持媒体查询，但支持媒体类型的设备（如 IE 8 浏览器）来说，可以识别@media screen 关键字，但是由于先读取的是 only 运算符而非 screen 关键字，所以将忽略这个样式。

提示：媒体查询也可以用在@import 规则和<link>标签中。例如：

```
    @import url(example.css) screen and (width:800px);
    //下面代码定义了如果页面通过屏幕呈现，且屏幕宽度不超过 480px，则加载 shetland.css 样式表
    <link rel="stylesheet" type="text/css" media="screen and (max-device-width: 480px)" href="shetland.css" />
```

28.1.3　应用@media

【示例 1】and 运算符用于符号两边规则均满足条件的匹配。

```
    @media screen and (max-width : 600px) {
        /*匹配宽度小于等于 600px 的屏幕设备*/
    }
```

【示例 2】not 运算符用于取非，即所有不满足该规则的均匹配。

```
    @media not print {
        /*匹配除了打印机以外的所有设备*/
    }
```

注意：not 仅应用于整个媒体查询。

```
    @media not all and (max-width : 500px) {}
    /*等价于*/
    @media not (all and (max-width : 500px)) {}
    /*而不是*/
    @media (not all) and (max-width : 500px) {}
```

在逗号媒体查询列表中，not 仅会否定它所在的媒体查询，而不影响其他的媒体查询。

如果在复杂的条件中使用 not 运算符，则要显式添加小括号避免歧义。

【示例 3】,（逗号）相当于 or 运算符，用于两边有一条满足则匹配。

```
    @media screen , (min-width : 800px) {
        /*匹配屏幕或者宽度大于等于 800px 的设备*/
    }
```

【示例 4】在媒体类型中，all 是默认值，它表示匹配所有设备。

```
    @media all {
        /*可以过滤不支持 media 的浏览器*/
    }
```

常用的媒体类型还有 screen 匹配屏幕显示器、print 匹配打印输出，更多媒体类型可以参考 28.1.1 节表格。

【示例 5】使用媒体查询时必须要加括号，一个括号就是一个查询。

```
@media (max-width : 600px) {
    /*匹配界面宽度小于等于 600px 的设备*/
}
@media (min-width : 400px) {
    /*匹配界面宽度大于等于 400px 的设备*/
}
@media (max-device-width : 800px) {
    /*匹配设备（不是界面）宽度小于等于 800px 的设备*/
}
@media (min-device-width : 600px) {
    /*匹配设备（不是界面）宽度大于等于 600px 的设备*/
}
```

提示：在设计手机网页时，应该使用 device-width/device-height，因为手机浏览器默认会对页面进行一些缩放，如果按照设备宽高来进行匹配会更接近预期的效果。

【示例 6】媒体查询允许相互嵌套，这样可以优化代码，避免冗余。

```
@media not print {
    /*通用样式*/
    @media (max-width:600px) {
        /*此条匹配宽度小于等于 600px 的非打印机设备*/
    }
    @media (min-width:600px) {
        /*此条匹配宽度大于等于 600px 的非打印机设备*/
    }
}
```

【示例 7】在设计响应式页面时，用户应该根据实际需要，先确定自适应分辨率的阈值，也就是页面响应的临界点。

```
@media (min-width: 768px){
    /* >=768px 的设备*/
}
@media (min-width: 992px){
    /* >=992px 的设备*/
}
@media (min-width: 1200){
    /* >=1200px 的设备*/
}
```

注意：下面样式顺序是错误的，因为后面的查询范围将覆盖掉前面的查询范围，导致前面的媒体查询失效。

```
@media (min-width: 1200){ }
@media (min-width: 992px){ }
@media (min-width: 768px){    }
```

因此，当我们使用 min-width 媒体特性时，应该按从小到大的顺序设计各个阈值。同理，如果使用 max-width 媒体特性时，则应该按从大到小的顺序设计各个阈值。

```
@media (max-width: 1199){
    /*<=1199px 的设备*/
```

```
    }
    @media (max-width: 991px){
        /*<=991px 的设备*/
    }
    @media (max-width: 767px){
        /*<=767px 的设备*/
    }
```

【示例 8】用户可以创建多个样式表，以适应不同媒体类型的宽度范围。当然，更有效率的方法是将多个媒体查询整合在一个样式表文件中，这样可以减少请求的数量。

```
@media only screen    and (min-device-width : 320px)    and (max-device-width : 480px) {
    /*样式列表*/
}
@media only screen    and (min-width : 321px) {
    /*样式列表*/
}
@media only screen    and (max-width : 320px) {
    /*样式列表*/
}
```

【示例 9】如果从资源的组织和维护的角度考虑，可以选择使用多个样式表的方式来实现媒体查询，这样做更高效。

```
<link rel="stylesheet" media="screen and (max-width: 600px)" href="small.css" />
<link rel="stylesheet" media="screen and (min-width: 600px)" href="large.css" />
<link rel="stylesheet" media="print" href="print.css" />
```

【示例 10】使用 orientation 属性可以判断设备屏幕当前是横屏（值为 landscape）还是竖屏（值为 portrait）。

```
@media screen and (orientation: landscape) {
    .iPadLandscape {
        width: 30%;
        float: right;
    }
}
@media screen and (orientation: portrait) {
    .iPadPortrait {clear: both;}
}
```

不过 orientation 属性只在 iPad 上有效，对于其他可转屏的设备（如 iPhone），可以使用 min-device-width 和 max-device-width 属性来变通实现。

【扩展】

媒体查询仅是一种纯 CSS 方式实现响应式 Web 设计的方法，用户还可以使用 JavaScript 库来实现同样的设计。例如，下载 css3-mediaqueries.js（http://code.google.com/p/css3-mediaqueries-js/），然后在页面中调用。对于旧版浏览器（如 IE 6、7、8）可以考虑使用 css3-mediaqueries.js 进行兼容。

```
<!--[if lt IE 9]>
<script src="http://css3-mediaqueries-js.googlecode.com/svn/trunk/css3-mediaqueries.js"></script>
<![endif]-->
```

【示例 11】使用 jQuery 来检测浏览器宽度，并为不同的视口调用不同的样式表。

```
<script type="text/javascript" src="http://ajax.googleapis.com/ajax/libs/jquery/1.9.1/jquery.min.js"></script>
<script type="text/javascript">
$(document).ready(function(){
    $(window).bind("resize", resizeWindow);
```

Note

```
function resizeWindow(e){
    var newWindowWidth = $(window).width();
    if(newWindowWidth < 600){
        $("link[rel=stylesheet]").attr({href : "mobile.css"});
    }
    else if(newWindowWidth > 600){
        $("link[rel=stylesheet]").attr({href : "style.css"});
    }
}
});
</script>
```

28.2　案例实战

28.2.1　设计响应式菜单

本例设计一个响应式菜单，根据设备显示不同的伸缩盒布局效果。在小屏设备上，从上到下显示；在默认状态下，从左到右显示，右对齐盒子；当设备小于 801px 时，设计导航项目分散对齐显示，效果如图 28.1 所示。

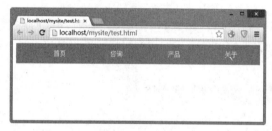

（a）小于 601px 屏幕　　　　　　（b）600px～800px 设备

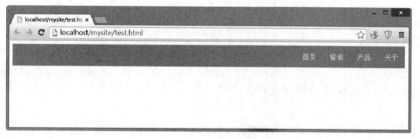

（c）大于 799px 屏幕

图 28.1　定义伸缩项目居中显示

示例主要代码如下。

```
<style type="text/css">
/*默认伸缩布局*/
.navigation {
    list-style: none;
    margin: 0;
    background: deepskyblue;
```

```
        /*启动伸缩盒布局*/
        display: -webkit-box;
        display: -moz-box;
        display: -ms-flexbox;
        display: -webkit-flex;
        display: flex;
        -webkit-flex-flow: row wrap;
        /*所有列面向主轴终点位置靠齐*/
        justify-content: flex-end;
}
/*设计导航条内超链接默认样式*/
.navigation a { text-decoration: none; display: block; padding: 1em; color: white;}
/*设计导航条内超链接在鼠标经过时的样式*/
.navigation a:hover { background: blue; }
/*在小于 801px 设备下伸缩布局*/
@media all and (max-width: 800px) {
        /*当在中等屏幕中，导航项目居中显示，并且剩余空间平均分布在列表之间*/
        .navigation { justify-content: space-around; }}
/*在小于 601px 设备下伸缩布局*/
@media all and (max-width: 600px) {
        .navigation { /*在小屏幕下，没有足够空间行排列，可以换成列排列*/
            -webkit-flex-flow: column wrap;
            flex-flow: column wrap;
            padding: 0;}
        .navigation a {
            text-align: center;
            padding: 10px;
            border-top: 1px solid rgba(255,255,255,0.3);
            border-bottom: 1px solid rgba(0,0,0,0.1);}
        .navigation li:last-of-type a { border-bottom: none; }
}
</style>
<ul class="navigation">
        <li><a href="#">首页</a></li>
        <li><a href="#">咨询</a></li>
        <li><a href="#">产品</a></li>
        <li><a href="#">关于</a></li>
</ul>
```

28.2.2　设计自动隐藏的栏目

本例设计一个响应式页面布局效果，并能根据显示屏幕宽度变化自动隐藏或调整版式显示。

【操作步骤】

第 1 步，新建 HTML5 文档，在头部<head>标签内定义视口信息。使用<meta>标签设置视口缩放比例为 1，让浏览器使用设备的宽度作为视图的宽度，并禁止初始缩放。

```
<!DOCTYPE html>
<html>
<head>
<meta charset="utf-8">
<meta name="viewport" content="width=device-width, initial-scale=1.0">
</head>
```

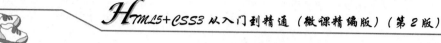

第 2 步，IE8 或者更早的浏览器并不支持媒体查询。可以使用 media-queries.js 或者 respond.js 插件进行兼容。

```
<!--[if lt IE 9]>
    <script src="http://css3-mediaqueries-js.googlecode.com/svn/trunk/css3-mediaqueries.js"></script>
<![endif]-->
```

第 3 步，设计页面 HTML 结构。整个页面基本布局包括头部、内容、侧边栏和页脚。内容容器宽度是 600px，而侧边栏宽度是 300px，线框图如图 28.2 所示。

```
<div id="pagewrap">
    <div id="header">
        <h1>唐诗赏析</h1>
    </div>
    <div id="content">
        <h1>水调歌头·明月几时有</h1>
        <h2>苏轼</h2>
        <p>......</p>
    </div>
    <div id="sidebar">
        <h2>宋词精选</h2>
        <ul>
            <li>......</li>
        </ul>
    </div>
    <div id="footer">
        <h2>词人列表</h2>
        <ul>
            <li>......</li>
        </ul>
    </div>
</div>
```

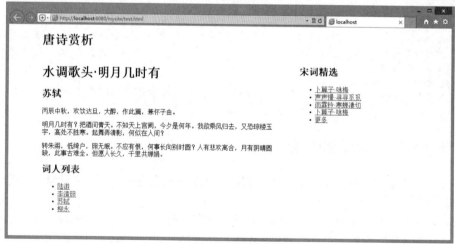

图 28.2　设计页面结构

第 4 步，使用 CSS3 媒体查询设计当视图宽度为小于等于 980px 时，如下规则将会生效。基本上，会将所有的容器宽度从像素值设置为百分比以使得容器大小自适应。

```
/*当窗口视图小于等于 980px 时响应下面样式*/
@media screen and (max-width: 980px) {
```

```
#pagewrap { width: 94%; }
#content { width: 65%; }
#sidebar { width: 30%; }
}
```

第 5 步，为小于等于 700px 的视图指定 <div id="content"> 和 <div id="sidebar"> 的宽度为自适应，并且清除浮动，使得这些容器按全宽度显示。

```
/*当窗口视图小于等于 700px 时响应下面样式*/
@media screen and (max-width: 700px) {
    #content {
        width: auto;
        float: none;
    }
    #sidebar {
        width: auto;
        float: none;
    }
}
```

第 6 步，对于小于等于 480px（手机屏幕）的情况，将 h1 和 h2 的字体大小修改为 16px，并隐藏侧边栏 <div id="sidebar">。

```
/*当窗口视图小于等于 480px 时响应下面样式*/
@media screen and (max-width: 480px) {
    h1, h2 { font-size: 16px; }
    #sidebar { display: none; }
}
```

第 7 步，可以根据需要添加更多媒体查询，目的是为指定的视图宽度指定不同的 CSS 规则来实现不同的布局。效果如图 28.3 所示。

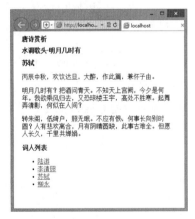

（a）平板屏幕下效果　　　　　　　　（b）手机屏幕下效果

图 28.3　设计不同宽度下的视图效果

28.2.3 设计自适应的页面

本例设计页面宽度为 980px，对于桌面屏幕来说，该宽度适用于任何宽于 1024px 的分辨率。通过媒体查询监测宽度小于 980px 的设备，并将页面宽度由固定方式改为液态版式，布局元素的宽度随着浏览器窗口的尺寸变化进行调整。当可视部分的宽度进一步减小到 650px 以下时，主要内容部分的容器宽度会增大至全屏，而侧边栏将被置于主内容部分的下方，整个页面变为单列布局。效果如图 28.4 所示。

图 28.4 在不同宽度下的视图效果

【操作步骤】

第 1 步，新建 HTML5 文档，构建文档结构，包括页头、主要内容部分、侧边栏和页脚。

```
<div id="pagewrap">
    <header id="header">
        <hgroup>
            <h1 id="site-logo">网站 LOGO</h1>
            <h2 id="site-description">网站描述信息</h2>
        </hgroup>
        <nav>
            <ul id="main-nav">
                <li><a href="#">导航链接，可以扩展</a></li>
            </ul>
        </nav>
        <form id="searchform">
            <input type="search">
        </form>
    </header>
    <div id="content">
        <article class="post">主体内容区域</article>
    </div>
    <aside id="sidebar">
        <section class="widget">侧栏栏目</section>
    </aside>
    <footer id="footer">页脚区域</footer>
</div>
```

第 2 步，IE 9 之前的浏览器不支持 HTML5 标签，使用 html5.js 来帮助这些旧版本的 IE 浏览器创建 HTML5 元素节点。

```
<!--[if lt IE 9]>
<script src="http://html5shim.googlecode.com/svn/trunk/html5.js"></script>
<![endif]-->
```

第 3 步，设计 HTML5 块级元素样式，将这些新元素声明为块级样式。

```
article, aside, details, figcaption, figure, footer, header, hgroup, menu, nav, section {display: block; }
```

第 4 步，设计主要结构的 CSS 样式。这里将注意力集中在整体布局上。整体设计在默认情况下页面容器的固定宽度为 980px，页头部分（header）的固定高度为 160px，主要内容部分（content）的宽度为 600px，左浮动。侧边栏（sidebar）右浮动，宽度为 280px。

```
<style type="text/css">
#pagewrap {
    width: 980px;
    margin: 0 auto;
}
#header { height: 160px; }
#content {
    width: 600px;
    float: left;
}
#sidebar {
    width: 280px;
    float: right;
}
#footer { clear: both; }
</style>
```

第 5 步，调用 css3-mediaqueries.js 文件，解决 IE8 及其以前版本浏览器支持 CSS3 媒体查询。

```
<!--[if lt IE 9]
    <script src="http://css3-mediaqueries-js.googlecode.com/svn/trunk/css3-mediaqueries.js"></script>
<![endif]-->
```

第 6 步，创建 CSS 样式表并在页面中调用。

```
<link href="media-queries.css" rel="stylesheet" type="text/css">
```

第 7 步，借助媒体查询设计自适应布局。当浏览器可视部分宽度大于 650px 小于 981px 时，将 pagewrap 的宽度设置为 95%，将 content 的宽度设置为 60%，将 sidebar 的宽度设置为 30%。

```
@media screen and (max-width: 980px) {
    #pagewrap { width: 95%; }
    #content {
        width: 60%;
        padding: 3% 4%;
    }
    #sidebar { width: 30%; }
    #sidebar .widget {
        padding: 8% 7%;
        margin-bottom: 10px;
    }
}
```

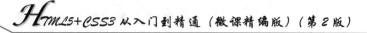

第 8 步，当浏览器可视部分宽度小于 651px 时，将 header 的高度设置为 auto；将 searchform 绝对定位在 top: 5px 的位置；将 main-nav、site-logo、site-description 的定位设置为 static；将 content 的宽度设置为 auto（主要内容部分的宽度将扩展至满屏），并取消 float 设置；将 sidebar 的宽度设置为 100%，并取消 float 设置。

```
@media screen and (max-width: 650px) {
    #header { height: auto; }
    #searchform {
        position: absolute;
        top: 5px;
        right: 0;
    }
    #main-nav { position: static; }
    #site-logo {
        margin: 15px 100px 5px 0;
        position: static;
    }
    #site-description {
        margin: 0 0 15px;
        position: static;
    }
    #content {
        width: auto; margin: 20px 0;
        float: none;
    }
    #sidebar {
        width: 100%; margin: 0;
        float: none;
    }
}
```

第 9 步，当浏览器可视部分宽度小于 481px 时，480px 为传统手机横屏时的宽度。当可视部分的宽度小于 481px 时，禁止 HTML 节点的字号自动调整。默认情况下，手机会将过小的字号放大，这里可以通过-webkit-text-size-adjust 属性进行调整，将 main-nav 中字号设置为 90%。

```
@media screen and (max-width: 480px) {
    html {-webkit-text-size-adjust: none;}
    #main-nav a {
        font-size: 90%;
        padding: 10px 8px;
    }
}
```

第 10 步，设计弹性图片。为图片设置 max-width: 100%和 height: auto，设计图像弹性显示。

```
img {
    max-width: 100%; height: auto;
    width: auto\9; /*兼容 IE8*/
}
```

第 11 步，设计弹性视频。对于视频也需要做 max-width: 100%的设置，但是 Safari 浏览器对 embed 的该属性支持不是很好，所以使用 width: 100%来代替。

```
.video embed, .video object, .video iframe {
    width: 100%; min-height: 300px;
    height: auto;
}
```

第 12 步，在默认情况下，手机端 Safari 浏览器会对页面进行自动缩放，以适应屏幕尺寸。这里可以使用以下的 meta 设置，将设备的默认宽度作为页面在 Safari 浏览器的可视部分宽度，并禁止初始化缩放。

```
<meta name="viewport" content="width=device-width; initial-scale=1.0">
```

28.3　在线支持

扫码免费学习更多实用技能	一、基础知识	三、更多案例实战	四、技巧
	☑ 媒体查询概述	☑ 设计注册页面	☑ 创建可伸缩图像
	二、专项练习	...实际有更多题目	☑ 创建弹性布局
	☑ 使用 picture	三、更多案例实战	五、参考
	☑ 隐藏表格中的列	☑ 自动显示焦点	☑ 媒体特性
	☑ 滚动表格中的列	☑ 响应式图片	新知识、新案例不断更新中……
	☑ 转换表格中的列	☑ 设计响应式网站	

第 29 章

CSS3 项目实战

本章为项目综合实战，包括网站开发、游戏编程、Web 应用等。读者需要初步掌握 HTML5、CSS3 和 JavaScript 技术。项目实战的目标：训练前端代码混合编写的能力、JavaScript 编程思维、Web 应用的一般开发方法等。限于篇幅，且考虑到前端开发的学习与实践的实际需要，本章内容在线展示。

扫码免费阅览项目及其实现

一、重点练习

- ☑ HTML5 结构：设计网站结构
- ☑ CSS3 样式：设计响应式网站
- ☑ JS 脚本：设计购物网站前端交互效果
- ☑ 数据库：设计网络记事本

二、实用小程序

- ☑ 设计表单验证插件
- ☑ 设计计算器
- ☑ 设计万年历
- ☑ 设计动画管理类
- ☑ 设计本地数据管理

三、网页游戏

- ☑ 设计网页小游戏

- ☑ 设计游戏
- ☑ 星际争霸网页小游戏

四、网站设计

- ☑ 设计企业网站
- ☑ 设计工作室网站
- ☑ 设计创业网站

 更多实用新项目不断更新中……

Python 应用实战系列

◎ 入门快：杜绝晦涩难懂的模型+公式，通过实例学，一看就懂，马上能用

◎ 技术准：Pandas ＋ Matplotlib + Seaborn ＋ NumPy + Scikit-Learn，紧跟行业热点技术，满足招聘面试要求

◎ 实战强：248 个应用示例，20 个综合案例，4 个项目案例，循序渐进，实战为王

◎ 项目真：基于真实行业场景，不枯燥，让技术快速落地

（以《Python 数据分析从入门到精通》为例）

软件项目开发全程实录

◎ 当前流行技术+10个真实软件项目+完整开发过程

◎ 94集教学微视频，手机扫码随时随地学习

◎ 160小时在线课程，海量开发资源库资源

◎ 项目开发快用思维导图

（以《Java项目开发全程实录（第4版）》为例）